Désirée Berger

Corporate Design

Das umfassende Handbuch

Rheinwerk
Design

Liebe Leserin, lieber Leser,

Corporate Design wird Ihnen als Designerin oder Designer häufig in Ihrem Arbeitsalltag begegnen, denn sobald Sie auch nur einen Flyer, eine Broschüre, eine Website oder App für ein Unternehmen gestalten, müssen Sie schon das große Ganze mitdenken.

Und zu bedenken gibt es wirklich viel, denn ein Corporate-Design-Projekt kann nur gelingen, wenn es in der Konzeptions- und Analysephase umfassend vorbereitet wurde: Die Marke oder das auftraggebende Unternehmen müssen analysiert, der Markt beobachtet und die Zielgruppe definiert werden. Ihnen als Gestaltungstalent liegen Kundenberatung und Marketing weniger? Das lässt sich ändern, denn Désirée Berger setzt darauf in diesem Handbuch einen besonderen Schwerpunkt und bietet einen Überblick über Vorgehensweisen und Ziele.

Nahezu alle Bereiche des Kommunikationsdesigns spielen in die Entwicklung eines Corporate Designs hinein. Natürlich ist es bei solch einem umfassenden Thema nicht möglich, alle Grundlagen von A–Z zu erklären. Gestaltungswissen im Printbereich und besonders das nötige technische Know-how im digitalen Bereich müssen hier vorausgesetzt werden. Das Ziel des Buchs ist es daher, die großen Zusammenhänge aufzuzeigen und Ihnen einen Leitfaden an die Hand zu geben, damit Sie Ihr Corporate-Design-Projekt selbstständig realisieren können. Immer nach dem Motto: »Erst eine gute Konzeption kann auch zu einer gelungenen Gestaltung führen.« Die Gestaltung an sich fällt Ihnen dann sicherlich leicht.

Ich wünsche Ihnen viel Erfolg dabei. Wenn Sie Fragen, Anregungen oder Kritik zum Buch haben, freue ich mich über Ihre E-Mail.

Ihre Ruth Lahres
Lektorat Rheinwerk Design

ruth.lahres@rheinwerk-verlag.de
www.rheinwerk-verlag.de
Rheinwerk Verlag · Rheinwerkallee 4 · 53227 Bonn

Auf einen Blick

Impressum

Wir hoffen, dass Sie Freude an diesem Buch haben und sich Ihre Erwartungen erfüllen. Ihre Anregungen und Kommentare sind uns jederzeit willkommen. Bitte bewerten Sie doch das Buch auf unserer Website unter **www.rheinwerk-verlag.de/feedback**.

An diesem Buch haben viele mitgewirkt, insbesondere:

Lektorat Ruth Lahres
Korrektorat Petra Bromand, Düsseldorf
Herstellung Janne Brönner
Typografie und Layout Vera Brauner
Einbandgestaltung Mai Loan Nguyen Duy
Satz Christine Netzker
Druck und Bindung mediaprint solutions, Paderborn

Dieses Buch wurde gesetzt aus der Syntax Next (9,75 pt/14 pt) in Adobe InDesign.
Gedruckt wurde es auf mattgestrichenem Bilderdruckpapier (115 g/m²).
Hergestellt in Deutschland.

Bibliografische Information der Deutschen Nationalbibliothek:
Die Deutsche Nationalbibliothek verzeichnet diese Publikation in der Deutschen Nationalbibliografie; detaillierte bibliografische Daten sind im Internet über *http://dnb.dnb.de* abrufbar.

ISBN 978-3-8362-8549-0

1. Auflage 2023

Informationen zu unserem Verlag und Kontaktmöglichkeiten finden Sie auf unserer Verlagswebsite **www.rheinwerk-verlag.de**. Dort können Sie sich auch umfassend über unser aktuelles Programm informieren und unsere Bücher und E-Books bestellen.

Inhalt

TEIL I Grundlagen und Konzeption

1 Geschichte und Wurzeln

2 Definition und Grundlagen

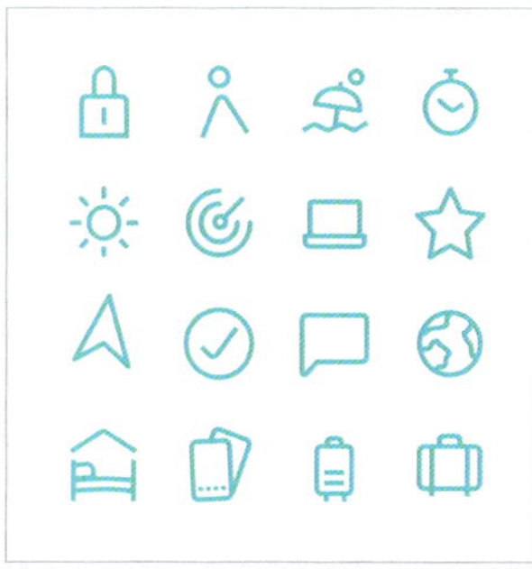

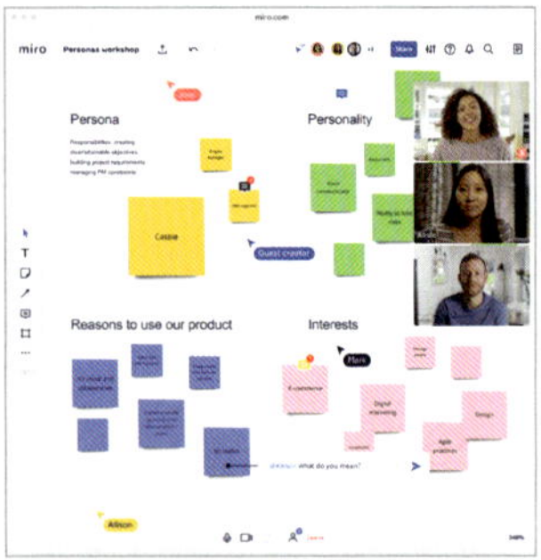

3 Briefing und Analyse für ein Corporate-Design-Projekt

TEIL II Corporate-Design-Elemente gestalten

4 Das Logo

abcdefg
hijklmn
opqrstu
vwxyz
all together serif

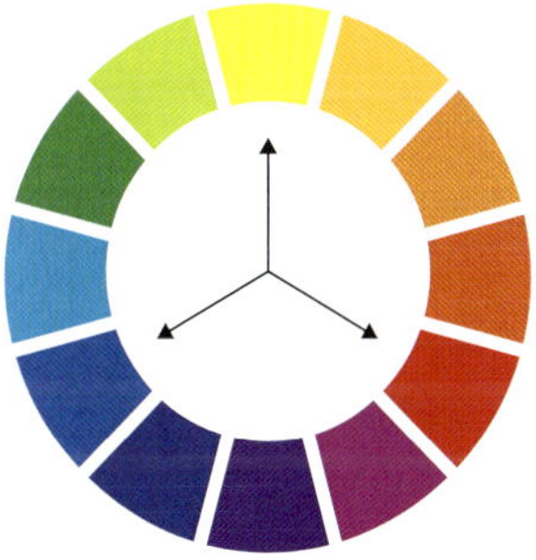

re_
Highland Park
Mar Vista
Studio City

9 Corporate Design der Zukunft

10 Adaptionen

11 Redesign

TEIL III Finalisierung und Organisation

12 Präsentation und Feedback

13 Der Projektabschluss: CD-Manual, Brandportal und Datenübergabe

14 Nutzungsrechte, Honorare und Organisation

15 Mit jedem Projekt wachsen

With great gratitude to the best husband
and the cutest kids in the world.
May the stars shine in your eyes forever.
MLK.

TEIL I

Grundlagen und Konzeption

Kapitel 1

Geschichte und Wurzeln

Corporate Design begleitet uns in unserem alltäglichen Leben jeden Tag und überall. Es ist längst zu einer Selbstverständlichkeit geworden, dass Marken an ihrer unverwechselbaren Farbwahl, ihrer Schrift und ihrer Bildsprache – anhand ihres gesamten markentypischen Erscheinungsbildes – auf den ersten Blick erkennbar sind.

Gab es Corporate Design eigentlich schon immer? Wo liegen die Wurzeln und wann wurde aus dem ursprünglich künstlerischen Anspruch ein starkes Marketinginstrument, das ganz bewusst und zielgerichtet eingesetzt werden kann?

Die Entwicklung von Corporate Design lässt sich in mehrere Phasen einteilen. Die erste Phase hat ihren Ursprung in der Zeit der Exlibris und der Siegelringe – der Urahnen des Corporate Designs.

1.1 Vorläufer des Corporate Designs

Image, Prestige und die Erzählung der eigenen Geschichte sind schon in den allerersten Vorläufern des Corporate Designs zu finden. Lange bevor Einfluss und Wirkungsradius des Corporate Designs, so wie wir es heute kennen, im Bewusstsein von Unternehmen, Konsumenten und Konsumentinnen angekommen ist, wurden Tradition und Herkunft visuell nach außen kommuniziert. Auch wenn der Begriff *Corporate Design* noch relativ jung ist – die Gestaltung aus einer ähnlichen Motivation heraus wie heute existiert schon seit Jahrhunderten.

1.1.1 Siegelringe im Mittelalter

Abbildung 1.1
Römischer Siegelring; 180–200 n. Chr.

Bereits im Mittelalter waren Siegel, Zeichen und Wappen Ausdruck von Werten und Tradition. Adelshäuser und Fürsten nutzten sie, um Macht und Autorität zu demonstrieren und die eindeutige Zuordnung zu ihrer Herkunft und ihrem Namen anzuzeigen.

Siegelringe wurden zur Versiegelung von Briefen und Dokumenten verwendet. Das Familienwappen wurde so zum prägnanten Hinweis auf den Absender der Nachricht. Das Siegel war damit nicht nur gestalterisches Element, sondern gleichzeitig Überbringer weiterer Informationen. Dazu gehörte beispielsweise die stolze Präsentation eines adligen Familiengeschlechts, dessen Tradition, Reichtum, Macht oder Prestige. Neben dem Wappen waren auf einem Siegelring noch weitere Elemente zu finden, wie Ornamente, Initialen oder filigrane Zeichnungen.

Siegel für alle

Während im Mittelalter das Tragen eines Siegelrings nur den Adligen vorbehalten war, wurden sie später mit den jeweils eingravierten Familienwappen zu einem weit verbreiteten und beliebten Accessoire.

Achim von Arnim

Schriftsteller. Er war einer der wichtigsten Vertreter der deutschen Romantik und gehörte zum Uradel Brandenburgs. Typisches, immer wiederkehrendes Element in Adelswappen ist der gekrönte Bügelhelm, der sich auch in seinem Wappen findet.

Dass Siegelringe Überbringer einer Botschaft waren, wird in der weiteren Recherche offensichtlich: Die bildhaften oder, je nach Fertigung und Motiv, typografischen Elemente waren hier so angebracht, dass sie vom Gegenüber, nicht aber vom Träger selbst lesbar waren. Der Siegelring war demnach bereits damals ein wichtiger Teil der eigenen Darstellung nach außen. Neben den Siegelringen gehörten außerdem Farben, Muster und Mode zur Gestaltung des damaligen Außenauftritts. Nach heutigen Gesichtspunkten könnte man sagen, dass die allerersten Merkmale des Corporate Designs in ihren Grundzügen bereits damals in den Wappen, in der typografischen und farblichen Darstellung auf Siegelringen, in der Wahl der eigenen Garderobe, also im gesamten Auftritt von Familien, Adligen und bestimmten Berufsgruppen zu finden waren.

Abbildung 1.2
Familienwappen von Achim von Arnim (1781–1831)

Der Siegelring ist ein Symbol für die Zugehörigkeit zu einer bestimmten Gruppe, die nicht für jeden zugänglich ist. Dass hinter dem Tragen eines Siegelrings als Markenzeichen ein elitärer Gedanke steht, wird deutlich bei einem genaueren Blick auf die Voraussetzungen dafür. Denn das Tragen eines solchen Rings mit Familienwappen ist auch heute noch im Gesetz verankert – es ist in Deutschland nach der Schutznorm des §12 BGB (Namensrecht) nur den Familienmitgliedern gestattet.

1.1.2 Exlibris – Logos in ihrer ursprünglichsten Form

Außer auf den Siegelringen sind grafische Hinweise auf Herkunft und Eigentum im frühen Mittelalter auch auf den Exlibris der damaligen Klosterskriptorien zu finden. Die sogenannten *Buchmarken* waren oft fein gestaltete Grafiken, die mithilfe eines Stempels oder eines separaten Papiers in Bücher eingefügt wurden.

Inhaltlich wurde damit der Eigentümer des Buches bzw. dessen Herkunft festgehalten. Im Zuge des Buchdrucks durch Johannes Gutenberg im 15. Jahrhundert wurde die Anfertigung der Exlibris durch die damaligen Drucktechniken, wie zum Beispiel Holzschnitt oder Kupferstich, weiterentwickelt und die Verwendung der Exlibris weiterverbreitet.

Abbildung 1.4
Die »Gutenbergbibel« war das erste mit beweglichen Lettern gedruckte Buch. Aufgrund ihrer Zeilenanzahl pro Seite wird sie auch »B42« genannt.

Eines der ältesten ist das Holzschnitt-Exlibris von Hilprand Brandenburg von Biberach. Aber auch bekannte Maler wie Albrecht Dürer gestalteten Exlibris, die bis heute bekannt sind.

Auch die Gestaltung der Exlibris unterlag Trends und Veränderungen, die von den Themen und Strömungen in der damaligen Gesellschaft beeinflusst wurden. Mit der Zeit änderten sich somit auch die auf den Exlibris dargestellten Motive. Typische Motive waren dann nach den bisherigen Wappen und Porträts im Barock beispielsweise biblische Motive, die mit der Zeit durch räumliche Darstellungen von Bibliotheken und Szenen aus dem bürgerlichen Leben abgelöst wurden.

Siegel und Wappen heute

Auch heute noch spielt die Demonstration der Zugehörigkeit zu einer geschlossenen Gemeinschaft mithilfe eines Siegels oder Wappens eine Rolle. In angloamerikanischen Schulen und Universitäten beispielsweise sind sie neben der Uniform ein beliebtes Accessoire, um die Zugehörigkeit zu einer bestimmten Gruppe zu demonstrieren.

Abbildung 1.3
Wappen der Universität von Oxford

Abbildung 1.5
Exlibris von Albrecht Dürer, um 1501

Aus der Weiterentwicklung der Exlibris wurde nach und nach eine eigene Nische in der Kunst. 1891 wurde der »Exlibris-Verein« in Berlin gegründet, der auch heute noch als Deutsche Exlibris Gesellschaft e. V. besteht.

Abbildung 1.6
Logo der Deutschen Exlibris Gesellschaft

Die Exlibris könnte man auch als Vorläufer der ersten Logos betrachten. Durch die Verbreitung und Weiterentwicklung der Exlibris wurde das Bewusstsein für die Gestaltung von Grafiken in enger Verbindung zu Tradition und Herkunft ausgebaut. In diesem Zusammenhang wurden auch die ersten Namen und Schilder von Betrieben und Unternehmen ausführlicher gestaltet.

1.2 Bis zum Ende des Ersten Weltkriegs

In der Phase vor dem Ersten Weltkrieg stand das Corporate Design ganz im Zeichen der Familientradition, Geschichte und Ortszugehörigkeit. Im Fokus war damals bei Manufakturen, Handwerksbetrieben und Unternehmen der Unternehmer selbst. Er verkörperte mit seinem Namen die Werte, die Herkunft und die Ziele seines Unternehmens. Wichtiger Bestandteil der Belegschaft und Führungsebene des damaligen Betriebs waren vor allem Familienangehörige sowie Mitarbeiter und Mitarbeiterinnen, die nach den entsprechenden Gesichtspunkten ausgewählt wurden.

Mit den preußischen Reformen zu Beginn des 19. Jahrhunderts wurde die Unternehmensgründung einfacher. Diesem Umstand war eine Welle an Firmengründungen bis Ende des 19. Jahrhunderts zu verdanken. Zu den damals gegründeten Unternehmen zählten vor allem Textil- und Maschinenbauunternehmen. Nach und nach folgten dann im Verlaufe des 19. Jahrhunderts auch Gründungen im chemischen, elektronischen und schließlich im Verbrauchs- und Konsumgüterbereich.

Die Unternehmen in der Zeit vor dem Ersten Weltkrieg standen weiterhin in enger Verbindung mit der jeweiligen Familientradition. Wie zuvor auf Siegelringen und Exlibris, entsprach der Firmenname zu Beginn üblicherweise dem Familiennamen des Gründers.

Abbildung 1.7
Faber-Castell-Etiketten, um 1900: Der Name des Firmengünders stand jederzeit im Vordergrund

Abbildung 1.8
Verpackung zum 150-jährigen Bestehen von Faber-Castell mit Familienwappen

Damalige Firmengründer gemeinsam mit ihren Nachfahren standen für die Werte und die Produktion des Unternehmens. Der Familienname war somit Träger dieser Werte und damit gleichbedeutend mit dem Angebot. Häufig war ein Großteil der Familie beruflich in das Unternehmen eingebunden. Von externen Mitarbeitern und Mitarbeiterinnen wurde ebenso loyales Mitwirken erwartet.

Mit wachsenden Möglichkeiten zu Verbreitung und Export von Produkten, zum Beispiel durch den Seehandel, gerieten die damaligen Unternehmen mit ihrem Angebot mehr und mehr in Konkurrenz zueinander. Von nun an wurde es immer wichtiger, sich auch weiterhin am Markt zu behaupten und sich von Mitbewerbern abzugrenzen. Der Umgang mit dem eigenen Firmennamen und die Kommunikation von Qualität und Tradition nach außen wurden bewusster und mündeten schließlich in die gezielte Gestaltung von Firmenauftritten und Produkten.

Die Außendarstellung von Betrieben, Werbemaßnahmen und das visuelle Erscheinungsbild waren Sache des Unternehmers, der je nach Produktportfolio, Angebot und Zielgruppe das Erscheinungsbild bestimmte und modifizierte.

Beispiele für Unternehmensgründungen

Zu den Unternehmen, die in dieser Zeit gegründet wurden und auch heute noch bestehen, gehörten beispielsweise Prym, Lambertz, Faber-Castell und Opel.

Abbildung 1.9
Eines der ältesten deutschen Familienunternehmen: Prym GmbH

Anhand des Beispiels der Opel AG ist gut erkennbar, wie sehr Familientradition, Angebot und Geschichte mit dem visuellen Erscheinungsbild eines damaligen Unternehmens verwoben waren.

Eine Markengeschichte: Opel AG – Unternehmen mit Tradition gestern und heute

Die Anfänge des Autoherstellers Opel liegen nicht, wie vielleicht vermutet, in der Automobilbranche. Stattdessen sammelte Adam Opel, ältester Sohn der Schlosser-Familie Opel aus Rüsselsheim, erste Berufserfahrung in der Nähmaschinenfabrik Journaux & Leblond, bevor er 1862 das dort erlangte Wissen für die erste eigenentwickelte Opel-Nähmaschine im väterlichen Schlossereibetrieb einsetzte.

Zum damaligen Zeitpunkt waren die Herkunft und die enge Verbindung zum Unternehmensgründer auch im Logo unverkennbar wiederzufinden.

Adam Opel optimierte in den folgenden Jahren die Herstellung der Nähmaschinen und erweiterte die Produktion mit großem Erfolg. Obwohl er nie in die Entwicklung von Transportmitteln einsteigen wollte, drängten ihn seine Söhne zur Erweiterung des Produktportfolios – mit Erfolg: Von nun an wurden in den neuen Fabrikräumen nicht nur Nähmaschinen, sondern auch Fahrräder produziert.

Victoria Blitz

war der Name eines der ersten Fahrräder von Opel und sollte die Mobilität und Schnelligkeit sowie den Erfolg der hergestellten Fahrzeuge symbolisieren.

Abbildung 1.10
Das erste Logo bestand aus den Initialen des Firmengründers Adam Opel.

Die ersten Schritte als Automobilhersteller

1900 stagnierten die Zahlen der Nähmaschinenproduktion. Und auch der Export nach Übersee führte das bis dahin stark gewachsene Unternehmen nicht zu weiteren Erfolgen. Nach einem Großbrand entschlossen sich die fünf Söhne und Unternehmensnachfolger Adam Opels 1911 dazu, die Herstellung der Nähmaschinen endgültig zu beenden. Sie wollten sich von nun an auf den Ausbau und die Weiterentwicklung der Herstellung von Fahrrädern und Motorwagen konzentrieren – der erste Schritt in Richtung Auto war getan. Nach dem Tod des Unternehmensgründers 1895 hatte auch dessen Witwe Sophie die Weiterentwicklung und Herstellung von Automobilen forciert. Adam Opels Absicht hingegen war nie die Herstellung von Autos gewesen. Die Anpassung des Produktportfolios war daraufhin auch im Logo aus dem Jahr 1909 wiederzufinden.

Abbildung 1.11
Der erste Blitz im Opel-Logo

Bereits 1910, also ein Jahr später, veranlasste einer der Söhne Adam Opels, Wilhelm Opel, abermals die Gestaltung eines neuen Logos mit dem Anspruch, durch eine möglichst zeitlose Gestaltung die wechselhafte Logogeschichte zu beenden.

Abbildung 1.12
Weiteres Opel-Logo zu Zeiten der Fahrradproduktion, nun reduziert auf Schrift und dekorative Elemente

Erst mit der schrittweisen Übernahme des Unternehmens durch General Motors ab 1928 näherte sich das Logo langsam dem heutigen Erscheinungsbild an. Bei der Neugestaltung des Logos wurde das Motiv eines Zeppelins in stilisierter Form als Zeichen für Fortschritt und Zukunft gewählt. Das Rad als Zeichen für Fortbewegung wurde durch die Ellipse, später dann durch einen Kreis, symbolisiert.

Abbildung 1.13
Namensschriftzug als Logo der Adam Opel Fahrräder- und Motorwagen-Fabrik, 1909

Die Blitz-Metapher hielt nach dem ersten Versuch der Integration von »Victoria Blitz« in das Logo abermals Einzug – allerdings in Form des Namens einiger Fahrzeugmodelle. Im neu entstandenen Logo wird deutlich, dass neben der Familientradition gleichzeitig der besondere Anspruch an Fortschritt und Technik ausschlaggebend für die Gestaltung war.

Opel Blitz
Bezeichnung für einige der 1930 bis in die 1970er Jahre hergestellten LKW-Modelle

Der heute bekannte Blitz als Teil des Logos wurde 1964 im Anschluss an die Form des Zeppelins entwickelt und seitdem mehrmals modifiziert.

Abbildung 1.14
Opel-Logo mit stilisiertem Zeppelin, 1959

Aktuelles Redesign des Unternehmensauftritts

Ende 2020 wurde der Markenauftritt von Opel schließlich noch einmal vollständig überarbeitet und 2021 nach und nach in allen Unternehmensbereichen eingeführt. Für die Erneuerung des Corporate Designs wurde eine eigene Unternehmensschrift »Opel Next« entwickelt.

Sowohl farblich als auch typografisch stehen hier Modernität und Innovation im Fokus der Gestaltung. Der Blitz ist weiterhin Teil des Logos, allerdings in reduzierter Form – ganz im Sinne der aktuellen Corporate Identity.

Abbildung 1.15
Opel-Logo mit dem markentypischen Blitz, 2002

Abbildung 1.16
Aktuelles Logodesign

1.3 Vom Ersten bis zum Zweiten Weltkrieg

Der Unternehmer

Der Stellenwert der Unternehmensleitung war in dieser Zeit weiterhin nicht nur in Bezug auf die Funktion des Unternehmens enorm wichtig, sondern auch in Bezug auf Loyalität und Identifikation der Mitarbeiter und Mitarbeiterinnen mit dem Unternehmen.

Nach dem ersten Weltkrieg rückten die Markennamen in den Fokus. Die Industrialisierung beeinflusste die Fertigung von Produkten maßgeblich: Von nun war es möglich, Produkte in großer Stückzahl maschinell herzustellen und zu verarbeiten. Die Unzertrennlichkeit von Unternehmen und Unternehmer war auch in der Phase der Industrialisierung noch charakteristisch für den Auftritt eines Unternehmens.

Unternehmer beeinflussten zu Zeiten der Industrialisierung maßgeblich den Außenauftritt ihres Unternehmens und übernahmen von der Vision über die Mitarbeiterführung bis hin zur Gestaltung der Werbung sämtliche Aufgaben, die die Wahrnehmung des Unternehmens nach innen und außen betrafen.

Der Umgang mit Marken und Unternehmen änderte sich allerdings zunehmend, vor allem durch die steigende Konkurrenz zu Mitbewerbern am Markt. Im Zuge der Industrialisierung wurde nun die Gestaltung vereinheitlicht und der Markenname wurde zur Werbebotschaft – er stand vor allem für Qualität und Leistung. Die wachsenden Möglichkeiten für die Produktion und die Verbreitung von Waren brachten auch eine steigende Anzahl an Konkurrenten mit sich. Die Gestaltung von Markennamen und Verpackungen rückte zunehmend in den Fokus als Mittel zur Abgrenzung gegen Mitbewerber.

Abbildung 1.17
Marke mit langer Tradition: Bad Reichenhaller. Hier wird die Verpackung gleichzeitig als Werbemittel verwendet.

Durch die Industrialisierung war es nun neuen und bestehenden Unternehmen möglich, in ungewohntem Ausmaß zu wachsen. Bestehende Unternehmen mit Familientradition standen vor der Herausforderung, Werte, Tradition und Produkte auf die wachsende Nachfrage, die neuen Möglichkeiten und die steigenden Ansprüche anzupassen.

Abbildung 1.19
Produktmarke mit Geschichte: Maggi

Unternehmen aus dieser Zeit, die die Möglichkeiten der Industrialisierung erfolgreich für sich zu nutzen wussten, sind zum Beispiel Nivea, Persil, Tempo oder Maggi.

Zur Abgrenzung von der Konkurrenz gehörte von nun an auch die Bewerbung der Marke – vorwiegend auf Plakaten wurden die Produkte beworben. In den 20er Jahren kam ein neues Bewusstsein für Körperpflege, Gesundheit und Bewegung auf, das sich auch in der Werbung widerspiegelte.

Abbildung 1.21
Die »Nivea-Jungs« waren die Stars der damaligen Nivea-Kampagne 1924.

Marken: Nivea

Bei der Herstellung der ersten Nivea-Creme war die Farbe der entstandenen Emulsion ausschlaggebend für die spätere Namensgebung: Der Name »Nivea« stammt vom lateinischen Wort »nix, nivis« und bedeutet »Schnee«.

Abbildung 1.18
Die erste Nivea-Dose 1911

Abbildung 1.20
Nivea mit neuem Designkonzept, 1924

Mit der Entwicklung des Bewusstseins für Marken wuchs auch der Anspruch an die Gestaltung – plötzlich ging es nicht mehr vorwiegend um Ästhetik, sondern auch um Funktionalität. Marken wie AEG, Braun, Grundig oder Volkswagen sind bekannte Vorreiter des funktionalen Designs.

Peter Behrens
(1868–1940) war ein deutscher Architekt, Grafikdesigner und Typograf, der das Industriedesign in seinen Ursprüngen wesentlich mit beeinflusst hat.

Der erste bekannte, ganzheitliche Markenauftritt wurde von Peter Behrens für AEG gestaltet. Dazu zählten nicht nur die Gestaltung des Markennamens, sondern sämtliche Elemente, die Berührungspunkte mit der Marke hatten, bis hin zur Architektur.

Abbildung 1.22
Peter Behrens

Abbildung 1.23
AEG-Plakat, 1907

Neben Peter Behrens zählt auch der Amerikaner Raymond Loewy zu den bekanntesten Mitbegründern des Corporate Designs.

Markengeschichte: Raymond Loewy

Am 5. November 1893 in Paris geboren, gehörte Raymond Loewy zu den einflussreichsten Vorreitern des Industriedesigns im Amerika des 20. Jahrhunderts. Seine eleganten Entwürfe beruhten auf Funktionalität und Einfachheit und zeugten von hohen Ansprüchen an Qualität.

Raymond Loewy gilt als Mitbegründer des Stromliniendesigns, dessen Anspruch es ist, durch die Gestaltung einen möglichst geringen Strömungswiderstand zu erreichen. Er gestaltete die bis heute als Meilenstein betrachtete Elektrolok GG1 sowie die Dampflok S1 ein Jahr später. Revolutionär an der Gestaltung der GG1-Elektrolok war die neuartige bewusste Trennung von Technik und Hülle: Die Form der Lok war zwar funktional, sie wurde allerdings auch nach ästhetischen Gesichtspunkten gestaltet.

Abbildung 1.24
Raymond Loewy bei der Arbeit

Nachdem Raymond Loewy aufgrund des Krieges seine Ingenieursausbildung hatte abbrechen müssen, wanderte er 1919 nach Amerika aus und begann dort als Schaufensterdekorateur für die beiden großen Kaufhäuser Macy's und Saks zu arbeiten.

Aufgrund der Kombination seiner technischen Ausbildung mit seiner kreativen Tätigkeit als Illustrator und Dekorateur bekam er schließlich die Möglichkeit, als Art Director für die Westinghouse Electric Company tätig zu werden. In dieser Zeit, 1930, gründete Raymond Loewy sein erstes eigenes Designbüro und stand damit am Startpunkt seiner darauffolgenden Karriere als erfolgreicher Industriedesigner.

Neben dem Industriedesign hatte Raymond Loewy auch einen großen Einfluss auf die Entwicklung des Corporate Designs. Zu den Grundsätzen der Gestaltung eines Logos gehörte, dass es einprägsam und unvergesslich sein sollte. Der Wiedererkennungswert stand also klar im Fokus.

Eines der von Raymond Loewy geprägten Gestaltungsprinzipien ist die sogenannte *MAYA-Formel*. »Most advanced, yet acceptable (MAYA)« bezieht sich auf die Annahme, dass ein Design oder Redesign besonders dann gut akzeptiert wird, wenn es auf einer Mischung aus neuen und vertrauten Elementen beruht. Dieser Ansatz ist in seinen Grundzügen auch heute wieder aktuell bei der Gestaltung digitaler Oberflächen.

Besonders bekannt ist Raymond Loewys Redesign des Lucky-Strike-Logos. Neben der Neugestaltung des Logos optimierte Raymond Loewy auch die Verpackungen. Durch den Wechsel vom ursprünglich grünen Hintergrund auf einen weißen gewannen die

Beispiele für seine Arbeit

Zur Konzeption und Gestaltung Raymond Loewys gehörten vor allem Alltagsgegenstände wie der Kühlschrank von Sears Roebuck und Verkehrsmittel wie der Scenicruiser.

Abbildung 1.25
Der Greyhound Scenicruiser, 1946

Verpackungen nicht nur an Ästhetik, sondern wurden auch in ihrer Herstellung wirtschaftlicher und in der Handhabung durch den reduzierten Verbrauch von Farbe, die unangenehm roch, besser als die frühere Ausführung.

Abbildung 1.26
Lucky-Strike-Verpackung auf einem Werbeplakat vor dem Redesign

Abbildung 1.27
Werbeplakat mit dem von Raymond Loewy entworfenen Redesign

Abbildung 1.28
Redesign des »Bullseye« 2013

Die ästhetisch-funktionale Gestaltung ist typisch für die Arbeiten Raymond Loewys – sein Fokus auf Sicherheit, Funktion und Ästhetik ist ein typisches Merkmal seiner Arbeit. Alltagsgegenstände und Verkehrsmittel sollten nicht nur durch ihre Ästhetik, sondern auch durch leichtere Handhabung und Vorteile in der Herstellung begeistern.

Lucky Strike heute

Ein weiteres Redesign von Logo, auch »Bullseye« genannt, und Verpackungsdesign erfuhr die Marke Lucky Strike 2013. Das ursprüngliche Logo wurde dabei sowohl typografisch als auch formal vollständig überarbeitet, was kontrovers diskutiert wurde.

1.4 Die 50er und 60er Jahre

Nach den ersten Plakaten mit Markenwerbung gewann die gezielte Produktbewerbung in den 50er und 60er Jahren weiter an Bedeutung. Für die Marken aus dieser Zeit wie Braun, Grundig oder Volkswagen war das Corporate Design nun ein fester Bestandteil des Markenauftritts. Eine große Rolle spielte hier der Einzug des Fernsehens in die Haushalte – damit gab es eine weitere Plattform für Werbung: eine Bühne für Werbefilme und Produktplatzierung.

Bedeutung des Storytelling

Auch die Möglichkeit, kurze Geschichten zu erzählen oder Hintergründe zu erklären, spielte bei der Ausweitung des Corporate Designs auf die damaligen neuen Medien eine wichtige Rolle.

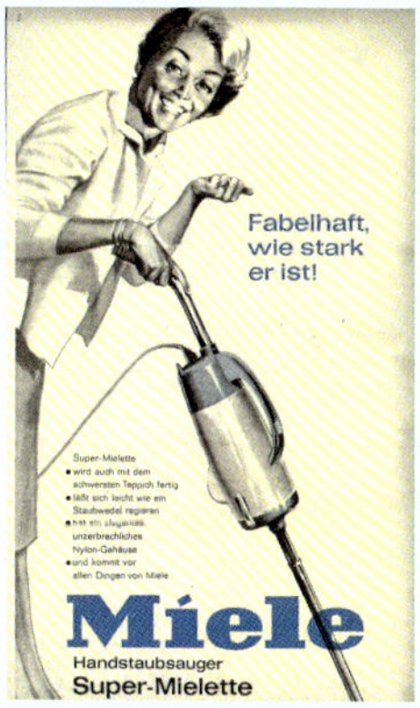

Abbildung 1.29
Miele-Plakat von 1960

Die Unternehmenskommunikation war nun nicht mehr nur auf Anzeigen und Plakate beschränkt, sondern konnte in Form von Filmen in Farbe und mit Ton verbreitet werden. Die Erweiterung auf Film und Fernsehen hatte zur Folge, dass eine viel breitere Zielgruppe erreicht werden konnte. Wurden Produkte und Marken zuvor nur mit Printmedien beworben, so konnten mithilfe von Fernseh- und Radiospots nun auch überregional potenzielle Kunden erreicht werden. Für das Corporate Design bedeutete das auch eine Erweiterung der entsprechenden Maßnahmen – das Design musste nun auf Bewegtbilder, in Fernsehspots übertragen und eingearbeitet werden. Plötzlich war eine ganz neue Expertise gefragt. Der Einsatz von Bewegtbildern bedeutete auch, dass für die Kommunikation von Marken und die Bewerbung von Produkten ganz neue Möglichkeiten entstanden. Statt eines einzelnen Bildes, wie in einer Anzeige, konnten nun Anwendungen und unterschiedliche Perspektiven innerhalb kürzester Zeit gezeigt werden.

1.5 Die 70er und 80er Jahre

Unternehmenskommunikation erlangte in den 70er und 80er Jahren einen neuen Stellenwert. In dieser Zeit wurde auch erstmals der Begriff *Corporate Identity* geprägt und etabliert. Corporate Design wurde nun als Bestandteil der Unternehmensstrategie wahrgenommen: Unternehmensphilosophie, -kultur, -kommunikation und Corporate Design bildeten die Basis für die Identifikation der Verbraucher mit einem Unternehmen oder einer Marke.

Beispiele

Aral, Miele, BASF und BMW sind Marken, die mit dem strategischeren Einsatz von Corporate Design in dieser Zeit in Verbindung stehen.

Abbildung 1.30
Aral-Tankstelle im damaligen Corporate Design (1960)

Abbildung 1.31
BMW-Werbeplakat aus den 60er Jahren

1.6 Corporate Design heute

Corporate-Design-Manual
Auch »Styleguide«, beinhaltet die Richtlinien der Gestaltung eines Unternehmensauftritts, wie Logo, Typografie, Farben etc.

Heute wird Corporate Design durch die wachsenden Möglichkeiten der Digitalisierung beeinflusst und stetig erweitert. Zum heutigen Corporate Design gehören nicht nur die strategische Ausrichtung und der Einsatz herkömmlicher Werbemittel, sondern vor allem die flexible Ausrichtung des Designs auf die sich wandelnden Plattformen und Medien. Je nach Unternehmen, Unternehmensvision und Zielgruppe gibt es eine Fülle an Kommunikationskanälen, die bewusst gewählt und bespielt werden müssen.

Mit der Digitalisierung stehen auch Designer und Designerinnen vor einer neuen Herausforderung – heute, mehr denn je, ist es wichtig, ein ganzheitliches Corporate Design im Voraus sorgfältig zu planen.

Kommunikation steht nicht nur in Bezug auf Werbemaßnahmen und Markenschauplätze im Vordergrund, sondern auch im Umgang mit Kundinnen und Kunden, Dienstleistern und Mitarbeitenden. Im Zeitalter von digitaler Zusammenarbeit ist es wichtig, Botschaften zielgerichtet und gut verständlich zu formulieren und alle Beteiligten kontinuierlich in den aktuellen Wissensstand miteinzubeziehen.

Die Digitalisierung beeinflusst nicht nur die Aufgaben der heutigen Designer und Designerinnen, sondern auch die Arbeitsweise. Wo früher noch das Corporate-Design-Manual in Form eines Booklets weitergereicht wurde, wird heute häufig gänzlich auf Papier verzichtet – es wird an einem zentralen Ort digital als Brandportal zur Verfügung gestellt (siehe Abschnitt 13.1.2). Das Internet erleichtert nicht nur die Kommunikation, sondern auch den gemeinsamen Zugriff und den Austausch von Daten.

Anhand der **Geze GmbH** wird deutlich, welche Möglichkeiten ein Brandportal bietet. Dort können nicht nur die grundlegenden Regeln und Inhalte des Corporate Designs hinterlegt werden, sondern deren Anwendung kann auch anhand von zahlreichen Beispielen demonstriert werden. Je nach Aktualität können im Brandportal mit der Zeit weitere Beispiele und Anwendungen ergänzt werden. So können sowohl digitale Corporate-Design-Elemente als auch Printelemente aufgenommen und für alle Mitarbeitenden, Designer und Designerinnen und Agenturen zugänglich gemacht werden.

Abbildung 1.32
Ausschnitt aus dem Brandportal der Geze GmbH – Übersicht über Aussehen und Anwendung des Corporate Designs

Abbildung 1.33
Anweisungen zu Gestaltungsraster und Platzierung des Logos

Die Verbreitung eines globalen Markenauftritts ist so heute leichter und im Hinblick auf Umweltschutz und Nachhaltigkeit ressourcensparender denn je.

Doch die digitale Globalisierung im Design führt nicht nur zu einer erleichterten Arbeitsweise, sondern bringt häufig auch eine Vereinheitlichung mit sich, wie zum Beispiel am aktuellen Trend für das Redesign von Logos zu erkennen ist. Die Individualität bleibt immer häufiger auf der Strecke, und die Sehnsucht nach Einzigartigkeit und Charakter nimmt auf Seiten der Kundinnen und Kunden zu.

Abbildung 1.34
Aktuelle Logo-Vereinheitlichung im Fashion-Bereich am Beispiel von Burberry und Yves Saint Laurent (links: ursprüngliche Logos, rechts: aktuelle Logos)

Der problemlose Zugriff auf vergleichbare Daten aus aller Welt mündet in einem anspruchsvollen Kampf um Aufmerksamkeit. Sich von der Masse abzuheben, von Konkurrenten abzugrenzen, ist heute schwieriger denn je. Entscheidungen werden nicht lange überdacht, sondern mit einem Klick getätigt, sind austauschbarer und reversibler geworden und haben dennoch weitreichende Konsequenzen.

Die Meinungsbildung findet heute nicht mehr in lang angelegten, von Unternehmen gesteuerten Kampagnen statt, sondern unter Einbeziehung von Kundinnen und Kunden sowie Interessierten auf Social-Media-Kanälen, Feedbackplattformen und gegebenenfalls weltweit zugänglichen Meinungsportalen (siehe Abschnitt 9.1). Kundinnen und Kunden wollen heute teilhaben am Auftritt einer Marke, wollen Teil ihrer Lieblingsmarke werden und stellen Unternehmen damit vor eine große Herausforderung. Influencer mit Vorbildfunktion für eine breite Anhängerschaft, Expertinnen, die ihr Wissen im Selbststudium erlangt haben, und die Möglichkeit zur sekundenschnellen Verbreitung von Informationen, Bild- und Filmmaterial auf Knopfdruck beeinflussen die Wahrnehmung von Marken und Unternehmen heute maßgeblich und sind für den einen oder anderen vielleicht immer noch oder immer mal wieder durchaus gewöhnungsbedürftig.

Im Zentrum der Unternehmenskommunikation stehen heute Kundinnen und Kunden in ihrer Interaktion mit dem Unternehmen, nicht mehr das Unternehmen selbst, so wie es vor einiger Zeit noch üblich war. Um dem Wunsch nach Individualität nachzukommen, ist es heute möglich, durch *Customized Design* je nach Kunde oder Kundin individuelle, maßgeschneiderte Designlösungen und Inhalte anzubieten.

Die Kanalisierung und der Umgang mit den gewonnenen Freiheiten und dem erweiterten Mitspracherecht der Verbraucher und Verbraucherinnen gehören zu den größten Herausforderungen in der heutigen Unternehmenskommunikation.

Tradition, Historie und Werte visuell nach außen zu tragen, war lange vor dem heutigen Verständnis von Corporate Design das Anliegen von Familien und Handwerksbetrieben. Betrachtet man die Entwicklung von Corporate Design in der Geschichte, so wird deutlich, dass der theoretische und strategische Anteil der Arbeit von Designern und Designerinnen in der Vergangenheit stetig an Bedeutung gewonnen hat. Globale Märkte, steigende Konkurrenz und die unmittelbare Vergleichbarkeit durch soziale Medien sowie die Digitalisierung machen es wichtiger denn je, dass im Vorfeld der visuellen Gestaltung gründliche Vorarbeiten geleistet werden.

Recherche, Markenverständnis und Zieldefinition bilden heute die Grundpfeiler eines möglichst langlebigen, erfolgsversprechenden Corporate Designs. Es erzählt auch heute noch eine Geschichte: die Geschichte einer Marke oder eines Unternehmens, der Gedanken und Visionen, die diese Geschichte mitbestimmt haben. Der Überlebenswille eines Unternehmens und das Ziel, sich dauerhaft erfolgreich am Markt behaupten zu können, sind die treibende Kraft, wenn es um die Kommunikation von Fortschritt, Zukunftsfähigkeit und letztendlich auch den langfristigen Erfolg geht. Um das zu erreichen, ist heute auch im Corporate Design ein hohes Maß an Flexibilität und eine große Begeisterung für Innovationen und Veränderungen, vor allem im Hinblick auf die technische Seite, gefragt.

Abbildung 1.35
Heute ganz vorne im Innovationsranking: Food-Marken wie Too Good To Go.

Kapitel 2

Definition und Grundlagen

Corporate Identity und Corporate Design – mit der Verwendung dieser beiden Begriffe kommt jede Designerin und jeder Designer früher oder später im Berufsalltag in Berührung. Worin sich die beiden Begriffe unterscheiden, ist nicht nur den beauftragenden Unternehmen, sondern auch Designern und Designerinnen oft nicht ganz klar. Dabei lohnt es sich, einmal genauer hinzusehen und die Unterschiede konkret zu definieren.

Corporate Design ist heute nicht nur in Fachkreisen ein geläufiger Begriff, sondern auch darüber hinaus. Auch Laien haben zumindest eine vage Vorstellung davon, was sich hinter diesem Begriff verbirgt. Corporate Design steht in der allgemeinen Vorstellung in enger Verbindung mit Ästhetik und Marketing. Doch im Gespräch mit Auftraggeberinnen und Auftraggebern stellt sich des Öfteren heraus, dass diese Vorstellung auf den zweiten Blick doch eher oberflächlich ist. Spätestens wenn Corporate Design als Synonym für Corporate Identity und Branding verwendet wird, ist klar, dass eine kurze Erklärung nützlich sein könnte, um Missverständnisse zu vermeiden.

Vor allem die Corporate Identity wird häufig mit dem Corporate Design in einen Topf geworfen. Dabei gibt es einige große Unterschiede zwischen den Bedeutungen der beiden Begriffe – sowohl was die Definitionen als auch das Aufgabenfeld für Designer und Marketingspezialistinnen betrifft. Beide Bereiche sind wichtig für den Aufbau und die Wahrnehmung eines Unternehmens, einer Marke oder eines Produkts, sie haben jeweils jedoch ganz eigene Prinzipien und Hintergründe.

Wo liegen die Unterschiede zwischen den Begriffen, bzw. gibt es da überhaupt welche? Hinter dem Begriff *Corporate Design* verbirgt sich tatsächlich mehr als die rein kreative Gestaltung eines visuellen

Überzeugende Kommunikation
Die Begriffe korrekt zu verwenden und zu wissen, was genau sich dahinter verbirgt, ist von großem Vorteil vor allem dann, wenn es um die professionelle Kommunikation mit Auftraggeberinnen und Auftraggebern geht.

Erscheinungsbildes für Unternehmen und Marken. Es ist mehr als Farbe, Form und Schrift und erst recht mehr als ein Logo. In diesem Kapitel geht es darum, die genaue Bedeutung der Begriffe *Corporate Design* und *Corporate Identity* zu klären und die angrenzenden Themen, Schnittstellen und deren Bedeutung für das Corporate Design genauer zu betrachten.

2.1 Corporate Identity

Corporate Identity ist ein wichtiges Stichwort, wenn es um den Markenaufbau geht. Denn dahinter verbirgt sich das **Selbstverständnis** einer Marke oder eines Unternehmens, das sich dann im Verhalten, im Umgang mit Kunden und Kundinnen, der Tonalität und dem Erscheinungsbild, also dem Corporate Design, widerspiegelt.

Dabei geht es um die inhaltlichen Ziele, Werte und den Charakter eines Unternehmens sowie die Markenstrategie. Die Ziele eines Unternehmens können in zwei Richtungen weisen:

1. Einerseits geht es hier um die **interne Wirkung**, wie beispielsweise die Wirkung auf Mitarbeitende.
2. Andererseits geht es darum, **außerhalb des Unternehmens** Erfolge zu erzielen und ein positives Image aufzubauen. Die Fremdwahrnehmung wird auch als *Corporate Image* bezeichnet.

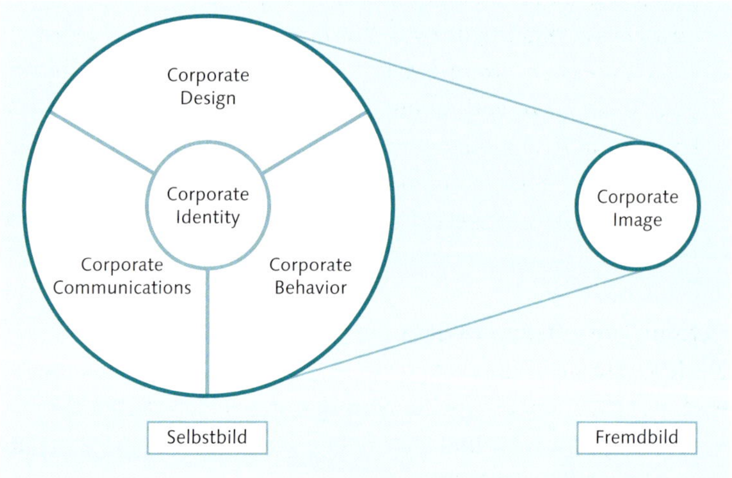

Abbildung 2.1
Corporate Identity und Corporate Image – Selbstbild und Fremdbild einer Marke

Bei der Corporate Identity geht es also im Gegensatz zum Corporate Image vor allem um die Selbstwahrnehmung. Das Corporate

Image beschreibt die Wahrnehmung von außen. Dabei geht es um die Wahrnehmung des Unternehmens als Persönlichkeit. Vereinfacht ausgedrückt, lässt sich sagen, dass eine Marke mit einer Persönlichkeit mit all ihren Ausprägungen, Eigenheiten, Kommunikationsstilen und einer eigenen Vergangenheit gleichgesetzt werden kann.

Für die Corporate Identity sind die bestehenden Unternehmensziele von großer Bedeutung. Je nach Unternehmensziel und Zielgruppe werden auch die Kommunikationskanäle angepasst: Internet oder Intranet, Social Media oder zwischenmenschliche Kommunikation …

Interne Unternehmensziele

Zu den unternehmensinternen Zielen gehören insbesondere:

- Attraktiver Arbeitsplatz: Erleichterung bei der Suche nach qualifizierten Fachkräften sowie Wunsch nach einer langjährigen erfolgreichen Zusammenarbeit.
- Harmonisches Arbeitsklima: Im Idealfall die Grundvoraussetzung für produktives Arbeiten.
- Teamgefühl: Beinhaltet zum Beispiel gegenseitige Hilfestellung, Wertschätzung und somit Bündelung von Kompetenzen, um Ziele schneller zu erreichen und umzusetzen.
- Gesunde Kommunikation: Reger Austausch fördert Fortschritt und Weiterentwicklung sowie die schnelle und unkomplizierte Identifikation von Fehlern bzw. Fehlerquellen.
- Positive Arbeitserfahrung: Mitarbeitende fungieren selbst als Multiplikatoren, wenn es darum geht, ein Markenimage zu erzeugen und zu verbreiten.
- Loyalität und Vertrauen: Langjährige Zusammenarbeit, Identifikation mit dem Unternehmen und besonderer Anspruch, Unternehmensziele umzusetzen und das Unternehmen zum Erfolg zu führen.

Externe Unternehmensziele

Zu den unternehmensexternen Zielen können gehören:

- Konsistenz: Eindeutige Zuordnung und Wiedererkennbarkeit.
- Leistungsanspruch und Vertrauen: Verlässlichkeit in Bezug auf Qualität und Preisstruktur.
- Positive Resonanz bei Kundschaft und Medien: Erleichterung und Beschleunigung durch die Mitwirkung der Kundinnen und Kunden bei der Bekanntmachung der Marke.

- Abgrenzung von Mitbewerbern auf dem Markt
- Profilierung des Unternehmens am Markt: Bezugnahme auf aktuelle Strömungen und wachsende gesellschaftliche und marktspezifische Ansprüche.

2.1.1 Bestandteile der Corporate Identity

Leitbild
Schriftlich festgehaltene Erklärung über das Selbstverständnis und die Grundprinzipien eines Unternehmens

Die Corporate Identity hat mehrere Bestandteile, die zum Image eines Unternehmens beitragen:

- Leitbild (Corporate Philosophy)
- Corporate Communication: Außenauftritt und Kommunikation, ein wichtiger Bestandteil ist auch die Corporate Language
- Corporate Behaviour: Verhalten
- Corporate Design: visuelles Erscheinungsbild
- Corporate Culture: die gelebten Werte und Einstellungen eines Unternehmens

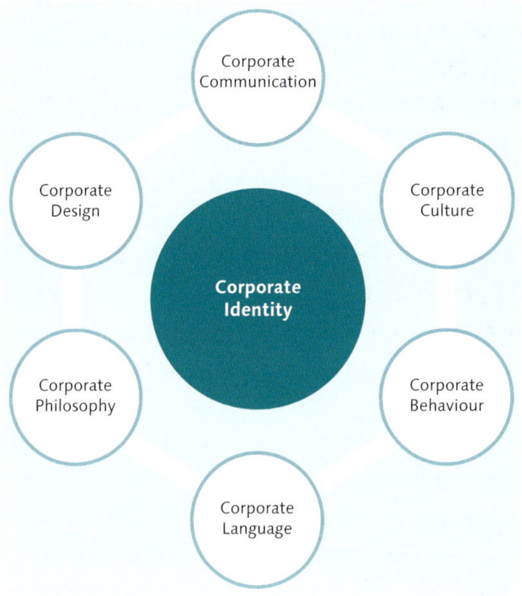

Abbildung 2.2
Bestandteile einer Corporate Identity

Das Leitbild

Um die Ziele und Regeln der Verantwortung eines Unternehmens effizient und zielgerichtet umzusetzen, ist es wichtig, sie im Unternehmen auch zu kommunizieren und zu leben. Diese Regeln werden im Leitbild festgehalten. Das Leitbild wird im Idealfall allen Mitarbeitern und Mitarbeiterinnen mit auf den Weg gegeben, unabhängig davon, ob sie in direktem Kundenkontakt stehen oder nicht. Es ist einer der wichtigsten Bestandteile der Corporate Identity.

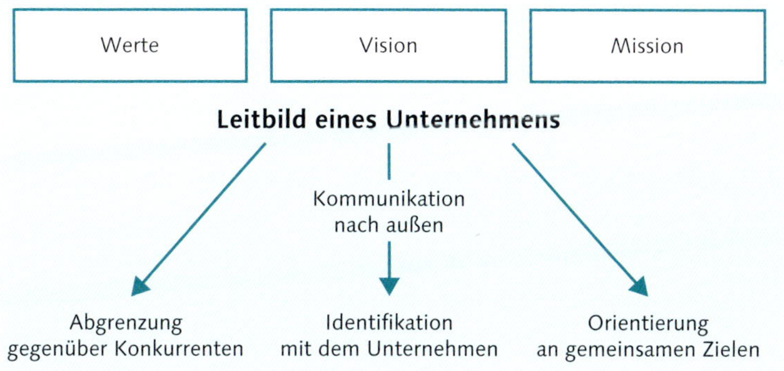

Abbildung 2.3
Unternehmensleitbild

Das Leitbild eines Unternehmens setzt sich zusammen aus

- geschichtlichem Hintergrundwissen,
- dem Umgang miteinander innerhalb des Unternehmens,
- der Wertschätzung der Mitarbeiter und Mitarbeiterinnen,
- dem Verhalten gegenüber Kundinnen und Kunden und
- dem Umgang mit den Wünschen und Anliegen von Kunden, Kundinnen und Mitarbeitenden.

Versetzt man sich in die Lage einer Kundin, die beispielsweise ein defektes Produkt erhalten hat, so wird schnell klar, wie weitreichend die Ausprägung des Leitbildes eines Unternehmens sein kann. Ein zufriedener Kunde kann als Multiplikator funktionieren, wohingegen eine unzufriedene Kundin schlimmstenfalls markenschädigend agieren kann. Gerade heute kann durch die Nutzung von Social Media und digitalen Medien die schnelle Verbreitung eines Images weitreichende positive oder negative Folgen für eine Marke haben.

Bei der Außendarstellung eines Unternehmens geht es aber keinesfalls immer nur darum, Bestandskunden zu halten und Wunschkundinnen zu gewinnen. Es geht besonders in der heutigen Zeit auch darum, die Loyalität von Mitarbeitenden und Lieferanten zu stärken und als Arbeitgeber positiv aufzufallen, um für gut ausgebildete, motivierte Bewerber und Bewerberinnen attraktiv zu sein. Mithilfe einer überlegten Strategie und der visuellen Umsetzung auf den relevanten Kanälen kann ein Unternehmen sowohl intern als auch extern für die gesteigerte Wertschätzung als Arbeitgeber sorgen. Hier kommt das Employer Branding ins Spiel (siehe Exkurs).

Produktportfolio

Zum Leitbild gehören außerdem das Produktportfolio bzw. die angebotenen Dienstleistungen und Hintergründe. Ist das Unternehmen besonders umweltbewusst, so kann es hier beispielsweise entsprechende Hintergrundinformationen zu Produktionsarten, -standorten oder den verwendeten Materialien geben.

Exkurs: Employer Branding – Mitarbeitende als besondere Zielgruppe

Die Zielgruppe kennen

Auch beim Employer Branding ist es wieder wichtig, ganz genau zu wissen, welche Zielgruppe angesprochen werden soll. Wer ist also der Wunschmitarbeiter, die optimale Mitarbeiterin für die offenen Stellen, welche Ausbildung und welche Voraussetzungen sollten sie mitbringen, vor allem aber auch: Wo sind sie am besten anzutreffen? Erst wenn diese Fragen geklärt sind, ist klar, welche Maßnahmen wo ergriffen werden sollten, welche Tonalität zur Zielgruppe passt und welche Kanäle für die Kommunikation geeignet sind.

Zum Wort stehen

Durch falsche Versprechungen verliert das Unternehmen nicht nur die gerade gewonnenen Mitarbeiter und Mitarbeiterinnen, sondern auch seinen guten Ruf. Denn nicht selten haben Mitarbeitende selbst einen großen Anteil an der Aufrechterhaltung des guten Rufs eines Unternehmens.

Um als Unternehmen langfristig erfolgreich zu sein und zu wachsen, sind gute Mitarbeiter und Mitarbeiterinnen gefragt, die mit ihrem Wissen und ihrer Expertise zum Erfolg beitragen können. Heutzutage, in Zeiten des Fachkräftemangels, ist es für Unternehmen längst nicht mehr so einfach, geeignete Mitarbeitende zu finden. Um als Arbeitgeber möglichst attraktiv zu sein und bei potenziellen Bewerberinnen und Bewerbern ein gutes Image zu erzeugen, geht es darum, mit einer langfristigen Strategie ein positives Bild des Unternehmens nach außen zu tragen.

Beim Employer Branding geht es konkret darum, den Arbeitgeber als eigene Marke zu verstehen. Es gibt eine große Bandbreite an Maßnahmen, die in Frage kommen, um erfolgreich Employer Branding zu betreiben. Heute reicht es allerdings nicht mehr, sich auf eine Maßnahme, wie beispielsweise Veranstaltungen oder Messen, zu beschränken. Die Kommunikation des Unternehmens als attraktiver Arbeitgeber muss auf verschiedenen Kanälen erfolgen.

PR-, Marketing- und Personalabteilungen bilden die Schnittstelle zwischen potenziellen Bewerbern und dem Unternehmen und haben die Aufgabe, die Vorzüge des Unternehmens für Kandidatinnen ansprechend zu kommunizieren. Dabei geht es nicht darum, möglichst schnell möglichst viele Bewerber und Bewerberinnen zu bekommen, sondern authentisch zu bleiben. Schließlich nutzt es nichts, wenn zwar Mitarbeitende gewonnen werden, diese sich dann aber nach kurzer Zeit nach einem neuen Arbeitgeber umschauen, weil die versprochenen Abmachungen nicht eingehalten werden.

Mit dem Employer Branding verfolgen Unternehmen also zwei Ziele:

- die Gewinnung von geeigneten Mitarbeitenden und Talenten durch entsprechende Kommunikation und Imageerzeugung nach außen
- die langfristige Bindung von Mitarbeitenden durch die Einhaltung von Versprechen und die dauerhafte Arbeit am Unternehmensimage mithilfe motivierender Maßnahmen und entsprechender interner Kommunikation

Mit Konsistenz und zielgruppengerechten Maßnahmen hat ein Unternehmen durch Employer Branding große Vorteile, wenn es um die langfristige Motivation, Leistung und Loyalität der Mitarbeiter und Mitarbeiterinnen geht. Die Erzeugung einer emotionalen Bindung zum Unternehmen steht hier ebenfalls im Fokus.

Da Menschen heute häufig ein sehr konkretes Bild davon haben, was einen guten Arbeitgeber ausmacht, ist es sinnvoll, direkt mit der Zielgruppe zu sprechen und deren Anforderungen aufzunehmen. Denn nur mit einer handfesten Strategie, die auch nachhaltig verfolgt und umgesetzt wird, kann Employer Branding erfolgreich und langfristig aufgebaut werden.

Die Vorarbeit umfasst, ganz im Sinne des allgemeinen Brandings, eine Wertanalyse des Unternehmens für die Bewerberinnen und Mitarbeiter. Folgende Fragen sollten im Voraus geklärt werden:

- Was unterscheidet uns positiv von der Konkurrenz?
- Was empfinden unsere Mitarbeitenden als motivierend?
- Welche Erwartungen haben Bewerber und Bewerberinnen heute an ihren Arbeitsplatz?
- Welche Vorteile hat unser Unternehmen?
- Welche Vorteile gibt es in Bezug auf spezielle Zielgruppen?
- Welche Zukunftsaussichten sind für Bewerber und Bewerberinnen und Mitarbeitende besonders attraktiv?

Auf Basis dieser und weiterer individueller Fragen können die Bedürfnisse der Zielgruppe genauer erfasst werden.

Es gibt zahlreiche Kommunikationskanäle, die für Employer Branding sinnvoll sein können:

- die firmeneigene Homepage
- Social Media (zum Beispiel Instagram, LinkedIn)
- Blogseite
- Newsletter
- Gastbeiträge
- Messen
- Bewertungsportale (zum Beispiel Kununu oder Glassdoor)

Die Entwicklung und Umsetzung einer Strategie beim Employer Branding lässt sich nicht in unmittelbaren Erfolgen messen, sondern ist eine langfristige Aufgabe. Erst nach einiger Zeit zeichnen sich Trends zu einer größeren Anzahl oder geeigneteren Bewerberinnen und Bewerbern oder einer gesteigerten Mitarbeiterzufriedenheit ab. Um dann weiterhin am Ball zu bleiben, können Mitarbeiterbefragungen oder Befragungen im Anschluss an den Recruiting-Prozess helfen, die Punkte zu identifizieren, die noch verbesserungswürdig sind.

Besser als die Konkurrenz

Heute reicht es nicht mehr aus, Vorzüge wie flexible Arbeitszeiten oder Möglichkeiten zur Weiterentwicklung zu kommunizieren. Es geht vor allem darum, sich gezielt von anderen Unternehmen abzuheben und dadurch positiv aus der Masse an Möglichkeiten für die Bewerber und Bewerberinnen hervorzutreten.

Personas

Wie beim Branding allgemein ist es auch beim Employer Branding möglich, durch die Erstellung von Personas (siehe Abschnitt 3.3) einige typische Bewerber und Bewerberinnen oder einen Querschnitt der Mitarbeitenden zu repräsentieren. Das kann im nächsten Schritt hilfreich sein, um die Auswahl, Konzeption und Gestaltung der Kommunikationsmaßnahmen, wie beispielsweise auf der Unternehmenswebsite, zu erleichtern.

Corporate Communications

Corporate Communications wird häufig der Presse- und Öffentlichkeitsarbeit eines Unternehmens zugeschrieben. Allerdings beinhaltet es nicht nur die Kommunikation nach außen, sondern auch nach innen – also den Umgang und die Kommunikation mit Mitarbeitenden und Lieferanten. Die Art und Weise der Unternehmenskommunikation sowohl intern als auch auf dem Markt hat einen großen Einfluss auf die Reputation eines Unternehmens. Ein wichtiger Aspekt ist in diesem Zusammenhang auch die Markenkommunikation: Diese entscheidet nämlich nicht nur, wie die Marke von außen wahrgenommen wird, sondern wird fast immer gleichgesetzt mit der Wahrnehmung des Unternehmens, das hinter der Marke steht.

Corporate Culture
Bestandteil der Corporate Identity ist die »Corporate Culture«, die Unternehmenskultur. Unter der Unternehmenskultur versteht man die gelebten Werte und Einstellungen eines Unternehmens.

Und auch umgekehrt: Die Kommunikation des Unternehmens und das Verständnis der gesendeten Botschaften haben einen weitreichenden Einfluss auf Erfolg und Misserfolg einer Marke. Die richtigen Botschaften zu senden und sich aus Sicht des Unternehmens dafür zu interessieren, dass diese auch richtig verstanden und im besten Fall weiterverbreitet werden, ist ein nicht zu unterschätzender Erfolgsfaktor. Schließlich steht und fällt die Einordnung des Unternehmens mit der Einordnung von Kompetenz, Verlässlichkeit und Verhalten gegenüber der Kundschaft und den Mitarbeitenden.

Sich einen Überblick über die Art der Ansprache, der kommunizierten Inhalte und Kommunikationskanäle zu verschaffen, kann wichtige Einblicke in die Unternehmenskommunikation und deren Besonderheiten liefern, die für die spätere Auswahl der Bestandteile und der Konzeption des Corporate Designs wertvoll sein können.

Customer Journey
Weg mit den einzelnen Berührungspunkten mit dem Unternehmen, der von potenziellen Kundinnen und Kunden zurückgelegt wird, bevor sie eine Kaufentscheidung treffen

Dabei hilft besonders Philip Kotlers bekannte **Customer Journey**, die fünf Phasen der Kundenkommunikation definiert. Mit den sogenannten fünf As ist es möglich, den Weg der Kunden und Kundinnen und ihre Berührungspunkte mit dem Unternehmen besser zu erfassen und auf sie zu reagieren.

1. Aware: In dieser Phase betrachten die Kundinnen und Kunden mehrere mögliche Marken; wichtig ist hier die Bekanntheit der Marke, um überhaupt in Betracht gezogen zu werden.
2. Appeal: Wie empfinden die Kunden die Marke? Wichtig: Wahrnehmung der Marke als wertvoll, besonders etc.
3. Ask: Möglichkeiten, mit der Marke zu kommunizieren und Informationen abzurufen; idealerweise besonders leicht und wenig umständlich.

4. Act: Kaufentscheidung bzw. Entscheidung für die Marke; diese kann beispielsweise durch eine gute Nutzerführung erleichtert werden.
5. Advocate: Kommunikation nach dem Kauf/Abschluss; dabei sollte das Ziel sein, dass sich die Kundin oder der Kunde beispielsweise auch im Nachhinein aufgehoben fühlt oder eine Möglichkeit hat, positive Markenerlebnisse zu kommunizieren.

Literatur
Kotler, Philip: Marketing 4.0: Der Leitfaden für das Marketing der Zukunft. Frankfurt, Campus Verlag, 2017

Zusammenfassend geht es bei Corporate Communications mehr und mehr darum, die Kommunikation bewusst und einprägsam zu »erleben«. Das Erleben des Unternehmens als Persönlichkeit und die Art und Weise seiner Kommunikation hat vor allem mit den steigenden Möglichkeiten der Interaktion und digitalen Verbreitung von Markenerlebnissen einen besonderen Stellenwert für die Wahrnehmung des Unternehmens sowohl von Mitarbeitenden als auch von Kundinnen und Kunden. Sie spielt für den langfristigen Erfolg einer Marke eine große Rolle. Um diese Ziele zu erreichen, lohnt es sich, Grundsätze und Richtlinien für die Kommunikation des Unternehmens und der Mitarbeiter und Mitarbeiterinnen bzw. Dienstleister festzuhalten.

Corporate Language
In den letzten Jahren hat außerdem der Begriff *Corporate Language* an Bedeutung gewonnen. Die Entwicklung eines unternehmenseigenen Sprachstils und seiner konsequenten Umsetzung ist eine Herausforderung, die ebenfalls zur Prägung der Corporate Identity gehört, aufgrund der Komplexität aber häufiger vernachlässigt wird.

Und natürlich gilt: Informationen zur Art der Corporate Communications können im Corporate-Design-Prozess wichtig sein, um eine treffende Gestaltung zu wählen und so die bewusste Erzeugung einer bestimmten Gefühlswelt zu untermauern.

Corporate Behaviour

Corporate Behaviour ist das Verhalten eines Unternehmens – sowohl nach innen als auch nach außen gerichtet.

Dazu zählt der Umgang mit Mitarbeitenden, Kundinnen und Kunden sowie mit externen Dienstleistern. Ein positives Unternehmensimage in dieser Hinsicht hat zum Beispiel den Vorteil, dass ein Unternehmen so eher als attraktiver Arbeitgeber wahrgenommen wird und leichter gut qualifizierte Fachkräfte findet.

Zusammenhang Corporate Behaviour/ Corporate Design
Die Guidelines des Corporate Behaviour legen die Grundsteine für eine starke Unternehmenspersönlichkeit und damit für eine starke Unternehmenskommunikation, die sich später im Corporate Design widerspiegeln können.

Immer wichtiger wird im Zusammenhang mit dem Corporate Behaviour auch die **Corporate Responsibility**. Mit diesem Begriff wird beispielsweise die Verantwortung eines Unternehmens gegenüber Natur und Umwelt bezeichnet oder auch gegenüber den Stakeholdern. Besonders mit der immer größeren Aufmerksamkeit, die das Thema Nachhaltigkeit mittlerweile erringt, wird der Fokus verstärkt auf das Verhalten einer Marke in diesem Bereich gelegt und bestimmt häufig maßgeblich die positive oder negative Wahrnehmung der Marke durch die Gesellschaft.

Stakeholder
Personen oder Organisationen, die für ein Unternehmen von besonderer Bedeutung sind und bestimmte Forderungen an das Unternehmen stellen: Mitarbeiterinnen, Kunden, Geschäftspartnerinnen, Lieferanten, Aktionäre usw.

Aktuell sind außerdem der Umgang mit Gleichstellung und Diversity und die Anpassung von Arbeitsplätzen unter Berücksichtigung der unterschiedlichen, individuellen Lebensweisen von stetig wachsender Bedeutung.

Ethische oder soziale Ziele, ein besonders ressourcenschonender Umgang oder besonderes Engagement in den oben genannten Bereichen können wesentlich zur allgemeinen Wertschätzung eines Unternehmens beitragen. Verantwortung zu übernehmen, wenn es darum geht, Produkte umweltschonend herzustellen oder zu vertreiben, ein besonders sozialverträgliches Arbeitsmodell oder Fördermöglichkeiten anzubieten und in nachhaltige Projekte zu investieren – all das kann einen positiven Effekt für alle Beteiligten haben.

Die Bewertung der Corporate Responsibility ist abhängig von Faktoren wie Zeit, Kontext und Vergangenheit. Sie kann in der Vergangenheit durchaus anders ausgesehen haben, als es in der Vision für die Zukunft vorgesehen ist. Dabei gibt es verschiedene Ansätze: Die Aufgaben eines Unternehmens können

- betriebswirtschaftlich,
- volkswirtschaftlich oder
- ethisch

verstanden werden.

Auch wenn die Corporate Responsibility keinen direkten Bezug zum Corporate Design hat, ist es gut, die Ziele und den Verhaltenscodex eines Unternehmens zu kennen, um später die richtige Tonalität in der Unternehmenspräsentation zu treffen und in der Gestaltung widerzuspiegeln. Im Vorfeld eines Corporate-Design-Projekts ist es daher sinnvoll, diese Grundsätze in Erfahrung zu bringen, um sich ein Bild davon zu machen, welche Ziele das Unternehmen in seiner Außerdarstellung langfristig verfolgt.

Corporate Design

Corporate Design ist ein wichtiger Baustein der Corporate Identity eines Unternehmens. Betrachtet man einen Markenauftritt ganzheitlich, so wird deutlich, welche Aufgaben und Bereiche Corporate Identity und Corporate Design abbilden: Das Corporate Design ist die visuelle Umsetzung der Corporate Identity, die inhaltlich die Werte, Ziele und Visionen eines Unternehmens beschreibt. Corporate Design bezeichnet man auch als visuelle Identität einer Marke oder eines Unternehmens.

Zentraler Ausgangspunkt des Corporate Designs ist immer die individuelle Identität eines Unternehmens, unabhängig von der sich wandelnden Produktpalette oder den Dienstleistungen.

Das sollten wir uns immer vor Augen führen: Corporate Design ist der sichtbare Ausdruck der Werte, der Philosophie und der Ziele eines Unternehmens oder einer Marke.

Corporate Identity/ Corporate Design
Die Bedeutung der beiden Begriffe ist ganz klar differenzierbar – die Corporate Identity umfasst neben dem Corporate Design noch weitere Bestandteile, die nicht unbedingt die Arbeit des Designers betreffen.

2.1.2 Bedeutung für Designer und Designerinnen

Die Beeinflussung des Corporate Designs durch die Corporate Identity ist unumstritten. Deswegen ist es sinnvoll, vor einem Corporate-Design-Projekt Zeit in Recherche und Verständnis des Unternehmens, dessen Marken und Produkte zu investieren. Die Informationen und Einblicke sind die Grundlage für ein nachhaltiges und konsistentes Corporate Design, das die Unternehmenswerte und -ziele richtig und zielgerichtet transportieren kann.

Vor allem bei kleineren Unternehmen oder Startups ist nicht immer eine ausgereifte und klare Markenstrategie vorhanden – nicht immer sind Zeit, Kapazitäten und Ressourcen vorhanden, um eine langfristige und durchdachte Strategie zu entwickeln. Ein Beispiel: Der Handwerksbetrieb, der als traditionelles Familienunternehmen über Jahre hinweg nicht nur unternehmerisch, sondern auch in seinem Erscheinungsbild gewachsen ist, hat vermutlich keine durchdachte Strategie vorzuweisen, sondern eher eine vage Zusammenfassung der bisherigen Produkt- und Unternehmensgeschichte.

Für die Arbeit als Designer oder Designerin ist es im Vorfeld des kreativen Parts eines Projekts äußerst wertvoll, Einblick in folgende Punkte zu bekommen:

- in die strategische Ausrichtung eines Unternehmens bzw. der Firmenphilosophie
- in geschichtliche Zusammenhänge
- in die Zielgruppe
- in die Werte
- in angestrebte Meilensteine
- in das Markenimage

Ins Briefing
Ein konkreter Einblick sollte grundlegender Teil des Briefings sein, je nach Anspruch kann er aber durch Recherchen im Nachgang noch ergänzt werden. Was auf den ersten Blick vielleicht als zusätzlicher Zeitaufwand erscheinen mag, führt später dazu, dass ein handfestes, grundsolides Corporate Design entstehen kann.

Das kann einerseits durch eigene Recherche, besonders aber im Gespräch mit Stakeholdern und Beschäftigten im Unternehmen erfolgen. Ein Austausch vor Ort kann, falls die Möglichkeit besteht, wichtige Einblicke in das Unternehmen liefern, die auch für die Konzeption des Corporate Designs von Bedeutung sein können.

2.1.3 Umsetzung im Unternehmen

Bilder

Bilder sind bei diesem Prozess ein wichtiges und nachhaltiges Element, auch wenn sie im Corporate-Design-Prozess nicht unbedingt an allererster Stelle des Arbeitsprozesses stehen. Neurowissenschaftliche Untersuchungen belegen, dass Bilder länger im Kopf bleiben als reine Textpassagen und somit eine nachhaltige Auswirkung auf unsere Wahrnehmung haben. Bilder sind sprachunabhängig, können auch komplexe Inhalte verständlich wiedergeben und Emotionen, Geschichten und Zusammenhänge in kurzer Zeit einprägsam vermitteln.

Die Unterscheidung der beiden Begriffe Corporate Identity und Corporate Design ist nun geklärt. Es ist aber auch klar geworden, dass die beiden Bereiche mit ihren untergeordneten Themen viele Berührungspunkte haben und es sich lohnt, diese Verbindungen im Vorfeld eines Corporate-Design-Projekts einmal näher zu betrachten. Denn nachdem die Inhalte, Ziele und einzelnen Punkte der Corporate Identity geklärt sind, gilt es, diese visuell zu kommunizieren und möglichst genau auf den Punkt zu bringen. Dazu gehören alle Möglichkeiten der visuellen Kommunikation wie beispielsweise Logo, Farb- und Bildwelten, Symbole und Benutzeroberflächen. Die Bestandteile des Corporate Designs werden in den Köpfen von Kunden und Kundinnen, Stakeholdern und Mitarbeitenden zu einer ganzheitlichen Wahrnehmung des Unternehmens zusammengefügt. Dabei spielen Assoziationen, Erlebnisse und Verknüpfungen eine große Rolle.

Betrachtet man jedes Unternehmen als eigenständige Persönlichkeit, so wird schnell klar, warum auch bei der Bildsprache nicht auf eine Standardlösung zurückgegriffen werden sollte – mithilfe von Stockfotos lassen sich beispielsweise nur schwer unverwechselbare Unternehmenspersönlichkeiten visuell darstellen.

Bei der Unternehmenspräsentation spielt heute nicht nur die Unternehmenswebsite eine große Rolle, sondern beispielsweise auch der Bereich E-Commerce, Plattformen und Apps sowie Social Media. Bei der Gestaltung von digitalen Medien ist die Corporate Identity ebenfalls von großer Bedeutung: Customer Journeys, Kundenfeedbacks, Werte und bestehende Grundregeln der Corporate Identity beeinflussen auch hier das Corporate Design.

Die potenziellen Kunden und Kundinnen geschickt ans Ziel zu bringen, Antwort auf ihre Fragen zu liefern, ein gesuchtes Produkt oder eine Lösung für ein bestehendes Problem zu ermöglichen, das ist auch Aufgabe der Gestaltung. Zudem gilt auch bei digitalen Plattformen, dass der erste Eindruck zählt: Das Erscheinungsbild einer Marke oder eines Unternehmens ist heute gerade hier besonders wichtig.

2.2 Corporate Design

Dass die Begriffe Corporate Design und Corporate Identity oft im Wechsel verwendet werden, liegt häufig daran, dass Corporate Design visuell erfassbar ist – Unternehmenswerte werden hier sichtbar und sind somit leichter zu merken als die theoretisch angelegte Corporate Identity.

Ein gelungenes Corporate Design umfasst alle visuell wahrnehmbaren Elemente eines Marken- oder Unternehmensauftritts, d. h. des Erscheinungsbildes. Dabei ergibt die Summe der einzelnen Corporate-Design-Elemente ein einprägsames und möglichst einzigartiges Gesamtbild einer Marke oder eines Unternehmensauftritts. Corporate Design ist sozusagen der Fingerabdruck eines Unternehmens und dementsprechend einmalig.

Corporate Design im englischen Sprachraum
Die Bezeichnung *Corporate Design* ist im englischsprachigen Raum eher unüblich, wo häufiger Begriffe wie *Brand Design* benutzt werden oder die Rede von *Corporate Branding* ist.

Die Gestaltung des Erscheinungsbildes kann dabei gerade heute sehr umfangreich sein und viele verschiedene Medien und Plattformen betreffen. Die einzelnen Bestandteile des Corporate Designs funktionieren dabei als Transportmedium der gesamten Marke mit all den dazugehörigen Informationen und Botschaften. Der Anspruch an das Corporate Design ist dementsprechend hoch, denn die Botschaft sollte nicht nur eindeutig, transparent und glaubwürdig transportiert werden, sondern auch konsistent in allen Bereichen wiederzufinden sein.

2.2.1 Elemente des Corporate Designs

Ein heutiges umfangreiches Corporate-Design-Projekt umfasst einige klassische Corporate-Design-Elemente aus dem Printbereich sowie den großen Bereich der digitalen Anwendungen.

Das Logo

Das Logo ist gleichbedeutend mit einem Symbol, das für die Werte und Ziele eines Unternehmens steht und sie in Form einer Wort-, Bild- oder Wort-Bild-Marke verkörpert. Geht es um den Wiedererkennungswert von Unternehmen wie Apple, Tesla oder Facebook, so wird sofort klar, wie wichtig das Logo hierbei ist. Es steht für die Geschichte und die Welt rund um das jeweilige Unternehmen und ist eng an Empfindungen und Emotionen bei Mitarbeitenden, Kundinnen und Kunden geknüpft. Mehr zum Logo in Kapitel 4.

Claim
Eng mit dem Logo verbunden ist der Claim. Der Claim ist eine zusätzliche Aussage zum Logo, die das Markenversprechen kurz und prägnant wiedergeben soll. Durch einen Claim bleibt die Marke länger im Gedächtnis und erleichtert die Merkfähigkeit für die Kundinnen und Kunden. Bekannte Claims sind *Wir lieben Lebensmittel* von Edeka oder *Freude am Fahren* von BMW. Einen Claim zu formulieren ist meist nicht Aufgabe von Designerinnen, sondern von Copywritern, oder er wird im Rahmen des Markenversprechens auf Unternehmensseite mit entwickelt.

Abbildung 2.4
Bugatti verwendet in seinem Redesign eingängige Corporate Fonts.

Corporate Fonts

Um den Inhalt, nämlich die Kommunikation von Werten und Meilensteinen, Prinzipien und Vorstellungen glaubhaft zu untermalen, ist es wichtig, diese auch in der Wahl der Schriften zu visualisieren. Auch wenn Schrift häufig nicht bewusst wahrgenommen wird, hat sie einen großen Einfluss auf die Empfindung und Wahrnehmung der Betrachter und Betrachterinnen. Mithilfe von Schriften können wichtige Inhalte nicht nur gut strukturiert und verständlich wiedergegeben werden, es geht auch hier darum, ein glaubhaftes Gesamtbild einer Marke oder eines Unternehmens zu erzeugen. Zudem können Schriften ein wichtiges Gestaltungsmittel sein, wenn es darum geht, Aufmerksamkeit zu erzeugen und beispielsweise ohne Bildelemente auszukommen. Mehr zu den Corporate Fonts erfahren Sie in Kapitel 5.

Abbildung 2.5
Beispiel für ein Logo und Corporate Colours: Redesign für Bugatti

Corporate Colours

Neben Schriften und einem markanten Logo spielen auch Farben eine essenzielle Rolle bei der Wiedererkennbarkeit einer Marke. Aufbauend auf psychologischen Hintergründen sollte sich die Wahl der Farben in die Themen des Unternehmens und der Marke einfügen bzw. diese widerspiegeln. Auch hier geht es wieder darum, Emotionen und Assoziationen zu erzeugen und möglichst lange im Gedächtnis zu bleiben. Lesen Sie dazu Kapitel 6.

Abbildung 2.6
Zielgruppengerechte Bildsprache des neuen Redesigns

Bildsprache

Ob zur Unternehmenskommunikation eher Illustrationen oder Fotos gehören und welcher Stil am besten zum Unternehmensauftritt passt, sind wichtige Fragen, die im Rahmen der Erstellung eines Corporate Designs geklärt werden müssen. Mithilfe von Bildern oder Illustrationen können Headlines und Texte untermalt werden und damit langfristiger im Kopf der Betrachter und Betrachterinnen verankert werden. Ein besonderer Vorteil von Bildern ist außerdem, dass sie häufig sprachunabhängig sind und somit auf den ersten Blick bestimmte Emotionen und Inhalte transportieren können. Eine weitere Rolle in der Bildsprache spielen auch Icons, die ebenfalls zur Wiedererkennbarkeit des Corporate Designs beitragen können und eine gute Möglichkeit darstellen, die typischen Designmerkmale auf vielfältige Art und Weise in allen Bestandteilen des Corporate Designs fortzuführen. Kapitel 7 beschäftigt sich mit dem Thema Bildgestaltung.

Gestaltungsraster

Das Gestaltungsraster bildet nicht nur das Grundgerüst, die Bühne für die einzelnen Corporate-Design-Elemente, sondern bringt sie auch in einen Zusammenhang zueinander. Mithilfe des Gestaltungsrasters werden Größenverhältnisse definiert und Regeln festgelegt, wie die Corporate-Design-Elemente eingesetzt werden. Durch den konsistenten Einsatz mithilfe des Gestaltungsrasters entsteht ein starker Wiedererkennungswert der Marke. Siehe dazu Kapitel 8.

Digitale Corporate-Design-Elemente

Bei der Gestaltung dieser klassischen Corporate-Design-Elemente ist es heute wichtiger denn je, nicht nur eine spätere Verwendung im Printbereich mitzudenken, sondern auch die Gestaltung von digitalen Plattformen wie

- Webseiten,
- Blogs,
- Social-Media-Accounts,
- Newslettern und
- Apps.

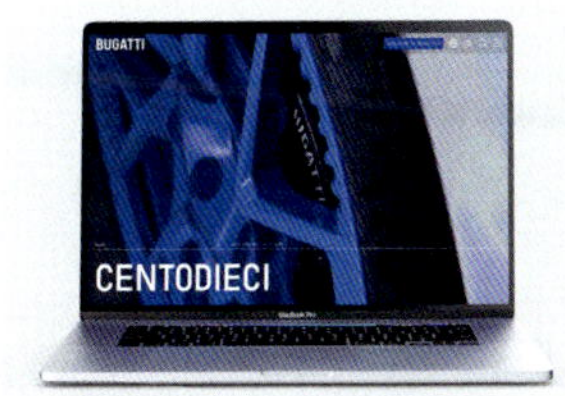

Abbildung 2.7
Auch die Website von Bugatti zeigt sich im einheitlichen Corporate Design unter Verwendung der Corporate Fonts und Colours.

Die digitale Seite des Corporate Designs gehört heute zu seinen großen Aufgaben, denn das Spielfeld ist mit der Zeit gewachsen und hat vor allem in den letzten Jahren durch die Digitalisierung enorm an Umfang gewonnen. Ein plattformübergreifendes Corporate Design zu erstellen ist eine sehr spannende Aufgabe, wenngleich auch eine große Herausforderung. Durch die Gestaltung moderner Medien besteht für alle Beteiligten die Chance, sich fortlaufend mit aktuellen technischen und gestalterischen Entwicklungen auseinanderzusetzen, Anforderungen an Kundinnen und Nutzer zu überprüfen, insgesamt am Puls der Zeit zu bleiben und mit den sowohl technischen als auch gestalterischen Trends zu wachsen. Wie facettenreich die Gestaltungsmöglichkeiten sein können, ist Teil von Kapitel 9 und 10.

Interne und externe Elemente

Auch bei der Anwendung des Corporate Designs unterscheidet man zwischen internen und externen Corporate-Design-Elementen, ähnlich wie bei der Corporate Identity.

- Die internen Corporate-Design-Elemente betreffen dabei die Verkörperung der Unternehmenswerte und -ziele innerhalb des

Auswirkungen des internen Corporate Designs
Die Wahrnehmung des Unternehmens durch die Beschäftigten kann sich, wie bereits festgestellt, auch positiv auf die Arbeitsweise, die Mitarbeiterfluktuation und die Attraktivität für Bewerber und Bewerberinnen auswirken.

Unternehmens, beispielsweise bei Mitarbeitenden, Stakeholdern und Lieferanten.

- Die externen Corporate-Design-Elemente richten sich vor allem an die Kunden und Kundinnen, den gesamten externen Unternehmensauftritt.

Das interne und das externe Corporate Design sollten dabei eine zusammengehörige Einheit bilden.

Unternehmensintern handelt es sich meistens um reine Gebrauchsgegenstände, dennoch kann die Gestaltung zum Beispiel von Arbeitsplätzen, Schreibutensilien und Verkehrsmitteln die Identifikation der Mitarbeiter und Mitarbeiterinnen und der Dienstleister mit dem Unternehmen prägen und sich positiv auf die Wahrnehmung des Unternehmens auswirken. Mitarbeitende, die sich verstanden und gehört fühlen und die die Ziele des Unternehmens teilen, sind motivierter als solche, die nur ihren alltäglichen Aufgaben nachgehen. Mithilfe der Kommunikation von Werten und Wertschätzung kann also die Motivation unter den Mitarbeitern gesteigert werden und damit auch das Engagement. Zu wissen, wofür ein Unternehmen steht, führt im Idealfall dazu, dass sich ein Gefühl von Gemeinschaft und Stolz einstellt und wiederum entsprechend nach außen getragen wird.

Bei der Gestaltung von externem Corporate Design geht es um die Entwicklung von visuellen Designelementen, die die Zielgruppe, also vor allem potenzielle oder bestehende Kundinnen und Kunden, ansprechen sollen. Dazu gehören sämtliche Werbemittel und Medien, die sich direkt an sie richten. Um die Kernbotschaften erfolgreich zu kommunizieren, ist es wichtig, vorab die Zielgruppe genau zu analysieren und ihre Eigenschaften und die Touchpoints mit der Marke zu kennen. Erst dann kann davon ausgegangen werden, dass die Maßnahmen auch ihren Sinn und Zweck erfüllen.

Abbildung 2.8
Kombination aus Kompass und Antilope – das Logo der Impala-App vereint beides.

Ein Beispiel: Für die **B2B-Reiseplattform Impala** entstand 2022 ein neues Design, das die inhaltlichen Themen – die Liebe zum Reisen auch im Businessumfeld und die Suche nach dem passenden Hotelzimmer – widerspiegeln sollte. Betrachten wir zunächst einmal das Logo: Das Motiv des Kompasses steht in direktem Bezug zur Abenteuerlust und Freiheit und der Aufgabe, den eigenen Weg zu finden. Die Impala, eine afrikanische Antilopengattung, impliziert Leichtigkeit, Schnelligkeit und Effizienz.

Die Bildsprache der Impala-Reiseplattform ist angelehnt an die grafische Darstellung von Schildern und Hinweisen an Orten, die eng mit Reisen verbunden sind, wie beispielsweise Flughäfen, Tickets und Hinweisschilder.

Die Verbindung von Abenteuer und Entdeckerlust findet sich sowohl in den fröhlichen Farben als auch in den Bestandteilen des Logos. Die ausgewählten Farben wurden abgeleitet von Sonne, Strand und Meer.

Die gewählte Schriftart »Impala Supply« ist eine Weiterentwicklung der Schrift »Supply« und ist durch ihre Formen, Ecken und Kurven ebenfalls angelehnt an die Welt des Reisens mit Beschilderung, Tickets und Gepäckanhängern.

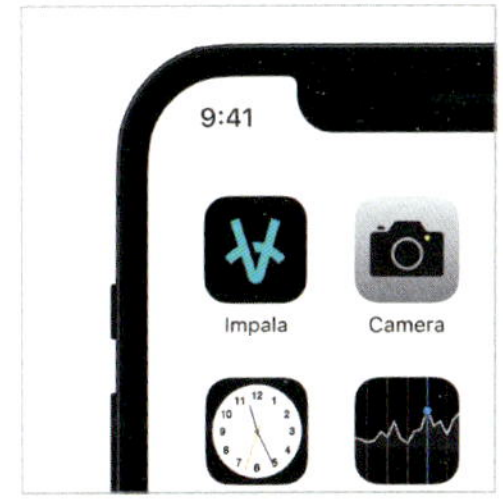

Abbildung 2.9
Die Impala-App zeichnet sich durch den hohen Wiedererkennungswert und die klare Farbgebung aus.

Abbildung 2.10
Die Form und Anmutung der Buchstaben wird sofort mit den typischen Orten des Reisens in Verbindung gebracht: Flughafentafeln, Koffertags und Tickets.

Abbildung 2.11
Auch in den Farben spiegelt sich das Thema Reisen, verbunden mit positiven Urlaubsemotionen, wider. Das Farbspiel der untergehenden Sonne, die Blautöne des Meeres und die eher neutrale Farbe des Sandes.

Abbildung 2.12
Kombination von Bildsprache und Typografie – Farben, Inhalt und Optik unterstreichen das Grundthema »Reisen« und wecken Fernweh.

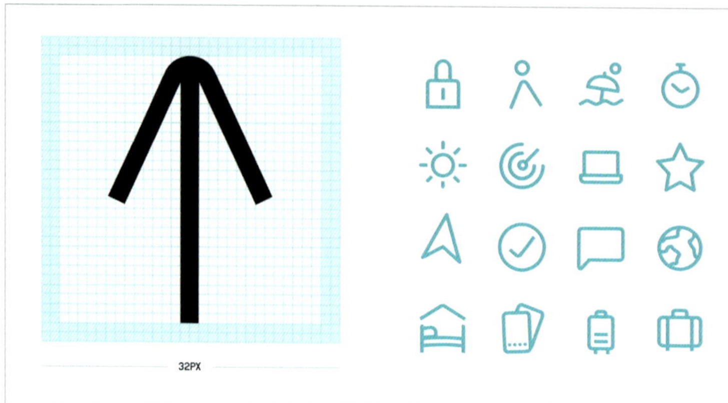

Abbildung 2.13
Iconset im neuen Designlook: Typisch ist die klare Formensprache und auch hier wieder die Anlehnung an den Look und die Typografie, die mit den Orten des Reisens in Verbindung gebracht werden.

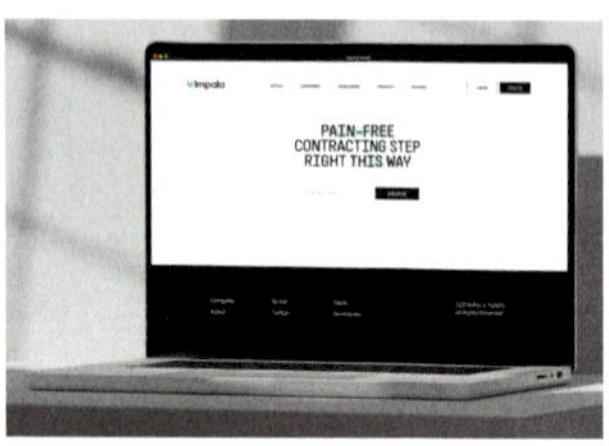

Abbildung 2.14
Mit dem Corporate Design wurden nicht nur Printmedien, sondern vor allem auch digitale Medien bespielt: Webauftritt von Impala mit neuem Erscheinungsbild.

Die grafische Umsetzung des Hauptthemas »Reisen« findet sich sowohl offline als auch online in allen gestalteten Bereichen wieder. Die klare grafische, technisch orientierte Designsprache wirkt auch bei den eigens für Impala entwickelten Icons sehr überzeugend. Dass auch für eine technologiebasierte digitale Anwendung analoge Corporate-Design-Elemente eine Rolle spielen, sieht man an der Vielfalt der Designadaptionen. Durch die konsistente Umsetzung ist ein markanter Markenauftritt entstanden, der es möglich macht, sich von der großen Konkurrenz in diesem Sektor abzugrenzen.

Abbildung 2.15
Plakatwerbung

2.2.2 Aufgaben von Corporate Design

Mit einem klaren, konsistenten Corporate Design kann sich eine Marke im Bewusstsein von Menschen verankern und dadurch auch Vorteile für das Unternehmen gegenüber Mitbewerbern erlangen. Die Abgrenzung von der Masse, ein positiver Außenauftritt, Neukundengewinnung oder die Gewinnung von Reichweite – über das Ziel sollten sich zu Beginn eines Corporate-Design-Projekts alle Beteiligten einig sein.

Bekanntheitsgrad erhöhen

Die Aufgabe von Corporate Design ist zunächst, potenziellen Kunden und Kundinnen einen passenden Eindruck des Unternehmens zu vermitteln. Das Corporate Design sollte dabei die Emotionen und Werte transportieren, die zum Unternehmen passen. Der Eindruck einer Marke oder eines Unternehmens entsteht zwar eher unbewusst und über einen längeren Zeitraum, er spielt aber für die Reichweite und den Erfolg des Unternehmens eine sehr große Rolle. Corporate Design kann also erfolgreich dazu beitragen, den Bekanntheitsgrad einer Marke oder eines Unternehmens zu steigern.

Wiedererkennungswert steigern

Bei der Entwicklung eines Corporate Designs geht es darum, die Wahrnehmung des Kunden gezielt zu lenken und zu beeinflussen. Dabei steht der Wiedererkennungswert und die Unterscheidbarkeit von konkurrierenden Unternehmen am Markt im Vordergrund. Durch die gezielte Gestaltung und bewusste Strukturierung und Akzentuierung im Design werden die Ziele der Unternehmensstrategie nach außen getragen und auf möglichst vielen Ebenen sichtbar gemacht.

Professionalität und Qualität ausstrahlen

Corporate Design spielt eine große Rolle, wenn es um die Verkörperung von Kompetenz und Professionalität eines Unternehmens geht. Das Resultat eines guten Corporate Designs spiegelt sich beispielsweise im Vertrauen und der Treue der Kundschaft wider. Ein unprofessioneller Marken- oder Unternehmensauftritt wird dagegen unmittelbar mit mangelnder Qualität, Unzuverlässigkeit und Unprofessionalität in Verbindung gebracht und kann dazu führen, dass der eigene Ruf leidet oder Kundinnen und Kunden ganz ausbleiben.

Konkrete Zielgruppe ansprechen

Mithilfe eines professionellen Corporate Designs ist es möglich, die gewünschte Kundschaft anzuziehen und die korrekte Zielgruppe anzusprechen, sodass die Kundenzufriedenheit und Loyalität zur Marke wächst.

Wie die Kommunikation nach außen für eine bestimmte Zielgruppe aussehen kann, zeigt das folgende Beispiel. Für ihre Einstellungskampagne beauftragte die polnische **Agentur Admind** bekannte Illustratorinnen und Illustratoren, individuelle Motive für eine Reihe von Plakaten zu erstellen. Im Zentrum der Illustrationen sollten die Werte der Agentur stehen: Vertrauen, Zusammenarbeit, Verantwortung, Abenteuer, Partnerschaft, Zufriedenheit und Freundlichkeit. Verbunden werden alle Entwürfe durch die Corporate Colour der Agentur.

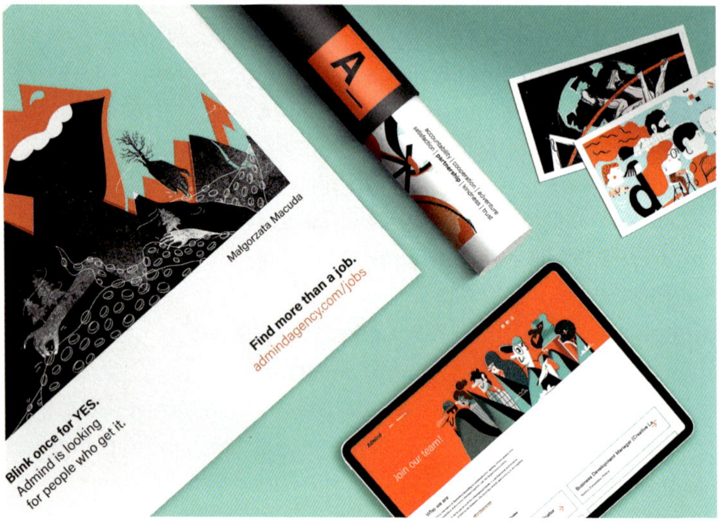

Abbildung 2.16
Teil einer Einstellungskampagne

Die Illustrationen sorgen für die nötige Aufmerksamkeit und helfen, die Botschaften auch im Vorbeigehen an die Betrachtenden zu vermitteln.

Die Kampagne half der Agentur einerseits, geeignete Angestellte zu finden, andererseits die Besucherzahl für die eigene Website zu steigern und die Bekanntheit der Agentur zu vergrößern, denn die Kampagne wurde mit dem Red Dot Design Award 2020 ausgezeichnet.

Preisstruktur unterstützen

Auch die Preisstruktur lässt sich bei einem entsprechenden Unternehmensauftritt leichter rechtfertigen – hier spielt der Transport von Wertigkeit, Qualität und Anspruch durch das Corporate Design eine große Rolle. Ein geschicktes Corporate Design ist beispielsweise in der Lage, durch eine hochwertige Präsentation der Marke die Qualität der Produkte so zu visualisieren, dass die Kundinnen und Kunden bereit sind, einen höheren Preis zu bezahlen.

Erscheinungsbild und Image

Das Erscheinungsbild sollte immer zum jeweils angestrebten Image passen – der Billigdiscounter hat mit Sicherheit andere Ziele als eine Möbelkette mit handverlesenen Designerstücken. Es geht also nicht immer darum, einen möglichst hohen Preis zu erzielen, sondern darum, die richtigen Kunden anzusprechen und Inhalte erfolgreich zu kommunizieren.

Auch wenn die Ermittlung des ROI nicht unmittelbar nach der Erstellung des Corporate Designs erfolgt und damit nicht unmittelbar in Zusammenhang steht – auf lange Sicht kann eine Marke von einem gut konzipierten und durchdachten Corporate Design profitieren.

ROI

ROI, die Abkürzung für »Return on Investment«, ist ein betriebswirtschaftlicher Begriff, der das Verhältnis von Gewinn und Aufwand wiedergibt.

Abgrenzung zur Konkurrenz

Eine optimale Unternehmenspräsentation kann außerdem wesentlich zur Wettbewerbsfähigkeit beitragen und das Unternehmen von der Konkurrenz abgrenzen. Durch ein selbstbewusstes Corporate Design und eine unternehmensspezifische, zielgruppengerechte Tonalität ist es einfacher, sich vom branchenüblichen Look der Konkurrenz abzugrenzen und langfristig in Erinnerung zu bleiben.

Mögliche Ziele von Corporate Design

- Steigerung des Bekanntheitsgrades
- Einheitliches Erscheinungsbild
- Hoher Wiedererkennungswert
- Transport der Unternehmenswerte
- Ausstrahlung von Professionalität, Qualität und Leistung
- Korrekte Zielgruppenansprache
- Gewinnung von Kundenvertrauen
- Abgrenzung von der Konkurrenz
- Änderung der Preisstruktur
- Ausweitung des Produkt-/Dienstleistungsportfolios
- Steigerung des Markenwerts
- Kostenminimierung durch Baukastensystem – die Wiederverwendung von Designelementen kann vor allem im digitalen Bereich dazu beitragen, dass die Corporate-Design-Vorgaben eingehalten und Zeit- und Kostenaufwand reduziert werden.

Am Beispiel des Corporate Designs für die **Stadt Porto** in Portugal wird deutlich, wie umfassend und tiefgründig die Motivation und der Umfang eines Corporate-Design-Projekts sein kann.

Was macht Porto eigentlich aus? Das war die zentrale Frage, die zu Beginn des Projekts gestellt wurde. *For each citizen, Porto is a different thing*, so der Ausspruch des Designstudios Eduardo Aires, das das neue Erscheinungsbild entworfen hat. Leben, Persönlichkeit und die individuellen Geschichten der Einwohner und Einwohnerinnen sollten sich im neuen Erscheinungsbild widerspiegeln. Dazu passend das Motto: *The city is yours*. Die Menschen, die dort leben, sollten sich mit dem neuen Erscheinungsbild identifizieren und darin wiederfinden.

Was zunächst ein Logo werden sollte, wurde schließlich ein dynamisches Logoensemble aus über 70 Icons, die die vielen Aspekte der portugiesischen Stadt repräsentieren. Sie ergeben so immer wieder neue Kombinationen und fügen sich in den Kontext vor Ort ein. Die Icons selbst sind dabei inspiriert von typisch portugiesischen Kacheln, genannt *azulejos*. Sie sind überall in der Stadt zu finden.

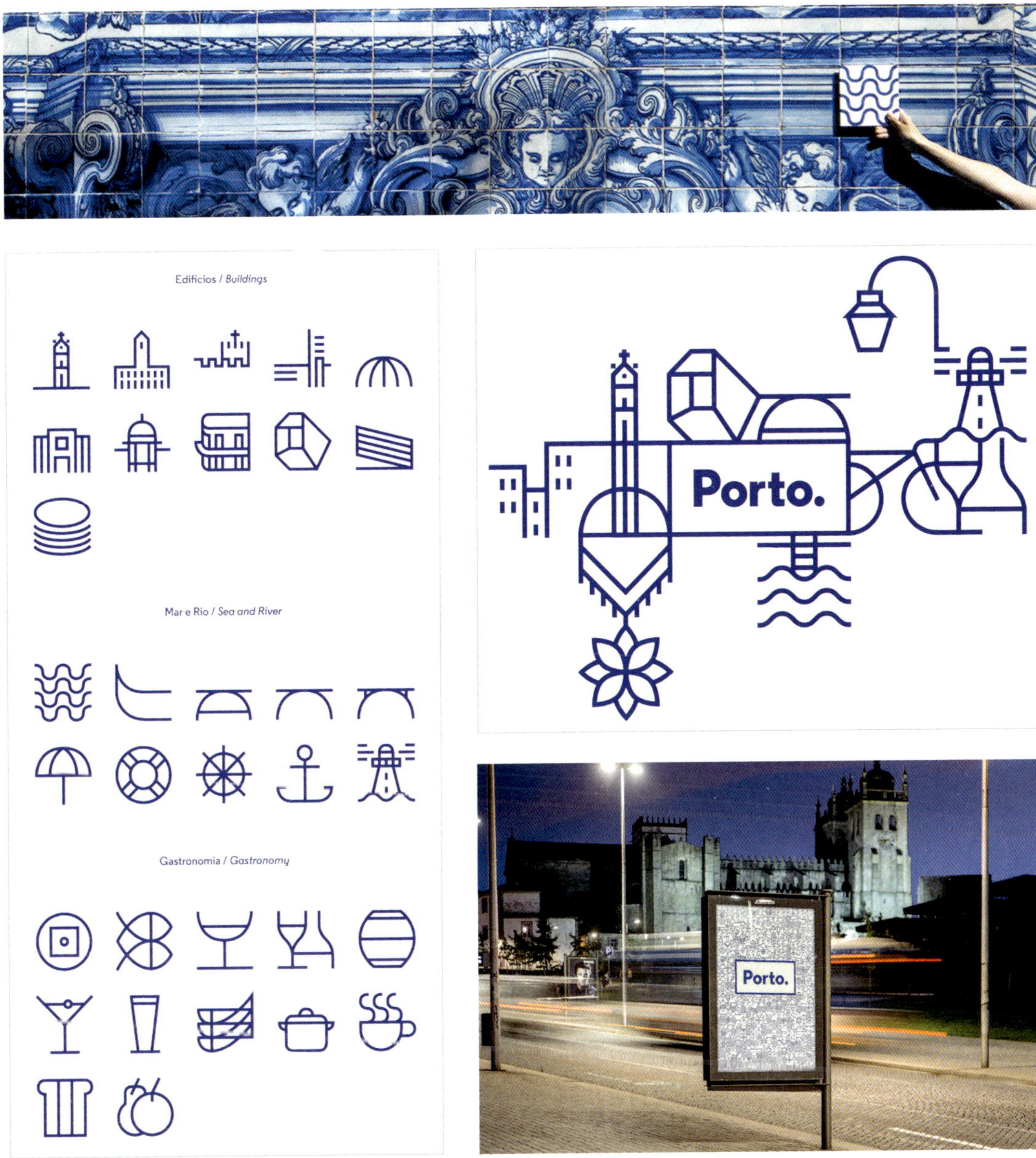

Abbildung 2.17
Die geometrisch-grafischen Icons ergeben immer wieder neu zusammengesetzte Logovarianten der Stadt.

2.2.3 Vorgehen beim Aufsetzen eines Corporate Designs

Durch die Erweiterung der klassischen Printmedien sind auch die Anforderungen an die einzelnen Elemente des Corporate Designs gewachsen – bei der Auswahl einer Schrift gilt es heute beispielsweise nicht nur, an die Gestaltung von Plakaten und Flyern zu denken, sondern sämtliche gestalterischen und technischen Anforderungen in der späteren digitalen Umsetzung im Hinterkopf zu behalten. In vielen Fällen ist sogar heute schon eine andere Reihenfolge an der Tagesordnung: Auf den Printbereich wird weitestgehend verzichtet, stattdessen liegt der Fokus von vornherein auf der digitalen Umsetzung des Corporate Designs.

Phase 1: Briefing und Rebriefing

Unternehmen reflektiert das Selbstverständnis

Während der Briefingphase beschäftigen sich Auftraggeber und Auftraggeberinnen häufig mit neuen Fragen. Nach intensiven Gesprächen und Fragen seitens der Designerin oder des Designers gibt es dann auf Unternehmensseite Aufgaben, die zur weiteren Klärung der Anforderungen zu erledigen sind.

Die Voraussetzung für eine langfristige und nachhaltige Konzeption eines Corporate Designs ist deswegen auch heute ein konkretes, ausführliches **Briefing**, in dem alle für die langfristige Strategie relevanten Aspekte möglichst konkret beschrieben und festgehalten werden (Bedarfskatalog). Im Rahmen eines Gesprächs oder (bei umfangreicheren Projekten) in Form eines Workshops werden in einem ersten Schritt die Anforderungen für das anstehende Corporate-Design-Projekt aufgenommen und festgehalten. Dieses Briefing sollte nicht nur Informationen zum Unternehmen, sondern auch zu den Produkten oder Dienstleistungen selbst umfassen.

Vor allem zu Beginn eines Projekts ist die Motivation für gewöhnlich hoch, und es ist relativ einfach, alle Verantwortlichen an einen Tisch zu bekommen. Dazu gehören Geschäftsleitung, Marketingabteilung, gegebenenfalls PR-Abteilung und hin und wieder auch Mitarbeitende, die sich zum Beispiel mit den Produkten, deren Besonderheiten oder der Fertigung besonders gut auskennen und Fragen dazu beantworten können.

Designdenkweise kennenlernen

Neben der Klärung des Anliegens und der Ziele des neuen Unternehmensauftritts ist dieser Termin auch eine Gelegenheit, die Arbeitsweise im Design vorzustellen, sodass nach dem Termin alle Parteien wissen, wie die nächsten Schritte sind und worauf es dann ankommt.

Neben dem Gespräch mit Stakeholdern und Beteiligten auf Unternehmensseite ist es außerdem sinnvoll, noch weitere Recherchemöglichkeiten mit ins Spiel zu bringen. Das können beispielsweise bei bereits bestehendem Design Kundenbefragungen, eine Konkurrenzanalyse oder eine allgemeine Recherche sein, um Angebot und Hintergrund des Unternehmens bestmöglich zu verstehen und gut informiert in den Entwicklungsprozess des Corporate Designs zu starten.

Sind die Anforderungen und Gegebenheiten klar, so werden sie in einem **Rebriefing** zusammengefasst und mit den Entscheidern und Entscheiderinnen des Unternehmens abgestimmt. Die abgestimmten Eckdaten des Projekts bilden dann auch die Grundlage für die Kalkulation des Angebots. Je konkreter der Umfang abgesteckt wird, desto realistischer lässt sich auch der Aufwand abschätzen (Abschnitt 14.3.1).

Das Ziel dieser ersten Phase ist also, den Projektumfang zu umreißen und das Ziel des Projekts zu verstehen.

Phase 2: Analysephase
Die einzelnen Corporate-Design-Elemente erreichen nicht nur potenzielle Kunden, sondern auch Stakeholder – Geschäftspartnerinnen, Banken, Versicherungen, Transportbetriebe, Dienstleister für den Kundensupport etc. Durch eine gründliche Analyse der einzelnen Bereiche fällt es später im Konzeptions- und Gestaltungsprozess leichter, auf die einzelnen Bedürfnisse und Sichtweisen einzugehen.

Für eine bessere Übersicht der Corporate-Design-Elemente können die einzelnen **Zielgruppen** in Bereiche eingeteilt und in einer Übersicht dargestellt werden. Mögliche Bereiche sind zum Beispiel

- Produktion/Fertigung
- Personal (inhouse)
- Personal (extern)
- Distribution
- Kommunikation/PR
- Kundenservice
- Zulieferer
- Zwischenhändler
- Endkunden
- Investoren

Jede Zielgruppe hat eigene Vorlieben, Eigenschaften und Anforderungen, die das Corporate Design beeinflussen. Ist das Corporate Design beispielsweise vor allem auf eine ältere Zielgruppe ausgelegt, so müssen im Gestaltungsprozess dementsprechend die besonderen Gegebenheiten zur Kommunikation mit der Zielgruppe beachtet werden. Durchläuft die Marke hingegen einen Generationenwechsel, ist eventuell im Rahmen eines Rebrandings zusätzlich zur bisherigen Zielgruppe ein jüngeres Publikum zu beachten. Zur Betrachtung der Zielgruppe gehören Merkmale wie

- Alter
- Geschlecht
- Beruf
- Freizeitgestaltung
- Interessen
- digitale Bildung

Teil des Konzepts bei der Erstellung des Corporate Designs ist es auch, konkret zu überlegen, welche **Kommunikationskanäle** sinnvoll sind. Dazu gehören beispielsweise Social-Media-Kanäle wie

Facebook, Instagram, Twitter und LinkedIn, es können aber auch Bewegtbilder auf YouTube sein. Die Auswahl der Kommunikationskanäle sollte nach den »Aufenthaltsorten« der Zielgruppe erfolgen. Beachtet werden müssen dabei Alter, Geschlecht oder Standort der Zielgruppe und beispielsweise auch, ob Zugriffe bevorzugt mobil oder am Desktop erfolgen. Bedenken sollte man auch die späteren Möglichkeiten zur Aufrechterhaltung und Pflege der ausgewählten Kanäle.

Abhängig von Dienstleistung und Produktangebot lohnt es sich, bei allen Corporate-Design-Projekten einen Blick auf aktuelle Zahlen zu **Trends** zu werfen, bevor es darum geht, die für das Unternehmen geeigneten Kommunikationskanäle auszuwählen. Im Rahmen der Annalect-Studie zur Medien-Hinwendung (2021) wurde zum Beispiel deutlich, dass Messenger-Dienste eine führende Rolle bei den heute üblichen Kommunikationskanälen spielen.

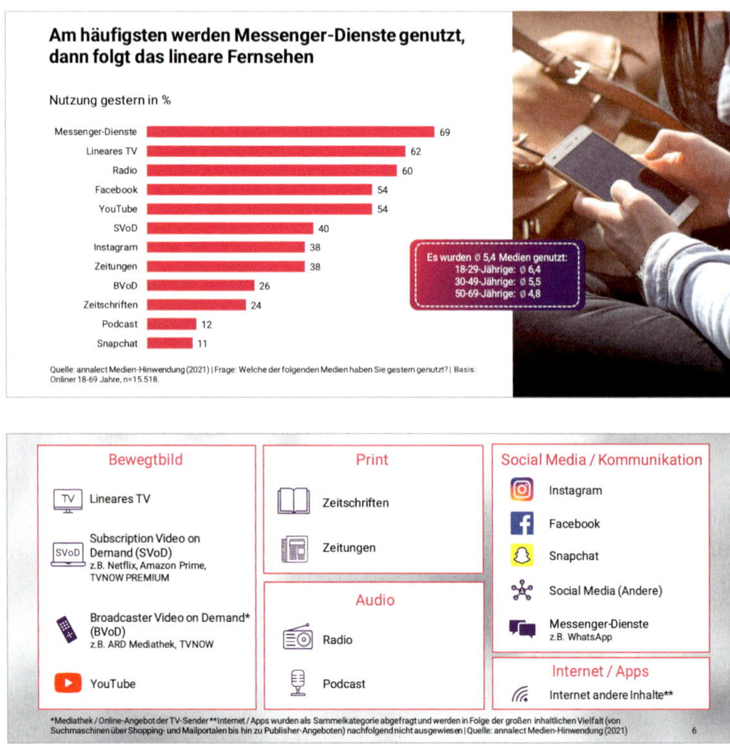

Quelle: AdAlliance, www.ad-alliance.de

Abbildung 2.18
Annalect-Studie zur Medien-Hinwendung 2021 – Auflistung der Kommunikationskanäle, die allgemein am häufigsten genutzt werden

Trends zu beobachten ist wichtig, um aktuelle Entwicklungen zu kennen. Um genau herauszufinden, welche Kommunikationskanäle für ein spezielles Unternehmen relevant sind, ist es aber unabdingbar, gezielte auf das Unternehmen bezogene Daten einzuholen und auszuwerten. Sie können sich je nach Angebot und Zielgruppe des Unternehmens grundlegend vom allgemeinen Trend unterscheiden. Die Ergebnisse können ausschlaggebend für die Bestandteile des Corporate Designs sein.

Um sich ein besseres Bild vom Unternehmen, den Anforderungen und Zielen zu machen, ist immer auch ein Blick auf die **Konkurrenz** von Vorteil. Beim Blick auf Unternehmen, die ein ähnliches Angebot haben, geht es vor allem darum, sich für das spätere Corporate Design einen Überblick über die Darstellung innerhalb eines bestimmten Marktsegments zu verschaffen. Die Ziele können unterschiedlich sein: Eventuell geht es darum, sich von einem bestimmten Konkurrenten bewusst abzuheben, oder aber es gibt Elemente, die woanders gut funktionieren und adaptiert werden sollen. Interessant sind dabei Fragen nach der jeweiligen Zielgruppe und nach der Außenwahrnehmung des Unternehmens:

- Entspricht das angebotene Preissegment der angestrebten Zielgruppe?
- Wie wird beispielsweise die Preisstruktur über das Corporate Design transportiert?
- Wie kommuniziert das Konkurrenzunternehmen seinen Wert und seine Produkte?

Gebrauchsgegenstände

Auch Gebrauchsgegenstände wie Firmenfahrzeuge, Shops und Arbeitskleidung können zum Corporate Design gehören – jedes Element ist dabei Träger der visuellen Markendarstellung.

Die Analyse der Mitbewerber ist am besten in Zusammenarbeit mit dem beauftragenden Unternehmen zu erstellen. Denn in den meisten Fällen haben sich die Unternehmen bereits intensiver mit der Konkurrenz auseinandergesetzt und können viele der aufkommenden Fragen im Gespräch beantworten, Beispiele und wertvolle Hinweise liefern.

Die Ergebnisse der Analysephase sollten für alle Beteiligten an einem zentralen Ort hinterlegt werden und jederzeit einsehbar sein.

Phase 3: Entwurfsphase: Gestaltung der Corporate-Design-Elemente

Sind alle Eckdaten bekannt, ist die Marktsituation klar, sind die Ziele und ein Grundverständnis für das Produktportfolio und das Unternehmen vorhanden, beginnt der kreative Teil des Corporate-Design-Projekts.

In einer **ersten Entwurfsphase** werden Ideen gesammelt, erste Skizzen erstellt und eine grobe Richtung festgelegt.

Über den Tellerrand

Zur Inspiration können auch kreative Ideen aus ganz anderen Bereichen einfließen. So kann beispielsweise beim Corporate Design für eine Bank ein völlig neuer Stil entstehen, der dann zur Einzigartigkeit und zum Wiedererkennungswert des Unternehmens beiträgt.

In der Findungsphase sollten die Anforderungen des Auftraggebers oder der Auftraggeberin immer im Hinterkopf bleiben und die Entwürfe kritisch danach geprüft werden, ob sie mit den Zielen des Projekts übereinstimmen.

Hat sich eine bestimmte Richtung herauskristallisiert, geht es um die **Ausarbeitung der Idee** mit dem Ziel, die ersten Corporate-Design-Elemente zu entwickeln. Dabei sollte auch schon daran gedacht werden, wie die Elemente in digitaler Form funktionieren könnten und welche Möglichkeiten es in Bezug auf das digitale Corporate Design gibt.

Erst wenn konkrete visuelle Anhaltspunkte entstanden sind, lohnt es sich, mit dem **Auftraggeber zu sprechen** – denn für einen Laien ist es nicht unbedingt einfach, den Gestaltungsprozess und die Vision dahinter nachzuvollziehen. Werden dann die Entwürfe präsentiert, sollten wirklich nur solche Inhalte Teil der Präsentation sein, hinter denen die Designerin oder der Designer auch wirklich steht.

Nur Entwürfe zeigen, von denen man überzeugt ist

Es lohnt sich nicht, etwas Halbherziges zu präsentieren, denn allzu schnell ist man dann mit diesem Entwurf verhaftet und tut sich im Nachhinein schwer, das Design fortzuführen oder zu Ende zu bringen.

Die **Präsentation** sollte auch nicht ausschließlich aus finalen Entwürfen bestehen, sondern den Weg dorthin beinhalten. Das erleichtert das Verständnis auf Auftraggeberseite erheblich, und viele Diskussionen, vor allem über Geschmacksfragen, lassen sich so schon vorwegnehmen. Teil der Präsentation können so beispielsweise einige der Ideen und Scribbles zu Beginn sein, Überlegungen, Teilerkenntnisse aus der Recherchephase, technische Voraussetzungen und Inspirationsquellen, die mit in den Gestaltungsprozess eingeflossen sind.

Phase 4: Gestaltungsphase: Anwendung des Corporate Designs und Adaption auf unterschiedliche Anwendungen

Nach der Entwurfsphase kommt nun die Gestaltungsphase, in der die Corporate-Design-Anwendungen gestaltet werden. Anwendungsmöglichkeiten im Corporate-Design-Prozess sind beispielsweise:

- Imagebroschüren
- Karriereseiten
- Unternehmensprofile
- Intranet
- Flyer
- Veranstaltungen und Messen
- Unternehmensvideos

Bei einem bereits bestehenden Design ist es eventuell sinnvoll, die schon vorhandenen Corporate-Design-Umsetzungen noch einmal vor dem Hintergrund der Rechercheergebnisse und der Zielgruppenanalyse zu überdenken, zu erweitern oder den Fokus zum Beispiel hinsichtlich digitaler Medien neu auszurichten. Hier ist im Umgang mit Auftraggeberinnen und Auftraggebern hin und wieder Fingerspitzengefühl gefragt, denn nicht alle sind offen für Innovationen oder den neusten Stand der Technik.

Jedes einzelne Designmedium, das im Rahmen des Corporate Designs erstellt wurde, bedarf einer gesonderten **Abstimmung**. Der Austausch mit dem beauftragenden Unternehmen ist auch hier wichtig und sollte im Fluss bleiben und nicht mit der Lieferung der Inhalte enden. Zwischenstände und kleinere Meilensteine erleichtern auch hier den Umgang miteinander und die Erzielung eines zufriedenstellenden Ergebnisses.

Ist das Layout abgestimmt, geht es darum, es **final umzusetzen**. Was bei Druckerzeugnissen die Reinzeichnung ist, ist für digitale Medien zusätzlich die zuverlässige technische Umsetzung unter Beachtung der unterschiedlichen Anwendungsmöglichkeiten, wie Desktop oder mobile Variante oder unterschiedliche Browser.

Bei Druckerzeugnissen wird vor der finalen Umsetzung in der Druckerei die Freigabe durch den Auftraggeber/die Auftraggeberin in Form eines Proofs (meist digital) eingeholt, um sich gegen Reklamationen abzusichern. Sobald die Freigabe da ist, kann das Design gedruckt werden.

Content und Gestaltung spielen zusammen

Neben einer Contentstrategie, die darauf abzielt, konsistent für die Bewerber interessante Informationen zu übermitteln, geht es darum, die Plattformen nach den Corporate-Design-Richtlinien zu gestalten. Gemeinsam mit dem Inhalt sollte sich daraus ein ganzheitliches Unternehmensbild ergeben, das für potenzielle und aktuelle Mitarbeiter und Mitarbeiterinnen attraktiv und sympathisch ist.

Kalkulation

Beachten Sie die im Angebot festgelegten Korrekturrunden – je nach Vereinbarung werden zusätzliche Korrekturrunden separat berechnet.

Phase 5: CD-Manual erstellen

Nach der Übertragung des Corporate Designs auf die einzelnen Anwendungen wird die Umsetzung in einem Dokument festgehalten, dem Corporate-Design-Manual oder Styleguide. Diese Dokumentation wird dem Unternehmen zur Verfügung gestellt, sodass alle Beteiligten die Möglichkeit haben, das Corporate Design mithilfe dieses Leitfadens konsequent umzusetzen. Integriert werden alle Gestaltungselemente und ihre Anwendung.

Einige Unternehmen teilen die festgelegten Gestaltungselemente und -regeln in einem Brandportal online und machen so die Bestandteile und Elemente des Corporate Designs öffentlich zugänglich. Im **Brandportal des ZDF** beispielsweise sind die einzelnen Elemente übersichtlich aufgeführt. Hier werden die Varianten und Regeln zur Anwendung des Logos in unterschiedlichen Fällen mithilfe von Beispielen detailliert erklärt.

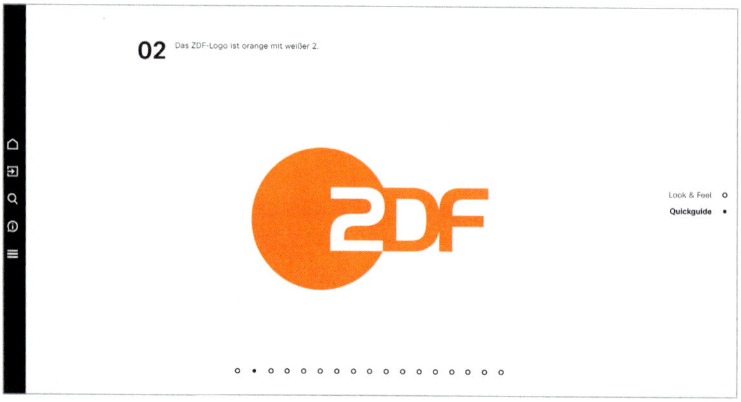

Abbildung 2.19
Brandportal des ZDF

> **Corporate Design kann wachsen**
>
> Aus einer Grundausstattung kann allerdings nach und nach ein sehr umfassendes Corporate-Design-Projekt werden, nämlich dann, wenn sich weitere sinnvolle Bestandteile ergeben oder nach und nach mehr Budget für die Erweiterung des Corporate Designs eingesetzt werden kann. Gerade bei jungen Firmen und Startups geschieht die Umsetzung des Corporate Designs häufig in mehreren Phasen, parallel zur Entwicklung des Unternehmens.

2.2.4 Übersicht über mögliche Corporate-Design-Anwendungen

Wenden wir uns nun den Bestandteilen eines Corporate Designs zu. Je nach Ausgangslage, Budget und Unternehmenszielen werden die passenden Anwendungen ausgewählt und zu einem ganzheitlichen Corporate Design kombiniert.

Ob es im ersten Schritt um ein komplettes Corporate-Design-Projekt, die Erstellung einer Grundausstattung geht oder um ein komplettes Redesign eines bestehenden Corporate Designs, ist Teil des Briefings.

In der Umsetzung werden die bereits vorgestellten Elemente des Corporate Designs (Logo, Corporate Colour, Corporate Font usw.) häufig zunächst in einer Standardausstattung umgesetzt, um das Unternehmen in einem ersten Schritt visuell nach außen zu präsentieren: Das können beispielsweise Anwendungen wie Briefbogen, Briefumschlag und Visitenkarten sein. Aber auch digitale Vorlagen für PowerPoint-Präsentationen, E-Mail-Signaturen, Newsletter und vor allem eine professionelle Unternehmenswebsite sind frühe Schritte in der Anwendung des Corporate Designs.

Je nach Unternehmen können des Weiteren Fahrzeugbeschriftung, Beschilderung oder Arbeitskleidung sinnvoll sein, um auf das Angebot aufmerksam zu machen.

Reichweite ermitteln

Im direkten Gespräch mit dem Auftraggeber oder der Auftraggeberin sollte vor der Auswahl der Corporate-Design-Anwendungen geklärt werden, welche Bestandteile zum Unternehmen passen und gestaltet werden sollen. Für einen Handwerksbetrieb ist es beispielsweise wichtiger, regional präsent zu sein, als eine überregionale digitale Werbekampagne zu schalten. Bei internationalen Firmen, die ihre Kundinnen und Mitarbeiter weltweit ansprechen möchten, stehen dagegen wahrscheinlich eher digitale Medien im Vordergrund.

Der Umfang eines Corporate-Design-Auftritts nimmt über die Zeit meistens zu, da auch die Anzahl der Kommunikationskanäle und Designadaptionen wächst. Das Ausmaß eines Corporate-Design-Projekts kann bei großen Marken oder Unternehmen bis hin zur Gestaltung von Sounds, Messeständen und Gebäuden reichen. Je präsenter und regelmäßiger die Kommunikationskanäle eines Unternehmens oder einer Marke bespielt werden, desto fester wird die Marke in den Köpfen der Kundinnen und Betrachter verankert.

In der folgenden Übersicht sind einige der häufigsten Corporate-Design-Anwendungen am Beispiel der **Gewobag Wohnungsbau AG** aufgeführt. Das Corporate Design der Gewobag, einer Berliner Wohnungsbaugesellschaft, wurde von der Agentur Strichpunkt vollumfänglich gestaltet: Nahezu alle Anwendungsfälle eines Corporate Designs wurden konsequent umgesetzt, sodass diese Gestaltung hier als überzeugendes Beispiel angeführt werden kann.

Redesign

Bei bestehenden Firmen lohnt es sich, die bereits vorhandenen Corporate-Design-Elemente mit den aktuellen Zielen des Unternehmens abzugleichen und zu überprüfen, ob sie in dieser Form auch in Zukunft noch sinnvoll sind, um die gewünschte Zielgruppe zu erreichen.

Abbildung 2.20
Das Logo, das mit seinen Quadern konsequent an die Themenwelt Bauen und Wohnen angelehnt ist. Die klare Farbgebung vermittelt ein freundliches Image.

Zur **Geschäftsausstattung** zählen folgende Einzelanwendungen:

- Briefpapier und Briefumschläge: Festlegung von Aufteilung, Bestandteilen, Folgeseiten, Formaten, Versionen und Zweck sowie Ausarbeitung und Definition der Gestaltungselemente. Beim Briefpapier ist es hilfreich, den Mitarbeitenden, die die Vorlage später im Alltag verwenden werden, ein Beispiel und eine Übersicht zu vordefinierten Schriften und Schriftgrößen mitzuliefern. Diese Vorgaben können im Corporate-Design-Manual festgehalten werden.
- Visitenkarten, Grußkarten, Dankeskarten, Kurznotizen
- Rechnungsbögen, Lieferscheine, Quittungsbögen, Zeugnisse
- Firmenstempel, Geschenke, Give-aways

Abbildung 2.21
Auch bei der Geschäftsausstattung wurden die Corporate-Design-Elemente Logo und Corporate Colour konsequent eingesetzt.

Die **Außenwerbung** umfasst:

- Firmenschilder
- Firmenfahrzeuge/-transportmittel
- Transportverpackungen
- Arbeitskleidung, Uniformen
- Flaggen, Fahnen
- Plakate, Banner, Werbetafeln
- Werbeanzeigen auf öffentlichen Verkehrsmitteln

Abbildung 2.22
Die Außenwerbung: ein freundlicher, einladender Auftritt eines Quartierbüros

Digitale Corporate-Design-Anwendungen sind:

- Webseiten, Landingpages, Blogseiten
- Apps, Buchungsplattformen
- Social Media (Banner, Posts, Werbeanzeigen etc.)
- Digitale Werbeanzeigen
- Newsletter
- Imagefilme
- Firmenprofile (LinkedIn, YouTube etc.)
- Digitale Boards, Plattformen etc. (zum Beispiel Miro)
- Animationen

Abbildung 2.23
Überzeugender Internetauftritt nach den Corporate-Design-Richtlinien

Zu **Printbereich** und Publikationen zählen:

- Flyer, Postkarten, Coupons
- Geschäftsberichte, Imagebroschüren

- Pressemappe
- Preislisten, Infoblätter
- Mailings
- Bücher, Veröffentlichungen
- Kundenzeitung, Mitarbeitermagazin

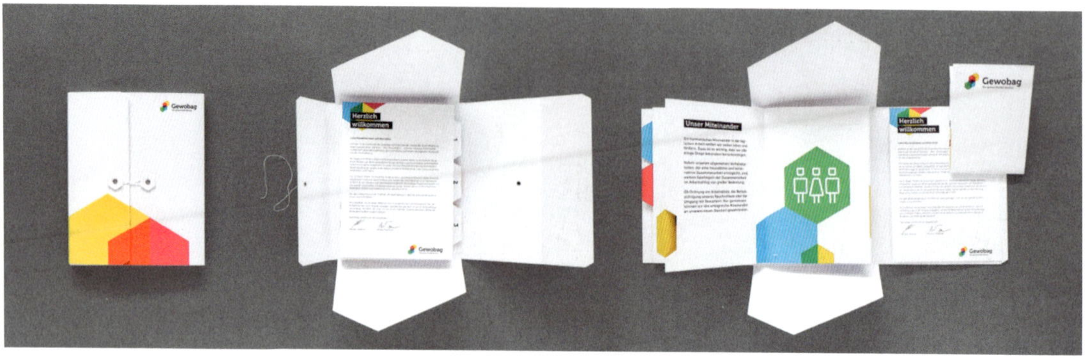

Abbildung 2.24
Beispiel aus dem Print-Bereich: eine Pressemappe

Denken Sie auch an den Bereich der **Workshops, Meetings und Präsentationen**:

- Präsentationen (Templates, Folien etc.)
- Handouts, Workbooks
- Charts, Diagramme, Infografiken
- Teilnahmebestätigung, Zertifikat, Urkunde
- Karten für Videokonferenzen
- T-Shirts, Werbeartikel (Stifte, Blöcke, Tassen etc.)

Abbildung 2.25
Auch Werbeartikel wurden im Corporate Design gestaltet.

Einen großen Bereich bilden auch **Produktpräsentation und Verpackung**:

- Karton, Umverpackung
- Etikett, Banderole
- Anhänger

- Blister, Tüten, Beutel
- Beipackzettel, Anleitung
- Einleger
- Displays, Kundenstopper
- Einkaufstüten
- Schaufensterpräsentation
- Messestand, Leitsystem, Schilder
- Shop in Shop

Abbildung 2.26
Vor Ort bei der Gewobag

Wie facettenreich ein Corporate-Design-Auftritt sein kann, sieht man auch am Beispiel der **Stadt Ismaning**. Die Agentur Zeichen & Wunder wurde beauftragt, ein Corporate Design zu entwickeln.

Auszug aus dem Auftrag

Das Corporate Design soll Heimatgefühl und Gemeinschaft der Bürger von Ismaning kommunizieren und gleichzeitig Touristen und Unternehmen mit seinem lebendigen Charakter ansprechen. Außerdem soll das neue Corporate Design die Basis für das »Digitale Rathaus« bilden – ein Förderprogramm des Freistaats Bayern zur Digitalisierung aller Behördengänge. (Zeichen & Wunder)

Corporate Design nicht nur für Unternehmen

Nicht nur Unternehmen, sondern auch Universitäten, Organisationen oder sogar Orte können Auftraggeber eines Corporate Designs sein.

Welche Corporate-Design-Elemente sinnvoll sind, hängt von der Zielgruppe ab – schließlich möchte man eine ganz bestimmte Gruppe mit dem Corporate Design erreichen. Je vielfältiger die Zielgruppe ist, desto vielfältiger können auch die Corporate-Design-Elemente ausfallen: Neben der klassischen Geschäftsausstattung kam das neue Logo auch auf den für Trachten verwendeten Stoffen zum Einsatz, auf Liegestühlen oder Weingläsern. Das Logo wird im Fall des Corporate Designs für Ismaning zum Siegel für Qualität und Herkunft.

Dass das Corporate Design universell einsetzbar ist, zeigt sich am großen Umfang des Corporate-Design-Projekts. Da es sich um einen Ort handelt, ist es naheliegend, das Corporate Design auch auf Wegweiser, Schilder und Karten zu übertragen.

Abbildung 2.27
Umfassendes Corporate Design einer Stadt

2.3 Branding – Corporate Design mit Fokus auf die Marke

Ist Branding eigentlich das Gleiche wie Corporate Design?

Viele Bereiche des Brandings sind tatsächlich deckungsgleich mit den Bereichen von Corporate Design, allerdings liegt der Fokus beim Branding mehr auf dem Markenaspekt, dem »Brand«. Dabei geht es vor allem darum, die Anziehungskraft einer Marke zu verstehen und dieses Wissen konkret einzusetzen, um Kunden und Kundinnen langfristig zu behalten. Der Unterschied zum Corporate Design liegt unter anderem im speziellen Fokus auf eine emotionale Bindung zwischen Kundschaft und Marke, auch wenn das ebenfalls ein Teilaspekt des Corporate Designs sein kann.

Beim Kaufprozess werden Marken, Vorstellungen, ja ganze Welten verkauft, mit denen sich die Käufer und Käuferinnen identifizieren. Die Aufgabe des Brandings ist also, Emotionen zu erzeugen und die Identifikation der richtigen Zielgruppe mit der Marke zu erreichen. Das Branding zielt auf die Verbindung von Kundinnen und Kunden und der Marke ab – auf jenes »Bauchgefühl«, das einen begleitet, wenn man von der jeweiligen Marke spricht. Dabei spielt das Corporate Design als visualisierte Markenbotschaft ebenfalls eine wesentliche Rolle.

Produkte werden heute nicht mehr von einem »Verkäufer« angepriesen; stattdessen holen sich die Konsumenten und Konsumentinnen auf eigene Art und Weise Informationen zu den Produkten ein und machen sich selbstständig ein Bild von der Marke. Die Präsentation der Marke und die Kommunikation der Werte unterstützen den Meinungsbildungsprozess der Kundinnen und Kunden und letztendlich damit auch die Kaufentscheidung bzw. die Wahrnehmung des Unternehmens.

In Bezug auf den Erfolg einer Marke hat das Branding einen enorm hohen Stellenwert. In den Köpfen der Menschen sind in den seltensten Fällen Verkaufszahlen und Reichweite präsent, wenn sie an eine Marke denken – wohl aber der Markenauftritt und die damit verbundenen Gefühle. Das Branding wird als eigenständige Persönlichkeit wahrgenommen und entsprechend eingeordnet. Die Loyalität zu einer Marke spielt bei der Entfaltung weiterer Kundenbeziehungen eine ausschlaggebende Rolle. Denn erst mit ihr entstehen in Bezug auf das Marketing weitere Möglichkeiten, wie beispielsweise Weiterempfehlung und Verbreitung bis hin zur frei-

Love Brands

Einige Marken werden nicht nur gewählt, sondern sogar »geliebt«. Dann spricht man von »Love Brands«. Love Brands sind besonders beliebte Marken. In den letzten Jahren gehörten beispielsweise Aldi, Haribo, Bosch oder Puma zu den beliebtesten Marken in Deutschland. Eine weitere, seit vielen Jahren beliebte und mit Gefühlen verbundene Marke ist Nutella.

Abbildung 2.28
Personalisierte Etiketten für Nutella

willigen Bewerbung, einzig und allein durch die Begeisterung für Marke und Produkt.

2.3.1 Brandmessage

Sämtliche Merkmale und die Mission einer Marke sind Teil der Grundlage für ein erfolgreiches Branding. Die Kernaussage zur Marke wird in der »Brandmessage« zusammengefasst. Die Brandmessage kann einen Kernsatz/Slogan umfassen, der im Erscheinungsbild und der Außendarstellung der Marke immer wieder untermauert und verfestigt wird. Bekannte Beispiele für Brandmessages sind:

- *Just do it* (Nike)
- *Haribo macht Kinder froh und Erwachsene ebenso* (Haribo)
- *Freude am Fahren* (BMW)

Abbildung 2.29
Brandmessage von Apple

Bei der Wahl der Tonalität und Ansprache sollte man die Wunschkundschaft im Hinterkopf haben – denn nur wenn sich die richtige Zielgruppe angesprochen fühlt, kann sie auch die Brandmessage verstehen. Dazu gehören der richtige Wortschatz sowie die inhaltlichen Themen, die die Wunschzielgruppe beschäftigen. Um eine konkrete Vorstellung der Wunschkundschaft zu bekommen, sind genauere Informationen zu Alter, Berufsgruppen, Freizeitgestaltung und Lebensstandard wichtig. Begegnen sich Marke und Wunschzielgruppe auf einer Ebene, ist es wahrscheinlicher, dass sich die Zielgruppe mit der Marke identifiziert und eine enge Bindung entsteht.

Der Slogan oder Claim ist dabei eng mit der Marke verwoben. Es ist die Aussage, die Menschen im Kopf haben, wenn sie an die Marke denken. Ob es *Ich liebe es* bei McDonald's, *Just do it* bei Nike oder Apples *Think different* ist – der Slogan ist ein wichtiger Teil der Brandmessage. Bei der Festlegung des Markenslogans ist zu beachten, dass er einprägsam und langlebig ist, um die Konsistenz im Markenauftritt zu wahren. Er sollte außerdem perfekt zur Marke passen.

2.3.2 Positionierung

Neben der Brandmessage gehört auch eine genaue Vorstellung von der Positionierung der Marke zur Erstellung eines Markenerscheinungsbildes.

Um die Positionierung zu klären, können Sätze wie *Wenn unsere Kunden an unsere Marke denken, sollten sie denken, dass …* helfen. Die Aussage zur Positionierung sollte zu den weiteren Bestandteilen des Brandings passen und auch mit der Brandmessage korrespondieren. Klarheit über die Positionierung kann dabei helfen, sich in den Markenaussagen und dem späteren Erscheinungsbild besser von der Konkurrenz abzugrenzen und durch entsprechende Aussagen die Vorteile und positiven Unterschiede nach innen und außen zu kommunizieren. Die richtige, klare Kommunikation zur Positionierung trägt zur Glaubwürdigkeit und Authentizität einer Marke bei.

Markenaussagen

Auch wenn diese Bestandteile des Markenaufbaus nicht unmittelbar mit einer visuellen Präsentation der Marke verknüpft sind, so sind sie dennoch fester Bestandteil eines ganzheitlichen Brandings. Im Idealfall können die Kernaussagen zu Brandmessage, Positionierung, Tonalität, Zielgruppe und Mission gemeinsam mit dem Unternehmen und den relevanten Stakeholdern erarbeitet werden, bevor das visuelle Erscheinungsbild entwickelt wird. Bei größeren Unternehmen sind die Markenaussagen bereits klar und festgeschrieben. Für viele vor allem junge Unternehmen stellt es einen enormen Mehrwert dar, diese Kernaussagen gemeinsam auf den Punkt zu bringen und noch einmal klar zu formulieren.

2.3.3 Visuelle Umsetzung

Die visuelle Umsetzung des Brandings gleicht inhaltlich den Corporate-Design-Bestandteilen. Im Sinne des Brandings sollte im Verlaufe der Designentwicklung immer wieder ein Abgleich mit der Brandmessage, der Zielgruppe und der Mission erfolgen. Dazu können Fragen helfen wie:

- Ist die Botschaft klar formuliert?
- Spricht die Marke die Sprache der Zielgruppe?
- Ist das Erscheinungsbild konsequent auf die Wunschzielgruppe ausgerichtet?

Exkurs: Personal Branding

Abgesehen vom Branding einer Marke gibt es auch Bereiche des Brandings, die eine bestimmte Zielgruppe betreffen. Beim Personal Branding im Bereich des Corporate Designs geht es beispielsweise darum, als Designer oder Designerin für entsprechende Werte zu stehen und diese zu verkörpern. Sich dessen bewusst zu werden, kann wertvoll sein, wenn es um die eigene Darstellung auf den unterschiedlichen Plattformen geht. Auch hier spielen Konsistenz und Glaubwürdigkeit eine große Rolle.

Bei der Personal Brand ist der Anspruch ebenfalls, sich von der Konkurrenz abzuheben und Alleinstellungsmerkmale zu finden und sie zu kommunizieren. Auch beim Personal Branding geht es darum, ein langfristiges Ziel oder eine Vision zu entwickeln, die ausschlaggebend für die Strategie und Präsentation der Person als Marke ist. Der Unterschied zum Branding für Unternehmen ist, neben dem Bezug zur Person, vor allem der Weg, der notwendig ist, um dieses Ziel zu erreichen. Die Herausforderung beim Personal Branding besteht darin, im Vorfeld eine klare Vision und Zielvorstellung der eigenen öffentlichen Markenpersönlichkeit zu entwickeln, bevor diese Persönlichkeit dann auch nach außen hin »gelebt« wird. Beim Personal Branding geht es im wahrsten Sinne des Wortes darum, eine »lebendige Marke« zu erschaffen.

Der Weg zur Vision von der eigenen Person als Marke ist oft nicht sofort so klar wie bei einem Unternehmensbranding – beim Personal Branding geht es um einen Menschen mit einer eigenen Geschichte, mit Emotionen und ganz persönlichen Wünschen und Werten. Und noch mehr als das – eine wirksame Personal Brand steht nicht nur für eine starke Persönlichkeit und ihre Wertvorstellung, sondern für ein Lebensgefühl, für eine ganze Welt, mit der sich andere identifizieren oder bestimmte Gefühle assoziieren. Eine Personal Brand kann mit der richtigen Kommunikation zu einem Qualitätssiegel für die angebotene Dienstleistung werden und bringt somit für die Vermarktung der eigenen Expertise einige Vorteile mit sich.

Vorteile von Personal Branding

- Wunschkunden gezielt ansprechen
- Expertenstatus erreichen
- Reichweite vergrößern, zum Beispiel durch Auftritte und Vorträge in der Öffentlichkeit
- Interessante Kontakte knüpfen, beispielweise mit Geschäftspartnerinnen
- Vertrauen und Glaubwürdigkeit steigern
- Sich von der Konkurrenz abheben

Um die Positionierung beim Personal Branding klar und deutlich festzulegen, ist Fingerspitzengefühl gefragt. Denn nur wenn die Positionierung wirklich perfekt zur Persönlichkeit passt, kann die Darstellung nach außen langfristig aufrechterhalten werden, ohne dass die Glaubwürdigkeit leidet. Dass es trotzdem anstrengend werden kann, in der Öffentlichkeit zu stehen, steht außer Frage. Für die eigene Personal Brand ist es von großer Bedeutung, die persönlichen Grenzen ganz genau zu kennen. Es ist wichtig, zu lernen, wie man mit Kritik, Feedback und negativen Einflüssen umgehen kann, ebenso wie mit einer hohen Nachfrage nach Kommunikation, mit der eigenen Privatsphäre und – den eigenen Fans.

Vor allem der Auftritt in den sozialen Medien – die Auswahl und die Art und Weise der Präsentation von Inhalten, das Maß an Einblicken ins persönliche Leben – sollte zur Persönlichkeitsstruktur passen und mit den eigenen Wertvorstellungen übereinstimmen. Über die Präsentation nach außen, sowohl optisch als auch inhaltlich, und die weitere Bedeutung des Lebens in der Öffentlichkeit sollte man sich zu Beginn bewusst sein. Hinter einer erfolgreichen Personal Brand steckt sehr viel Recherche, Wissen, Durchhaltevermögen und – wie bei allen anderen Branding-Themen auch – eine gute Strategie, die es konsistent umzusetzen gilt.

Die Klarheit in der eigenen Positionierung sollte sich dann auch im Außenauftritt widerspiegeln. Für das Corporate Design bedeutet das vor allem eines: Als Designer und Designerin sollte man ganz genau verstanden haben, um wen es sich bei der Person, die eine Personal Brand entwickeln möchte, handelt – Ziele, Werte und Persönlichkeit sollten klar kommuniziert und festgehalten werden. Mit Empathie und einem guten Austausch ist es möglich, sich ein aussagekräftiges Bild von der Persönlichkeit, ihren Wünschen, Eigenschaften, Stärken und Zielen zu machen. Ein treffendes Corporate Design, das diese Eigenschaften widerspiegelt, sollte dann eine gute Hilfestellung sein, um ein größeres Publikum zu erreichen und den Wunschkundenkreis anzusprechen.

Abbildung 2.30
Bestandteile des Personal Brandings – Voraussetzung für eine einzigartige Personal Brand

Auch für Designerinnen und Designer wird das Personal Branding immer wichtiger. Selfbranding im Web ist heute fester Bestandteil des Marketings, wenn es darum geht, Kundinnen und Kunden zu gewinnen. Dabei ist die eigene Website lange nicht mehr die einzige Anlaufstelle für die Vorstellung der eigenen Person und des Portfolios. Instagram, TikTok und LinkedIn sind mittlerweile die

Nützliche Fragen für die Erstellung eines Personal Brandings

- Welche Merkmale unterscheiden mich von der Konkurrenz: Was kann ich besonders gut? Was biete ich? Was macht mich als Person aus?
- Wie sehen meine Ziele aus: Welche Werte und Aussagen sind mir besonders wichtig? In welchen Fachgebieten habe ich Expertenwissen? Welche Erfolge konnte ich bisher verzeichnen?
- Wie kann ich meinen Bekanntheitsgrad steigern? Gibt es Vorträge oder Events? Wie kann ich mein Netzwerk erweitern?

Informationsquellen, die potenzielle Kunden und Kundinnen aufsuchen, um mehr über die Person und ihre Expertise in Erfahrung zu bringen. Auch Designerinnen und Designer haben Social Media längst als Personal-Branding-Tool entdeckt und verzichten bei der Wahl zwischen Instagram und Facebook oder einer eigenen Website immer häufiger auf den eigenen Internetauftritt. Die Erstellung und Pflege eines Social-Media-Profils ist nicht nur unkomplizierter, die Selbstdarstellung in den sozialen Medien ist auch unmittelbarer, wenn es um die Steigerung der Reichweite geht.

Mithilfe des Corporate-Design-Auftritts, Konsistenz und eines authentischen, treffenden Personal Brandings kann nach und nach das Vertrauen der Zielgruppe aufgebaut werden – ist das Vertrauen vorhanden, ist es wahrscheinlicher, dass die eigenen Dienstleistungen oder Angebote weiterempfohlen und wiederholt in Anspruch genommen werden. Wer seine Alleinstellungsmerkmale kennt, kann diese auch vermarkten und kann zur Expertin oder zum Experten auf dem jeweiligen Gebiet werden.

Hierdurch zeichnet sich eine starke Personal Brand aus

- Eine klare Sprache und die verständliche Vermittlung der Kernbotschaften und Werte
- Klare, einzigartige Positionierung
- Zuverlässiges Auftreten
- Konsistentes, verlässliches Erscheinen
- Gleichbleibender hoher Qualitätsanspruch an Inhalte
- Hoher Wiedererkennungswert durch Tonalität und äußeres Erscheinungsbild

Personal Branding ist ein eigenständiger Bereich des Brandings, der immer weiter an Bedeutung gewinnt. Das Wissen zum Unternehmensbranding, das sich über Jahre hinweg weiterentwickelt hat, kann auch bei der Entwicklung des Personal Brandings hilfreich sein. Allerdings ist es beim Personal Branding nicht immer einfach, die Werte herauszufiltern, die die Person als Marke ausmachen sollen. Sind die Werte klar definiert, kann auch beim Personal Branding mithilfe eines konsistenten Corporate Designs ein gesteigerter Wiedererkennungswert erreicht werden.

Kapitel 3

Briefing und Analyse für ein Corporate-Design-Projekt

Lange bevor es darum geht, kreative Lösungen zu entwickeln, müssen erst einmal Anforderungen formuliert und ein gutes Allgemeinverständnis für die aktuelle Situation und Zukunftsvision erreicht werden.

Jedes Corporate-Design-Projekt besteht aus mehreren Phasen, die nicht alle allein kreative Arbeit erfordern. Das Zusammentragen von Daten und Fakten, von Anforderungen und Problemstellungen, von bisherigen Lösungen und Details, Abläufen und das Kennenlernen von Zusammenhängen, Beteiligten und Entscheidungsträgern innerhalb eines Unternehmens sind Teil der Vorbereitungen für das Corporate Design.

Mit dem Prozess der Analyse, Ideenfindung und Konzepterstellung innerhalb des Designprozesses wird der Grundstein für die spätere Umsetzung gelegt. Die Sachverhalte und Probleme des beauftragenden Unternehmens genau zu verstehen ist wichtig, um dann eine optimale Lösung zu finden. Erst durch die genaue Analyse und das Verständnis für die Zusammenhänge und Hintergründe entsteht ein gutes Bild des Unternehmens und der eigentlichen Aufgabenstellung.

Analysemethoden

Wie die Anforderungen eingeholt werden, kann auf unterschiedliche Art und Weise geschehen. Dabei gibt es auch kreative Ansätze, die zur Erarbeitung der Ziele und Wünsche des Projekts eingesetzt werden können.

3.1 Briefing und Rebriefing

Zum Start eines jeden Projekts gehört ein gutes Briefing, denn ein erfolgreiches Corporate-Design-Projekt kann nur mit einer soliden Abstimmung gelingen.

Das Briefing selbst ist eigentlich lediglich eine kurze Zusammenfassung aller vorliegenden Informationen, und doch ist es so viel mehr. Heute ist es nicht mehr üblich, die Inhalte eines Briefings nur in Form eines Gesprächs am gemeinsamen Tisch oder gar am Telefon zusammenzutragen. Stattdessen hat das Briefing im Designprozess wieder eine größere Bedeutung bekommen. Um die Anforderungen an das Projekt optimal verstehen zu können, gibt es abgesehen vom einfachen Austausch weitere Möglichkeiten, relevanten Inhalte zu erfragen – beispielsweise können Workshops veranstaltet werden, um der Problemstellung näher zu kommen.

3.1.1 Elemente des Briefings

Kleine Schritte

Ein Corporate-Design-Projekt muss nicht unbedingt schon zu Beginn einen großen Umfang aufweisen. Stattdessen ist es in einigen Fällen besser, sich zu Beginn auf einige wenige Aspekte der Gestaltungselemente zu konzentrieren. Vor allem bei der Erstellung eines Logos geht es darum, Ziele und Visionen auf den Punkt zu bringen und visuell darzustellen.

Wie bereits erwähnt, geht es beim Corporate Design nicht nur darum, ein ästhetisches Erscheinungsbild zu erschaffen, sondern darum, Lösungen zu finden und Werte und Botschaften an die richtige Zielgruppe zu übermitteln.

Um diese Ziele klar und deutlich formulieren und verstehen zu können, ist es wichtig, die relevanten Informationen im Briefing auf den Tisch zu bringen. Das Briefing entspricht einer schriftlichen Fixierung der Aufgabenstellung, die von beiden Seiten (Unternehmen und Designer bzw. Designerin) unterschrieben wird. Dabei geht es auch darum, zukünftig Missverständnisse und unnötige Korrekturrunden zu vermeiden. Missverständnisse im frühen Designprozess können echte Motivationsdämpfer sein – man hat bereits Arbeit und Elan in das Projekt gesteckt, und beim nächsten Gespräch oder der ersten Zwischenpräsentation stellt sich heraus, dass die Aufgabenstellung nicht richtig kommuniziert oder verstanden wurde. Ein gutes Briefing hilft, das zu verhindern.

Das Briefing ermöglicht es Gestaltern und Gestalterinnen, die Ziele und Inhalte ihres Auftrags zu verstehen. Aber auch auf Seiten der Unternehmen spielt ein Briefing eine nicht zu unterschätzende Rolle: Oft wissen Auftraggeber und Auftraggeberinnen nämlich selbst nicht genau, wie ihr Unternehmen positioniert werden soll, welche Ziele mit dem Auftrag verfolgt werden sollen. Daher fällt dem Designer/der Designerin hier häufig auch eine Beratungsrolle zu: Sie müssen dem Unternehmen bei der Übersetzung seiner Vorstellungen helfen.

Die richtigen Fragen stellen

Eine Briefingrunde steht und fällt mit den richtigen Fragen, denn nur so ist es möglich, eine gute Grundlage für die spätere Gestaltungsarbeit zu legen. Ziel des Briefings ist ja, dass die Designseite das Unternehmen, die Marke und auch die Entscheider und Entscheiderinnen kennenlernt, um all dieses Hintergrundwissen in die Gestaltung des Corporate Designs einfließen lassen zu können. Aber auch die Entscheider und Entscheiderinnen sollen im Briefingprozess erfahren, was sie von der Designseite erwarten können bzw. wie die Arbeitsweise sein wird. Beispiele für Inhalte und Fragen, die das Briefing beinhalten sollte, sind:

- Kontaktinformationen, Ansprechperson
- Geht es um ein bestehendes Unternehmen oder ein Startup? Wie groß ist das Unternehmen?
- Welche Produkte und Dienstleistungen werden angeboten?
- Welche konkurrierenden Unternehmen gibt es am Markt?
- Wie differenziert sich das Unternehmen von der Konkurrenz?
- Was ist das Alleinstellungsmerkmal?
- Wie sehen die langfristigen Ziele und Visionen des Unternehmens aus?
- Für welche Werte steht das Unternehmen? Was ist die Firmengeschichte?
- Wer sind die Wunschkunden und Wunschkundinnen? Wie sieht die Zielgruppe aus?
- Wie wird das Unternehmen von der Zielgruppe wahrgenommen?
- Besteht bereits ein Corporate Design? Falls ja, soll es komplett überarbeitet oder ergänzt werden? Wie sehen die Elemente des Corporate Designs aktuell aus?
- Welche Ziele sollen mit dem neuen Corporate Design erreicht werden?
- Welche Kommunikationskanäle werden aktuell benutzt?
- Welche Marketingmaßnahmen waren in der letzten Zeit besonders erfolgreich?
- Gibt es bereits Illustrationen oder Bilder, die auch in Zukunft zum Einsatz kommen sollen?
- Welches Timing ist für das Corporate Design geplant?
- Welches Budget steht zur Verfügung?

Guideline

Für Designprojekte kann es sich lohnen, immer wiederkehrende grundlegende Fragen in einem Fragebogen zu sammeln und als Guideline für das Briefing zu verwenden.

Vorbereitende Maßnahmen

Die wichtigsten Fragen können auch vor den Brieffinggesprächen an das beauftragende Unternehmen geschickt werden, um später im Briefing nicht ganz bei null anzufangen, sondern schon einige konkrete Gedanken zusammentragen zu können. Das Briefing betrifft dabei nicht nur die Inhalte und Aufgabenstellungen, sondern auch organisatorische Eckpunkte, die vor dem Start eines Projekts festgelegt werden sollten. Dazu gehört beispielsweise der genaue Umfang des Projekts: Was wird geliefert und in welcher Ausführung? Wie ist der zeitliche Ablauf?

- Welchen Umfang soll das Corporate Design haben?
- Welche Besonderheiten sind zu beachten?
- Wurden bereits Workshops oder Recherchen zu den Anforderungen eingeleitet? Wie sehen die Ergebnisse aus?

Timing

Neben den inhaltlichen Punkten ist ein für alle Beteiligten wichtiger organisatorischer Punkt des Briefings das Timing. Wenn Meilensteine und Abgabetermine dezidiert festgelegt werden, wissen alle Beteiligten genau, wann was geliefert werden muss. Das sind auf Seiten der Designerinnen und Designer die einzelnen Bestandteile des Projekts, auf Seiten des beauftragenden Unternehmens aber beispielsweise auch Inhalte und Informationen, die für die Konzeption und die Umsetzung des Corporate-Design-Projekts notwendig sind. Geht es beispielsweise darum, eine neue Website aufzusetzen, nützt es wenig, wenn Konzept und Design final sind, die Inhalte aber fehlen und sich die Umsetzung in weiter Ferne befindet.

Mithilfe einer **Roadmap** können Projektabschnitte in eine chronologische Abfolge gebracht werden und mit Auftraggeberinnen und Auftraggebern, Stakeholdern und Teammitgliedern geteilt werden.

Motivationstool

Die Roadmap eines Projekts kann auch ein gutes Tool sein, um motiviert zu bleiben – Zwischenziele sind in greifbarer Nähe und können nach erfolgreichem Abschluss als kleine Erfolge zelebriert werden. So ist das Gefühl, »voranzukommen«, allgegenwärtig und es besteht keine Gefahr, dass sich Projekte endlos in die Länge ziehen.

Zu Umfang und Timing gehört auch die Festlegung von beinhalteten Korrekturrunden. Auch dann wissen alle Seiten ganz genau, mit welchem Aufwand zu rechnen ist und dass zusätzlicher Mehraufwand mit zusätzlichen Kosten verbunden ist.

Budget

Ebenfalls ein entscheidender Punkt für die Planung eines Corporate-Design-Projekts ist die Festlegung des Budgets. Für den weiteren erfolgreichen Projektverlauf ist ein ehrlicher Austausch zum angesetzten Budget im Vorfeld besonders wichtig. Je nach Situation kann dieser Punkt ausschlaggebend für das Zustandekommen des Projekts und seinen Umfang sein. Außerdem können auch hier Missverständnisse und Streitigkeiten durch klare Regeln vermieden werden. Denn nur mit entsprechendem Budget können auch genügend Ressourcen zur Realisierung zur Verfügung gestellt werden. *Denken Sie groß* mag ja ein schöner und vielversprechender Ausgangspunkt sein, allerdings nur, wenn auch die Bezahlung dazu passt.

Das richtige Maß

Die Herausforderung beim Briefing ist, Anforderungen weder zu eng noch zu weit gefasst zu formulieren. Wichtig dabei ist immer, die Sicht des Gegenübers zu verstehen – gerade bei Unternehmen, die bisher wenige Berührungspunkte mit Design hatten, ist es nützlich, darauf zu achten, dass die wichtigsten Eckpunkte geklärt werden, um einen roten Faden im Projektverlauf zu behalten.

Zu eng gefasste Vorgaben lassen der Designseite wenig Spielraum, kreative Lösungen zu entwickeln und weiter zu denken als nur bis zur Erstellung eines ästhetischen Erscheinungsbildes. Zu unspezifische Briefings wie *Sie machen das schon, wir vertrauen Ihnen da voll und ganz* sind ebenfalls gefährlich. Denn es ist mit Sicherheit anzunehmen, dass alle Beteiligten eine eigene Vorstellung vom Ergebnis des Projekts haben.

Beteiligte

Am Briefing sollten in erster Linie die Entscheidungsträger und Entscheidungsträgerinnen des Projekts auf Unternehmensseite teilnehmen. Denn einerseits kann man dann davon ausgehen, dass die Ansprechpersonen genügend Insiderwissen mitbringen, um Probleme und Anforderungen zu kommunizieren, und andererseits können Fragen, die im Projektverlauf auftauchen, auf einem kürzeren Weg geklärt werden.

Weitere Beteiligte am Briefing können sein: Stakeholder, Marketingmanagerinnen, Experten und Expertinnen zu bestimmten Themen oder technischen Fragen (häufig Angestellte), Projektmanagerinnen, Moderatoren, Konzepter, Designerinnen oder Developer.

Checkliste für ein erfolgreiches Briefing

- Ziel und Nutzen des Projekts: Welche Vorteile versprechen sich Auftraggeber und Auftraggeberinnen vom Projekt, welche Ziele sollen erreicht werden?
- Zielgruppe: An wen soll sich die Ansprache richten?
- Bestandteile und Lieferumfang: Was sind die Aufgaben des Designers oder der Designerin und welche Informationen sind vom Unternehmen beizusteuern, um eine gute Umsetzung gewährleisten zu können?
- Vorgaben und Stolpersteine: Gibt es bereits Lösungsansätze, gibt es Vorbilder, Konkurrenz oder Probleme in der Geschichte der Außendarstellung des Unternehmens?

Digitale Meetings

Heutzutage ist es nicht immer nötig, Briefings und Workshops vor Ort abzuhalten. Durch die Weiterentwicklung von digitalen Kommunikationsmöglichkeiten wie Microsoft Teams oder Zoom ist es mittlerweile kein Problem mehr, auch über Kontinente hinweg miteinander zu kommunizieren und durch den geteilten Zugriff auf einen Datenpool für den gleichen Wissensstand zu sorgen.

Auch wenn ein physisches Treffen sicherlich auch Vorteile mit sich bringt, können Briefinggespräche, Workshops und Feedbackrunden problemlos remote abgehalten werden.

- Meilensteine und Timing: Welche Etappen und Zwischenziele auf dem Weg zum großen Ganzen sind sinnvoll?
- Art der Lieferung: Was genau bekommen Auftraggeberinnen und Auftraggeber geliefert und in welcher Form?
- Stakeholder und Ansprechpersonen: Wer sind die Entscheidungsträger und Entscheidungsträgerinnen auf beiden Seiten (mit Kontaktdaten)?
- Budget: Nach dem verfügbaren Budget richtet sich der Leistungsumfang.

Nachdem die einzelnen Punkte der Briefing-Checkliste abgearbeitet sind, kann es losgehen mit dem eigentlichen Projekt. Ein intensiver Austausch im Vorfeld hat nicht nur den Vorteil, dass alle mit dem gleichen Wissensstand starten, sondern auch, dass dabei eine gute Vertrauensbasis geschaffen wird, die sich positiv auf den weiteren Projektverlauf auswirken kann.

3.1.2 Das Rebriefing

Was ist ein Rebriefing?
Ein Rebriefing wird in der Regel auf der Designseite erstellt. Darin wird das Briefing noch einmal aus Auftragnehmersicht interpretiert und bewertet, und es werden eigene Rückschlüsse gezogen. Das Rebriefing wird dann zur Abstimmung noch einmal allen Beteiligten vorgelegt.

Der nächste Schritt nach dem Briefing ist das sogenannte Rebriefing. Mit dem Rebriefing wird der Abgleich eines gemeinsamen Verständnisses und Wissensstandes sichergestellt und schriftlich festgehalten. Das Rebriefing ist noch einmal eine weitere Instanz, um Missverständnisse auszuräumen und die allgemeine Erwartungshaltung klarzustellen.

Im Rebriefing wird kurz und prägnant formuliert, um welche Ziele es im Projekt geht, welche Probleme und welche Rahmenbedingungen bestehen. Es ist sozusagen eine sehr knappe Zusammenfassung, die noch einmal auf den Punkt bringt, was im Anforderungsworkshop oder Briefinggespräch besprochen wurde. Einschränkungen, zeitliche und organisatorische Planungen sollten ebenfalls Teil des Rebriefings sein.

Das Rebriefing wird dann mit der Unternehmensseite abgestimmt und allen am Projekt Beteiligten zur Verfügung gestellt, sodass eine gemeinsame Ausgangsposition vorliegt. Gibt es Einwände, wird an den geforderten Stellen nachjustiert.

Nachdem das Rebriefing abgestimmt wurde, bildet es die Grundlage für die Vorgaben und den Umfang des Projekts. So weiß jeder, mit welchem Aufwand gerechnet werden muss und welche Ressourcen notwendig sind, um die angestrebten Ziele in der gewünschten Zeit zu erreichen.

3.1.3 Die anschließende Analysephase

Nach der Briefingphase folgt nun eine detaillierte **Analysephase**, in der eine Sensibilisierung für das Unternehmen entstehen soll, sich der Designer oder die Designerin eine Übersicht über die Markenarchitektur verschafft und Recherchen zu bisherigen Designs, Zielgruppen und Unternehmenszielen genauer betrachtet.

3.2 Das Unternehmen kennenlernen

Die Zeiten, in denen Designer und Designerinnen mit einer rein ästhetisch-künstlerischen Arbeitsweise in Verbindung gebracht wurden, sind längst vorbei. Heute sind sie zunehmend zugleich beratend und problemlösend tätig, und dass Designer und die Designerinnen die Fähigkeit besitzen, mit kreativen Ansätzen Lösungen zu finden, kommt mittlerweile auch immer mehr in den beauftragenden Unternehmen an. Die Wertschätzung der Arbeit von Designern und Designerinnen ist damit gestiegen.

Allerdings hat das auch zur Folge, dass sich die Herangehensweise an Projekte und Aufgabenstellungen ändern muss. Wo früher ein schriftliches Briefing im E-Mail-Postfach landete, das es dann umzusetzen galt, sind auch die Methoden zur Identifizierung von Schwachstellen und Kernpunkten der Unternehmenskommunikation vielfältiger geworden.

3.2.1 Bestandsanalyse zum Ist-Zustand

Der Analyse-Part von Designprojekten hat wesentlich an Stellenwert gewonnen. Mittlerweile ist in den Köpfen von Auftraggebern und Auftraggeberinnen angekommen, dass nur dann gezielt gute Ergebnisse entstehen können, wenn Aufgabenstellung und Erwartungen zuvor klar formuliert wurden.

Eine konkrete Analyse des Ist-Zustands ist nicht nur bei bereits länger bestehenden Unternehmen notwendig, sondern auch bei Neugründungen und Startups. Denn gerade zu Beginn geht es darum, grundlegende Fragen zu klären, die die Positionierung und die Außendarstellung des Unternehmens betreffen. Eventuell gab es schon erste Ansätze, die weiterverwendet werden können. Hin und wieder kommt es auch vor, dass bereits mehrere Workshops und Gespräche zu den Anforderungen und der Bestimmung des Ist-Zustands geführt wurden. Zu fragen, welche Maßnahmen bisher

Weitere Fragen
Im Verlaufe des Gesprächs mit Auftraggeberinnen und Stakeholdern tauchen üblicherweise noch weitere Fragen auf, die zur Klärung der Details wertvoll sein können.

schon ergriffen wurden, kann deswegen durchaus sinnvoll sein. Die Ergebnisse aus den bereits stattgefundenen Fragerunden helfen oftmals, die Aufgabenstellung konkreter zu formulieren und den Prozess zu Beginn des Projekts zu beschleunigen.

3.2.2 Workshops mit dem Unternehmen

Visualisierung

Designerinnen und Designer sollten sich immer wieder in Erinnerung rufen, dass nicht jeder mit der gleichen visuellen Vorstellungkraft ausgestattet ist. Deshalb ist es für das Allgemeinverständnis in der Gruppe hilfreich, Ideen und Zusammenhänge zu visualisieren und nicht nur textlich zusammenzufassen.

Um die Anforderungen zu sammeln, bieten sich bei umfangreichen Corporate-Design-Projekten gemeinsame Workshops an. Dort können die Ziele, Probleme und Informationen zum Ist-Zustand gemeinsam erarbeitet und visuell festgehalten werden.

Gerade bei Workshops ist es wichtig, dass Entscheidungsträger und Entscheidungsträgerinnen mit dabei sind, auch wenn deren Kalender meist randvoll ist. Dennoch: Der Nutzen von Workshops ist hoch, und der Aufwand zahlt sich im Nachhinein in den allermeisten Fällen voll und ganz aus. Weil im Workshop viele Fragen geklärt werden können, die sich ansonsten über Wochen in Form von Mails und Anrufen ziehen würden, ist auch die Zeitersparnis ein dicker Pluspunkt.

Workshops sind eine gute Möglichkeit, in einem kurzen, intensiven Zeitabschnitt zu wichtigen Erkenntnissen zu kommen, die für den eigentlichen Projektstart wichtig sind. Durch den direkten Austausch und die Gelegenheit, ohne Umschweife auf direktem Weg Rückfragen stellen zu können, lassen sich Missverständnisse vermeiden, was sich wiederum ebenfalls als zeit- und nervensparend erweisen kann. Zu den agilen Formaten für einen Workshop zählen zum Beispiel die 6-Hüte-Methode, die World-Café-Methode und das Lego Serious Play.

Die 6 Hüte-Methode

Mehr Infos zur 6-Hüte-Methode

Edward de Bono: Six Thinking Hats. Penguin Books, London u. a. 1990, ISBN 0-14-013784-X

Die 6-Hüte-Methode ist eine Art Rollenspiel, das durch die verteilten Rollen kreative Denkweisen ermöglicht und andere Blickwinkel eröffnet. Die Rollenverteilung erleichtert außerdem eine offene Diskussion. Hier einige Eckpunkte:

- Geeignet für 15 bis 20 Teilnehmerinnen und Teilnehmer, eventuell in kleinere Gruppen aufgeteilt
- Festgelegte Fragestellung
- Allen Teilnehmenden wird mit der Farbe des Huts eine feste Rolle mit einer bestimmten Bedeutung zugewiesen.
- Ablauf: Die Ausgangsfrage wird zur Diskussion gestellt, wobei alle Beteiligten ihrer vorgegebenen Rolle folgen müssen.

Wichtig sind hierbei natürlich die Rollen (Hüte), die die einzelnen Teilnehmer übernehmen.

- Weißer Hut (analytisches Denken): objektiv, Daten und Zahlen
- Roter Hut (emotionales Denken): subjektiv, emotional, intuitiv
- Schwarzer Hut (kritisches Denken): pessimistisch, merkt Risiken an
- Gelber Hut (optimistisches Denken): positiv, Chancen sehen, Möglichkeiten aufzeigen
- Grüner Hut (kreatives Denken): verrückte Ideen beisteuern
- Blauer Hut (Vogelperspektive/Moderator): strukturiert, hat das Timing im Blick

World Café-Methode

Auch mit dem World Café lassen sich in lockerer Atmosphäre, mit zeitlicher Begrenzung und durch einen abwechslungsreichen Austausch innovative Ideen fördern.

- Geeignet für 15 bis 20 Teilnehmerinnen und Teilnehmer, in Gruppen von ca. 5 Personen aufgeteilt
- Streng festgelegte Fragestellung
- Die Teilnehmenden sitzen in ihrer Gruppe an kleinen Tischen mit beschreibbaren Tischdecken.
- Ablauf: Die Gruppen diskutieren die Fragestellung ähnlich wie in einem Café an den Tischen und halten die Ergebnisse auf der Tischdecke fest. Nach einigen Minuten wechselt die Gruppe bis auf eine Person, die als Expertin oder Expert am Tisch zurückbleibt. Die Experten und Expertinnen präsentieren die Ergebnisse am Ende.

Mehr Infos zur World-Café-Methode

Juanita Brown, David Isaacs: The World Café. Shaping Our Futures Through Conversations That Matter, McGraw-Hill Professional, 2005, ISBN 978-1-57675-258-6

Lego Serious Play-Methode

Diese Methode bietet durch die spielerische Atmosphäre viel Raum für Kreativität.

- Geeignet für bis zu 12 Teilnehmerinnen und Teilnehmer plus Moderator oder Moderatorin
- Festgelegte Fragestellung oder Teilaspekte
- Durch die spielerische Komponente sollen konstruktive Lösungsansätze gefunden werden.
- Ablauf: Die Teilnehmenden setzen die Lösungsansätze dreidimensional mit Legosteinen um und stellen diese in mehreren Runden zur Diskussion.

Barcamp

Konferenz ohne festen Ablauf. Die Themen werden zu Beginn abgestimmt. Jede teilnehmende Person kann Moderatorin oder Moderator werden oder selbst zu den einzelnen Themen mit einem Vortrag beitragen.

Exkurs: Remote-Designsprints und Workshops

Aktuell sind digitale Meetings, Workshops, Pitches oder Barcamps an der Tagesordnung und werden wohl auch in Zukunft nicht mehr wegzudenken sein. Das stellt nicht nur die Veranstalter und Veranstalterinnen, sondern alle Beteiligten vor einige Herausforderungen. Abgesehen vom technischen Aspekt und einer zuverlässigen Internetverbindung sind auch fehlende Abwechslung und ein schnelles Schwinden der Konzentration Stolpersteine bei virtuellen Meetings. Und auch wenn der Aufwand durch fehlende Anfahrten auf den ersten Blick geringer ist, wollen digitale Workshops gut vorbereitet sein.

Glücklicherweise gibt es einige Tipps und Tools, die dabei helfen, digitale Meetings gut zu strukturieren und abwechslungsreich zu gestalten, beispielsweise die Software Miroboard.

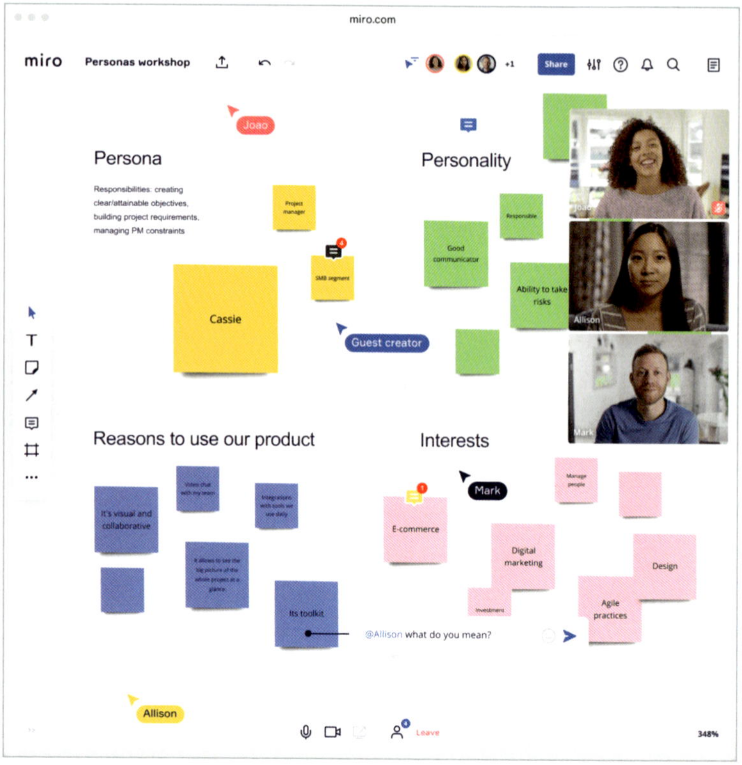

Quelle: https://miro.com/de

Abbildung 3.1
Virtuelles Meeting mit Miroboard

Ein mehrtägiger digitaler Workshop mit acht Stunden pro Tag ist nicht vergleichbar mit einem Workshop vor Ort. Das fehlende nonverbale Feedback in der zwischenmenschlichen Kommunikation ist ein großes Manko der digitalen Übertragung. Schließlich ist immer nur ein Ausschnitt der Beteiligten im Porträtformat zu sehen. Dabei fühlt man sich, anders als in einem Raum, dauerbeobachtet durch die anderen Teilnehmenden, die ebenfalls in die Kamera schauen. Wohin sie ihren Blick aber genau richten, lässt sich bei der Größe des Screens nur schwer ausmachen.

Das A und O eines erfolgreichen Workshops ist deshalb die Einteilung in kürzere Zeiteinheiten als bei einem Vor-Ort-Workshop. Um die Eintönigkeit am Bildschirm zu unterbrechen, bietet es sich außerdem an, Aufgaben einzuplanen, die analog erledigt und dann im Team zusammengetragen werden. Sogenannte Breakout Sessions können zum Beispiel Teil einer Brainstorming-Phase, eine Gruppenarbeit vor Ort oder eine Hausaufgabe sein, die bis zum nächsten Tag erledigt werden muss.

Breakout Session
Kurzfristige Einteilung in kleinere Gruppen, die entweder vor Ort oder in separaten virtuellen Breakout Rooms Aufgaben bearbeiten und anschließend in der ursprünglichen großen Gruppe vorstellen

Neben einer Vorstellungsrunde ist es gut, gleich zu Beginn eines Workshops einige Regeln aufzustellen. Beispielsweise gehört das Handheben dazu oder auch der Hinweis auf Aufgaben mit Timeboxing, das heißt Aufgaben mit begrenzt verfügbarer Zeit. Auch für die Vorstellungsrunde sind Vorgaben ratsam, etwa sich auf das Wesentliche zu beschränken oder gezielt bestimmte Punkte zu berücksichtigen.

Wichtig ist außerdem, einen Moderator bzw. eine Moderatorin festzulegen und auch vorzustellen. Seine bzw. ihre Aufgaben liegen meistens rein in der Organisation und Moderation am Workshoptag. Diese Person behält auch die Uhr im Auge und schaltet sich ein, um Zeiten einzuhalten und gegebenenfalls eher zurückhaltende Teilnehmerinnen und Teilnehmer zu Wort kommen zu lassen.

Regeln
In der Agenda, die ebenfalls am Anfang vorgestellt wird, sollten der zeitliche Ablauf und auch Pausen klar ersichtlich sein. Die zeitliche Begrenzung von Aufgaben und die Unterbrechung durch Pausen abseits des Screens können sich positiv auf die Motivation während des Workshops auswirken.

Digitale Hilfe erklären

Ein weiterer Teil der Einführung zu Beginn des Workshops ist außerdem eine kurze Erklärung der digitalen Tools, um Hürden in der Benutzung auszuräumen. Bei der Arbeit an digitalen Boards ist es sinnvoll, davon auszugehen, dass nicht alle Beteiligten vertraut sind mit der Benutzung dieser Tools. In der Agenda sollte deswegen gegebenenfalls auch eine knappe Einführung in die Benutzung vorgesehen sein.

Zu Beginn und zum Ende des Workshops gibt es einige kurze Übungen, die zur Auflockerung der meist eher angespannten Stimmung dienen und das Teamgefühl stärken. Die Ergebnisse des Workshops sollten so genau wie möglich dokumentiert werden.

Eisbrecher

Auf *https://checkin.daresay.io/* gibt es für solche »Eisbrecheraufgaben« eine Reihe von Fragen, die zufällig generiert werden und nach der Vorstellungsrunde für eine gute Grundstimmung sorgen können.

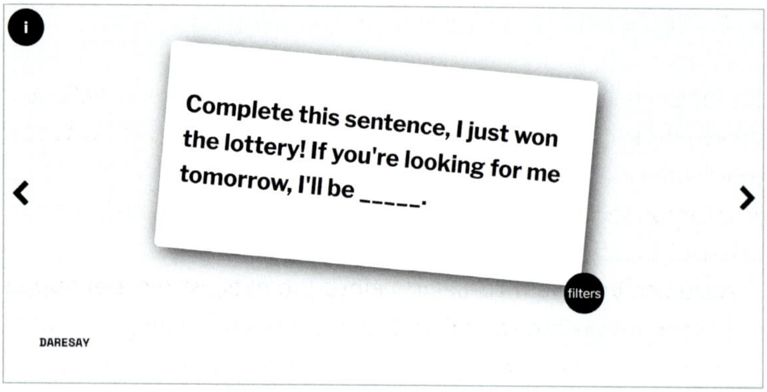

Quelle: https://checkin.daresay.io/

Abbildung 3.2
Eisbrecherfragen nach Zufallsprinzip

Checkliste für Remote-Workshops

- Agenda anfertigen und im Vorfeld an Teilnehmer und Teilnehmerinnen versenden
- Ziel des Workshops festlegen und kommunizieren
- Punkte zur Vorstellungsrunde festlegen
- Virtuelle Whiteboards wie Miro oder Mural vorbereiten
- Ice Breaker und Aufgabe auswählen und einplanen
- Timeboxing festlegen
- Technik prüfen
- Dokumentation des Workshops und der Ergebnisse sicherstellen
- Plattform wählen, um Dokumente mit Teammitgliedern zu teilen

Auch wenn ein Vor-Ort-Meeting oder Workshop eine eigene Dynamik aufweist, lassen sie sich heute problemlos digital veranstalten. Hierfür eignen sich virtuelle Whiteboards, die gemeinsam bearbeitet und geteilt werden können. Im Anschluss an den Workshop dienen sie außerdem als wertvolle Gedankenstütze zum oft recht umfangreichen Input an den Workshoptagen.

Mithilfe von nützlichen und gut funktionierenden Tools wie Miro oder Mural lassen sich Ideen an einem virtuellen Board festhalten, das von allen Beteiligten mitgestaltet werden kann. Es hat sich in der Praxis als hilfreich erwiesen, dass Teilnehmende einerseits aktiv mitwirken und sich andererseits auch privat Ideen und Gedanken notieren, die sie anschließend in der Gruppe teilen.

Die Dokumentation des Workshoptags sorgt mit dafür, dass alle Beteiligten auf dem gleichen Stand sind. Dokumente, Whiteboards und Videoaufnahmen des Workshops können auch über Plattformen wie Confluence (*https://www.atlassian.com/*) oder Basecamp (*https://basecamp.com/*) geteilt und im Projektverlauf ergänzt werden. Alle Projektbeteiligten können ortsunabhängig darauf zugreifen und den Fortschritt des Projekts miteinander teilen.

Remote-Workshops können in Sachen Zwischenmenschlichkeit und Dynamik vielleicht nicht unbedingt mit physischen Workshops vor Ort mithalten. Durch die richtige Vorbereitung, Struktur und den Einsatz sinnvoller Tools bieten sie dennoch viele Vorteile und können durchaus Spaß machen.

3.3 Die Zielgruppe analysieren

Die Zielgruppe ist ein essenzielles Thema, wenn es darum geht, ein Unternehmen mit all seinen Visionen, Angeboten und Botschaften zu verstehen. Sie genau zu kennen, ist fundamental, um mithilfe des Corporate Designs die Marketing- und Unternehmensbotschaften erfolgsversprechend zu kommunizieren.

Allzu oft, vor allem zu Beginn eines Projekts, ist die Zielgruppe noch sehr unspezifisch definiert. Die Aussagen »eher jüngere Leute« oder spezifischer »gutverdienende Männer ab 50« sind viel zu breit gefasst und sagen wenig über die Eigenschaften der Zielgruppe aus, die für das Corporate Design wichtig sind.

Mit Fingerspitzengefühl und vielen Fragen geht es dann darum, die Zielgruppe weiter einzugrenzen und sie persönlich kennenzulernen. Erst wenn die Zielgruppe klar definiert ist, können visuelles Erscheinungsbild und Tonalität gezielt darauf abgestimmt werden.

Tonalität
Zusammenspiel aus Design, Ansprache und Stimmung

3.3.1 Die Zielgruppe eingrenzen

Die Zielgruppe beschreibt die Kundinnen und Kunden des beauftragenden Unternehmens, also die Menschen, die mithilfe des Corporate Designs angesprochen werden sollen. In Gesprächen, beispielsweise im Rahmen des Briefings, sollte ganz genau abgesteckt werden, an wen sich die Produkte und Leistungen aktuell und in Zukunft richten sollen. Hierfür kommt die Unternehmensvision wieder ins Spiel. Denn darin enthalten sind die zukünftigen Ziele des Unternehmens. Geplante Änderungen oder Produktentwicklungen können eine wichtige Rolle bei der Festlegung der Zielgruppe und der Anpassung des Corporate Designs spielen.

Eventuell eröffnen sich an dieser Stelle ganz neue Welten für alle Beteiligten, denn der zuvor vage Wunsch nach Veränderung muss nun konkret formuliert werden. Dann werden auch bisherige Prozesse in Frage gestellt: Ist das Angebot noch zeitgemäß? Kann die Art der Lieferung zielgruppengerechter gestaltet werden?

Zudem sollte von vornherein klar sein, um welche Gruppen es sich handelt – geht es um den Kontakt zu Konsumenten und Konsumentinnen (B2C – Business to Consumer) oder zu anderen Unternehmen (B2B – Business to Business)? Nach dieser Einteilung richten sich sowohl die Bedürfnisse der Zielgruppe als auch die Auswahl geeigneter Methoden, um die Zielgruppe besser zu verstehen.

Zielgruppe immer wieder überprüfen

Zielgruppen und ihre Wünsche und Eigenschaften können sich über die Zeit verändern. Deswegen ist es ratsam, durch regelmäßige Befragung und engen Kontakt zur Zielgruppe informiert zu bleiben und auf die Veränderungen zu reagieren. Die Zielgruppe nur zu Beginn der Unternehmensgründung zu definieren und daran festzuhalten, kann sich fatal auf den Erfolg und das weitere Bestehen eines Unternehmens auswirken.

Im Folgenden geht es um die Eingrenzung und ein besseres Verständnis der Zielgruppe. Es ist jedoch wichtig zu verstehen, dass es sich niemals nur um eine Zielgruppe handelt, sondern um mehrere, die sich allerdings durchaus ähneln können.

Zielgruppenanalyse

Grundlegend können folgende Themen hilfreich sein, um sich näher an die Zielgruppe heranzutasten:

- Alter
- Geschlecht
- Einkommen
- Bildungsniveau
- Interessen
- Freizeitaktivitäten
- Werte
- Konsumverhalten, Preissensibilität
- Online-/Offline-Mediennutzung

Bedeutung der Fragen

An diesem Punkt der Vorrecherche zum Corporate Design ist es essenziell, viele Fragen zu stellen, um sich ein gutes Bild von der Zielgruppe machen zu können und ihre Bedürfnisse genauer zu verstehen. Dabei geht es auch darum, kritisch zu hinterfragen, was eine zukunftsweisende Zielgruppe ausmacht. Je nach Anspruch soll das daraufhin entwickelte Corporate Design ja möglichst lang zum Einsatz kommen.

Um sich möglichst gut in die zukünftigen Wunschkundinnen oder aktuell bestehenden Kunden hineinversetzen zu können, ist es notwendig, sich bewusst mit ihnen zu beschäftigen. Das kann über Befragungen der Stakeholder und Entscheidungsträgerinnen oder durch eine intensive Recherche im Internet erfolgen.

Die besten Einblicke liefern allerdings die persönlichen Befragungen und Gespräche mit der Zielgruppe selbst. Eine Möglichkeit, um die Schwachstellen eines bisher bestehenden Markenauftritts auszumachen, ist eine Befragung bereits existierender Kundinnen und Kunden oder einer Auswahl von Personen, die potenzielle Neukunden und Neukundinnen sein könnten. In größeren Unternehmen ist es mittlerweile häufiger der Fall, dass solche Befragungen durchgeführt und ausgewertet werden. Diese Informationen liefern wichtige Anhaltspunkte für die Entwicklung des Corporate Designs: Handelt es sich um eine junge Zielgruppe? Ist die Zielgruppe in den sozialen Medien vertreten? Welches Budget hat die Zielgruppe zur Verfügung und welche Kommunikationskanäle werden genutzt? Wie verbringt sie ihre Freizeit? Welche Werte vertritt sie?

Selbst vorschlagen

Sind bisher noch keine konkreten Anhaltspunkte durch eine Studie seitens des Unternehmens vorhanden, ist es wichtig, eine Recherche zur Zielgruppe vorzuschlagen.

3.3.2 Die Zielgruppe konkretisieren

Aus den Interviews, der Recherche und den Gesprächen werden alle Informationen gesammelt und ausgewertet. Am Ende der Recherche steht die Zusammenfassung aller Erkenntnisse. Die Eigenschaften und Ansprüche der Zielgruppe sollten dabei möglichst konkret auf den Punkt gebracht werden. Daraus ergibt sich dann ein besseres Verständnis der zukünftigen Wunschzielgruppe, ihrer Wahrnehmung, ihrer Werte und Lebensumstände.

Personas als Vertreter der Zielgruppe

Mithilfe dieser Daten lassen sich dann »Prototypen« der Zielgruppe konstruieren, die immer wiederkehrende, häufige und für die Zielgruppe typische Kunden und Kundinnen beschreiben, sozusagen einen Querschnitt durch unternehmenstypische Nutzergruppen. Diese Sammlung von Merkmalen wird dann zu sogenannten »Personas« verarbeitet. Die jeweilige Persona erhält einen Namen und wird mit einem Foto versehen. Es wird vermerkt, welchen typischen Beruf sie ausübt, welchen Werdegang sie hatte und wie ihr Privatleben aussieht (Familienstand, Hobbys). Auch Ziele und Verhaltensweisen können in einer Persona beschrieben werden.

Persona
Typischer Kunde oder typische Kundin, an diesem Beispiel werden die Merkmale der Zielgruppe personalisiert

Zu den Fragen, aus denen sich die Beschreibungen der Personas ableiten, gehören beispielsweise:

- Geht es vorwiegend um Geschäftskundinnen oder Privatkunden – also B2B oder B2C?
- Gibt es typische Berufsgruppen und ein Einkommensspektrum?
- Um wen geht es bei der Zielgruppe? Beschreibung von Alter, Herkunft, sozialem Hintergrund, Familienstatus und Geschlecht.
- Geht es um einen bestimmten Ort, Radius oder eine ortsungebundene Zielgruppe? Wo befindet sich die Zielgruppe? Das kann sowohl online als auch offline sein. Wo hält sich die Wunschzielgruppe gerne auf?
- Welche Meinung hat die Zielgruppe zum aktuellen Unternehmen/zur aktuellen Marke, deren Produkten oder zu vergleichbaren oder konkurrierenden Marken?
- Welche Meinung sollte die Zielgruppe vom Unternehmen haben? Welche Eigenschaften sollten Teil der Beschreibung des Unternehmens seitens der Wunschkunden und -kundinnen sein?

Entgegen einer trockenen Zusammenfassung der Ergebnisse können mithilfe von Personas lebendige Beispiele der Zielgruppe geschaffen werden, die es mit einem Namen und einer genaueren

Beschreibung leichter machen, sich vorzustellen, welche Bedürfnisse, Einstellungen und Vorlieben die Zielgruppe hat.

Die Ergebnisse und die konstruierten Personas werden dann aufbereitet und mit dem Unternehmen besprochen – ebenfalls eine hervorragende Gelegenheit, um den Kenntnisstand aller Beteiligten im Team und auf Seiten des Unternehmens zu vergleichen und eventuell anzupassen.

Digitale Boards verwenden

Um Personas zu erarbeiten, können die Antworten auch parallel zur Befragung in einem digitalen Board festgehalten und geteilt werden.

Auch wenn es um die Vorstellung und um Feedback zum Designkonzept geht, kann es nützlich sein, sich an den Personas zu orientieren und sie mit ins Spiel zu bringen. Zudem können sie bei der Kommunikation von Aufgaben innerhalb des Designteams helfen, Vorhaben, Ideen und Konzepte zu kommunizieren.

Empathy Mapping

Alternativ zur Erstellung einer Persona gibt es noch die Methode des Empathy Mappings. Wie bei den Personas geht es auch hier darum, möglichst empathisch das Verhalten und die Wünsche der Kundinnen und Kunden nachzuempfinden.

Im Gegensatz zur Persona werden die Merkmale mit konkreten Fragen weiter eingeteilt:

- Sehen: Was umgibt Kundinnen und Kunden? Was sehen sie?
- Hören: Welchen Einflüssen unterliegen Kundinnen und Kunden? Beispielsweise können das der Freundeskreis oder soziale Medien sein.
- Denken und Fühlen: Welche Gefühle und Sorgen sind vorhanden? Welche Gedanken beschäftigen sie?
- Sagen oder Tun: Welche Werte haben Kundinnen und Kunden und welche Konflikte können dadurch entstehen?
- Schmerz: Welche Hindernisse oder Probleme oder Ängste bestehen?
- Gewinn: Welche Ziele verfolgen Kundinnen und Kunden, was möchten sie (auch langfristig) erreichen?

Aus den Antworten lässt sich dann eine Empathy Map erstellen, die eine übersichtliche Beschreibung der Zielgruppe gibt.

Design-Thinking-Methoden

Neben der Durchführung von Interviews und der Erstellung von Personas gibt es noch einige weitere Möglichkeiten, sich an die Bedürfnisse und Anforderungen der Zielgruppe oder ein besseres Allgemeinverständnis für die Unternehmensziele anzunähern.

Viele Methoden stammen aus der Praxis des *Design Thinkings* und werden auch in anderen Bereichen angewendet, wie beispielsweise der Produktentwicklung. Der Prozess an sich lässt sich aber auch sehr gut für die Entwicklung eines Corporate Designs anwenden.

Zu den Methoden, um ein besseres Verständnis für die Zielgruppe zu entwickeln, gehören beispielsweise:

- **Mindmapping:** Zusammenhänge auf einer Karte visualisieren
- **6-W-Methode:** Besser verstehen mithilfe der Fragen: Wer? Was? Wann? Warum? Wie? Wo?
- **5-Why:** Mit der Frage »Warum« immer weiter forschen, um zum eigentlichen Kernpunkt zu kommen
- **Customer Journey Maps:** Detaillierte Darstellung der Kundenerfahrung und der Berührungspunkte mit dem Unternehmen

Design Thinking
Ansatz, um Probleme zu lösen und Ideen zu entwickeln. Dabei stehen Nutzerinnen und Nutzer klar im Fokus sowie die Entwicklung von marktreifen Produkten und Services.

Welche Methode besonders geeignet ist, richtet sich nach dem Unternehmen, den Bedürfnissen, bereits vorhandenen Ergebnissen und den verfügbaren Ressourcen. Dabei ist auch durchaus eine Kombination mehrerer Methoden denkbar.

3.3.3 Vom Fremden zum Markenbotschafter

Für die Konzeption des Corporate Designs ist es hilfreich, sich darüber im Klaren zu sein, welche Ziele mit dem Design erreicht werden sollen. Neben der Kundenbindung ist die Gewinnung von neuen Kundinnen und Kunden eines der Hauptziele von Markenkommunikation.

Mithilfe eines Marketingfunnels lässt sich der Prozess vom ersten Berührungspunkt bis zum Ziel, nämlich neue, loyale Kundinnen und Kunden zu gewinnen, bildhaft darstellen. Der Marketingfunnel (engl. *funnel*: Trichter) ist ein Marketingkonzept, das leicht abgewandelt auf der bekannten AIDA-Formel Awareness (Aufmerksamkeit), Interest, Desire (Verlangen, auch Absicht) und Action (Kaufabschluss) beruht. Dabei kommen zunächst viele Interessierte im Trichter an (Awareness-/Aufmerksamkeitsphase), die nun in eine Überlegungsphase eintreten (Consideration), von denen aber viele nicht den Kaufabschluss tätigen (Conversion). Die besten Kundinnen und Kunden halten die Treue (Loyalty) und werden zu Markenbotschaftern (Advocacy).

Der Marketingtrichter verdeutlicht dabei, dass der Erstkontakt (die Phase 1: **Awareness**/Aufmerksamkeit) der Moment ist, in dem bereits ein Bewusstsein für die Marke entsteht. Das bedeutet: Ohne visuellen Auftritt und ohne Sichtbarkeit ist es auch nicht möglich, Kundinnen und Kunden zu gewinnen. Vor allem mit dem digitalen Fortschritt kann es fatal für Unternehmen sein, diese erste Phase zu vernachlässigen. In der Phase, in der potenzielle Kundinnen und Kunden auf die Marke aufmerksam werden, hat auch das Corporate Design einen wichtigen Stellenwert. Denn das visuelle Erscheinungsbild hat die Aufgabe, sämtliche Markenwerte nach außen zu tragen und die richtige Zielgruppe anzusprechen.

Alternativen

Marketingfunnels sind zwar im Grunde ähnlich aufgebaut, es gibt aber unterschiedliche Zwischenschritte. Beispielsweise ist es denkbar, nach der Phase der Consideration eine weitere Phase einzufügen, um das Verlangen nach dem Produkt (»Desire«) zu forcieren. Denkbar wäre hier eine weitere indirekte Kontaktaufnahme über die Website oder eine direkte Kontaktaufnahme mithilfe hinterlegter Kontaktdaten

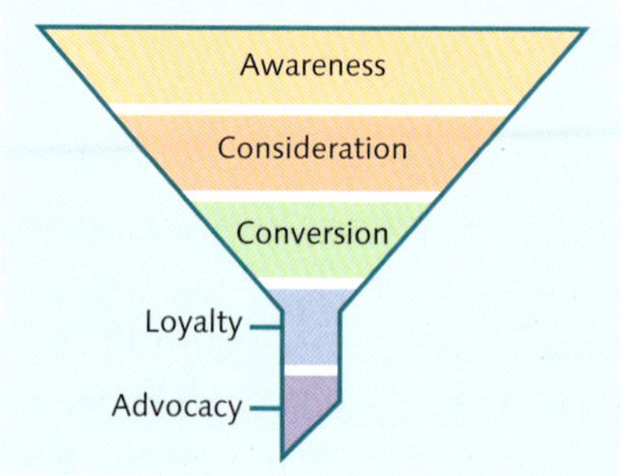

Abbildung 3.3
Marketingfunnel – vom Interessenten zum Markenfürsprecher

Ist der erste Schritt positiv verlaufen und ist die Aufmerksamkeit vorhanden, geht es darum, echtes Interesse zu wecken (Phase 2: **Consideration**). Dann ist vor allem inhaltlich klare und zielgerichtete Markenkommunikation gefragt. Mithilfe von textlichen Schilderungen sollten Themen und Probleme angesprochen werden, die die Zielgruppe beschäftigen und die durch die Produkte und Services des Unternehmens gelöst werden können. Fühlt sich die Zielgruppe angesprochen und findet sich in den Angeboten des Unternehmens wieder, so ist das Interesse geweckt, und die Interessentin oder der Interessent entscheidet, ob sie oder er mehr erfahren möchte.

Unterschiedliche Ausgestaltung der Phasen

Die Phasen nach der Consideration bis zur letztendlichen Kundengewinnung können sowohl zeitlich als auch in Bezug auf die Marketingmaßnahmen sehr unterschiedlich ausfallen. Je nach Produkt und Zielgruppe, Kostenfaktor und Leidensdruck erfolgt eine positive Entscheidung schneller oder langsamer.

Im besten Fall mündet das Interesse in einen konkreten Wunsch – nämlich den Wunsch, den Service oder das Produkt in Anspruch nehmen zu wollen (Phase 3: **Conversion**). Das versteht man unter »Conversion«: Interessenten und Interessentinnen werden zu Kunden und Kundinnen.

Wichtig ist auch hier eine konsistente und klare Kommunikation der Werte und des Angebots und ein konsistentes Erscheinungsbild.

Eine Möglichkeit, potenzielle Kunden und Kundinnen dazu zu animieren, aktiv zu werden, ist es, ihnen einen bestehenden Leidensdruck immer wieder vor Augen zu führen und sie auf der emotionalen Ebene anzusprechen. Untermauert mit Testimonials, kann dann eine erste Vertrauensbasis entstehen, die beispielsweise durch eine gute persönliche Betreuung beim ersten direkten Kontakt ausgebaut werden kann. Auch diesen Punkt unterschätzen heute viele Unternehmen – automatisierte Ansagen und vorgefertigte Fragen oder Bots anstelle realer Ansprechpartner oder Ansprechpartnerinnen sind an dieser Stelle nicht förderlich für eine Vertrauensbasis und damit auch nicht für die Kundengewinnung.

Marketingfunnel und Gestaltung

Während der einzelnen Phasen gibt es immer wieder unterschiedliche Punkte, die auch zu den Aufgaben der Gestaltung gehören und die verlässliche Übertragung und Weiterentwicklung des Corporate Designs erfordern.

Mit der Kundengewinnung allein ist es aber nicht getan – auch wenn es ein schönes Erfolgserlebnis ist, neue Kundinnen und Kunden zu gewinnen, fängt jetzt eine weitere wichtige Phase an: nämlich die gewonnenen Kundinnen und Kunden zu behalten (Phase 4: **Loyalty**). Offensichtlich ist für die Loyalität die Kundenzufriedenheit das A und O. Kontakt zu halten und bei Rückfragen, Reklamationen oder Aufträgen verlässlich, erreichbar und freundlich zu bleiben, sollte hier Priorität haben. Gegebenenfalls ist es bei wachsendem Kundenstamm dann notwendig, weitere Mitarbeiter und Mitarbeiterinnen einzustellen, um alle Anfragen zufriedenstellend bewältigen zu können, ohne dass sich die eigene Belegschaft ausgepowert fühlt und die Kundinnen und Kunden den Eindruck haben, beim Unternehmen nicht gut aufgehoben zu sein.

Beauftragendes Unternehmen im Blick behalten

Schon während des Projekts sollten Designerinnen und Designer auch an die Fortführung des Corporate Designs nach erfolgreicher Umsetzung denken. Gerade bei digitalen Projekten geht es im Nachgang darum, die Pflege und Fortführung des Corporate Designs so einfach und zielorientiert wie möglich zu gestalten. Das kann die Erstellung oder der Austausch von Content auf einer Website sein oder die Anwendung des Corporate Designs mithilfe eines Styleguides (siehe Abschnitt 13.1).

Marketingfunnel für Designer und Designerinnen

Das Wissen rund um Marketingfunnels lässt sich auch auf die eigene Vermarktung übertragen. Dass eine eigene Website noch keine Kundschaft generiert, wird manchen Designerinnen und Designern erst im Nachhinein klar – nämlich dann, wenn die Kunden und Kundinnen ausbleiben. Dann ist es wichtig, zu wissen, worauf es ankommt, und Zusammenhänge zu verstehen – auch bei der eigenen Markenbildung, dem eigenen Personal Branding oder der Promotion seines eigenen Unternehmens.

Vor allem heute, mithilfe der sozialen Medien, ist es von Vorteil für ein Unternehmen, wenn die eigenen Kundinnen und Kunden selbst zu Markenbotschaftern werden und beispielsweise über Social Media Produkte, Services und Unternehmen weiterempfehlen (Phase 5: **Advocacy**). Nie zuvor war es so einfach, die Zielgruppe zu erreichen und den Bekanntheitsgrad einer Marke zu steigern. Es gehört aber ein großes Maß an Recherche und Vorarbeit auf allen Ebenen sowie ein langer Atem und ein professioneller, verlässlicher Umgang mit öffentlichem Feedback dazu, dieses Level zu erreichen. Der Corporate-Design-Auftritt sollte in allen Phasen einen eindeutigen Wiedererkennungswert aufweisen – durch ein konsistentes

Erscheinungsbild wird die Verbindung zum Unternehmen gefestigt und bleibt länger in Erinnerung.

3.4 Den Markt beobachten

Die Analyse der Marktsituation ist nützlich, um zu wissen, wie sich die Konkurrenz in Bezug auf das visuelle Erscheinungsbild präsentiert. Üblicherweise nähern sich die optischen Erscheinungsbilder von branchengleichen Unternehmen mit der Zeit an. Das bringt ähnliche Themen mit sich und auch eine ähnliche Zielgruppe. Um sich positiv von der Konkurrenz abzuheben, ist es deswegen wichtig, auch die feinen Unterschiede zur Konkurrenz zu kennen und hervorheben zu können. Schließlich geht mit dem Wunsch nach einem Corporate Design auch der Anspruch einher, dass das Erscheinungsbild eines Unternehmens klar von der Konkurrenz unterschieden werden kann. Die Marktanalyse ist außerdem sehr nützlich, um die eigenen Kundinnen und Kunden besser kennenzulernen und besser einschätzen zu können.

Bevor die Marktanalyse starten kann, sollte zunächst das Ziel des Corporate Designs festgelegt werden, um möglichst fokussiert recherchieren zu können. Der Zweck einer Marktanalyse kann sowohl bei einem neuen Design als auch bei einem Redesign (siehe Kapitel 11) vielfältig sein:

- Konkurrenzanalyse
- Trends am Markt
- Erschließung eines neuen Marktes
- neue Zielgruppe

Bei der Marktanalyse geht es unter anderem darum, die Marke, für die das Corporate Design entstehen soll, im Kontext zu weiteren Anbietern zu sehen. Das betrifft vor allem das Erscheinungsbild der Konkurrenz im Kontext von Zielgruppe, Angebot und den individuellen Rahmenbedingungen.

3.4.1 Ist- und Soll-Zustand

Bei Unternehmen, die bereits ein vorhandenes Corporate Design haben, bietet sich hier an, den Ist-Zustand und den gewünschten Zustand (Soll-Zustand) genauer zu betrachten. Gerade bei einer organischen Weiterentwicklung des Corporate Designs haben sich

Werte und Markenbotschaften häufig über die Zeit geändert, und die Kommunikation stimmt nicht mehr mit dem Selbstbild des Unternehmens überein.

Sowohl bei der Ersterstellung eines Corporate Designs als auch bei einem Redesign können folgende Fragen für mehr Klarheit sorgen:

- Welche Maßnahmen wurden bisher ergriffen, welche davon waren erfolgreich?
- Wie wird das Unternehmen wahrgenommen und korrespondiert die Außenwahrnehmung mit den Unternehmenszielen und Werten?
- Welche Tradition und Historie ist vorhanden, wie war der Entstehungsprozess?
- Durch welche besonderen Merkmale zeichnet sich das Unternehmen aus?

Nachdem der Ist-Zustand abgeklopft wurde, geht es darum, den Soll-Zustand zu erfassen:

- Was wünscht sich das Unternehmen?
- Was ist verbesserungswürdig?
- Was kann wegfallen?

Unternehmenspersönlichkeit beschreiben

Mit der Reputation eines Unternehmens steht und fällt die Aussicht auf langfristigen Erfolg. Deswegen ist der bewusste und professionelle Umgang mit der Kommunikation und dem äußeren Erscheinungsbild eines Unternehmens so wichtig. Denn nur dann können Vertrauen, Begeisterung und eine positive Bindung zwischen Kundinnen/Kunden und Marke geschaffen werden. Um ein besseres Gefühl für die Unternehmenspersönlichkeit und deren Wahrnehmung zu entwickeln, kann es hilfreich sein, sie mit greifbaren Eigenschaften zu versehen. Soll sie anspruchsvoll, ehrlich, nachhaltig, lebendig oder kompetent wirken? Die Beschreibung der Persönlichkeit kann dabei der Beschreibung einer echten Person ähneln. Die Unternehmenspersönlichkeit näher zu umreißen, verhilft oft zu einem besseren Verständnis und zu einer Vorstellung vom »Bauchgefühl«, das die Wunschzielgruppe bei der Markennennung bekommen sollte.

Im Zuge der Äußerung von Wünschen und Zielen kommt oft die Konkurrenz ins Spiel. Dann werden Unternehmen genannt, die zum Beispiel ein ähnliches Produkt anbieten, die sich in ihrem äußeren Erscheinungsbild aber abheben. Wird ein konkurrierendes Unternehmen genannt, dann ist es sinnvoll, weiter nachzufragen und genau herauszufinden, was dort nach der Meinung der beauftragenden Firma besser oder schlechter ist. Die Antworten darauf können wichtige Anhaltspunkte für die Vorstellung und die Wünsche in Bezug auf das Corporate Design geben.

Zu einer guten Marktanalyse gehört also, dass man sich die Konkurrenz einmal aus nächster Nähe anschaut und herausfindet, welche Bestandteile des Corporate Designs dort eigentlich gut oder schlecht funktioniert.

3.4.2 Austausch mit dem Unternehmen

Im besten Fall ist der erste Weg relativ kurz: Die Entscheidungsträger und Entscheidungsträgerinnen auf Unternehmensseite kennen sich normalerweise bereits sehr gut mit der Wettbewerbssituation aus und können einen guten Überblick zum optischen Auftritt der Konkurrenz vermitteln. Weitere Fragen, die im Zusammenhang mit der Marktanalyse für ein besseres Markenverständnis relevant sein können, sind:

- Welche Produkte und Dienstleistungen werden von der Konkurrenz angeboten?
- Was unterscheidet das Unternehmen qualitativ oder inhaltlich von der Konkurrenz? Dabei geht es einerseits darum, sich durch das Corporate Design positiv von der Konkurrenz abzugrenzen, und andererseits aber auch darum, aus den Fehlern anderer zu lernen.
- Wie ist die Preisrange des Unternehmens, auch in Bezug auf die Konkurrenz?
- Was genau umfasst die angebotene Leistung des Unternehmens?
- Wie viel Konkurrenz gibt es?
- Wie ist das Spektrum der Konkurrenz? Wo liegen Stärken und Schwächen, inhaltlich und in Bezug auf den visuellen Auftritt?
- Wie ist die Preisgestaltung des Konkurrenzunternehmens? Die Preisgestaltung kann hier einen wichtigen Hinweis zur Zielgruppe geben.

Die ausführlichsten Antworten bekommt man hier ebenfalls wieder von Firmengründern oder Entscheidungsträgerinnen, die die Entwicklung des Unternehmens miterlebt und gelenkt haben.

3.4.3 Eigene Marktanalyse

Nach dem Austausch mit dem Unternehmen und den Stakeholdern geht es im nächsten Schritt darum, sich ein eigenes Bild von der Marktsituation zu machen und sich anzuschauen, wie sich konkurrierende Unternehmen visuell präsentieren. Dabei hilft bereits eine Internetrecherche, aber auch der Besuch einer Fachmesse kann helfen, hier einen guten Überblick zu gewinnen.

In erster Linie geht es bei der Recherche darum, Unternehmen zu finden, die gleiche oder ähnliche Produkte oder Dienstleistungen anbieten. Gegebenenfalls können aber auch angrenzende Themen interessant für die Recherche sein. Wie kann die Resonanz und Aufmerksamkeit für die Marke gesteigert werden? Richten Sie einen Blick sowohl auf positive wie auch auf negative Beispiele aus der gleichen Branche.

Folgende Fragen können Sie bei der Konkurrenzanalyse stellen:

- Worauf legt die Konkurrenz in ihrem visuellen Erscheinungsbild Wert?
- Welche Bestandteile hat das Corporate Design?
- Wo sprechen sie ihre Zielgruppe an?
- Welche Tonalität benutzen sie?
- Wo befinden sich die Schwachpunkte? Was wirkt unprofessionell? Was könnte besser sein?
- Welche Kommunikationsstrategie nutzt die Konkurrenz?
- Auf welchen Kommunikationskanälen sind Konkurrenzunternehmen erfolgreich vertreten?
- Wie sieht das visuelle Erscheinungsbild digital und in Printmedien aus?
- Welche Berührungspunkte mit Kundinnen und Kunden sind vorhanden?
- Welche Emotionen werden mit den Produkten und Dienstleistungen verbunden?

Quantitative Marktanalyse

Neben der qualitativen gibt es auch noch die quantitative Marktanalyse: Dabei geht es um statistische Daten und Fakten, die beispielsweise beim Statistischen Bundesamt, bei Statista, Markt- und Konsumforschungsinstituten oder Industrie- und Handelskammern erfragt werden können. Für das Corporate Design können dann beispielsweise die Hintergründe zur Nutzung und zur Demografie der Zielgruppe interessant sein. Aber auch Trends und Prognosen zu gesellschaftlichen Entwicklungen können wichtige Einblicke liefern.

Aus der Auflistung der Antworten auf diese Fragen ergeben sich schon einige Anhaltspunkte für die Entwicklung des neuen Designs. Für das Corporate Design ist vor allem die qualitative Marktanalyse ausschlaggebend: Strömungen und Trends, Kundinnen und Kunden und deren Vorlieben und der visuelle Auftritt der Konkurrenz.

Positionierung im Fokus

Nutzerinnen und Käufer sind vor allem dann begeisterungsfähig, wenn Produkte und Dienstleistungen Hilfe versprechen, einen

Mehrwert bringen oder sie sich grundsätzlich gut verstanden fühlen. Obwohl die konkurrierenden Unternehmen ein ähnliches Produktportfolio haben, gibt es Möglichkeiten, sich durch das Corporate Design gezielt von ihnen abzuheben.

Zusammenfassung Positionierung

Um sich von der Konkurrenz am Markt abzuheben und aus der Masse hervorzustechen, ist es also wichtig, eine klare Positionierung zu haben. Eine klare Vorstellung von der eigenen Stellung am Markt kann ein entscheidender Wettbewerbsvorteil sein. Die Positionierung sollte später im Corporate Design eindeutig wiedererkennbar sein. Sie liefert wichtige Anhaltspunkte, wenn es darum geht, sich visuell von der Konkurrenz abzuheben und Alleinstellungsmerkmale zu unterstreichen.

Dabei können bestimmte Eigenschaften besonders hervorstechen – es kann beispielsweise der Anspruch des Unternehmens sein, ästhetisch visuell hervorzutreten, eine bestimmte Preisgestaltung zu bewerben oder innovative Lösungen zu verkaufen. Diese Ausrichtung hat Einfluss auf das Corporate Design – je nachdem, wo der Schwerpunkt liegt, geht es bei der Entwicklung des Corporate Designs darum, die Differenzierung zur Konkurrenz erfolgreich zu visualisieren. Durch die klare Abgrenzung von der Konkurrenz entsteht ein Wettbewerbsvorteil, der für das Unternehmen in Bezug auf den weiteren Erfolg einen hohen Stellenwert haben kann.

Um den aktuellen Status der Positionierung festzustellen, ist es sinnvoll, einen Vergleich mit konkurrierenden Unternehmen oder Vorreitern anzustellen. Von den Unternehmen, die dem eigenen Unternehmen voraus sind, kann man gegebenenfalls ableiten, welche Schritte sie unternehmen oder unternommen haben, um an diese Position zu kommen. Im Vergleich zu anderen Unternehmen mit einem vergleichbaren Angebot wird außerdem oft deutlich, wo die Unterschiede liegen und welche davon zum Alleinstellungsmerkmal werden könnten, um sich von der Konkurrenz abzuheben.

Visualisierung

Die Positionierung im Vergleich zur Konkurrenz lässt sich auch visuell darstellen, sodass Stärken und Schwächen noch einmal besonders deutlich werden. Dazu werden bestimmte Kriterien festgelegt, die der Einordnung des Unternehmens und der Konkurrenz dienen. Das kann beispielsweise mit einem Positionierungskreuz geschehen. Sind es mehrere Kriterien, so wird aus dem Kreuz eine sogenannte *Positionierungsspinne*. Das Positionierungskreuz lässt sich auch direkt auf das Corporate Design übertragen.

Wahrnehmung durch Kundinnen und Kunden

Die Positionierung eines Unternehmens steht und fällt mit der Einordnung durch die Kunden und Kundinnen. Gerade bei gewachsenen Marken kann es zukunftsweisend sein, einen Vergleich zwischen Eigen- und Fremdwahrnehmung vorzunehmen. Durch Kundenbefragungen können die Einschätzungen erfasst werden, und nicht selten stellt sich heraus, dass eine Diskrepanz zwischen der unternehmenseigenen Sichtweise und derjenigen der Kunden und Kundinnen herrscht.

Ein Beispiel hierzu: Im Falle einer Studie vor der Überarbeitung des Corporate Designs der **Deutschen Bahn AG** hat sich herausgestellt, dass vor allem in Bezug auf Menschlichkeit und Empathie Verbesserungspotenzial besteht. Im daraufhin folgenden Redesign wurden die in den zuvor veranstalteten Workshops ausgearbeiteten Punkte zu diesem Thema eingearbeitet und im neuen Corporate Design umgesetzt. Mit der Entwicklung einer individuellen, auf das Unternehmen abgestimmten Strategie ist der Grundstein für ein einzigartiges Corporate Design gelegt.

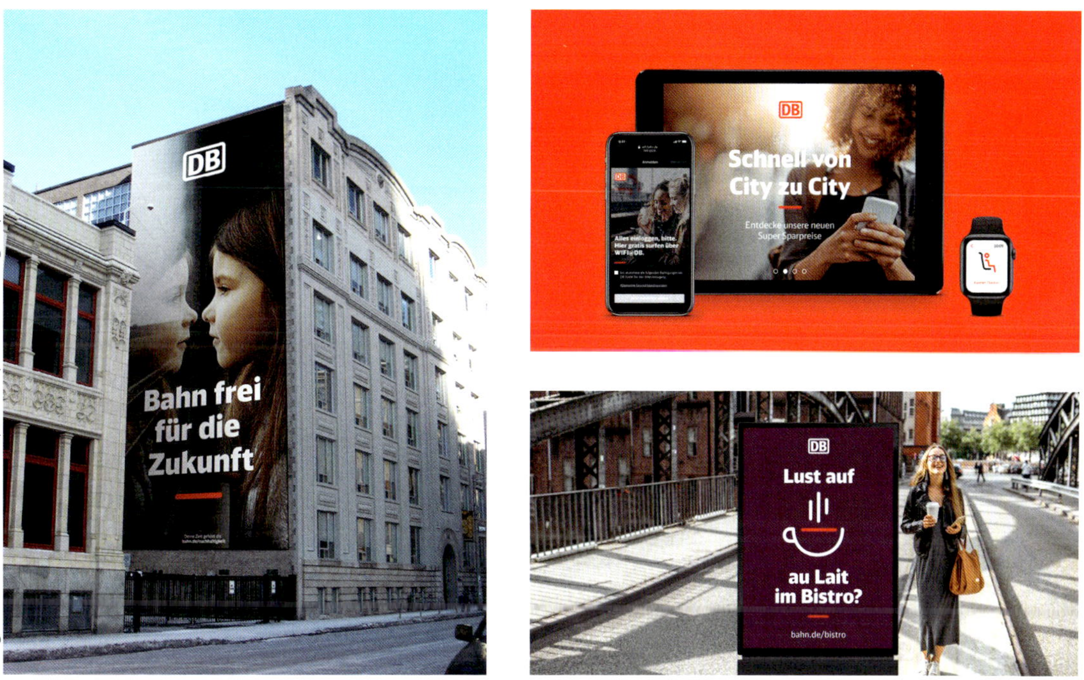

Abbildung 3.4
Neuer Designauftritt der Deutschen Bahn AG mit mehr Menschlichkeit

Ein Redesign gab es auch beim **Autohersteller Škoda** – nach 30 Jahren der Weiterentwicklung und des Wandels erreicht auch das Erscheinungsbild der Marke ein neues Niveau und zeigt die Orientierung in Richtung Zukunft des Unternehmens. Sowohl Kunden und Kundinnen als auch Produktangebot entwickeln sich weiter, und mit dem neuen Corporate Design entspricht nun auch das

Abbildung 3.5
Das Škoda-Logo in neuem, modernem Look erscheint nun auch auf der Fahrzeugvorderseite, nicht nur wie bisher auf der Rückseite.

Erscheinungsbild den veränderten Anforderungen und Erwartungen der Kundinnen und Kunden. Der Fokus des neuen Erscheinungsbildes liegt vor allem auf dem digitalen Ansatz der Marke. In Bezug auf die Produktpalette des tschechischen Autoherstellers spiegelt sich die »Next Level Škoda Strategy 2030« nun auch im digital ausgerichteten Corporate Design wider.

Im Gegensatz zur bisherigen dreidimensionalen Gestaltung des Firmenlogos ist das neue Logo von Škoda durch seine Zweidimensionalität universell, sowohl im Printbereich als auch digital, einsetzbar. Der Akzent über dem S wurde typografisch in das Logo integriert, sodass der Markenname international Bestand hat, seine Heimat aber dennoch erkennbar bleibt.

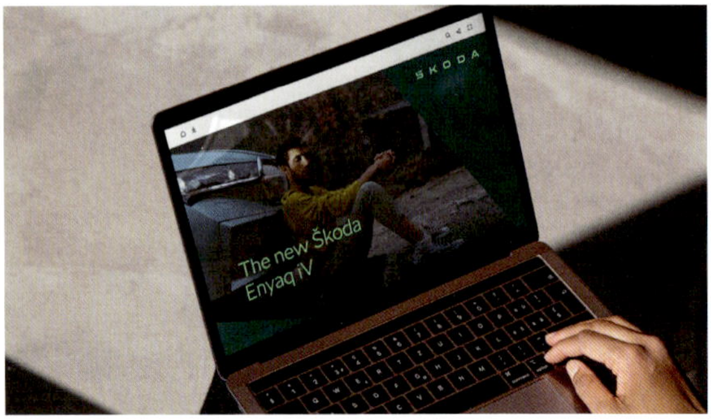

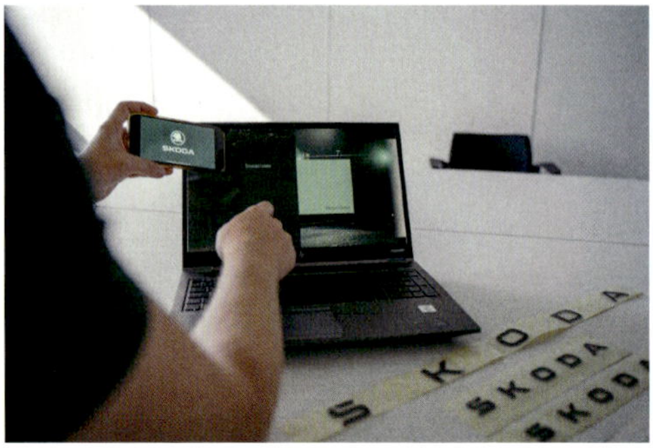

Abbildung 3.6
Auch die neue Farbwelt lässt sich sehen – sowohl digital als auch im Printbereich.

Abbildung 3.7
Für die Zukunft gewappnet – das neue Corporate Design ist universell einsetzbar.

Mission Statement

Aus den Aussagen zu Marke und Positionierung ergibt sich die Mission eines Unternehmens. Im *Mission Statement* werden die Ziele und Aufgaben des Unternehmens wiedergegeben. Die Aussage zur Mission kann sehr aufschlussreich sein, wenn es darum geht, welchen Anspruch das Unternehmen an das zukünftige Corporate Design hat.

Mit der Positionierung wird nicht nur auf Seiten des Unternehmens klar, welche Marketingmaßnahmen sinnvoll sind, auch für potenzielle Kunden oder Bestandskundinnen sind dann die gesendeten verbalen und visuellen Botschaften besser zu verstehen. Für Designerinnen und Designer ergibt sich daraus ein Pool an Anhaltspunkten für die Entwicklung des Corporate Designs.

Regelmäßige Marktanalysen

Marktanalysen sind keinesfalls nur dann sinnvoll, wenn es um die Entwicklung eines neuen Corporate Designs oder eines Redesigns geht. Die Marketingabteilung eines Unternehmens führt im Idealfall regelmäßig, also beispielsweise einmal im Jahr, eine Marktanalyse durch, um das Unternehmen zukunftsfähig zu machen und um den Kundenstamm und die Konkurrenz im Überblick zu behalten. Gegebenenfalls hat das auch Auswirkungen auf das Corporate Design, das zum Beispiel an Veränderungen angepasst oder auf neue Medien erweitert werden muss.

Stärken und Schwächen auf den Punkt gebracht

Nach der Analyse zur Positionierung macht es häufig Sinn, die Stärken und Schwächen des Unternehmens noch genauer unter die Lupe zu nehmen. Mit einer sogenannten *SWOT-Analyse* lassen sich Stärken, Schwächen, Chancen und Risiken aufzeigen.
SWOT ist dabei die Abkürzung für:

- S = Strengths (Stärken)
- W = Weaknesses (Schwächen)
- O = Opportunities (Chancen)
- T = Threats (Risiken)

Aus den weiteren Recherchen innerhalb und außerhalb des Unternehmens ergeben sich die Aspekte, die in der SWOT-Analyse festgehalten werden. Aus einer SWOT-Analyse wird das weitere Vorgehen abgeleitet. Führt man sie jährlich durch, so hat man einen guten Vergleich zur Entwicklung der einzelnen Aspekte im Vergleich zum Vorjahr. Marketingmaßnahmen und Investitionen lassen sich so besser messen und vergleichen.

Mithilfe einer SWOT-Analyse kann auch abgeschätzt werden, wie riskant eine neue Produktentwicklung sein könnte und wie die Zielgruppe zum bestehenden Angebot steht.

Bei der SWOT-Analyse von Coca-Cola ist beispielsweise erkennbar, dass der aktuell bestehende Trend hin zu bewusster Ernährung ein Risiko für den Erfolg des traditionellen Produktportfolios darstellen könnte. Dieser Umstand ist neben der Einordnung als Risiko aber auch gleichzeitig als Chance aufgeführt – die Erweiterung des Produktsortiments kann zukunftsweisend für das Überleben der Marke sein. Wird das Risiko rechtzeitig erkannt, kann entsprechend reagiert werden. Hier wird sehr deutlich, wie wichtig eine Analyse von Trends, Strömungen, Zielgruppe und Konkurrenzentwicklung ist.

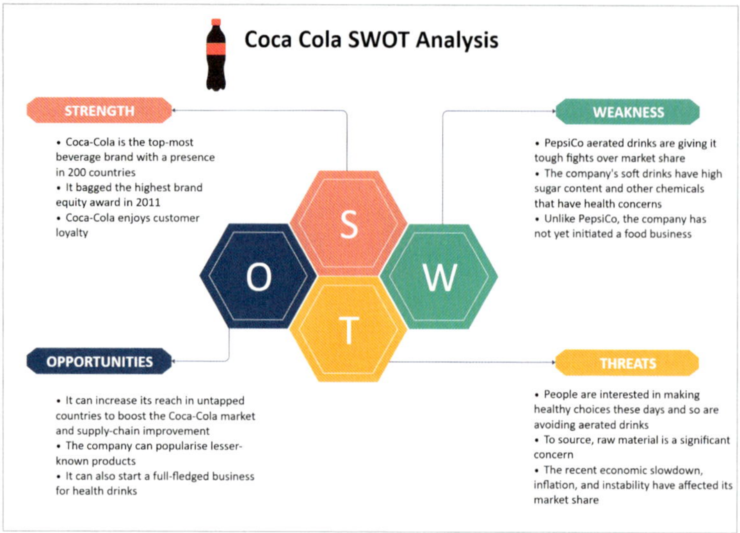

Quelle: EdrawMax Online

Abbildung 3.8
Beispiel einer SWOT-Analyse: Coca Cola

Inspiration

Auf der Suche nach Inspiration ist es manchmal notwendig, die gewohnten Pfade zu verlassen, um frischen Wind einzuatmen. Das bedeutet in Bezug auf die Recherche zu Konkurrenz und Positionierung, dass nicht immer nur themen- oder fachverwandte Unternehmen betrachtet werden müssen. Zu schauen, wie sich andere Unternehmen präsentieren, die nicht in unmittelbarer Konkurrenz zum beauftragenden Unternehmen stehen, kann für Motivation und frische Ideen sorgen.

Das können beispielsweise auch Unternehmen sein, die geografisch nicht im unmittelbaren Umkreis liegen. Trends, Innovationen und Designströmungen in fremden Ländern und Kulturen können eine gute Inspirationsquelle sein – vor allem dann, wenn es darum geht, eine unkonventionelle Lösung zu finden.

Inspiration im WWW

Neben dem Blick auf Unternehmen, ihre Positionierung und ihr Erscheinungsbild gibt es auch einige gute und übersichtliche Inspirationsplattformen im Internet. Dabei können auch die Profile und Arbeiten anderer Designerinnen und Designer als Inspirationsquelle dienen. Sicherlich kennen Sie *behance.net*, *dribbble.com*, *designtagebuch.de*, *ci-portal.de*, *designspiration.com* und *awwwards.com* bereits, aber fügen Sie sie in die Liste regelmäßig zu besuchender Sites ein.

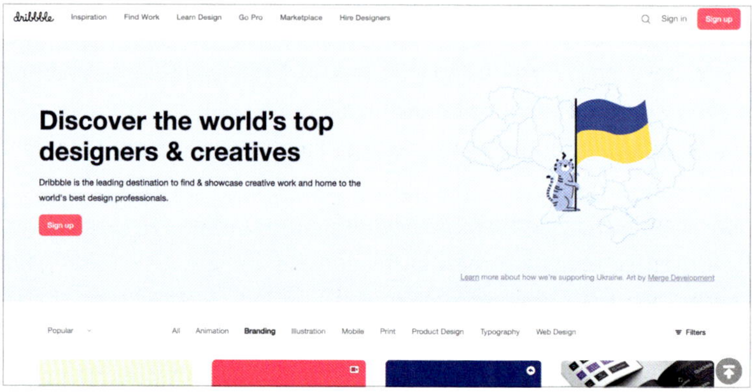

Abbildung 3.9
Inspiration mit Filtermöglichkeit auf dribbble.com

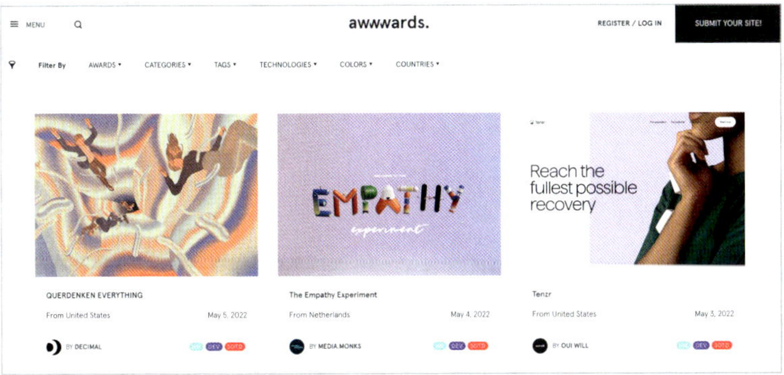

Abbildung 3.10
Inspirationsquelle www.awwwards.com

Ziele festlegen und im Blick behalten
Sich inspirieren zu lassen und Eindrücke zu sammeln, ist eine wunderbare Aufgabe, die glücklicherweise fester Bestandteil des Designalltags ist. Es gibt kaum etwas Entspannteres, als stundenlang zu surfen und sich von all den tollen Trends und Designs berieseln zu lassen. Aber – die Gefahr ist groß, dass man sich im Meer aus Inspirationsquellen verliert und am Ende gar nicht mehr so recht weiß, wonach man eigentlich gesucht hat. Stundenlang im Internet nach Inspiration zu suchen, ist keine Garantie für ein späteres Design, das begeistert. Im Gegenteil – auch hier zeigt sich wieder: Mit einem Plan surft es sich leichter.

Um diesen Plan zu erstellen, ist keine seitenweise Konzepterstellung gefragt. Es reicht, sich des Zwecks bewusst zu werden und die damit verbundenen Ziele des Corporate Designs festzustecken. Dabei kann die Anwendung der SMART-Formel helfen, um Grenzen festzulegen und das eigentliche Ziel im Hinterkopf zu behalten (siehe Abschnitt 15.1).

3.4.4 Konsistenz als Schlüssel zum Erfolg

Konsistenz ist sowohl im Erscheinungsbild als auch in der gesamten Unternehmenskommunikation nach innen und nach außen wichtig für eine enge und von Vertrauen geprägte Kundenbeziehung. Erst dann kann das Gefühl entstehen, Unternehmen und Marken »richtig« einschätzen und ihnen vertrauen zu können. Zu einem konsistenten Unternehmensauftritt trägt das Corporate Design ganz wesentlich bei – Investorinnen und Kunden müssen eine Marke mehrmals, bestenfalls auf unterschiedliche Weise, wahrgenommen haben, bevor sie eine Kauf- oder Investitionsentscheidung treffen. Jeder Berührungspunkt mit der Marke ist eine Chance für das Unternehmen, Markenbotschaft und Mission mitzuteilen und die Positionierung zu klären. Die positiven Ergebnisse aus der konsistenten Eigendarstellung eines Unternehmens können wiederum neue Kundinnen und Kunden sowie weitere Zielgruppen anziehen.

Zur Konsistenz gehören neben dem Erscheinungsbild auch der Umgang mit Kundinnen und Kunden und deren Anliegen sowie den Mitarbeitern und Lieferantinnen. Um den richtigen Umgang mit Kundenanliegen entsprechend der Brandmessage, Mission und Positionierung sicherzustellen, müssen Mitarbeitende eingestellt, geschult und fortlaufend ausreichend informiert werden. Durch regelmäßiges Kundenfeedback können Schwachstellen erkannt und ausgeräumt werden. Je nach Abteilung sollten die für die jeweiligen Kundenanfragen relevanten Informationen festgehalten und veröffentlicht werden. Zufriedene Kunden und Kundinnen können die Bekanntmachung eines Unternehmens beschleunigen und den Kundenstamm durch Weiterempfehlung vergrößern.

Auch wenn diese Hintergründe auf den ersten Blick nicht unmittelbar im Zusammenhang mit der Corporate-Design-Entwicklung stehen, ist es gut, im Gespräch mit Auftraggeberinnen und Auftraggebern zu wissen, wovon gesprochen wird, und die Hintergründe zu verstehen. Die Marktanalyse ist dabei ein Puzzleteil in der Sammlung von Anforderungen und der Entwicklung eines ganzheitlichen Verständnisses für das Unternehmen. Gemeinsam mit weiteren Recherchen zu Zielgruppe und Markenvergangenheit sowie einem ehrlichen, intensiven Austausch zu bestehenden Problemen und angestrebten Visionen hilft die Marktanalyse, Probleme zu identifizieren und dafür dann intelligente Lösungen zu entwickeln, die über die klassische Gestaltung von einzelnen Medien im Corporate Design hinausgehen.

Von Vorteil ist das für beide Seiten – vor allem dafür, wie Designerinnen und Designer wahrgenommen werden. Denn sie werden nun nicht mehr nur als Gestalter und Gestalterinnen, sondern als kreative Problemlöser wahrgenommen und erreichen damit eine vollkommen andere Wertschätzung.

Dass die Interaktion mit dem Unternehmen, die ganzheitliche Wahrnehmung und die Art und Weise, wie sich Kundinnen und Kunden wertgeschätzt fühlen, einen immer höheren Stellenwert einnehmen, kann man auch an der rasanten Entwicklung weiterer, an Design und Marketing angrenzender Bereiche, wie beispielsweise dem *Service-Design*, erkennen.

Exkurs: Service-Design

Beim Service-Design geht es um die Interaktion von Produkt und Nutzer bzw. Nutzerin, die Analyse und Optimierung von Dienstleistungen und Prozessen. Sämtliche Berührungspunkte mit der Marke spielen hier eine Rolle. Das bezieht sich nicht nur auf Websites und Apps, sondern auf die gesamte Markenerfahrung, den gesamten strukturellen Aufbau des Systems dahinter.

Marken wie Apple, Google, Uber oder Airbnb haben den bewussten Anspruch, eine ganzheitlich positive Markenerfahrung zu erschaffen. Die Gestaltung und Optimierung von Prozessen und Abläufen ist eine Aufgabe von Service-Designern und -Designerinnen. Dabei steht eine gute Brand Experience im Fokus – Zielvorhaben bei der Benutzung von Plattformen zu erkennen und sie für die Nutzenden möglichst angenehm und einfach erreichbar zu machen, sind Inhalte des Service-Designs. Heutzutage sind Gestaltung und Verbesserung von Services und Prozessen ein Beispiel dafür, wie man sich von der Konkurrenz abgrenzen kann. Dabei geht es darum, komplexe Prozesse verständlich darzustellen und Datenfluten zielgerichtet zu strukturieren, sodass Kunden oder Nutzerinnen eine möglichst angenehme Brand Experience erfahren. Eine personalisierte Customer Journey mit optimierten Touchpoints gehört zu den Herausforderungen im Service-Design.

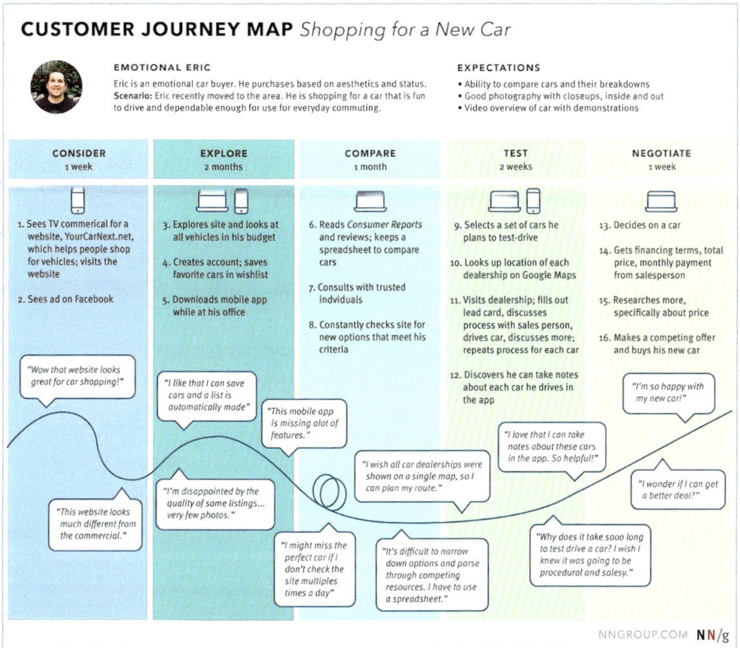

Quelle: www.nngroup.com/articles/analyze-customer-journey-map/

Abbildung 3.11
Customer Journey mit Touchpoints für den Autokauf

Technische Strukturen, Kommunikation und Organisation innerhalb eines Unternehmens gehören zu den Bereichen des Service-Designs. Die Aufgaben sind vielfältig, und je nach Fokus können die Disziplinen und Bereiche vollkommen unterschiedlich ausfallen. Die Interaktion zwischen Menschen oder zwischen Mensch und Technik steht dabei immer im Mittelpunkt.

Methoden

Um Prozesse zu erfassen und zu optimieren, kommen Methoden zum Einsatz, die auch aus anderen Bereichen wie dem Design Thinking bekannt sind. Dazu gehören beispielsweise Storyboards oder Prozessabläufe in Form von Flowdiagrammen, Customer Journey Maps und Personas.

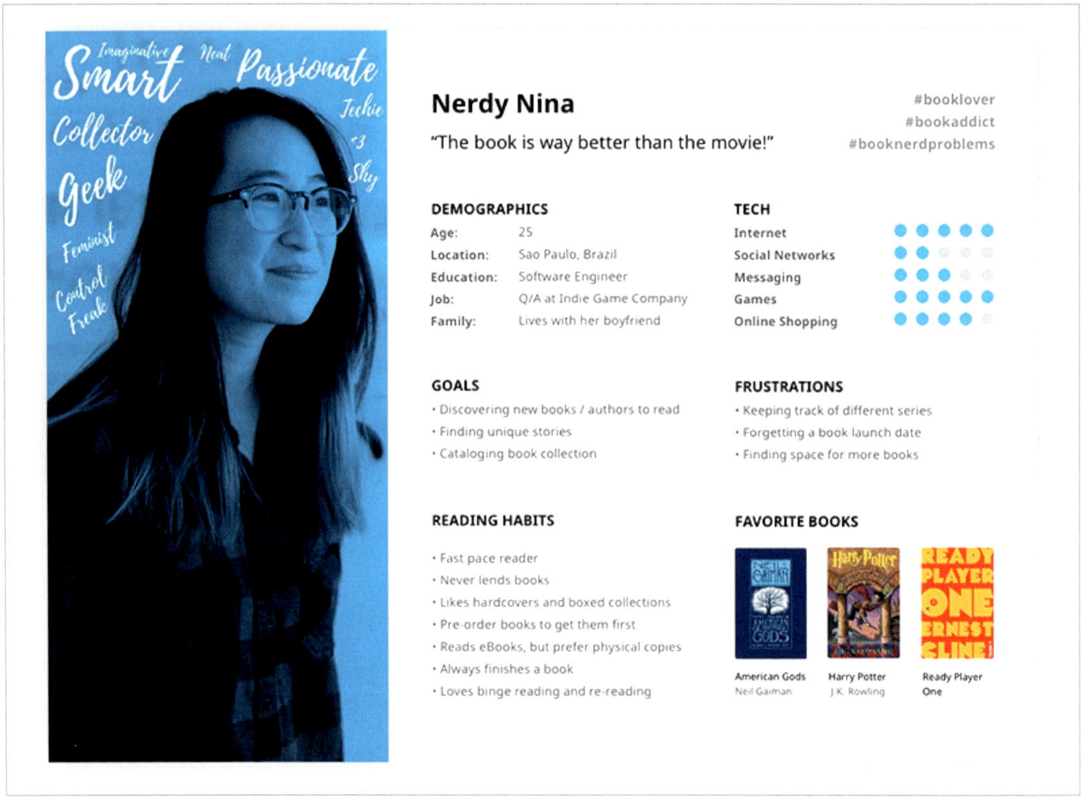

Quelle: Dani Guerrato, https://dribbble.com

Abbildung 3.12
Persona für eine Buchapp

Mit der Veränderung von Gegebenheiten und Entwicklungen im Unternehmen können auch regelmäßige Anpassungen im Service-Design notwendig sein. Innerhalb des Service-Design-Prozesses wird iterativ gearbeitet, das heißt den Ergebnissen aus Testungen und Versuchen folgend, statt in einem vorgegebenen fixen Ablauf.

3.5 Die Marke verstehen

Das Gesamtbild eines Unternehmens oder einer Marke entsteht durch das Zusammenspiel von vier Merkmalen:

1. Kernkompetenzen
2. Kundennutzen
3. Markenwerte
4. Alleinstellungsmerkmale

Bei einer Neugründung muss jeder einzelne Baustein konkret erarbeitet und die Marke aufgebaut werden, und für das Verständnis eines Unternehmens ist es für die Designseite unumgänglich, sich diese Merkmale vor Augen zu führen.

3.5.1 Kernkompetenzen

Der erste Baustein *Kernkompetenzen* beschreibt die besonderen Fähigkeiten eines Unternehmens, die ausschlaggebend für den Nutzen seitens der Kundinnen und Kunden sind, die also einen Mehrwert mit sich bringen. Kernkompetenzen sind Fähigkeiten, die das Unternehmen auf dem Markt von der Konkurrenz differenzieren. Es geht also nicht um generelle Fähigkeiten, sondern um spezielle Angebote, die dann später im Idealfall dazu führen, dass die Kunden und Kundinnen eine positive Kaufentscheidung treffen oder sich mit der Marke identifizieren. Eine Kernkompetenz sollte treffend in der Marke verankert sein und sich in sämtlichen späteren Touchpoints der Customer Journey wiederfinden.

Die Kompetenz eines Unternehmens zu verstehen ist hilfreich für den späteren Corporate-Design-Prozess.

Um eine Kernkompetenz auf Herz und Nieren zu prüfen, gibt es einige konkrete Fragen, die man stellen kann:

- Ist die Kernkompetenz von besonderer Qualität?
- Können mit der Kernkompetenz Probleme auf Kundenseite gelöst werden?
- Ist diese Kernkompetenz ein Merkmal, das das Unternehmen von der Konkurrenz differenziert?
- Ist die Kernkompetenz zukunftsfähig?

Teilweise sind Marken über Jahre hinweg gewachsen, auch ohne derart konkrete Markenstrategie im Vorfeld. Sowohl Unterschiede zur Konkurrenz als auch Alleinstellungsmerkmale lassen sich aber dennoch meistens eindeutig ausmachen.

Die eigene Kernkompetenz finden

Zu wissen, was Kernkompetenzen sind und wie man sie findet, kann aber auch für die eigene Positionierung als Designerin und Designer interessant sein. Eine Fähigkeit, die für Kundinnen und Kunden relevant ist, den größten Mehrwert bringt und zugleich dabei hilft, sich von der Konkurrenz abzuheben, ist eine Kernkompetenz. Im Falle eines Designers oder einer Designerin könnte das beispielsweise der Fokus auf Nachhaltigkeit sein – »nachhaltiges Webdesign für mittelständische Unternehmen«. Ob es überschaubare, kompakte Websites sind oder die Verwendung von kleineren Bildgrößen oder sogar die Farbwahl – es gibt wider Erwarten einiges, was genau diese Kernkompetenz des »nachhaltigen Webdesigns« ausmachen kann. Bei diesem Beispiel wird deutlich: Die Kernkompetenz umfasst die Expertise, die Möglichkeit zur Umsetzung und beinhaltet das Anliegen von Designerinnen und Designern, diese Kompetenz auch tatsächlich anbieten zu wollen.

3.5.2 Kundennutzen

Der Mehrwert für die Kundschaft ist bei der Markenbildung wichtig, denn damit steht und fällt später der Erfolg am Markt. Um Kundinnen und Kunden zu verstehen, ist viel Empathie und eine gute Beobachtungsgabe gefragt. Welche Vorteile haben sie durch die Nutzung des Angebots? Welchen Mehrwert haben sie dadurch? Antworten auf diese Fragen können beispielsweise die Qualität betreffen: Eine besonders gute Qualität kann den Vorteil haben, dass das Produkt besonders langlebig ist und gar nicht oder nur selten repariert oder ersetzt werden muss. Weitere Bereiche sind: günstiger Preis, Image oder Service.

Gibt es bereits erste Erfahrungen mit den angebotenen Leistungen oder Produkten, so können sie wertvolle Einblicke in die Vorlieben und Verhaltensweisen der Kunden und Kundinnen liefern.

Gespräche im Unternehmen

Einblicke in die Vorteile für Endkunden und -kundinnen liefern auch die Gespräche mit Mitarbeitenden, Entscheidern und Entscheiderinnen auf Unternehmensseite.

Für Corporate-Design-Projekte sind die Vorteile der angebotenen Leistungen deswegen relevant, weil sie sowohl visuell als auch inhaltlich transportiert werden sollten und einige Einblicke in die Zielgruppe liefern können. Dabei lohnt es sich, bei der Erfassung der Anforderungen an dieser Stelle noch weiter nachzufragen, um weitere Details in Erfahrung zu bringen.

3.5.3 Markenwerte kennenlernen

Bei den Markenwerten geht es unter anderem darum, grundlegende Werte im Unternehmen ausfindig zu machen. Das kann beispielsweise der Fokus auf Innovation oder Fortschritt, auf Nachhaltigkeit oder Kundenfreundlichkeit sein.

Markenwerte sind aber tatsächlich viel mehr als eine Grundrichtung im Unternehmen. Sie bestimmen weitgehend die erzielte Wirkung nach außen und innen und sollten sich in sämtlichen Marketingmaßnahmen, die eingeleitet werden, widerspiegeln. Dazu gehört auch der Umgang mit Kundinnen und Kunden bei Anfragen, der Auftritt des Unternehmens bei Veranstaltungen und der Umgang mit Feedback in den sozialen Medien. Sämtliche Handlungen können dazu genutzt werden, die Wahrnehmung der Markenwerte zu stärken und entsprechend ein positives langlebiges Image aufzubauen. Markenwerte können für Kunden und Kundinnen Vorteile bieten oder dem Unternehmen dabei helfen, sich von der Konkurrenz abzugrenzen.

Die Markenwerte zu transportieren, ist eine wesentliche Aufgabe des Corporate Designs. Die Hintergründe gut zu kennen und verstanden zu haben, ist wichtig, damit ein konsistentes, klares Erscheinungsbild entwickelt werden kann, das die Markenwerte glaubhaft und eindeutig nach außen transportiert. Auch hier geht es wieder darum: Rückfragen können helfen, Klarheit zu den Markenwerten zu gewinnen. Je nach Auffassung und Unternehmenskultur sind die Markenwerte bei den Mitarbeitern und Mitarbeiterinnen präsenter oder weniger deutlich verankert.

Ein Beispiel für die perfektionierte Umsetzung des Markenkerns im neuen Corporate Design ist der visuelle Auftritt des **Kölner Doms**, der 2019 im Rahmen eines Corporate-Design-Wettbewerbs entstand. Das Ziel des Corporate Designs war, einen Bezug zwischen den einzelnen Angeboten und beteiligten Institutionen herzustellen und einheitlich zu präsentieren und die Marke »Kölner Dom« zu stärken. Dabei besann sich die ausführende Agentur jäger und jäger auf die weltweit bekannte Westfassade und baute sie gekonnt in ein unverkennbares Logo ein. Aber auch der »Kern« des Kölner Doms, der Schrein der Heiligen Drei Könige, wurde als Markenkern erkannt und in Form einer dreizackigen goldenen Krone in das Logo eingebracht.

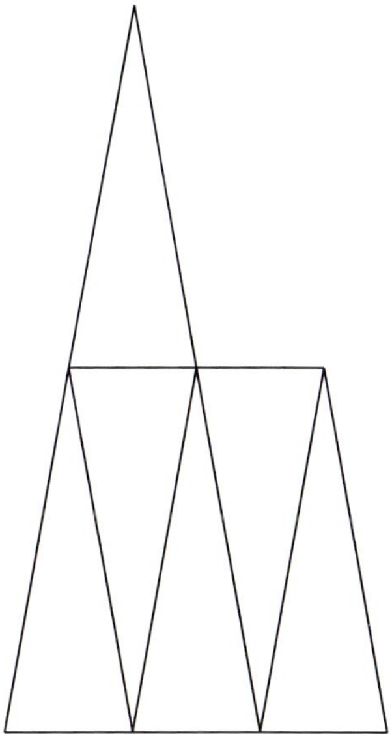

Abbildung 3.13
Das neue Logo ist mithilfe von gleichschenkligen Dreiecken aufgebaut, die sowohl eine Krone als auch die Türme des Doms bilden.

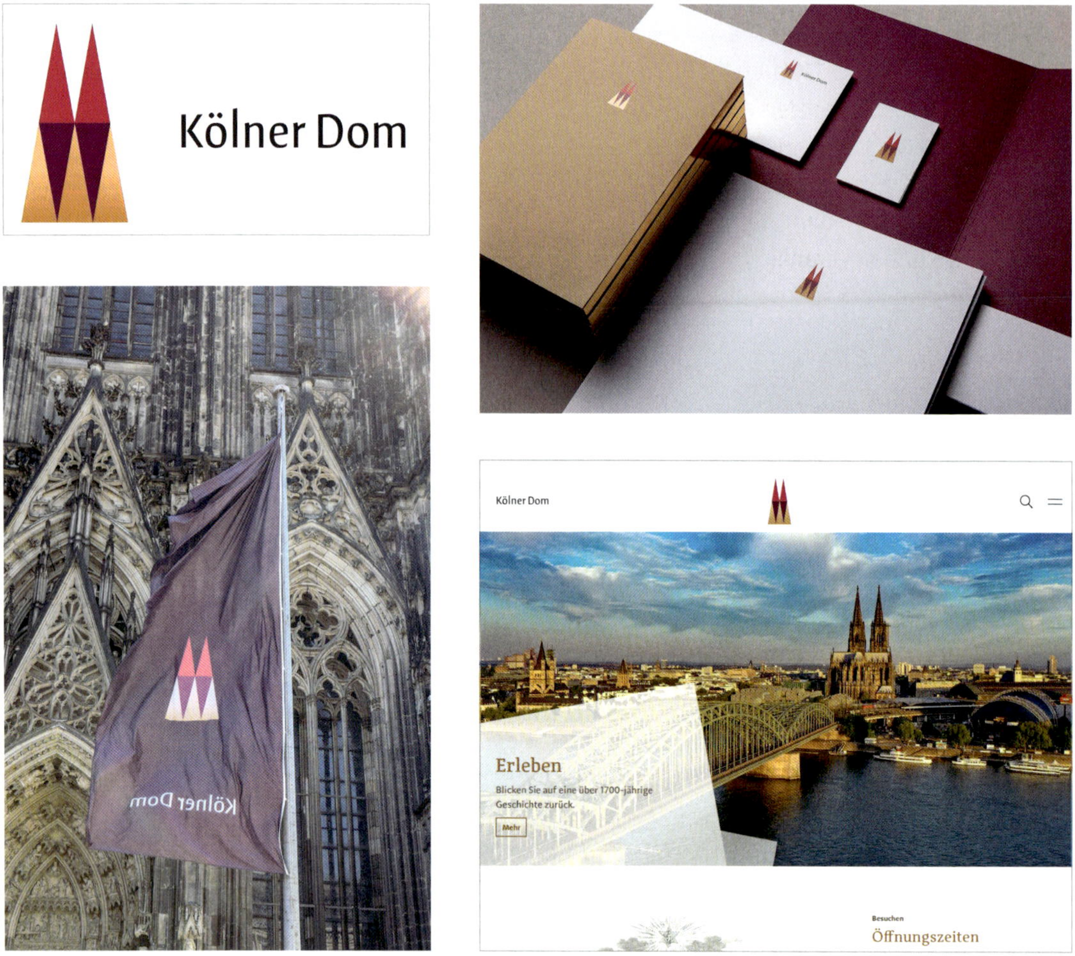

Abbildung 3.14
Corporate Design der Hohen Domkirche zu Köln

Briefing Kölner Dom

Das Domkapitel hat sich vor einigen Jahren auf den Weg gemacht, um die verschiedenen Aspekte des Domes als Gotteshaus herauszustellen: als Ort des Glaubens, als Ort der Heiligen Drei Könige, als Ort der Kunst und Kultur, insbesondere aber als Ort des Willkommens. (Dompropst Msgr. Guido Assmann)

3.5.4 Alleinstellungsmerkmale verstehen und umsetzen

Im Grunde ist der USP eines Unternehmens, der *Unique Selling Point*, die Essenz aus den bereits aufgeführten Bausteinen. Alleinstellungsmerkmale, das Markenversprechen an Kundinnen und

Kunden und ein einzigartiges Angebot machen den USP aus. Er ist ausschlaggebend dafür, ob die Kaufentscheidung für oder gegen das Unternehmen ausfällt. Und auch hier ist wieder das Einfühlungsvermögen und die detaillierte Recherche der Zielgruppe von größter Bedeutung – denn nur so lassen sich die Bedürfnisse von Kundinnen und Kunden herausfiltern und verstehen.

Unternehmen, die den USP langfristig in den Köpfen ihrer Kundinnen und Kunden verankert haben und das auch in ihrem gesamten Erscheinungsbild und den Werbebotschaften kommunizieren, sind beispielsweise:

- Ikea – *Wohnst Du noch oder lebst Du schon?*
- Apple – *Think different*
- BMW – *Freude am Fahren*

Im Fall von **Securitas** spiegelt der Claim *See a different world* den Erfahrungsschatz hinter dem geschulten Auge des Sicherheitspersonals wider und ist Ausgangspunkt für die weitere Ausrichtung des Corporate Designs. Im Brandportal von Securitas geht die Firma ausführlich auf ihren USP ein und zeigt damit die Bedeutung des Claim-Inhalts für das Unternehmen (*https://brand.securitas.com/about-us/tone-of-voice*).

Claim
Charakteristischer Satz oder Teilsatz für ein Unternehmen, der den Markenkern beschreibt und langfristig bestehen soll

Abbildung 3.15
Ein geschultes Auge sieht mehr – Teil der Kampagne von Securitas

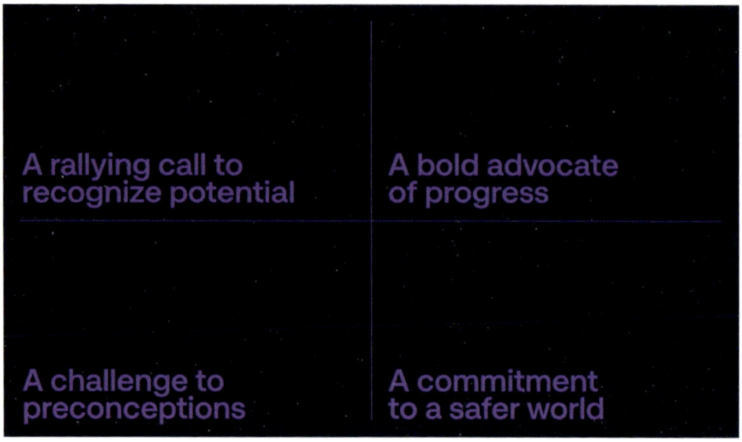

Abbildung 3.16
Die unterschiedlichen Ebenen des Markenclaims: vom Aufruf, Potenzial zu erkennen, über Weiterentwicklung und den kritischen Umgang mit Vorurteilen bis hin zur Verpflichtung für eine sicherere Welt

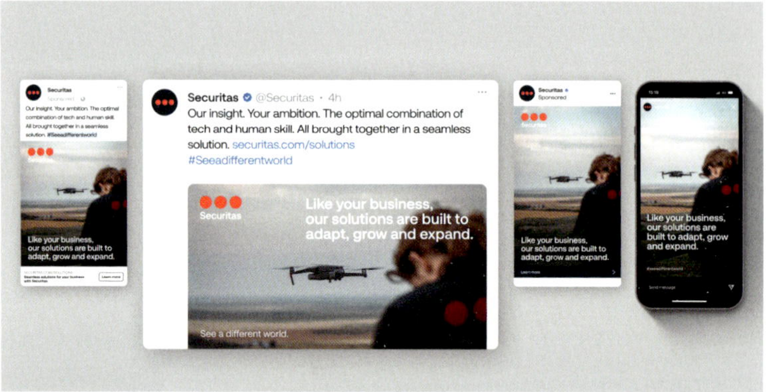

Abbildung 3.17
USP als Botschaft in den sozialen Medien

Abbildung 3.18
Erweiterung des USPs – Wachsamkeit auf ganzer Linie

Einige Claims sind sehr langlebig und bringen den USP auf den Punkt. Ein Claim kann aber auch mit den Trends und Strömungen oder mit der Veränderung der eigenen Markengeschichte gehen – man nennt ihn dann eher Slogan. Verfolgt man beispielsweise die

Entwicklung bei Amazon, so kann man erkennen, wie sich Fokus und Angebot über die Jahre entwickelt haben.

- *Einfach so einkaufen* (1999)
- *Books and more* (1999)
- *Entdecken, einkaufen, entspannen* (2002)
- *Don't look like me, look like you* (2011)
- *Niedrige Preise, wann und wo Sie wollen* (2020)

Slogan
Temporärer Ausspruch, um ein Produkt zu bewerben

Alle Merkmale bilden zusammen die Einzelbausteine einer Marke. Sie geben mit ihren Inhalten die wichtigsten Eigenheiten und Alleinstellungsmerkmale der Marke wieder. Die Inhalte sollten den Mitarbeiterinnen und Mitarbeitern bestens bekannt sein, sodass sie danach handeln und die Werte entsprechend kommunizieren können. Aus diesem Grund ist es von Vorteil, während des Designprozesses in Kontakt mit den Stakeholderinnen und »Unternehmensinsidern« zu bleiben – sie haben die Markenwerte verinnerlicht und können am besten beurteilen, ob Konzept und Design zur Marke passen oder nicht.

Auch wenn es nicht unbedingt unmittelbarer Bestandteil der Aufgaben eines Designers ist, kann es hilfreich sein, ein gutes Verständnis für die Geschichte und die Entwicklung der Marke zu bekommen, um die es im anstehenden Designprojekt geht.

Dass sich auch ein Unternehmen mit einer langen Geschichte immer wieder neu erfinden kann, beweist das 2022 entstandene Redesign von **Condor**, das sich konsequent auf das Alleinstellungsmerkmal »Ferienflieger« fokussiert. Condor hat sich über die Jahre hinweg vom *Ferienflieger der Lufthansa* (1988) nach dem Verkauf an Thomas Cook hin zu einem eigenständigen Unternehmen gemausert: *Leidenschaft ist unser Kompass* (2022). Dass die Flugstrecken vorwiegend Ziele in Ferienregionen haben, ist mit dem neuen Corporate-Design-Auftritt weiterhin unverkennbar.

Abbildung 3.19
Neuer Look im Streifendesign für Condor. Der Ferienflieger erinnert damit an Urlaub – Sonnenschirme und Badetücher lassen sich mit den Streifen assoziieren.

Abbildung 3.20
Früheres Corporate Design und Logo

Abbildung 3.21
Redesign des Logos, der Farbe und der Schrift. Das Logo selbst wurde nur in der Linienstärke leicht angepasst.

3.5.5 Mit Emotionen und Storytelling zur starken Marke

»Urlaub« ist in unserem Condor-Beispiel ein Thema, das mit positiven Emotionen aufgeladen ist. Durch Storytelling werden diese Emotionen noch verstärkt.

Emotionen haben bei der Wahrnehmung einer Marke einen entscheidenden Einfluss: Ebenso wie bei einer späteren Kaufentscheidung sind die Gefühle und Assoziationen maßgeblich für eine positive oder negative Einstellung zur Marke.

Als *Storytelling* bezeichnet man die Art und Weise, durch Geschichten und Einblicke Sinn und Zweck der Marke an die Zielgruppe heranzutragen. Storytelling ist eine hervorragende Möglichkeit, Emotionen zu wecken und durch die erzählten »Geschichten« Verknüpfungen zwischen der Marke und ihren positiven Eigenschaften zu erzeugen. Dank dieser Geschichten wird die Marke einprägsamer, denn durch die Einbettung der Botschaften in den Kontext kann das Gehirn sie besser verarbeiten und langfristig abspeichern.

Wichtige Ziele von Storytelling:

- Aufmerksamkeit erregen
- Informationen leicht verständlich zugänglich machen

- Botschaften langfristiger in den Köpfen von Kundinnen und Kunden verankern
- an Glaubwürdigkeit gewinnen
- Kunden und Kundinnen durch die Erzeugung von Emotionen langfristig binden
- Bekanntheitsgrad steigern
- virales »Weitererzählen« fördern

Um auf die Frage nach dem USP zurückzukommen, eignen sich Geschichten hervorragend, um sich als Unternehmen von der Konkurrenz abzugrenzen. Mithilfe der erzählten »Storys« wächst die Bedeutung des Unternehmens über den eigentlichen Zweck hinaus – es erschließt sich ein tieferer Sinn hinter dem Angebot, und die Wahrnehmung des Unternehmens erfolgt nun nicht mehr nur aus rationaler Sicht, sondern auf mehreren Ebenen. Um gutes Storytelling zu betreiben, ist – wie schon so oft erwähnt – eine gute Einsicht in die Zielgruppe gefragt. Welchen Mehrwert die angebotene Dienstleistung oder das Produkt für Kunden und Kundinnen liefert, sollte glasklar formuliert sein.

Meister in Sachen Storytelling ist beispielsweise **Lego**. Nach dem Tiefpunkt 2004 kann die Marke dank erfolgreicher Marketingstrategien heute wieder Erfolge verzeichnen. Einen großen Anteil daran hat die Identifikation mit der immer wieder neu erzählten Geschichte der Marke. Niederlagen und Höhenflüge, Helden und Schurken, das verkaufte Produkt bietet sich geradezu an, um sagenhafte Geschichten zu erzählen und immer wieder neu zu durchleben. Generationenunabhängig und seit Anbeginn der Unternehmensgeschichte ist Lego mit dieser Urgeschichte fest verbunden. Das Unternehmen hat in der Zwischenzeit gelernt, die Geschichte auch auf andere Medien zu erweitern und fortzuführen.

© Lego

Abbildung 3.22
Jeder kann zum Held werden, dank Lego.

Belief	**Children are our role models**			
Mission	**Inspire and develop the builders of tomorrow**			
Vision	**A global force for Learning-through-Play**			
Idea	**System-in-Play**			
Values	**Imagination • Fun • Creativity • Caring • Learning • Quality**			
Promises	**Play Promise** Joy of building, Pride of creation	**People Promise** Succeed together	**Partner Promise** Mutual value creation	**Planet Promise** Positive impact
Spirit	**Only the best is good enough**			

Abbildung 3.23
Markenfundament mit Bestand: Kinder sind unsere Vorbilder – mit der Mission, zu inspirieren und die Erbauer von morgen zu erschaffen.

Abbildung 3.24
Die eigenen Helden nachbauen mit Lego

Ob Lego als Film oder in Kooperation mit diversen Lizenzen wie beispielsweise Star Wars, der Phantasie sind auch heute keine Grenzen gesetzt, und Lego wurde durch die Erweiterung des Storytellings auf unterschiedliche Kanäle vom Spielwarenhersteller zum Medienunternehmen mit einer gezielten Botschaft: Legospieler sind die wahren Helden! Und jeder kann zum Held werden. Durch die konsistente Wiederholung dieser Kernbotschaft auf allen Kanälen wurde Lego heute wieder zu einem der erfolgreichsten Anbieter von Spielwaren überhaupt.

Auch hier können sich die Fans aktiv beteiligen und über die Plattform »Ideas« eigene Ideen für Legoszenen oder -bauten einreichen.

Storytelling erfolgt also nicht nur in reinen Textpassagen, sondern zieht sich durch den kompletten visuellen Markenauftritt: von der Website über den Kundenservice und den Instagram-Account bis hin zum Radiospot. Storytelling lässt sich in allen Bereichen mit Berührungspunkten zu Kunden und Kundinnen umsetzen. Medienübergreifendes Storytelling sollte dabei auf einigen markenkonformen Grundregeln basieren und die Kernkompetenzen des Unternehmens oder der Marke unterfüttern.

Storytelling und Social Media

Gerade auf Social-Media-Plattformen eignet sich das kompakte Format dazu, kurze, prägnante Geschichten zu erzählen, die vom Publikum häppchenweise aufgenommen werden können. Bei der heutigen Flut an Informationen ist das eine gute Möglichkeit, die Informationen möglichst leicht zugänglich zu machen. Mithilfe eines *Call-to-Action* können Nutzer und Nutzerinnen zudem zu Interaktionen angeregt werden, die den Bekanntheitsgrad steigern können. Dabei können unterschiedliche Formate zum Einsatz kommen: z. B. Videos, Musik, Text oder Bilder.

Grundlegend geht es vor allem darum, als Unternehmen authentisch und glaubwürdig aufzutreten. Die Wahrnehmung des Unternehmens sollte auch im Storytelling konsistent und gegebenenfalls überprüfbar sein. Ist das der Fall, wirken die Geschichten ehrlich, und die Marke oder das Unternehmen gewinnt an Glaubwürdigkeit.

Wichtige Facts zum Storytelling

Inhalte, die im Storytelling verwendet werden, sollten:

- kurz und prägnant sein
- einprägsam sein

- authentisch und plausibel sein
- leicht wiederzugeben sein
- zur Zielgruppe passen
- den Nutzen für die Anwenderinnen und Anwender in den Mittelpunkt stellen
- die Werte der Marke widerspiegeln

Geschichten funktionieren, weil sie Erinnerungen schaffen, starke Gefühle wie Zugehörigkeit und Hoffnung hervorrufen können und weil sie ein Stück unserer eigenen Kultur sind. Schon als Kinder haben wir es geliebt, Geschichten vorgelesen oder erzählt zu bekommen. In andere Welten abtauchen, in andere Rollen schlüpfen und daraus etwas für sich persönlich mitnehmen – das ist mit Geschichten möglich. Marken, die Storytelling nutzen, um eine emotionale Bindung zu schaffen, sind beispielsweise Apple, Ikea oder Edeka.

Um Storytelling erfolgreich umzusetzen, sollte zuvor klar sein, um welche Themen es geht. Die Geschichten sollten in ihrer visuellen Aussage und ihrer Tonalität zu den Kernkompetenzen der Marke passen.

Geschichten finden

Es gibt einige Themen, die die Suche nach einer geeigneten Geschichte erleichtern:

- Unternehmensgeschichte und Herkunft: Traditionsreiche Unternehmen wie Nivea oder Persil haben rein historisch einiges zu erzählen. Zudem sind die meisten Menschen mit diesen Marken und den damit verbundenen Emotionen aufgewachsen. Zu den Geschichten der Marke kommt die eigene Geschichte und die eigene Erinnerung hinzu – das können Bilder, ein Geruch oder persönliche Erlebnisse sein.
- Probleme lösen: Ganz aktuell, wo die Bedürfnisse von Kunden und Kundinnen besonders im Fokus stehen, ist es eine gute Gelegenheit, mithilfe von Storys Probleme der Konsumenten und Konsumentinnen zu erkennen und aufzuzeigen, wie sie gelöst werden können. Die Emotionen, die hier hervorgerufen werden, sind beispielsweise Erleichterung und Zufriedenheit.
- Besonderheiten: Hier kommen wieder USP und die besonderen Eigenschaften der Marke zum Einsatz, die sie von der Konkurrenz unterscheiden. Das kann beispielsweise eine neue Herstellungsmethode, eine neue Produktanwendung oder der Fokus auf Themen wie Umweltschutz oder lokale Produktion sein.

Eigene Inhalte finden

Immer mehr Unternehmen haben das Storytelling für sich entdeckt, sodass es heute nicht mehr so einfach ist, passende Inhalte zu finden, die die Zielgruppe dann auch erreichen. Durch die steigende Konkurrenz müssen Inhalte immer unkonventioneller und überraschender werden.

Storytelling verleiht Marken mehr Menschlichkeit und kann aus lediglich interessierten Menschen loyale Markenfürsprecherinnen und Kunden machen.

Nutzer als Erzähler

In der Vergangenheit ist außerdem zunehmend das Phänomen aufgekommen, dass die Kunden zu Miterzählern und damit zu Mitverfassern der Markenstory werden. Dabei findet Storytelling heute nicht nur auf einem Kommunikationskanal statt, sondern wird auf unterschiedlichen Medien fortgeführt. Um die Story konsistent erzählen zu können, ist hier im Vorfeld ein gutes Konzept gefragt, das ein einheitliches Markenbild entstehen lässt, unabhängig von der Anzahl der Kanäle und den gewählten Medien.

Die Einbindung der Kundinnen und Kunden findet längst nicht mehr nur auf Social-Media-Plattformen statt, sondern spielt sich mittlerweile auch in virtuellen Welten, Shops und Landschaften im Metaverse ab.

Storytelling und Corporate Design

Storytelling ist heute eine wichtige Möglichkeit, um den Bekanntheitsgrad einer Marke oder eines Unternehmens zu steigern. Der Phantasie, Umsetzung und Verbreitung sind kaum noch Grenzen gesetzt. Für das Corporate Design bedeutet das, dass nicht nur der Aufbau einer Marke, die Kernkompetenzen und USPs wichtig sind, sondern auch die Art und Weise des bisherigen oder geplanten Storytellings. Aus dem bisherigen Umgang mit Geschichten rund um Produkte und Dienstleistungen und der Einbindung von Kunden und Kundinnen und deren Reaktionen lassen sich bei einem Redesign beispielsweise wertvolle Hinweise auf erfolgreiche und weniger erfolgreiche Maßnahmen zum visuellen Erscheinungsbild und der Kommunikation der Marke ableiten.

3.5.6 Zusammenfassung

Positionierung, Zielgruppe und das Verständnis für Unternehmen und Marke bilden die Basis für eine erfolgreiche Kommunikationsstrategie. Erst mithilfe dieser Hintergründe kann eine verlässliche Beurteilung zu sinnvollen Kommunikationsmaßnahmen erfolgen, die dann wiederum ausschlaggebend für das Corporate Design ist. Ohne den Einblick in diese Themen, die die Unternehmenskommunikation betreffen, ist die Entwicklung des Corporate Designs riskant, denn ohne konkrete Anhaltspunkte zu Kommunikationskanälen, Zielen und Zielgruppe ist es schwer, konkrete Anforderungen festzuhalten.

Mithilfe einer Kommunikationsstrategie kann eine konkrete Einschätzung des Projekts und eine Projektplanung erstellt werden. Das betrifft viele unterschiedliche Bereiche – neben dem gestalterischen Bereich beispielsweise auch die Erstellung von Inhalten und die spätere technische Umsetzung der Bestandteile der Markenkommunikation.

TEIL II
Corporate-Design-Elemente gestalten

Kapitel 4

Das Logo

Logos sind heute allgegenwärtig. Ob Modelabel, Lebensmittel oder Automarke – wir sind tagtäglich von Logos umgeben, sie sind ein fester Bestandteil unseres Alltags.

Logos sind keine Marke und erst recht keine schnell entstandene Ansammlung von Farben, Formen und Buchstaben. Sie sind bis ins kleinste Detail ausgetüftelte Botschafter der Hintergründe, Menschen und Geschichten, die sich hinter dem Unternehmens- oder Markennamen verbergen.

Die Geschichte des Logos

Lange bevor der Begriff *Corporate Design* entstanden ist, bereits vor Entstehung der verbalen Sprache, haben sich Menschen mithilfe von Zeichen verständigt, ihre Umwelt eingeordnet und Markierungen erstellt. Hier liegen die Ursprünge des Logos. Zeichen waren dabei eine Möglichkeit zur grenzüberschreitenden Verständigung, unabhängig von Bildung und sozialem Umfeld. Mit einfachen Mitteln konnten Botschaften überliefert werden, die von einer breiten Gruppe verstanden werden konnten. Mit zunehmender Komplexität der Lebensumstände und der weiteren Entwicklung von Kultur und Sprache kam auch das Verlangen nach komplexeren Zeichen auf. Die darauffolgenden Jahrhunderte waren geprägt vom Fortschritt und der Evolution der Zeichen.

Ein Logo sollte auf eine eigene Art und Weise, treffend und prägnant die wichtigsten Markeninhalte transportieren. Es ist Teil der Imagebildung und steht für Emotionen und Werte, die eng mit der

Marke in Verbindung gebracht werden. Marken werden im Idealfall auf einen Blick durch ihr Logo identifiziert und das Produkt oder die Aussage in einen entsprechenden Kontext gesetzt.

Das heutige Logo ist, wie bereits die historischen Vorgänger (siehe Kasten auf der vorherigen Seite), ein Zeichen, das eine bestimmte Bedeutung hat, für Werte, Ziele und ein bestimmtes Angebot steht. Je nach persönlicher Erfahrung und der eigenen Assoziation empfinden wir beim Betrachten eines Markenlogos Mitgefühl, Freude, Erfolg, Glück und Wohlbefinden oder aber auch Abneigung, Empörung oder Ekel. Ein Logo kann als Persönlichkeit verstanden werden, die uns in vielen Bereichen unseres Lebens begleitet und führt.

Logos können Emotionen, Tradition und ganze Welten transportieren. Wie sich Flair und Lebensgefühl vor Ort in einem Logo widerspiegeln kann, sieht man am Beispiel des neuen Logos für das **Los Angeles Tourism & Convention Board**. Die Organisation dahinter hat es sich zur Aufgabe gemacht, die Stadt Los Angeles als erstklassiges Reiseziel für Tourismus, Kongresse und Veranstaltungen zu vermarkten. Die 1 100 Mitglieder der Organisation sind größtenteils in der lokalen Gastronomie angesiedelt. Es geht vor allem um die Promotion von lokalen Unternehmen und Angeboten in der Tourismusbranche.

© Shepard Fairey, www.studionumberone.com

Abbildung 4.1
Logo des Los Angeles Tourism & Convention Boards. Sonnenuntergänge, ein Gefühl von Wärme und Freiheit sind direkte Assoziationen, die einem in Anbetracht des neuen Logos in den Sinn kommen.

4.1 Anforderungen an ein Logo

Logos funktionieren wie ein Schlüssel zu Emotionen, zu Vorstellungen und Wünschen. Automarken, Modemarken, auch Lebensmittel werden anhand des Logos erkannt und direkt eingeordnet: Teuer oder günstig? Hochwertig oder billig? Modern oder spießig? All diese Eigenschaften werden bei bekannten Marken unmittelbar mit dem Logo verknüpft. Die Konzeption eines Logos hat deswegen einen hohen Stellenwert in der Erstellung des Corporate Designs. Schließlich funktioniert es als **Träger des Markenimages und der Werte** eines Unternehmens, die innerhalb eines Augenblicks von den Betrachterinnen und Betrachter erfasst und eingeordnet werden.

Markenimage
Außenwahrnehmung einer Marke und ihrer Produkte und Dienstleistungen durch die Konsumenten und Kundinnen

Wie aber kann das Logo seine Aufgaben gut erfüllen? Denn die Anforderungen an ein Logo sind vielseitig und komplex: Es sollte

- unverwechselbar,
- möglichst universell einsetzbar,
- unabhängig vom Medium,
- unabhängig vom sozialen Umfeld,
- unabhängig vom Kontext,
- unabhängig von der Größe und
- zeitlos und entsprechend nachhaltig sein.

Unverwechselbar

Die Aufgabe eines Logos ist also, unverkennbar und eindeutig als Erkennungszeichen für ein Unternehmen, eine Marke, eine Organisation oder eine Person zu funktionieren.

Dabei spielt Konsistenz eine wichtige Rolle: Konsistenz bedeutet Vertrauen. Eine Marke, die es geschafft hat, über viele Jahre hinweg eine gut funktionierende Kundenbeziehung aufzubauen, hat einen enormen Vorsprung im Gegensatz zu Marken, die neu auf den Markt kommen. Die Verankerung des Logos im Gedächtnis kann so stark sein, dass der erste Gedanke bei Nennung eines Markennamens dem Logo gilt – noch vor dem markeneigenen Produkt: Fällt der Name Nivea, so kommt einem sofort die weiße Schrift auf blauem Hintergrund in den Sinn. Dabei sollte das Logo in erster Linie dem Unternehmen zuzuordnen sein, nicht dem Produkt.

Rechtliche Aspekte bedenken!

Die Einzigartigkeit eines Logos ist neben der eindeutigen Zuordnung auch in Bezug auf rechtliche Fragen wichtig – ähnelt ein Logo zu sehr einem bereits vorhandenen Logo, so sind rechtliche Probleme wahrscheinlich. Um solche Probleme zu vermeiden, ist es wichtig, eine Recherche zu Konkurrenten und Mitbewerbern oder ähnlichen Logos im Allgemeinen in den Gestaltungsprozess mit einzuschließen.

Universell

Es ist wichtig, dass das Logo nicht nur unabhängig von Produkt und Dienstleistung des Unternehmens ist, sondern auch in möglichst vielen Kulturkreisen funktioniert und dort angenommen wird. Beim angestrebten Symbolcharakter eines Logos ist also Vorsicht geboten. Sowohl die Wortmarke als auch die Bildmarke sind abhängig von Sprache und Kultur. Nicht überall auf der Welt werden Bilder gleich eingeordnet, und auch Buchstaben sehen je nach Land und Geschichte unterschiedlich aus. Insbesondere Zahlen haben je nach

Abbildung 4.2
Nivea-Logo, in seiner Wahrnehmung losgelöst vom sich stetig wandelnden Produktsortiment

Region unterschiedliche Bedeutungen. Beispielsweise gilt die 4, bei uns ohne weitere Bedeutung, im Chinesischen als Unglückszahl, die für »Tod« oder »sterben« steht. In den USA gilt die 13 als Unglückszahl, sodass Stockwerke beispielsweise mit 12a statt mit 13 benannt werden.

Sehen wir uns hierzu ein Beispiel an. Unterschiedliche Themen und Kulturen im Sport zu vereinen, war eine der Anforderungen für das Design des **FIFA Women's World Cups 2023**. Themen wie die Zusammenkunft unterschiedlicher Nationen und der Fokus auf die Frauen- Weltmeisterschaft sind auch in den Bestandteilen des Logos wiederzufinden.

Abbildung 4.3
Flexible Anordnung – Logo im Querformat

Abbildung 4.4
Logo zum FIFA Women's World Cup 2023

Auszug aus der Pressemitteilung

Die Markenidentität und das Emblem verkörpern die Naturschätze und die Farbenvielfalt der beiden gastgebenden Länder, indem sie sich von den hiesigen Regenwäldern, dem Erdboden, den Bergen, den Städten und den Gewässern inspirieren lassen. Herzstück ist ein Kreismotiv aus 32 farbigen Quadraten, das die Erweiterung des Teilnehmerfelds auf 32 Teams symbolisiert und in vielen indigenen Kulturen Australiens und Neuseelands verbreitet ist.

Mit dem Fußball als Mittelpunkt steht es nicht nur für das Zusammentreffen der besten Teams der Welt, sondern auch für den Geist und die Werte der beiden gastgebenden Länder, die in die Welt hinausstrahlen.

Im Logo sind einige wichtige Inhalte und Gegebenheiten des FIFA Women's World Cups 2023 gestalterisch vereint: Die 32 Rechtecke stehen für die 32 Nationen, die teilnehmen und gegeneinander antreten. Der Kreis symbolisiert das Zusammenkommen, Sich-Treffen und das gemeinsame Erleben des Events und seine Auswirkung und Verbreitung der Werte und Neuigkeiten in die gesamte Welt. In der Mitte des Kreises prangt das Hauptelement und -thema der Veranstaltung: ein Fußball als zentraler Punkt, der alles vereint und zusammenbringt.

Die vom neuseeländischen Typografen Alistair McCready entworfene Schrift fügt sich in die formale Gestaltung der Rechtecke ein und wirkt modern und dynamisch. Passend dazu befindet sich rechts daneben die Trophäe des World Cups, als kleiner Ansporn und Erinnerung an die Träume der Mitspieler und Mitarbeiterinnen und Fans aus allen Ländern.

Im unteren Bereich erkennbar ist ein von der neuseeländischen Textildesignerin Fiona Collins entworfenes Muster, das das harmonische Aufeinandertreffen von Menschen, Kulturen und Bergen symbolisiert und für Inklusion und ein friedvolles Miteinander steht. Rechts daneben ebenfalls ein lokal inspiriertes Muster der australischen Künstlerin Chern'ee Sutton. Es erinnert an die Ursprünge Australiens und bezieht sich gleichzeitig auf die Zusammenkunft von Fans, Familien und Unterstützer und Unterstützerinnen, die die Reise zum FIFA Women's World Cup auf sich nehmen, um dabei zu sein.

Auch die Farben des Logos haben einen direkten Bezug zur eindrucksvollen Umgebung vor Ort – Regenwald, Erde, Berge und Himmel spiegeln sich in den Farben wider und machen einen Teil der Einzigartigkeit des Logos aus.

Am Beispiel Women's World Cup wird deutlich, wie vielschichtig und tiefgründig die Bestandteile eines Logos sein können. Jedes Detail trägt zur Unverwechselbarkeit eines Logos bei. Dadurch können sich Marken und Unternehmen auf den ersten Blick von der Konkurrenz abheben.

Einfache Formen wirken

Grundsätzlich lässt sich festhalten: Einfache Formen bleiben auch bei Logos länger im Gedächtnis als komplexe Formen.

Unabhängig

Gerade heute ist es zudem wichtig, dass ein Logo überall funktioniert – unabhängig von Medium oder Umgebung, sei es digital oder im Printbereich auf unterschiedlichen Oberflächen. Farbe und Form sollten so ausgewählt werden, dass es auch in kleinster Ausführung noch erkennbar ist und in besonders großer Ausführung für Betrachterinnen und Betrachter erfassbar bleibt.

Logo – digital und Print

Bedenken Sie in jedem Fall bei der Logoentwicklung die digitalen Anforderungen mit. Neben dem digitalen Logo sollte auch eine Variante für den Printbereich vorhanden sein. Social-Media erfordert häufig quadratische oder rechteckige Dateien – das Logo muss also in allen Ausrichtungen gut funktionieren. Eventuell kann für Profilbilder auch nur ein Teil des Logos verwendet werden – in Form eines Symbols oder Monogramms.

Die verwendeten Inhalte und Formen sollten auch ohne weitere Erklärung verständlich sein, also Themen und Inhalte der Marke oder des Unternehmens transportieren, ohne dass weitere Hintergrundinformationen notwendig sind.

Ein Logo sollte zudem die Zielgruppe so ansprechen, dass diese sich in der formalen Gestaltung wiederfindet – es sollte also für die entsprechende Zielgruppe einfach zu merken sein.

Zeitlos und nachhaltig

Um langfristig Vertrauen zu Kundinnen und Geschäftspartnern aufzubauen, sollte auch das Logo mit Blick auf die Zukunft angelegt sein. Es ist zwar denkbar und auch hin und wieder üblich, dass ein Unternehmen nach einigen Jahren ein Redesign anstrebt, dennoch sollte der Markencharakter auch weiterhin fest im Corporate Design verankert bleiben.

Es sollte zwar zeitgemäß, aber unabhängig von aktuellen Trends und den sich ständig ändernden Strömungen sein. Das Ziel ist somit ein zeitloses Logo, das in seiner Verwendung zukunftsfähig und auf dem aktuellen Stand in Bezug auf technische Voraussetzungen ist. Auch der Umweltaspekt spielt hier eine Rolle – macht man sich bewusst, wo ein Logo überall zum Einsatz kommt, so bekommt der Anspruch, ein möglichst zeitloses Logo zu entwickeln, eine neue Bedeutung, die heute extrem wichtig ist: Das Redesign ist neben dem gestalterischen Aufwand vor allem mit einem sehr großen organisatorischen Aufwand verbunden, denn es bedeutet, dass sämtliche Bestandteile des Markenauftritts, die mit dem Vorgängerlogo versehen sind, ausgetauscht werden müssen. Zugunsten der Umwelt sollte dieser Schritt möglichst lange hinausgezögert und so umweltschonend wie möglich durchgeführt werden.

4.2 Logotypen

Auch wenn der Fantasie bei der Gestaltung von Logos scheinbar keine Grenzen gesetzt sind, lassen sie sich in drei Kategorien einteilen:

1. Wortmarken
2. Bildmarken
3. kombinierte Zeichen, das sind die Wort-Bild-Marken

4.2.1 Die Wortmarke

Bei der Wortmarke besteht das Logo rein aus typografischen Elementen. Dabei ist die Wahl und Ausgestaltung der Schrift eines der markantesten Merkmale des Logos.

Der Nachteil einer Wortmarke ist schon die sprachlich gebundene Notwendigkeit, den Markennamen lesen und einordnen zu können. Rein aus dem Namen lässt sich dann in den meisten Fällen noch kein Inhalt zur Marke erschließen. Auch wenn der Schriftzug gestaltet werden kann, ist ganz ohne bildhaftes Element die Wortmarke schwerer einprägsam.

Neben der simplen Wiedergabe des Markennamens gibt es aber auch hier Spielraum für die Gestaltung von Schriftzügen, um zum Wiedererkennungswert beitragen zu können. Disney, Braun oder Miele sind bekannte Beispiele für Wortmarken, die funktionieren. Zu unterscheiden sind verschiedene Arten von Wortmarken: solche aus Firmennamen, aus Akronymen, aus Buchstabenzeichen oder aus Zahlenzeichen.

Logos aus Firmennamen

Logos, die einen Familiennamen beinhalten, stehen häufig für Tradition und ein historisch gewachsenes Unternehmen. Doch kennt man sich nicht mit der Markengeschichte aus oder wird ein Logo mit einem Namen neu entwickelt, so können sich potenzielle Kunden und Kundinnen ohne weiteren Zusammenhang nicht viel unter dem Logo vorstellen. Der Zusammenhang zwischen dem Namen in Logo und Produkten und der Geschichte eines Unternehmens ist bei vielen Marken allgemein bekannt. Für andere Kulturen kann dieser Umstand jedoch nicht vorausgesetzt werden. Ein weiterer Nachteil ist, dass einige Namen häufig vorkommen und genau der gleiche Name bereits registriert wurde. In Bezug auf die Einprägsamkeit sind reine Namen im Logo ebenso abhängig von der Art und Weise der Aussprache und davon, wie einfach der Name zu merken ist.

Abbildung 4.5
Beispiele für Typologos: die Marken Braun und Coca-Cola

Silbenakronyme

Neben dem Familiennamen bilden hin und wieder auch Zusammensetzungen aus Wortteilen den Markennamen. Dann spricht man von Silbenakronymen. Bekannte Beispiele hierfür sind Haribo und Osram. Solange Logo und Markenname einprägsam sind, ist ein zusammengesetzter Markenname kein Hindernis – im Gegenteil. Durch die einzigartige Kombination und eine neue Worterfindung ist es beinahe unmöglich, dass es bei der Markteinführung zu Problemen mit bereits vorhandenen Marken und deren Logos gibt.

Abbildung 4.6
Akronym aus Vor- und Nachname des Firmengründers und dem Standort des Unternehmens: Hans Riegel Bonn

Abbildung 4.7
Der Name Osram ist ein Kofferwort: Es setzt sich zusammen aus Osmium und Wolfram und bezieht sich auf den Wolfram-Glühfaden und die Herstellung der ersten Glühbirnen von Carl Auer von Welsbach.

Wortlogos aus Zahlen

Auch Zahlenkombinationen kommen hin und wieder als Markenname im Logo zum Einsatz. 4711 ist ein bekanntes Beispiel hierfür. Auch wenn diese Lösung sprachunabhängig ist, sagt sie für Kundinnen und Kunden sehr wenig über die Marke aus. Um zu verstehen, woher der Name im Logo kommt, muss man schon tiefer in die Markengeschichte eintauchen und recherchieren.

Aktuelle Trends im Wortlogo-Design

In jüngster Zeit entwickelt sich ein Trend weg von charakterstarken Schriften hin zu einem einheitlichen Look. Dieser Trend zeigt sich in den vielen Redesigns von bekannten Logos. Ein Beispiel: Im Zuge des Redesigns wurde das ATU-Logo 2021 überarbeitet. Dabei wurde aus einer Wort-Bild-Marke eine reine Wortmarke. Auf die Serifen wurde verzichtet, der Schriftzug wirkt reduziert und vereinfacht.

Abbildung 4.8
Logo-Redesign als reine Wortmarke: ATU. Links das ursprüngliche Logo, rechts das Logo nach dem Redesign

Claimzusätze

Der Einprägsamkeit dienen hier außerdem oftmals Slogans oder Claims, um den Markennamen in einen bestimmten thematischen Zusammenhang zu bringen (siehe Abschnitt 4.2.4).

4.2.2 Die Bildmarke

Bildmarken sind rein grafische Elemente eines Logos, die zwar auch stilisierte Buchstaben enthalten können, ansonsten aber gänzlich ohne Text auskommen. Sind sie einmal eingeführt, können sie sehr emotional und aufmerksamkeitsstark sein. Die Motivation, eine reine Bildmarke zu erschaffen, kann unterschiedlich sein: Beispielsweise kann ein sehr langer Markenname ausschlaggebend für die

Wahl einer Bildmarke sein oder aber die Entwicklung von Märkten und Technologien und der damit zusammenhängende Wunsch nach einem universell einsetzbaren Logo.

Aufgrund der fehlenden Ausformulierung ist die Zuordnung einer reinen Bildmarke zu einem Unternehmen oder einer Marke erschwert und funktioniert dann am besten, wenn die Marke bereits ausreichend bekannt und gelernt ist. Bei der Entwicklung eines Logos sollte man sich dessen bewusst sein und sich dann eventuell für den Umweg über die Einführung einer Wort-Bild-Marke entscheiden, um den Bekanntheitsgrad und die korrekte Zuordnung der Logos zur Marke zu forcieren.

Ein Beispiel: Im Zuge der Digitalisierung und der damit verbundenen wachsenden technischen Möglichkeiten entstand 2021 nach über 40-jährigem Bestehen des bisherigen Logos eine neue Bildmarke für den weltweit größten Universitätsverlag, **Oxford University Press**. Die dynamische Form des Logos soll die andauernde Transformation des Verlags hin zu einem digitalen Unternehmen ausdrücken, das sich stark an technologischen Entwicklungen orientiert. Die 6000 Mitarbeiterinnen und Mitarbeiter und die Veröffentlichung von akademischen Büchern und Werken in 50 Ländern und 40 Sprachen spiegeln sich in der aufgefächerten Form des Logos wider. Zugleich scheint die geometrische Form ein aufgefächertes Buch darzustellen. Auch hier ist der Trend zur Verwendung einer serifenlosen Schrift zu erkennen.

Abbildung 4.9
Neue Bildmarke für Oxford University Press

Abbildung 4.10
Wort-Bild-Marke der Oxford University Press

Abbildung 4.11
Weitere Beispiele für Bildmarken sind die Logos von Twitter und Target.

4.2.3 Die Wort-Bild-Marke

Die Herausforderung, einen unmittelbaren Link zwischen Logo und Unternehmen herzustellen, ist ohne weitere Informationen besonders groß. Aus diesem Grund bestehen die meisten Logos aus einem zusätzlichen Part, der die Bezeichnung des Unternehmens explizit wiedergibt. Die Kombination aus Bildelementen und Schriftzug bezeichnet man als Wort-Bild-Marke. Dabei ergänzen die grafischen Elemente die textlichen Elemente.

Ein bekanntes Beispiel einer Wort-Bild-Marke ist das Logo der Traditionsmarke **Pelikan**, ursprünglich aus dem Familienwappen der Gründerfamilie Wagner als Bild in die Marke integriert.

Abbildung 4.12
Der Ursprung des Pelikan-Logos liegt im Familienwappen der Gründerfamilie Wagner.

Abbildung 4.13
Wort-Bild-Marke Pelikan; das Bildelement ist in diesem Fall die grafische Ausformung des Markennamens.

Der große Vorteil von Wort-Bild-Marken ist, dass mithilfe des Bildes einerseits die Merkfähigkeit des Logos erweitert wird, andererseits das Bildelement des Logos helfen kann, sich mehr unter dem Markennamen vorzustellen. Auch wenn die meisten Verbraucher nicht wissen, was es mit dem Pelikan und seiner Herkunft und Geschichte auf sich hat, verbildlicht er den Markennamen und sorgt für einen hohen Wiedererkennungswert.

Separate Verwendung der Bestandteile der Wort-Bild-Marke

Neben der strengen Zuordnung von Bild- und Wortelement wie bei Pelikan bietet eine Wort-Bild-Marke die Möglichkeit, die einzelnen Bestandteile des Logos separat einzusetzen. Das Bildelement hat dann möglicherweise einen noch größeren Wiedererkennungswert als der Schriftzug an sich. Ein Beispiel hierfür ist die Wort-Bild-Marke von **Puma**: Der Puma, ebenfalls Verbildlichung des Markennamens, wird nicht immer zusammen mit dem ausgeschriebenen Teil des Markennamens verwendet, sondern auch einzeln eingesetzt. Die Wiedererkennung bleibt dennoch bestehen, auch wenn die Kombination aus beiden Bestandteilen immer noch am einprägsamsten ist.

Abbildung 4.14
Wort-Bild-Marke Puma – der Puma kommt auch einzeln, ohne Schriftzug, zum Einsatz.

Bei Wort-Bild-Marken gibt es unterschiedliche Varianten der Positionierung von Wort und Bild, die immer wieder zum Einsatz kommen und entsprechend benannt wurden.

Das Lok-Prinzip

Die Bildmarke oder das Signet steht vor der textlichen Ausprägung des Logos. Das Bild steht im Vordergrund. Ein bekanntes Beispiel hierfür ist das Logo von Microsoft mit den bunten Quadraten vor dem Schriftzug der Marke:

Abbildung 4.15
Das Bildelement des Logos funktioniert beim Lok-Prinzip wie eine Lok, die den Text des Logos hinter sich herzieht.

Das Schub-Prinzip

Die Bildmarke steht hinter dem Text. Das Logo wirkt ruhig, ausgewogen und harmonisch. Ein Beispiel hierfür ist das bereits genannte Pelikan-Logo oder das Allianz-Logo:

Abbildung 4.16
Die Bildmarke hinter dem Text im Logo der Allianz – der Text schiebt das Bild sozusagen vor sich her.

Das Triebwagen-Prinzip

Die Bildmarke steht umgeben von Text, wie beispielsweise beim Logo der Stadt Remscheid:

Abbildung 4.17
»Triebwagen« wird dieses Prinzip deshalb genannt, weil das Bildzeichen die beiden Teile des Wortzeichens koppelt.

Das Star-Prinzip

Die Bildmarke steht oberhalb des Textes, wie eine Krone, herrschaftlich. Für das Star-Prinzip lassen sich viele Beispiele finden, denken Sie beispielsweise an Toblerone, Frigo oder Rolex.

Abbildung 4.18
Beim Star-Prinzip fällt der erste Blick auf die Bildmarke.

Das Anker-Prinzip

Die Bildmarke steht unterhalb des Textes. Ein Beispiel hierfür ist das Logo der Marke Gutfried. Diese Anordnung kommt eher selten vor – das Star-Prinzip ist weitaus häufiger.

Abbildung 4.19
Wort- und Bildmarke müssen beim Anker-Prinzip gut ausbalanciert sein, damit die Wortmarke nicht nach oben »schwebt«.

Das Insel-Prinzip

Die Bildmarke steht losgelöst von dem farblich oder grafisch hervorgehobenen Text. Man spricht dann vom »Festland« – dem Text – und der »Insel« – der Bildmarke. Das Inselprinzip ist durch die freien Anordnungsmöglichkeiten der Bildmarke sehr flexibel.

Abbildung 4.20
Das Bildelement optisch separiert von der Wortmarke der Logos von Jack Wolfskin und der Koelnmesse

Symbolcharakter eines Logos

Allen drei Kategorien, Wortmarke, Bildmarke und Wort-Bild-Marke, ist gemeinsam, dass sie durch die hervorgerufenen Assoziationen und die regelmäßige Wiederholung Symbolcharakter erreichen können. Das Erscheinungsbild eines Logos ist dann so fest im Gehirn verankert, dass es beispielsweise nicht mehr notwendig ist, einzelne Schriftzüge zu lesen. Bei bekannten Marken reicht es häufig sogar, auf den Markennamen vollkommen zu verzichten. So behält das Logo von Mercedes-Benz auch dann seinen Wiedererkennungswert, wenn der Markenschriftzug gar nicht vorhanden ist.

Abbildung 4.21
Logos mit Symbolcharakter

4.2.4 Logoähnliche Elemente

Darüber hinaus gibt es noch einige Sonderfälle von logoähnlichen Elementen im Corporate Design.

Keyvisual

Zu den Sonderfällen gehört beispielsweise das Keyvisual. Dabei handelt es sich zwar nicht um eine Logo im herkömmlichen Sinne, es ist aber ein starkes grafisches Element, das durch den wiederholten Einsatz beispielsweise in Kampagnen zu einer Steigerung des Wiedererkennungswertes einer Marke führen kann.

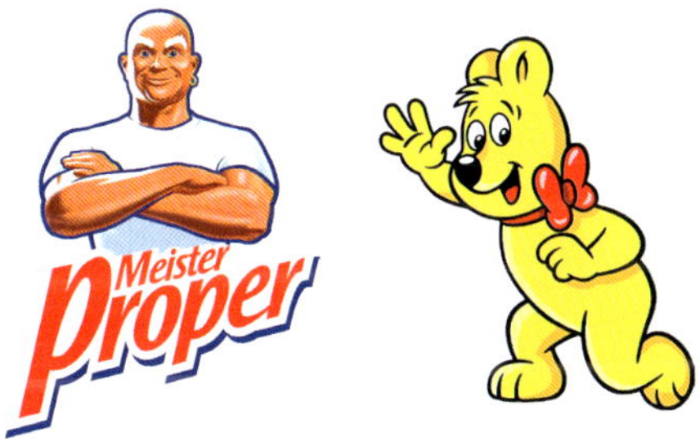

Abbildung 4.22
Zwei Beispiele für Schlüsselbilder, die ihre Marken überzeugend präsentieren.

Teilweise wird es stärker mit der Marke in Verbindung gebracht als das Logo selbst. Ein Beispiel hierfür ist der Fuchs des Unternehmens

Schwäbisch Hall, der Haribo-Goldbär, das Michelin-Männchen, die Milka-Kuh, aber auch Meister Proper oder der Marlboro-Cowboy. Mehr zu den Keyvisuals finden Sie auch in Abschnitt 7.3.2.

Abbildung 4.23
Logo als Wort-Bild-Marke, doch trotz des Bildelements nicht so einprägsam wie das Keyvisual

Abbildung 4.24
Keyvisual von Schwäbisch Hall – bekannter als das eigentliche Logo

Logozusätze

Beim Beispiel der Schwäbisch Hall kommt einem direkt der mit dem Logo und der Marke eng verbundene Claim *Auf diese Steine können Sie bauen* in den Sinn. Claims sind, wie bereits gesehen, ein weiterer wichtiger Bestandteil eines Markenauftritts und stehen häufig in engem Zusammenhang mit dem Logo. Im Gegensatz zum Slogan wird mit einem Claim eine Aussage zur Marke oder zum Unternehmen getätigt, während sich ein Slogan auf ein konkretes Produkt bezieht. Der Slogan ist deswegen variabler als der Claim einer Marke und kann von Kampagne zu Kampagne variieren.

Es kann aber durchaus eine weitere Abstufung des Markenclaims geben, nämlich dann, wenn es sich um eine Submarke handelt wie beispielsweise die S-Klasse von Mercedes-Benz mit den Claims *Das Beste oder nichts* (Mercedes-Benz) und *Cares for what matters* (S-Klasse).

Bekannte Beispiele für Claims sind zum Beispiel *Ich liebe es* (McDonald's), *Wir lieben Lebensmittel* (Edeka) oder *Fahren in seiner schönsten Form* (Porsche). Anhand der Beispiele kann man erkennen, welche Merkmale einen guten Claim auszeichnen: Er sollte kurz, prägnant und einprägsam sein.

Hintergrundinfos sammeln
Die Recherche und die Hintergrundinformationen zu einer Marke sind essenziell für die erfolgreiche Markenkommunikation. Dazu gehören die Geschichte des Unternehmens, die internen Verknüpfungen, die Beziehungen zu angrenzenden Unternehmen, Ziele und Produktportfolio, Vergleiche mit konkurrierenden Unternehmen und ähnlichen Beispielen am Markt.

4.3 Konzeption und Gestaltung

Die Entstehung eines Logos ist meistens eingebettet in die Entstehungsphase einer Marke. Im Zuge der Positionierung und strategischen Ausrichtung geht es im Vorfeld darum, Klarheit über die Persönlichkeit einer Marke zu erlangen und diese im Logo möglichst eindeutig wiederzugeben.

4.3.1 Briefing im Hinblick auf das Logo

Im allgemeinen Briefing werden, wie bereits gesehen, gemeinsam mit dem Auftraggeber oder der Auftraggeberin die wichtigsten Informationen zum Unternehmen, dem Angebot, der Konkurrenz, den Zielen und Wünschen aufgenommen. Dies ist natürlich speziell auch für die Logogestaltung wichtig. Es ist eine gute Möglichkeit, möglichst viele Fragen zu stellen und einen Überblick über alle Themen zu bekommen, die für die Designentwicklung relevant sein könnten.

Zunächst sollte klar werden, für welche Werte und Visionen das Logo stehen soll und welche Themen es transportieren soll. Fragen, die in einem ausführlichen Briefing im Hinblick auf das Logo geklärt werden sollten, können beispielsweise sein:

- Welche Ziele verfolgt das Unternehmen oder die Marke?
- Welche Zielgruppe soll angesprochen werden?
- Für welche Werte steht das Unternehmen?
- Wie ist das Unternehmen aufgestellt?
- Tonalität – wie werden Kunden und Kundinnen angesprochen?
- Wo ist die Zielgruppe zu finden?

Die Quintessenz aus diesen und weiteren Informationen, wie beispielsweise zur Unternehmensgeschichte, fließt dann mit in die Gestaltung des Logos ein. So kann die Einzigartigkeit eines Unternehmens oder einer Marke im Logo auf den Punkt gebracht werden.

4.3.2 Recherche und Entwurfskriterien

In der anschließenden Recherche geht es darum, das Unternehmen einzuordnen und sich die Mitbewerber genau anzuschauen, um später sicherzustellen, dass sich das Design vom Erscheinungsbild der Konkurrenten positiv abgrenzt. Auch die rechtliche Seite spielt hier eine Rolle – schließlich soll das Logo später einzigartig sein und bei einem eventuellen Markenschutz keine Probleme mit einem bereits bestehenden Logo oder Mitbewerber aufwerfen.

Um die Gestaltung des Logos vorzubereiten und die Anforderungen noch deutlicher zu formulieren, ist es sinnvoll, einige Aspekte der Logogestaltung genauer betrachten und entsprechend zu bewerten.

Halten Sie sich dabei immer wieder die wichtigsten Eigenschaften eines Logos vor Augen:

- einzigartige Formensprache
- einprägsamer Charakter mit hohem Wiedererkennungswert
- Assoziationen passend zum Unternehmensimage
- universell einsetzbar: medienübergreifend, ortsunabhängig
- Symbolcharakter
- Zukunftsfähigkeit

Die Unverwechselbarkeit des Logos muss also sichergestellt werden. Dazu sollte eine ausführliche Recherche Aufschluss darüber geben, ob es eventuell schon ähnliche Logos gibt. Zu große Ähnlichkeit mit einem anderen Logo kann im Nachhinein zu rechtlichen Schwierigkeiten in Bezug auf das Urheberrecht und zu enormem zusätzlichen Aufwand führen – nämlich dann, wenn das neue Logo bereits auf dem Markt eingeführt wurde.

Ob es sich um eine reine Wort-, Bild- oder eine kombinierte Wort-Bild-Marke handelt, wichtig ist dabei immer, dass die Gestaltung dem Image der Marke entspricht. Dazu gehört die Wahl von Formen und Farbe, aber auch von Assoziationen des Gesamterscheinungsbildes. Gerade in Bezug auf die Farbe und den langfristigen Einsatz eines Logos sollte darauf geachtet werden, dass es möglichst nachhaltig und zukunftsfähig ist.

Bei der Konzeption eines Logos müssen nicht nur inhaltliche und formale Aspekte bedacht werden, sondern auch die unterschiedlichsten Anforderungen an den späteren Einsatz: Funktioniert das Logo auch, wenn es besonders klein oder groß ist, wenn es schwarz-weiß ist oder auf bestimmte Materialien und Untergründe aufgedruckt werden soll? Funktioniert es auch bei schlechten Lichtverhältnissen, als Firmenschild, auf der Website oder in einer App auf dem Mobiltelefon?

Darüber hinaus sollte ein Logo auch dem visuellen Erscheinungsbild der markeneigenen Branche entsprechen, sich also in eine Branche integrieren bzw. zu den Tätigkeitsfeldern passen. Eine Farbrecherche im Hinblick auf die Konkurrenz ist dabei unabdingbar.

Am Beispiel des neuen Erscheinungsbildes für den Zusammenschluss der beiden Tochterunternehmen **Juwi (Wörrstadt)** und **Windwärts Energie (Hannover)** der in Mannheim ansässigen MVV Energiegruppe ist gut zu erkennen, wie sich Themen, in diesem Fall Energieversorgung und Energiequellen, in den Farben und der formalen Ausgestaltung eines Logos widerspiegeln können. Das Farbspektrum von Grün bis Blau ist ebenso passend gewählt zu den Themen des technischen Fortschritts und der Energiegewinnung wie die geometrisch-technisch wirkende Schrift. Auch liegt der Fokus der Farbwahl auf dem RGB-Farbraum, der sich in erster Linie für digitale Medien eignet.

Abbildung 4.25
Form, Farbe und Gestaltung des Windwärts- und des Juwi-Logos passen zum inhaltlichen Thema Energiewirtschaft.

Je einfacher, desto mehr Arbeit

Auch wenn manche Logos auf den ersten Blick besonders simpel erscheinen, kann man davon ausgehen, dass dahinter in den meisten Fällen ein längerer Prozess und harte Arbeit steckt.

Beim Redesign der Suchmaschine **Ecosia** ist zu sehen, wie sich Nachhaltigkeit und Umweltbewusstsein in Farbe und Formgebung einer reinen Wortmarke widerspiegeln können. Die grüne Farbe als klarer Link zum ökologischen Anspruch der Suchmaschine und zur konkreten Umsetzung: Die Einnahmen mittels Werbung aus den Suchmaschinenanfragen werden eingesetzt, um dort Bäume zu pflanzen, wo sie dringend nötig sind. Die schwungvolle und dennoch ausgewogene Form des Logos wirkt klar und einfach. Der Gestaltungsprozess eines solchen Schriftzugs kann aber bis zum Ergebnis eine größere Herausforderung sein.

Abbildung 4.26
Ecosia-Logo vor und nach dem Redesign

Die Ergebnisse aus Recherche, Briefing und Rebriefing bilden die Wissensgrundlage für die Gestaltung eines Logos.

4.3.3 Konzeption zur Logoentwicklung

Logofarben

Die Farbwahl für das Logo ist natürlich sehr eng mit der Corporate Colour verknüpft. Lesen Sie dazu natürlich auch Kapitel 5.

Bei der Gestaltung eines Logos geht es in erster Linie darum, die aus der Recherche und dem Briefing gewonnenen Erkenntnisse über die Marke, ihre Tradition, die Werte und Ziele und das Produktportfolio sowie die Zielgruppe zu visualisieren. Sie bieten gute Anhaltspunkte, wenn es darum geht, Schriften, Formen, Farben, Symbole und Eigenschaften des Logos zu bestimmen. Erst durch die Kombination aller Eigenschaften können die gewünschten Emotionen, Bedürfnisse und Assoziationen bei den Betrachterinnen und Betrachter geweckt und die richtige Zielgruppe erreicht werden.

Zu jedem einzelnen Punkt lassen sich konkrete Anforderungen festhalten, die durch einige grundlegende Fragen zu Beginn der Logoentwicklung erarbeitet werden können. Einige Fragen können zum Beispiel sein:

- Welche Emotionen und Themen sollen über das Logo transportiert werden?
- Welche Einsatzmöglichkeiten für das Logo sind geplant? Welche technischen Voraussetzungen gibt es?
- Wie sehen die historischen Gegebenheiten aus? Gibt es bereits grafische Elemente, die das Unternehmen in der Vergangenheit eingesetzt hat oder die eine größere Bedeutung für es haben?
- Welche Farben passen zum Produktportfolio und den damit verbundenen Themen? Welche Farben würden besonders gut dazu passen bzw. die Inhalte am besten wiedergeben?

Für den Gestaltungsprozess an sich ist es hilfreich, Inspiration zu sammeln, ein gutes Gespür für Trends, Qualität, Farben und Materialien zu entwickeln, um daraus in mehreren Schritten ein prägnantes passendes Logo zu entwickeln, in dem sich sowohl Unternehmen als auch Kundschaft und Stakeholder wiederfinden. Die Arbeitsweise für die Entwicklung eines Logos ist höchst individuell und etabliert sich meist erst mit Übung und nach einigen Projekten. Viele Designer und Designerinnen starten mit Skizzen auf einem Papier oder einem Tablet. Die Handskizzen zu Beginn lassen möglichst viel Spontanität zu und sind häufig aussagekräftiger als die glatten Formen im Grafikprogramm. Vorerst geht es vor allem darum, Ideen zu sammeln, sie festzuhalten und gegebenenfalls weiterzuentwickeln. Skizzen sind ein guter Weg, um einen Anfang zu finden und den kreativen Gestaltungsprozess in Gang zu bringen, Ideen zu generieren und auszuformulieren. Aus den Handskizzen werden dann später die aufgeräumteren Formen des Logos entwickelt. Erst dann kommen auch Grafikprogramme zum Einsatz.

Schriften im Logodesign

Antiqua-Schriften bieten sich für die Gestaltung von ebenfalls klassischen, ästhetischen Logos beispielsweise im Hochpreissegment an. Schriften sind z. B. Bodoni, Caslon, Times oder Garamond.

Egyptienne-Schriften bestechen durch auffällige Serifen und lassen damit ein aufmerksamkeitsstarkes Logo entstehen. Beispielschriften sind die Rockwell, Thesis und Officina.

Auch Frakturschriften erfreuen sich breiter Beliebtheit beispielsweise in Handwerksbetrieben und im Zeitschriftenmarkt. Sie haben eine eher konservative Anmutung. Beispielschriften sind Lucida Blackletter oder Wittenberger Fraktur. Firmen, die sich einer Frakturschrift bedienen, sind beispielsweise Jägermeister und Warsteiner.

Groteskschriften gelten als modern, schlicht, aber auch sehr variantenreich. Beispiele hierfür sind die Futura, Helvetica oder Avenir. Sehen Sie sich die Logos von Fossil, Subaru oder Würth einmal an. Auch viele Hausschriften wurden auf Grundlage einer Groteskschrift gestaltet, besonders beliebt war dabei die Futura, die beispielsweise Grundlage der Ikea Sans ist. Mehr zu den Schriften im Corporate Design in Abschnitt 5.2.

Abbildung 4.27
Die Stadt Dresden, dargestellt in der Adobe Garamond. Jena präsentiert sich mit der ITC Officina Sans.

4.3.4 Archetypen und ihre Bedeutung für die Entwicklung eines Logos

Archetypen werden auch Urzeichen genannt und beschreiben einfache geometrische Formen, die unabhängig von Kultur und Hintergrund eine ähnliche Bedeutung haben. Die wichtigsten Archetypen sind Kreis, Quadrat und Dreieck. Sie sind kulturübergreifend mit den gleichen Assoziationen verbunden und bieten für die Logoentwicklung eine gute Grundlage.

Ideenfindung über Redewendungen

Hin und wieder helfen auch Redewendungen, um die Wahrnehmung von Archetypen zu untermalen: »etwas auf den Punkt bringen«, »einen Punkt machen«.

Der Kreis als Form des Ursprungs

Der Kreis als Symbol für den Ursprung des Lebens eignet sich hervorragend, wenn es darum geht, Zusammengehörigkeit, Sicherheit und Vollkommenheit zu demonstrieren. Gleichzeitig verkörpert er Stärke, Freiheit und Unendlichkeit. Mit seiner positiven Wirkung ist er eine gute Grundlage, um sich in der heutigen Unruhe als Fixpunkt und Ruhepol zu erweisen.

Abbildung 4.28
Unendlichkeit, Stärke und Fortschritt – die vier Kreise des Audi-Logos

Er kann entweder als Ganzes oder als Halbkreis Teil eines Logos sein – beispielsweise um Akzente zu setzen oder einen einzelnen Bereich zu umschließen. Der Halbkreis mit der Wölbung oben ruft sofort Assoziationen von Schutz oder einem Anstieg oder dem Sonnenuntergang hervor. Umgekehrt kann er als Schale, Wiege oder Wippe gesehen werden. Auch verfremdet, beispielsweise als Spirale, bleibt die Verbindung mit Themen wie Unendlichkeit und Ausgewogenheit bestehen.

Abbildung 4.29
Ausgewogen und klar – der Kreis als Grundsymbol im Logo von Starbucks

So einfach der Kreis auch als Zeichen sein mag, so vielfältig sind dennoch seine Einsatz- und Kombinationsmöglichkeiten, wenn es um Logos geht. Marken, die den Kreis in ihren Logos vereinen, sind beispielsweise Audi oder Starbucks.

Quadrat und Rechteck – standhaft mit Ecken und Kanten

Die Stärke des Quadrats liegt weniger in der Dynamik und Spannung als vor allem in der Bodenhaftung, Standhaftigkeit und Stabilität. Es steht für Verlässlichkeit, Bodenständigkeit und Sicherheit. Aus diesem Grund bietet es sich für Logos an, die für Wahrheit, Vertrauen und Zuverlässigkeit stehen, wie von Banken, Versicherungen, aber auch von Nachrichtensendern. Dabei können mehrere Rechtecke zum Einsatz kommen oder auch für mehr Dynamik eine Drehung. Unternehmen, die mit dem Rechteck vor allem für Verlässlichkeit und Seriosität stehen, sind beispielsweise National Geographic oder American Express.

Abbildung 4.30
Sicherheit fürs Geld, trotz Flexibilität – das American-Express-Logo in Form eines Quadrats

Abbildung 4.31
Rechteck im Logo von National Geographic – zuverlässige Berichterstattung und in Anlehnung an den Fokus auf deren fotografische Dokumentation

Das Dreieck

Von den drei wichtigsten Archetypen ist das Dreieck der dynamischste und spannungsreichste. Es steht für Anfang und Ende, Leben und Tod, Hürden, Aufstreben, Entwicklung und Hoffnung. Umgedreht wird es mit Aggression und Weiblichkeit in Verbindung gebracht. Es steht für Fortschritt und Selbstbewusstsein. Die Bedeutungen sind vielfältig, und ebenso vielfältig sind die Möglichkeiten in der Logogestaltung. Marken, die sich diese Eigenschaften auch in der Ausformung ihres Logos zunutze gemacht haben, sind beispielsweise Mitsubishi oder Delta Air Lines.

Abbildung 4.32
Delta Air Lines – passend zum Thema Fliegen verkörpert das Dreieck im Logo aufstrebende Dynamik.

Abbildung 4.33
Kombination von zwei dynamischen Formen im Logo von Mitsubishi – Dreieck und Raute

Die Urzeichen oder Archetypen bieten einen guten Ausgangspunkt für die Konzeption eines Logos. Zudem ist die immer wieder neue Kombination und Vervielfältigung der Urformen eine Möglichkeit, auf neue kreative Lösungen zu kommen.

4.4 Statische und flexible Logos

Bei der Entwicklung von Logos besteht das Ergebnis am Ende höchst selten aus einer einzigen Ausführung des Logos. Neben dem primären Logo gibt es noch weitere sinnvolle Varianten, die den Einsatz im Alltag erleichtern und das Erscheinungsbild optimieren. Sinnvolle Varianten sind:

- Logo in sehr kleiner Ausführung – auch dann muss das Logo noch gut erkennbar sein
- Logo auf dunklem Hintergrund
- Logo auf hellem Hintergrund
- Logovariante digital (RGB)
- Logovariante Print (CMYK oder Sonderfarben)
- Logo mit alternativer Anordnung der Bestandteile, beispielsweise wenn nur eingeschränkt Platz zur Verfügung steht (für Profilbilder, Social-Media)

Vor allem in Bezug auf responsives Design ist heute auch beim Einsatz von Logos Flexibilität gefragt. Denn allein bei der Variation der Größe gibt es ein breites Spektrum. Schließlich muss das Logo sowohl auf dem Screen einer Smartwatch als auch auf der Website und auf Werbeplakaten funktionieren. Man unterscheidet deswegen zwischen flexiblen und statischen Logos.

4.4.1 Statische Logos

Abbildung 4.34
Statisches Logo von Apple – bis auf einige Farbvarianten bleibt das Erscheinungsbild grundlegend gleich.

Besteht ein Logo aus einer einzigen Ausführung mit minimal möglichen Abweichungen, beispielsweise in der Farbgebung, dann spricht man von einem statischen Logo. Ein Beispiel hierfür wäre das Apple-Logo.
Die Vorteile eines statischen Logos sind vor allem:

- klare Wiedererkennbarkeit
- leicht zu merken

Ein statisches Logo birgt allerdings auch einige Risiken. Beispielsweise können die Aussagekraft eines einzelnen Logos und auch seine Einsatzmöglichkeiten eingeschränkt sein – vor allem dann, wenn die Gestaltung komplexer ist und beispielsweise nicht in unterschiedlichen Größen funktioniert.

4.4.2 Flexible Logos

Liegt ein Logo in unterschiedlichen Ausführungen für den Einsatz im digitalen oder im Printbereich vor, so spricht man auch von einem flexiblen Logo.
Die Gestaltung flexibler Logos ist mit einigen Vorteilen verbunden:

- Die Marke wird als zukunftsorientiert, aktuell und dynamisch wahrgenommen.
- Der Vielfältigkeit der Ausführungen flexibler Logos sind keine Grenzen gesetzt. Sie können auf Kundenseite immer wieder für positive Überraschungen sorgen, was zur Identifikation mit der Marke beitragen kann.
- Durch die individuelle Gestaltung und die Reaktionen auf beispielsweise aktuelle Ereignisse mit einem Logo entsteht eine emotionale Bindung zu Kunden und Kundinnen bis hin zum Fanstatus.

Der Umgang mit den unterschiedlichen Ausführungen eines flexiblen Logos wird heute in einem digitalen Styleguide oder Brandportal dokumentiert, auf das man unabhängig von Zeit und Ort zugreifen kann (siehe Kapitel 13).

Wie die unterschiedlichen Varianten eines Logos aussehen können, zeigt das folgende Beispiel: Zum Jubiläum des **Deutschen Kunstverlags** wurde das ursprünglich 1924 von Ernst Böhm entworfene Logo, eine Wort-Bild-Marke, überarbeitet.

Abbildung 4.35
Ursprüngliches Logo des Deutschen Kunstverlags

Abbildung 4.36
Logo für den Deutschen Kunstverlag nach dem Redesign mit einer Übersicht zu möglichen Größen und Varianten

Einige Unternehmen und ihre Gegebenheiten, aber auch bestimmte Zielgruppen bringen besondere Anforderungen mit sich, wenn es um Flexibilität und Einsatzmöglichkeit für das Logo geht. Vor allem in Bezug auf digitale Oberflächen gibt es Beispiele, die zeigen, wie Logos individuell auf Gegebenheiten und die Bedürfnisse der Betrachterinnen und Betrachter angepasst werden können. Lesen Sie hierzu auch Kapitel 10).

4.5 Dynamische und generative Logos

Durch die Digitalisierung haben sich auch in der Gestaltung und dem Einsatz von Logos neue Möglichkeiten ergeben.

Dass Logos in unterschiedlichen Größen und Medien funktionieren müssen, war zwar schon immer der Fall, der Umgang mit den unterschiedlichen Anforderungen hat sich allerdings in den letzten Jahren im Zuge der Digitalisierung weiterentwickelt.

Zudem haben sich die Ansprüche der Verbraucher und Verbraucherinnen an Marken geändert. Heute geht es vor allem darum, möglichst flexibel auf die individuellen Gegebenheiten eingehen zu können. Die Resonanz des Publikums ist heute viel unmittelbarer als früher und vor allem: öffentlicher. Für ein Unternehmen ist es heute wichtig, bis zu einem gewissen Grad auch im äußeren Erscheinungsbild zu demonstrieren, dass es zukunftsorientiert, offen und empathisch ist und die Bedürfnisse der Kundinnen und Kunden kennt und versteht.

Die Anzahl und Ausführungsweise von Logos kann neben den bisher genannten notwendigen Anpassungen noch erweitert werden. Der Flexibilität sind heute vor allem in Bezug auf digitale Medien kaum Grenzen gesetzt.

4.5.1 Dynamische Logos

Mithilfe von dynamischen Logos kann auf die unterschiedlichen Gegebenheiten reagiert werden. Dynamisch bedeutet in diesem Fall, dass das Logo in seinen Grundzügen bestehen bleibt und je nach Einsatz verschiedene Varianten in Bezug auf Größe und Umgebung erstellt und eingesetzt werden. Dabei geht das Maß an Flexibilität häufig über die Ausprägungen eines flexiblen Logos mit unterschiedlichen Größen- und Farbvarianten hinaus.

Logogrößen für Social Media

Die Logogrößen müssen für die sozialen Medien angepasst werden. Dabei unterscheiden sich die Anforderungen an Profilbilder sogar von Plattform zu Plattform:

- Instagram: 110 × 110 px
- Twitter: 400 × 400 px
- Youtube: 800 × 800 px
- Facebook: 180 × 180 px

Das Design lässt sich auf verschiedene Gegebenheiten adaptieren, ohne seinen Grundcharakter zu verlieren. Einen starken Wiedererkennungswert zu schaffen, ohne auf die immer gleichen Ausprägungen eines Logos zurückgreifen zu können, ist eine große Herausforderung in der Gestaltung von dynamischen Logos. Die Eigenschaften müssen so prägnant sein, dass sie auch in neuem Kontext eindeutig zuzuordnen sind.

Am Beispiel des **Google-Logos** ist zu erkennen, wie wichtig die Farbauswahl und -kombination für die Wiedererkennbarkeit sein kann. Auch wenn das Logo in diesem Fall unterschiedliche Formen annimmt, sind die geometrische Formensprache, die Proportionen und die Komposition der Elemente ebenfalls typisch und tragen zum einprägsamen Charakter des Logos bei.

Abbildung 4.37
Flexibles Logodesign – durch die markante Farbgebung bleibt der Wiedererkennungswert des Logos von Google auch in der minimalsten Ausführung erhalten.

Die Ausprägungen des **Google-Logos** nach aktuellen Geschehnissen haben mittlerweile Kultstatus erreicht und können unter *www.google.com/doodles* über die letzten Jahre zurückverfolgt werden.

Abbildung 4.38
»Google Doodle« mit dem Titel »Bleib zu Hause und spiel mit beliebten Google Doodles von früher: Halloween (2016)« – wieder kommen die typischen Farben und klaren geometrischen Formen zum Einsatz.

Wiederkehrende Logoeigenschaften
Erscheinungsbilder wie das von Google sind dynamisch aufgebaut, es gibt eine Ansammlung von charakteristischen Eigenschaften, die das typische Markenbild ausmachen. Dazu können folgende Elemente gehören:

- Farben
- Formen und deren Eigenschaften, zum Beispiel rund, eckig
- Schriften oder typografische Details
- Illustrationsstile
- Kompositionen

Im Falle einer Markenbekanntheit wie der von Google kann auf immer mehr Elemente zur Wiedererkennung verzichtet werden. Durch die Bekanntheit und den gelernten Umgang mit dem Erscheinungsbild bleibt die Zuordnung zur Marke dennoch erhalten.

Am Beispiel von **Nike** ist zu sehen, dass ein konstantes Element des Logos in unterschiedlichen Ausführungen und Farbigkeiten angewendet wurde – der Wiedererkennungswert ist dennoch gegeben.

Abbildung 4.39
Flexibles Logodesign – unterschiedliche Kombinationen mit einem konstanten Detail im Design

4.5.2 Generative Logos und Data Driven Identity

Generative Logos werden anhand von gesammelten Daten automatisch generiert und können unendlich viele unterschiedliche Ausprägungen annehmen. Im Unterschied zu flexiblen Logos erfolgt die Gestaltung nicht durch die kreative Leistung von Designerinnen und Designern, sondern durch die Auswertung und Übersetzung von Daten mithilfe von Software. Welche Daten für den Algorithmus relevant sind, wird zuvor festgelegt. Auch die formalen und ästhetischen Ausprägungen müssen zuvor festgelegt werden, sodass der Wiedererkennungswert im Gesamtbild des Logos bestehen bleibt.

»Design by Coding« beschreibt den Vorgang, die gestalterischen Regeln und Parameter festzulegen und deren Anwendung in einer Software zu programmieren. Das Erscheinungsbild, die »Data Driven Identity«, entsteht dann durch die automatische Kombination und Anwendung der festgelegten Parameter.

Eines der bekanntesten Beispiele für generative Logogestaltung ist das Logo für das **MIT Media Lab** mit über 40 000 Ausführungen. Der hinterlegte Algorithmus erstellte für die einzelnen Beschäftigten, Lehrkräfte und Studierenden der Fakultät der Universität Massachusetts jeweils eine persönliche Version des Logos. Das individuelle Logo konnte dann auf der Visitenkarte oder auf der Webseite eingefügt werden. In der Praxis hat sich relativ schnell herausgestellt, dass es schwierig ist, das Design konsistent umzusetzen. Deshalb wurde bereits nach drei Jahren ein Redesign mit neuem Logo erstellt.

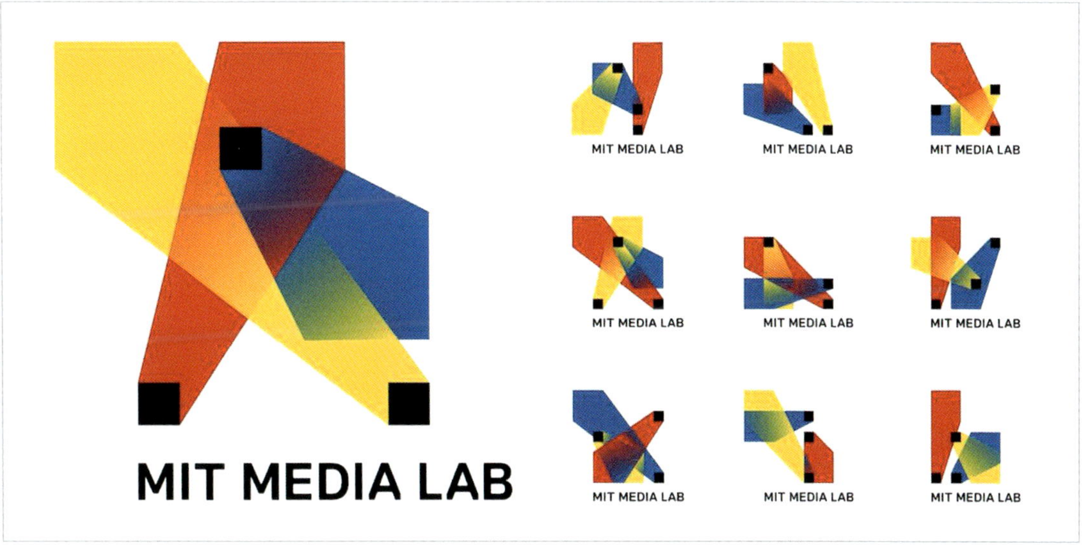

Abbildung 4.40
Generatives Logo des MIT Media Labs

Ein weiteres bekanntes Beispiel für generatives Design ist das Logo für **Nordkyn**, das je nach Wetterlage vor Ort seine Form ändert. Nordkyn ist eine Halbinsel in der Finnmark. Das Projekt »Visit Nordkyn« koordiniert die touristischen Aktivitäten in diesem Gebiet. Um ein einheitliches Erscheinungsbild zu erreichen, wurde ein neues dynamisches Logo entwickelt, das sich je nach Wind und Temperatur verändert und die verschiedenen Gemeinden mit ihren individuell unterschiedlichen Interessen vereint.

Abbildung 4.41
Generatives Logo für Nordkyn

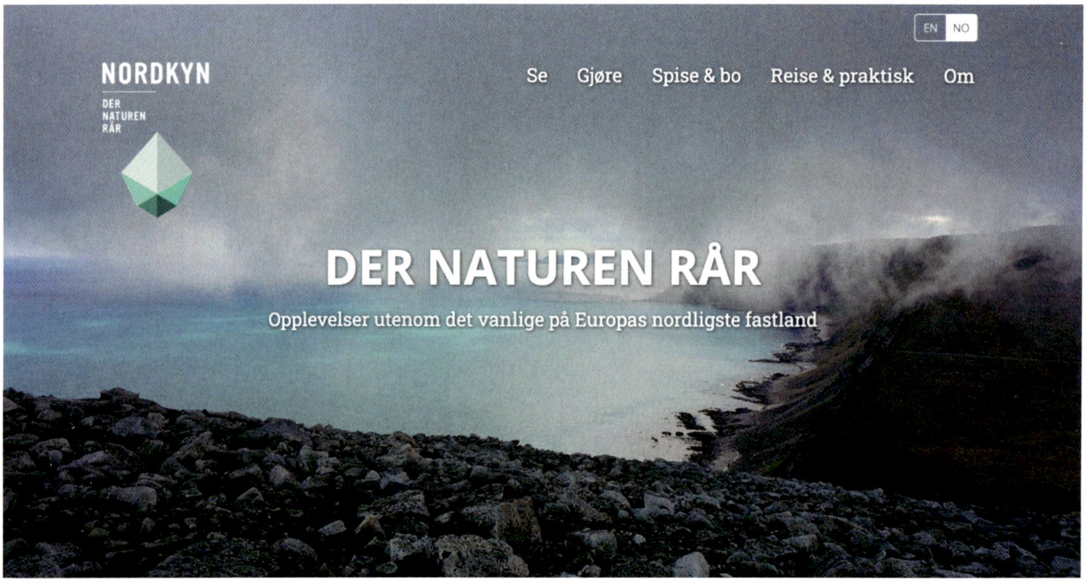

Abbildung 4.42
Das Logo für Nordkyn findet sowohl online als auch auf Schildern und Wegweisern Platz und ist somit offline und online sichtbar.

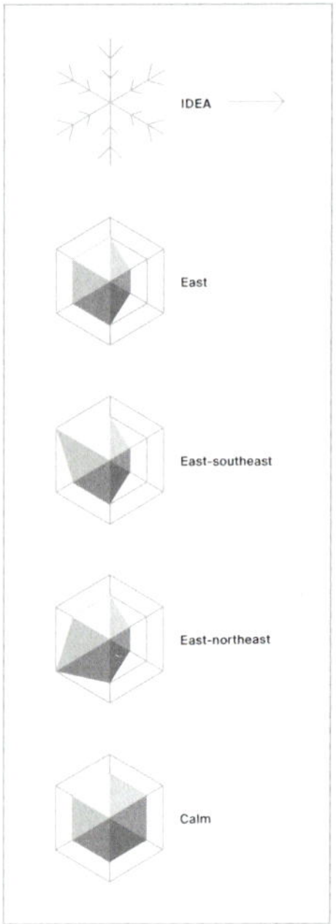

Abbildung 4.43
Entstehungsmerkmale der Logovarianten – je nach Wind und Temperatur ergibt sich die Form des Logos innerhalb des Netzdiagramms.

Zusammenfassung: Logo im Corporate Design

- Das Logo ist für die meisten Unternehmen fester und erster Bestandteil des Außenauftritts. Es hat die wichtige Aufgabe, Inhalte für das Verständnis und die Einordnung des Unternehmens zu transportieren. Es sollte prägnant, leicht verständlich und leicht zu merken sein. Im besten Fall wird es unmittelbar mit dem Unternehmen in Verbindung gebracht und den Ansprüchen, Werten und Zielen zugeordnet, für das es steht.
- Ein gutes Logo steht symbolisch für die unternehmensspezifischen Inhalte der Corporate Identity, wie beispielsweise die Unternehmensphilosophie und Ansprüche an den Umgang mit dem Thema Umweltschutz, mit den eigenen Mitarbeiter und Mitarbeiterinnen, Ansprüche an den Kundenservice oder die Qualität der Produkte und Dienstleistungen.
- Der Symbolcharakter eines Logos sorgt für den Wiedererkennungswert, um die Marke, ihre Aktionen und ihr Angebot eindeutig zu identifizieren und von der Konkurrenz zu unterscheiden.
- Zudem ist es Kommunikationsmedium – sämtliche Unternehmensaussagen werden mit dem Logo verbunden und darüber transportiert.

- Wo früher auf Münzen, Verträgen oder im Handel Logos den Besitzstand anzeigten, sind heute die Aufgaben eines Logos weitaus vielschichtiger. Es vermittelt das Image eines Unternehmens beispielsweise im Hinblick auf seine Firmengeschichte, seine Herstellungsverfahren und sein Serviceverständnis.
- Ein Logo ist die visualisierte Form der Grundaussagen eines Unternehmens.
- Es hat also wichtige Aufgaben, wenn es um die Imagebildung eines Unternehmens nach außen geht. Aber auch die Mitarbeiterinnen und Mitarbeiter spielen eine Rolle, denn sie präsentieren das Logo stolz auf der Uniform oder Kleidung und identifizieren sich mit dem Unternehmen, das hinter dem Logo steht.
- Das Logo ist eng verbunden mit Assoziationen und Emotionen, die mit der Zeit mit der Marke verknüpft werden. Die Assoziation mit Urlaub, Sicherheit, Vergnügen oder gutem Essen wird an jedem Berührungspunkt mit bestimmten positiven oder negativen Gefühlen und Erinnerungen belegt, die dann später bei der Betrachtung des Logos in Sekundenbruchteilen wieder abgerufen werden.
- Heute, im allgemeinen Überfluss an Reizen, Medien und Kommunikationsmöglichkeiten, ist es wichtiger denn je, mit einem starken Markenauftritt, einem prägnanten Logo aus der Masse hervorzustechen. Das Logo funktioniert dann wie ein Anker und dient der Orientierung im Überangebot an Waren und Services.

Kapitel 5

Corporate Type

Ein gelungenes Corporate Design ist das Gesamtbild der einzelnen kombinierten Bestandteile. Jede Komponente trägt dabei zum unverwechselbaren Look eines Unternehmensauftritts bei. Wie beim Logo, der Farbwahl oder der Bildsprache sind auch bei der Auswahl des Corporate Fonts viele Aspekte zu beachten.

5.1 Einsatz und Kriterien von Schrift im Corporate Design

Die Auswahl und Ausgestaltung der Typografie einer Marke ist nach der Logogestaltung fester Bestandteil des Corporate-Design-Prozesses. Schrift verknüpft sich eng mit der Marke und trägt so stark zur **Markenidentität und der Wiedererkennbarkeit** bei. Mit ihrer Hilfe kann ein Unternehmen seine Positionierung unterstützen: Möchte es seriös, modern oder klassisch, elegant oder schrill wirken? Eine Schrift kann all diese Merkmale widerspiegeln und so das Erscheinungsbild formen.

5.1.1 Einsatz von Schrift

Schrift ist viel objektiver wahrnehmbar als Farbe. Schon aus diesem Grund ist sie ein wichtiger Träger der Wiedererkennbarkeit von Marken. Allerdings muss bedacht werden, dass die Schrift von Unternehmen und Marken in vielen unterschiedlichen Kontexten eingesetzt wird und damit auf vielen Ebenen funktionieren muss. Schrift schlüpft also im Corporate Design in unterschiedliche Rollen.

Sie wird verwendet

- im Logo
- als Fließtextschrift in unterschiedlichsten Publikationen (Broschüren, Flyer, Geschäftsberichte)
- digital auf der Website, in Apps usw.
- in aufmerksamkeitsstarken Überschriften zum Beispiel auf Plakaten
- in der Geschäftsausstattung, bei Formularen
- bei Messeauftritten und Leitsystemen u. v. a. m.

Um all diese Rollen ausfüllen zu können, arbeiten viele Unternehmen heute auch mit Schriftkombinationen oder verwenden unterschiedliche Schriftschnitte. Auf diese Themen gehen wir ausführlicher in Abschnitt 5.3 ein.

Fließtexte prägen das Erscheinungsbild eines Unternehmens natürlich weniger stark als Titelschriften und Logoschriften. Vor allem bei einem Logo sollte die Schriftauswahl zu den Werten und Zielen des Unternehmens passen und die Zielgruppe ansprechen, und der Unternehmensname sollte gut erkennbar sein.

Für Fließtexte ist es wichtig, dass Informationen im Text für die Leserinnen und Leser gut zugänglich und leicht erfassbar sind und der Lesefluss durch den Corporate Font unterstützt wird. Um die Übersichtlichkeit in Texten zu erleichtern und sie zu strukturieren, können einzelne Wörter oder Passagen ausgezeichnet, also beispielsweise in einem besonderen Schriftschnitt gesetzt werden. Auch hier sind die Anforderungen zu beachten – in einem Lexikon sind andere Auszeichnungen üblich als auf einer Webseite. Welchen Umfang das Corporate Design hat, sollte also schon bei der Auswahl der Schrift beachtet werden. Stehen beispielsweise bei einer Schrift nur wenige Schnitte zur Verfügung, so ist es meistens nicht sinnvoll, sich für diese Schrift zu entscheiden, wenn damit später spezielle Texte gestaltet oder Plattformen bedient werden sollen.

Digital müssen Schriften komplett anderen Anforderungen gerecht werden als im Printbereich. Hier sollte vorab getestet werden, welche Schriften, Kombinationen, Hierarchien und Farbkontraste bei der Zielgruppe am besten ankommen – vor allem auch in Bezug auf Barrierefreiheit. Auf dieses Thema kommen wir in Abschnitt 10.3 zu sprechen.

5.1.2 Kriterien für eine gute Unternehmensschrift

Ein Corporate Font, Custom Font oder auch eine Hausschrift ist im engeren Sinne die Schrift, die extra für das Corporate Design eines Unternehmens erstellt wurde. Im weiteren Sinne werden die Begriffe auch für eine Schrift verwendet, die von einem Unternehmen ausschließlich oder zumindest als Hauptschrift eingesetzt wird. Was macht eine gute Hausschrift aus? Fünf elementare Punkte müssen erfüllt sein:

1. Die Schrift muss gut **wiedererkennbar**, möglicherweise sogar einzigartig sein, um eine Markenidentität zu schaffen.
2. Die Schrift muss die **Aussage** der Marke/den Charakter des Unternehmens transportieren. Schlagwort hier: die Schriftwirkung (siehe Abschnitt 5.2.2).
3. Die Schrift muss in Bezug zur Konkurrenz gesetzt werden: Hebt sie sich genügend von den Schriften der **Konkurrenz** ab? Soll sie das überhaupt?
4. Die Schrift muss **dauerhaft** einsetzbar sein, sollte also keinen kurzfristigen Trends unterliegen, um langfristig identitätsstiftend zu wirken.
5. Die Schrift muss gut **lesbar** sein.

Schriften können ebenso wie Farben und Bilder Emotionen, Querverbindungen zu bestimmten Themen und Visionen vermitteln. Die Einordnung einer Schrift und die Assoziationen mit ihr erfolgen beim Corporate Design durch die Betrachter und Betrachterinnen in den meisten Fällen unbewusst. Dennoch ist die Wahl der passenden Schrift ausschlaggebend für ein stimmiges Gesamtbild des Corporate Designs.

5.2 Schriftwahl

Bei der Auswahl einer Schrift kommt es nicht nur auf die Funktionalität, nämlich die Lesbarkeit, an, sondern besonders auch auf die Schriftwirkung und auf die Details der Ausgestaltung der Schrift.

Vorinstallierte Schriften

Es kann hin und wieder sinnvoll sein, bei der Ausgestaltung und den Vorgaben für bestimmte Corporate-Design-Medien auf vorinstallierte Schriften zurückzugreifen. Beispielsweise dann, wenn es um die Anwendung der Schrift in MS Office geht und der problemlose Umgang für Mitarbeitende im Berufsalltag erleichtert werden soll.

5.2.1 Das Vorgehen

Bei der Suche nach einer geeigneten Schrift ist die Gefahr groß, dass man sich in den unendlichen Weiten des Angebots an Schriften verliert. Aus einem inspirierenden Kurzausflug in die Schriftendatenbanken wird nicht selten ein stundenlanges Vergleichen und Notieren von weiteren Schriften, die gefallen.

Briefing beachten

Abhilfe schafft hier die Erstellung eines klaren Konzepts. Halten Sie sich noch einmal die Eckdaten des Briefings vor Augen, wie beispielsweise

- Image der Marke
- Zielgruppe
- Konkurrenzanalyse
- Wahrnehmung
- Assoziationen

Bestehende Schrift analysieren

Immer überlegenswert ist auch, zu schauen, welche Schrift das Unternehmen bereits einsetzt. Ist es möglich, auf ihrer Grundlage zu einer Weiterentwicklung der Corporate Typography zu gelangen, oder muss die alte Schrift verworfen werden?

Noch ein Wort zu den Zahlen

Ziffern gibt es meist in zwei Ausführungen. **Versalziffern** entsprechen in ihrer Höhe den Großbuchstaben. Wenn sich Ziffern besser in den Fließtext einfügen sollen, nimmt man die sogenannten **Mediävalziffern**, das sind Ziffern mit unterschiedlichen Breiten und Unterlängen.

Auch Details und Ideen, die vielleicht schon im bisherigen Gestaltungsprozess entstanden und auch auf die Wahl der Schrift übertragen werden können, sollten festgehalten werden. Das können Emotionen oder bestimmte Motive sein, die schon beim Briefing zur Unternehmensvision, dem Angebot oder der Zielgruppe passen.

Auch Beispiele zu besonders gelungener Schriftpaarung oder Trends können bei der späteren Suche helfen, schneller fündig zu werden. Es lohnt sich deshalb, Trends und interessante Artikel oder Bilder, denen man im Alltag oder bei der Lektüre von Designmagazinen, auf Social-Media-Plattformen oder im Alltag begegnet, zu notieren und sich davon dann im Rahmen eines neuen Projekts inspirieren zu lassen.

Untersuchen Sie anschließend genau, welche Schriften die Konkurrenz einsetzt, und legen Sie fest, ob Sie einen ähnlichen oder einen völlig eigenständigen Weg gehen wollen. Auch hierdurch lassen sich bereits Schriften oder Schriftgruppen ausschließen oder in die engere Wahl aufnehmen.

Sinnvoll ist es auch, keine Schrift zu wählen, die die Kunden und Kundinnen schon im Überfluss kennen: So wird beispielsweise die Univers von einer Vielzahl unterschiedlichster Unternehmen verwendet: von BP, der Versicherung DEVK, Unicef und vielen mehr, die FF Fago zum Beispiel von dem Börsenverein des deutschen Buchhandels, Ärzte ohne Grenzen, MetaDesign.

Hier liegt Ihre Chance, durch eine eigene Schrift dem Corporate Design des beauftragenden Unternehmens den besonderen Touch zu verleihen.

Anforderungen

Formulieren Sie nun die Anforderungen, die Ihr Auftraggeber und Ihre Auftraggeberin an die zu verwendende Schrift stellen. Das sind nicht nur Kriterien der Schriftwirkung, sondern auch technische Aspekte, die eine Schrift erfüllen muss:

- Wer wird die Texte lesen? Stakeholder oder Kunden und Kundinnen?
- Wo wird die Schrift dargestellt? Für die Darstellung am Bildschirm müssen dabei andere Voraussetzungen erfüllt werden als für ein Plakat oder eine Imagebroschüre. Dies zu beachten, wird die spätere Arbeit und die konsistente Fortsetzung des Corporate Designs erleichtern. Im Idealfall werden durch die Schrift beide Bereiche abgedeckt.
- Ist die Schrift medienübergreifend sowohl digital als auch in Printmedien gut lesbar?
- Funktioniert die Schrift sowohl als Lesetext als auch plakativ?
- Werden alle notwendigen Sprachen unterstützt, eventuell auch andere Schriftsysteme (Kyrillisch …), um international zu funktionieren?
- Gibt es die von benötigten Ziffernsätze?
- Sind die gewünschten Zeichensätze vorhanden (mathematische Zeichen u.a.)?
- In welchen Formaten liegt die Schrift vor (.otf, .ttf, Webfonts .woff)?
- Verfügt die Schrift über OpenType-Funktionen wie Kapitälchen, Alternativzeichen, Ligaturen oder Schwungbuchstaben (wenn gewünscht)?
- Ist die Schrift in mehreren Schnitten vorhanden, um für unterschiedliche Anwendungen gerüstet zu sein (Auszeichnungen, Überschriften …)?
- Ist die Schrift für alle Betriebssysteme lieferbar?
- Passen die Lizenzierungskosten oder die Kosten für eine neue Schriftgestaltung zu den Vorstellungen des Unternehmens das Budget betreffend?

Wenn Sie all diese Punkte beachten, haben Sie schon ein gutes Kriterienverzeichnis zusammen, um zu einer gelungenen Schriftwahl zu kommen.

Technik zur Visualisierung von Schriften

Nicht jede Schrift, die sich für die Vermarktung eines Autos anbietet, ist auch dafür geeignet, eine Kosmetiklinie auf den Markt zu bringen. Für die Auswahl einer bestehenden Schrift kann es eine gute Übung sein, ein Wort oder einen Namen in unterschiedlichen Schriften zu schreiben, um dann zu vergleichen, wie der Wechsel der Schrift auch einen Wechsel in Assoziationen und der Persönlichkeit des Wortes mit sich bringt.

Auch hilft es, die Schrift verbal zu beschreiben – ist sie schön oder hässlich? Eher elegant, grob, feminin, laut, eckig? Dabei muss die Assoziation der Schrift nicht immer vordergründig sein, sondern kann auch ganz subtil wahrnehmbar sein.

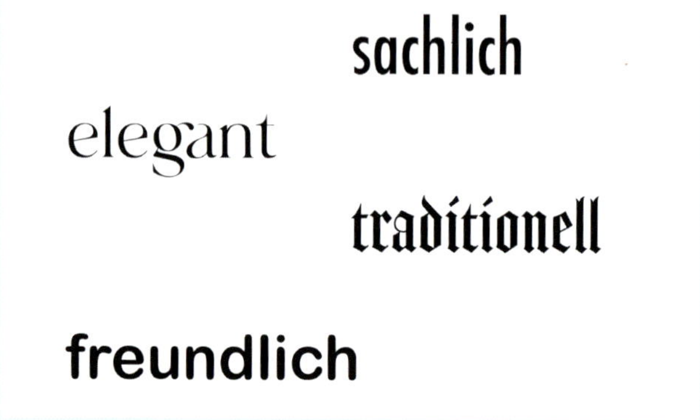

Abbildung 5.1
Schrift und ihre unterschiedliche Wirkung

5.2.2 Der Schriftcharakter

Gerade das Thema der Anmutung der Schrift trägt stark zum Gelingen einer Schriftwahl bei. Es ist wichtig, sich schon zu Beginn des Auswahlverfahrens darüber klar zu werden, welche **Persönlichkeit, welchen Stil und welchen Ausdruck** die Schrift zum Corporate Design beitragen soll. Handelt es sich beispielsweise um ein Unternehmen, bei dem Seriosität, Sicherheit und Zuverlässigkeit im Vordergrund stehen, so bietet sich auch eine Schrift an, die ebendiese Werte transportiert. Hier eine verspielte Schrift auszuwählen, würde bei den Betrachtern und Betrachterinnen einen völlig falschen Eindruck hinterlassen, da mit einer verspielten Schrift ganz andere Emotionen und ein anderer Kontext assoziiert wird.

Für die Auswahl einer Schrift ist es daher unerlässlich, sich immer wieder die Werte des Unternehmens vor Augen zu führen. Nehmen

Plakative Schriften

Schriften mit ausgefallenen formalen Merkmalen, starkem Ausdruck oder ungewohntem Erscheinungsbild eignen sich eher für die Gestaltung von kurzen Texten, Schriftzügen oder Überschriften, wenn es nicht nur um die Mitteilung einer Botschaft, sondern darum geht, Aufmerksamkeit zu erregen.

Sie die Liste der Werte, oder formulieren Sie die gewünschten Charaktereigenschaften. Dann werden mögliche Schriften untersucht und ihre Wirkungen eingeordnet: Ist die Schrift eher dynamisch, statisch, sachlich oder emotional, modern oder klassisch, streng oder lebendig? Wirkt sie bewegt oder ruhig, organisch oder technisch, zeitlos oder trendig? Schrift löst Emotionen und Assoziationen aus und muss daher mit Bedacht ausgewählt werden, denn eine falsche Schriftwahl löst schnell Irritationen aus.

Wie eine gelungene Kombination von Schriften aussehen kann, zeigt das Corporate Design für das **Zeitzentrum Zivilcourage**. Durch die Kombination der Geometric Sans Serif mit einer modernen Interpretation der Fraktura entsteht ein interessanter Kontrast, der beim Anblick für Irritation und letztendlich gesteigerte Aufmerksamkeit sorgt.

Quelle: https://identitaetsstiftung.de

Abbildung 5.2
Spannende Kombination, die durch die Irritation beim Betrachter Aufmerksamkeit erzeugt – Geometric Sans Serif und Fraktura, zwei Schriften mit großen Unterschieden

Die Schriftanmutung wird immer auch beeinflusst durch verschiedene Faktoren wie Schriftgröße, Schriftschnitt, Laufweite oder Schriftfarbe. Fette Schriften wirken eher laut und auffällig, Light-Schnitte eher elegant und zurückhaltend. Um die richtige Schrift auswählen zu können, ist es daher wichtig, die Kriterien einer Schrift zu kennen, die maßgeblich für die Schriftwirkung verantwortlich sind.

Schriftklassifikation

Damit Schriften anhand ihrer Formmerkmale besser eingeordnet werden können, wurden Modelle zur Schriftklassifikation entwickelt. Dadurch wird die Suche nach einer geeigneten Schrift erleichtert, und Arbeitsprozesse bei der Erstellung des Corporate Designs können optimiert werden. Beispiele für deutsche Klassifikationsmodelle sind:

- Deutsche DIN 16518 für die Einordnung von Schriften im Bleisatz
- Matrix Beinert für Schriften im Desktop-Publishing

Screenfonts klassifizieren

Screenfonts können ebenfalls nach den Klassifikationsmodellen eingeordnet werden. Ihre Merkmale sind allerdings weniger spezifisch und die Übergänge zwischen den einzelnen Gruppen fließend. Vor allem kleine Schriftgrade am Bildschirm lassen sich heute nur schwer einordnen. Bei der Einordnung von Schriften wird strikt getrennt zwischen Screen- und Printfonts, die auch jeweils nur auf dem entsprechenden Medium beurteilt werden.

Die zuletzt 2017 überarbeitete Matrix Beinert ist für Corporate-Design-Projekte besonders gut geeignet. Sie unterteilt Schriften in neun Hauptgruppen, die jeweils in weitere Untergruppen unterteilt werden:

1. Antiqua
2. Egyptienne
3. Grotesk
4. Zierschriften
5. Screenfonts
6. Corporate Fonts
7. Gebrochene Schriften
8. Nichtrömische Schriften
9. Bildzeichen

Übersichtlich

Durch die übersichtliche Einteilung können auch Personen mit weniger typografischen Kenntnissen Schriften nach der passenden Kategorie suchen und weniger fehleranfällig verwenden.

Antiqua-Schriften wie die Times, Bodoni oder Baskerville strahlen im Corporate Design Verlässlichkeit, Eleganz und Ästhetik aus, ebenso Hochwertigkeit, da sie sehr klassisch wirken. Sie werden besonders von Unternehmen eingesetzt, die Luxus oder Tradition ausstrahlen wollen, zum Beispiel von der Süddeutschen Zeitung mit ihren Corporate Fonts SZ Text, SZ Serif und SZ Sans oder von der Champagnermarke Veuve Clicquot.

Abbildung 5.3
Antiqua-Schriften passen sehr gut zu den hier vermittelten Werten Verlässlichkeit und Eleganz.

Groteskschriften wie die Futura, Helvetica, Roboto oder die Optima wirken modern, aber auch verlässlich, klar, präzise und sachlich, oft auch kühl und elegant. Sie werden dort eingesetzt, wo diese Werte vermittelt werden sollen: bei Versicherungen, in der Pharmabranche, im Bankenwesen. Das Land Hessen verwendet die FF Franziska Roc Grotesk, die Johanniter die Maven Pro.

Abbildung 5.4
Modern und zuverlässig – nicht die schlechtesten Eigenschaften in diesen Fällen

Frakturschriften wirken traditionell und werden besonders im Bereich von Getränkemarken und im Zeitungssektor eingesetzt: Corona Extra oder die Frankfurter Allgemeine mit dem Corporate Font FAZ Fraktur sind Beispiele.

Abbildung 5.5
Traditionelle Frakturschriften sind im Zeitungssektor und bei Getränken besonders beliebt.

Egyptienne-Schriften wie die Rockwell oder die Clarendon wirken durch ihre ausgeprägten Serifen bodenständig, traditionell, auch nostalgisch und stabil. Sie werden von Firmen ausgewählt, die Stärke und Würde ausstrahlen wollen. Sehen Sie sich einmal die Firma Sony an, die mit ihrem Corporate Font SST einen starken Markenauftritt hinlegt.

SONY

Abbildung 5.6
Solide, traditionell und stabil möchte wirken, wer mit einer Egyptienne auftritt.

Schreibschriften wirken in erster Linie persönlich, aber auch natürlich und vornehm. Sie werden selten im Corporate Design eingesetzt.

Nicht nur im Logo, auch in anderen Textgattungen lösen die Schriften Emotionen aus. Im Fließtext können sie motivierend oder irritierend wirken; optimalerweise sollen sie natürlich dazu aktivieren, einen Text zu lesen. Dabei sollten das Textbild und der Inhalt des Textes zusammenpassen, das heißt, Unternehmen, die viele technische oder wissenschaftliche Inhalte veröffentlichen, könnten sich auch in der Fließtextschrift eher einer Groteskschrift bedienen genau wie Firmen, die im Bereich der Bewegung und Dynamik angesiedelt sind. Firmen, die auf Eleganz und konservativere Werte setzen, verwenden dafür eher Antiqua-Schriften.

Geschichte einer Schrift beachten

Beachten Sie unbedingt auch die Geschichte einer Schrift, denn auch hier ist es wichtig, dass sie zum auftraggebenden Unternehmen passt.

5.2.3 Lesbarkeit

In der Lesetypografie werden Schriftgrade von Druckschriften in verschiedene Größen eingeteilt: die Konsultations-, Lese-, Schau-/Display- und Plakatgröße. Je nach Einsatz des Textes verfügt eine gut ausgebaute Schrift über bestimmte formale Merkmale, sodass in der jeweiligen Textgröße eine optimale Lesbarkeit sowie die Ästhetik der Schrift gewahrt wird.

Einteilung von optischen Schriftgrößen bei Open-Type-Fonts	
Konsultationsgröße	8 pt
Lesegröße	9–13 pt
Schaugröße/Displaygröße	14–24 pt
Plakatgröße	ca. ab 25 pt

Anhand der Vorgaben für das Corporate Design sollte man schon bei der Konzeption und Schriftauswahl im Hinterkopf haben, in welchen Größen und Ausführungen eine Schrift später in der Umsetzung des Corporate Designs zur Anwendung kommt. So gibt es Schriften, die gezielt für eine gute Lesbarkeit konzipiert wurden. Diese finden zum Beispiel in längeren Textpassagen ihren Einsatz. Sie sind auch in kleinen Schriftgrößen gut lesbar und verleihen dem Text eine gute Struktur. Auch wenn sie für Mengentexte geeignet sind, können sie aufgrund ihrer Gestaltung durchaus Assoziationen beim Leser wecken oder unterstreichen, wenn auch nur zweitrangig. Denn im Vordergrund steht hier die Vermittlung von Informationen.

Schriftwahl für den Bildschirm

Für Texte in digitalen Medien gibt es separate Richtlinien, um die Lesbarkeit von Texten zu gewährleisten. Vor allem in Bezug auf responsives Design sind diese Anhaltspunkte wichtig für die Umsetzung (siehe Abschnitt 5.2.5).

Grauwert

Auch der sogenannte *Grauwert* nimmt Einfluss auf die Lesbarkeit eines Textes. Das ist der Durchschnitt aus hellen und dunklen Bereichen eines Textes. Kneift man die Augen zusammen, so kann man in etwa den Grauwert einer Textpassage erfassen. Ähnlich verhält es sich beispielsweise auch bei einem Namen oder Schriftzug für ein Logo. Je enger die Buchstaben des Markennamens zusammenstehen, desto weniger wird er in einer kleinen Schriftgröße lesbar sein. Ausschlaggebend für den Grauwert sind typografische Merkmale wie Strichstärkenkontraste, Strichstärken, Punzen, Hinting, Kerning und typometrische Eigenschaften einer Schrift. Je enger Buchstaben nebeneinanderstehen, desto höher wird der Grauwert. Je nach Text, Textgröße und Textlänge können Wort- und Buchstabenabstände zur besseren Lesbarkeit beitragen.

Serifen- und serifenlose Schriften

Besonders wichtig bei der Einschätzung der Lesbarkeit einer Schrift ist es, zwischen Print- und digitalen Medien zu unterscheiden. Serifenschriften sind in den meisten Fällen im Mengensatz im Printbereich sehr gut lesbar, machen aber am Bildschirm hin und wieder Schwierigkeiten. Serifenlose Schriften gelten allgemein als am Bildschirm gut lesbar. Sie bieten durch ihre Form zusätzliche Anhaltspunkte, die das Wiedererkennen der Buchstaben und Wortbilder erleichtern können. Durch die schnellere Erfassung der Texte erhöht sich die Lesegeschwindigkeit um ein Vielfaches.

Dennoch sollte auch innerhalb der Gruppen der Schriften unterschieden werden – nicht jede serifenlose Schrift eignet sich für die

Trennung

Zu beachten sind grundsätzlich nicht nur Wortanzahl, Spaltenbreite und Schriftwahl, sondern auch Trennregeln und Rechtschreibung, um einen guten Lesefluss zu gewährleisten.

Anwendung am Bildschirm. Unter den serifenlosen Fonts werden beispielsweise Verdana oder Fira Sans besonders gerne verwendet. Es gibt natürlich auch Schriften, die sowohl im Printbereich als auch als Screenfont funktionieren– ein Beispiel ist die PMN Caecilia.

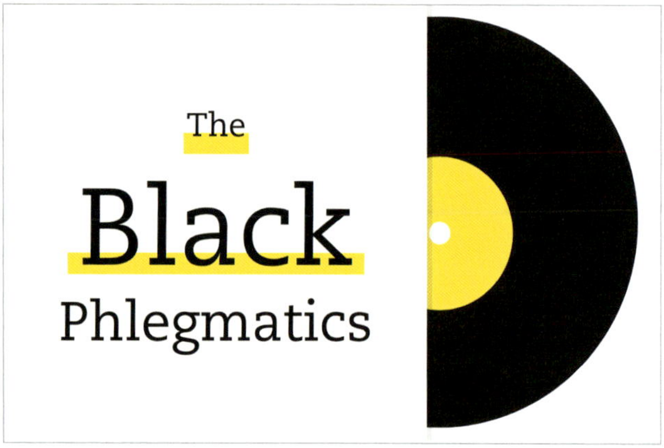

Abbildung 5.7
Sowohl im Printbereich als auch am Screen gut lesbar – die PMN Caecilia (www.fontshop.com)

Spalten und Abstände

Auch Spalten und Abstände eignen sich hervorragend, um Texte möglichst übersichtlich zu gestalten. In Schulbüchern oder Fachbüchern findet man häufig eine mehrspaltige Seiteneinteilung. Laufweite und Zeilenabstand können zu einer verbesserten Lesbarkeit beitragen und den Lesekomfort erhöhen. Sie können außerdem für ein optisch gelungenes Erscheinungsbild eines Textes sorgen. Bei kleinen Schriftgrößen bietet es sich an, die Laufweite eines Textes, die horizontalen Abstände zwischen den Buchstaben, zugunsten der Lesbarkeit zu erhöhen.

Proportionalschriften

Feste Breiten erschweren bei sogenannten Monospace-Schriften die Lesbarkeit, die durch die Verwendung von Proportionalschriften wesentlich erhöht werden kann. Dann sind die Dickten der einzelnen Buchstaben individuell an das Zusammenspiel der Buchstaben und das Schriftbild angepasst und nicht auf eine immer gleiche Breite festgelegt.

Weitere Kriterien für die Lesbarkeit

Neben den Serifen ist auch die Verwendung von Groß- und Kleinbuchstaben ausschlaggebend für die schnelle Erfassung von Texten und Wörtern – ein ohne Majuskeln geschriebener Text erschwert die Lesbarkeit enorm, denn durch die wechselnden Oberlängen sind bei Wörtern mit Groß- und Kleinbuchstaben weitere Merkmale gegeben, um sie zu dekodieren.

Heutzutage gelten in Bezug auf Abstände, Schriftgrade und die Lesbarkeit von Schriften keine allgemeingültigen Regeln. Ob eine Schrift gut lesbar ist und welche Assoziationen mit ihr verbunden sind, hängt stark vom Betrachter ab. Vor allem bei Screenfonts können die Schriftgrößen, Abstände und ihre Wirkung durch verschiedene Auflösungen unterschiedlich ausfallen. Neben Abständen und

Größen spielt bei der Lesbarkeit auch das Trägermaterial eine Rolle und wirkt sich auf die Unterscheidbarkeit und Erkennbarkeit der Buchstaben aus.

5.2.4 Bestehende Schrift oder Corporate Font?

Nun haben wir einiges über die Wirkung von Schrift erfahren, über die sich der Designer und die Designerin im Konzept zur Schriftwahl Gedanken machen muss. Geht es nun um die praktische Festlegung einer Schrift, so bieten sich prinzipiell drei Möglichkeiten an:

1. Es kann eine bereits bestehende Schrift ausgewählt werden.
2. Auf Basis einer bestehenden Schrift wird eine angepasste Hausschrift für das Unternehmen entworfen.
3. Es wird ein komplett neuer Corporate Font, also eine eigene Unternehmensschrift, entwickelt.

Bestehende Schrift wählen

Für ein professionelles Corporate Design bietet es sich natürlich an, auch auf professionelle Schriften zurückzugreifen. Professionelle Schriften sind gut konzipiert und damit vielfältig und verlässlich einsetzbar, wohingegen der Einsatz freier Schriften schnell an seine Grenzen stößt. Das kann sich in einem unregelmäßigen Schriftbild, fehlenden Zeichen und einer sehr eingeschränkten Verfügbarkeit von Schriftschnitten äußern. Professionelle Fonts zeichnen sich durch folgende Merkmale aus:

- Das Schriftbild ist gleichmäßig, und die Lettern sind harmonisch aufeinander abgestimmt.
- Abstände und Weißraum sind detailliert aufeinander abgestimmt.
- Die Schrift beinhaltet die gängigsten Zeichen, Sonder- und Satzzeichen.
- Im Idealfall beinhaltet die Schrift Glyphen, eventuell sogar OpenType-Funktionen, die durch zusätzliche Code-Snippets das Spektrum an Möglichkeiten erweitern.

Beispiele für kommerzielle Plattformen

- Linotype (www.linotype.com)
- Fontshop (www.fontshop.com)
- MyFonts (www.myfonts.com)

Eigene Corporate Fonts entwickeln

Mit den heutigen technischen Gegebenheiten ist es leichter als früher, eine eigene Schrift zu entwickeln, die gezielt auf ein bestimmtes Projekt zugeschnitten ist. Die Gründe für die Gestaltung einer eigenen Hausschrift sind vielfältig:

- Zunächst einmal überzeugt die eigene Hausschrift mit einer großen Flexibilität; sie lässt sich jederzeit an alle Gegebenheiten in Print und digitalen Medien anpassen.
- Auch laufen Sie nicht Gefahr, die gleichen Schriften zu verwenden wie die Konkurrenz, und können so mit einem eigenen Stil herausstechen.
- Veränderte Anforderungen an die Hausschrift können eigenverantwortlich umgesetzt werden.
- Und auch finanziell kann ein eigener Font durchaus sinnvoll sein: Vor der Entscheidung für die Verwendung einer bestehenden Schrift sollten Sie überlegen, ob es für das Unternehmen nicht trotz der Kosten für das Schriftdesign sogar billiger sein könnte, eine eigene Schrift entwickeln zu lassen, denn die Kosten für unterschiedlichste Lizenzgebühren können durchaus hoch sein.

Kosten lassen sich auch sparen, wenn bei der Entwicklung des Corporate Fonts auf bereits bestehende Schriften zurückgegriffen wird. So können beispielsweise gut ausgebaute Freefonts aufgewertet werden, oder aber der Designer oder die Designerin einer Schrift entwickelt den eigenen Font für ein Unternehmen weiter. Die Schrift der Marke »fritz-kola« wurde zwar individuell gestaltet, basiert aber auf dem Vorbild der Futura. Typisch für die Modifikation der Schrift ist beispielsweise der langgezogene i-Punkt.

Abbildung 5.8
Abgeleitet aus der Futura – der Corporate Font von fritz-kola

Am Beispiel von **Aktion Mensch** ist erkennbar, wie eine eigens für die Marke gestaltete Hausschrift zu einem einheitlichen und signifikanten Look beitragen kann.

Abbildung 5.9
Hausschrift »Aktion Mensch« – durch die Rundungen wirkt sie emotional und nahbar.

Abbildung 5.10
Die unterschiedlichen Schriftschnitte der »Aktion Mensch«

Eines der bekanntesten Beispiele für einen umfangreichen eigenen Corporate Font ist der Unternehmensauftritt der **Deutschen Bahn**. 2005 wurde von Erik Spiekermann und Christina Schwartz eine eigene umfassende Unternehmens-Schriftsippe entwickelt, die für alle Anwendungsfälle von bahninternen Schreiben bis hin zu Werbeplakaten eingesetzt werden kann.

Schriftsippen
Eine Gruppe von verwandten Schriftfamilien aus unterschiedlichen Klassifizierungen (zum Beispiel Antiqua, Egyptienne) bilden eine Schriftsippe.

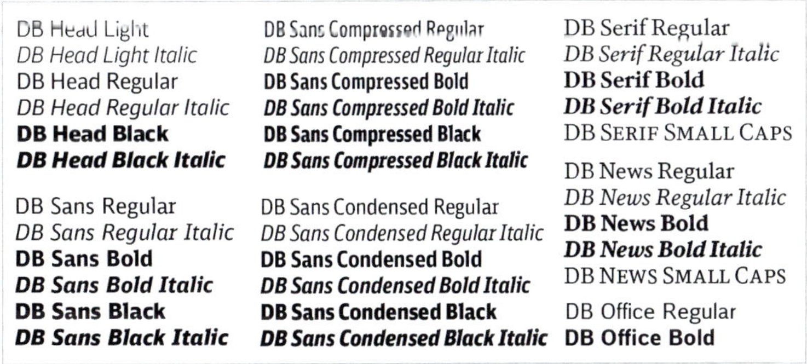

Abbildung 5.11
Schriftsippe DB Type

Im Brandportal der Deutschen Bahn sind Informationen zur richtigen Anwendung mit Beispielen aufgeführt, die einen guten Überblick über die Verwendung und den Umfang der Schriftsippe geben.

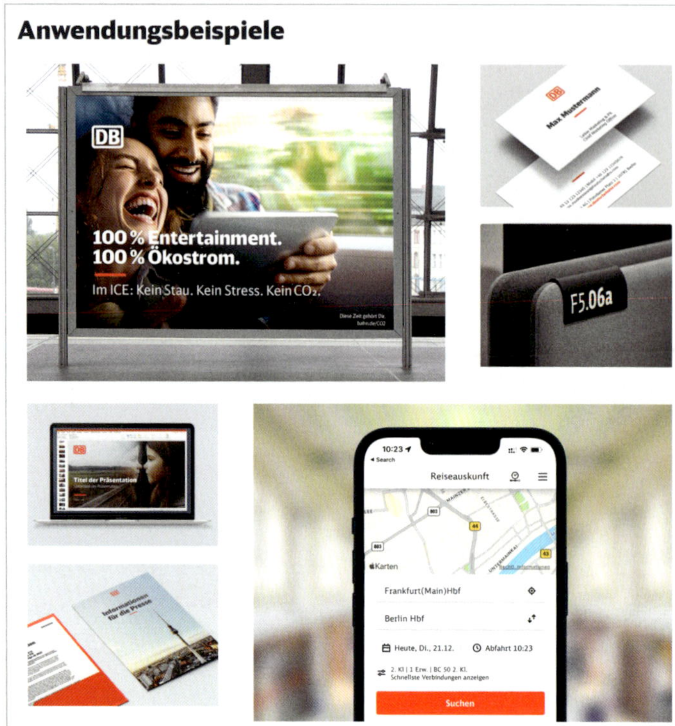

Abbildung 5.12
Anwendungsbeispiel für die DB Type im Brandportal der Deutschen Bahn

Um den Markenauftritt auch international konsistent zu halten, wurden für die jeweiligen Sprachräume auch entsprechende Schriften festgelegt.

Bulgarisch	**Стоките принадлежат на релсите**	DB Non Latin
Chinesisch	**货物通过铁路运输**	DB Non Latin CJK SC
Französisch	**Le fret est sur les Rails**	DB Type
Griechisch	**Τα αγαθά ανήκουν στις ράγες**	DB Non Latin
Italienisch	**Il trasporto merci appartiene alla ferrovia**	DB Type
Niederländisch	**Goederen horen op het spoor**	DB Type
Polnisch	**Towary na tory**	DB Type
Rumänisch	**Transportul de marfă se face pe calea ferată**	DB Type
Russisch	**Товары принадлежат рельсам**	DB Non Latin
Schwedisch	**Gods hör hemma på järnväg**	DB Type
Slowakisch	**Nákladná doprava patrí na železnicu**	DB Type
Tschechisch	**Zboží patří na koleje**	DB Type
Ungarisch	**Az áruk a sínekhez tartoznak**	DB Type

Abbildung 5.13
Besondere Voraussetzungen an ein Corporate Design auf internationaler Ebene

Trends bei Corporate Fonts

Bei der Schriftentwicklung kann man heute nicht mehr den einen Trend ausmachen. Wo auf der einen Seite eine klare serifenlose Schrift Verwendung findet, sind auch vielseitigere Schriften und auch Kombinationen von unterschiedlichen Schriften zu finden. Auch einige große Marken sind im Einsatz von Schriften experimenteller geworden und trauen sich mehr Einzigartigkeit zu denn je.

Für eine experimentellere Schrift mit Jugendstilelementen und organischen Formen entschied sich zum Beispiel die Marke **nucao**.

the nu+company nucao

Abbildung 5.14
Von serifenloser Klarheit zum neuen Logo mit experimentellem Corporate Font

Abbildung 5.15
Corporate Font als plakatives Gestaltungselement – zusammen mit der markanten Farbgebung ergibt sich ein Erscheinungsbild mit hohem Wiedererkennungswert.

Abbildung 5.16
Packaging Design mit dem neuen Schriftzug – der Markenname wird zum Gestaltungselement auf der Vorderseite der Produktverpackung.

Den Ansatz einer Weiterentwicklung hin zu einem klaren, geometrischen Erscheinungsbild verfolgt beispielsweise der Autohersteller **Aston Martin**. Betrachtet man die Entwicklung der Schrift anhand der Logoentwicklung der Marke, so wird deutlich, dass sich der Gestaltungstrend weg vom ursprünglich eher verschnörkelten Look zu mehr Geradlinigkeit auch in der Wahl der Schrift widerspiegelt.

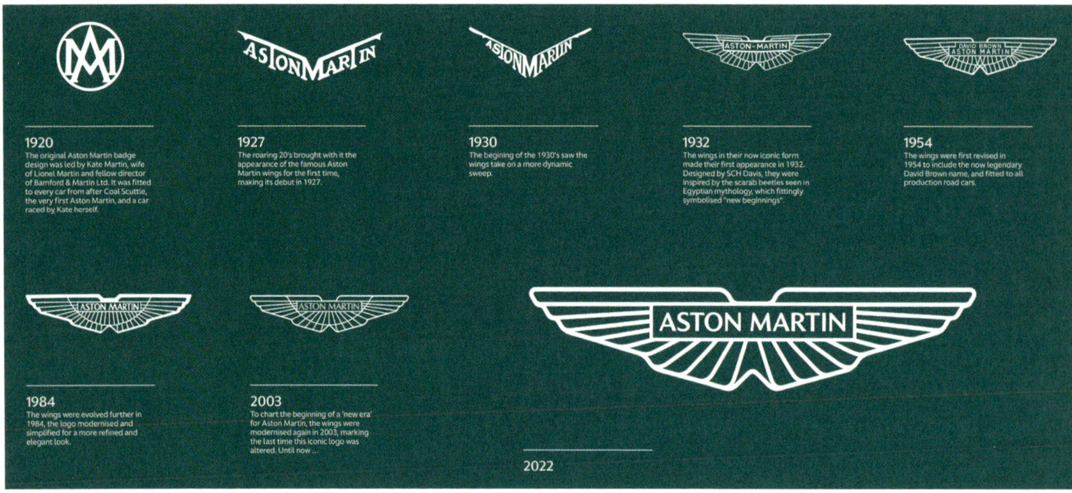

Quelle: https://media.astonmartin.com

Abbildung 5.17
Entwicklung hin zu mehr Nüchternheit in der Typografie – die Logoentwicklung von Aston Martin

Screenfonts
Screenfonts sind Schriften, die für die Verwendung am Bildschirm und auf digitalen Oberflächen entwickelt wurden. Sie sind auch in kleiner Schriftgröße gut lesbar. Durch das sogenannte *Hinting* werden die Buchstaben mit zusätzlichen Informationen versehen, die die Lesbarkeit vor allem in kleinen Schriftgrößen verbessern und die Charaktereigenschaften der Buchstaben erhalten.

Responsiv
Die Fähigkeit, je nach Endgerät ein entsprechendes Layout anzuwenden

5.2.5 Schriftwahl für die Bildschirmdarstellung

Die Transformation im Corporate Design vom Print zu immer mehr digitalen Anwendungen bringt auch in Bezug auf Corporate Fonts spezielle Anforderungen mit sich. Für die Anwendung auf digitalen Oberflächen kommen sogenannte Screenfonts zum Einsatz.

Die Entwicklung von Screenfonts ist aktuell noch nicht ausgereift, aber immer häufiger werden Schriften gezielt für die besonderen Anforderungen der Darstellung auf einem GUI (Graphical User Interface) oder einem WUI (Web User Interface) konzipiert. Dennoch können Schriften auch bei optimiertem Hinting beispielsweise in verschiedenen Browsern unterschiedlich aussehen.

Merkmale, die gut lesbare Screenfonts auszeichnen, sind außerdem eine gute Unterscheidbarkeit von ähnlichen Zeichen (I, 1, l), deutliche Formen und Abstände innerhalb und zwischen den Zeichen sowie der Strichstärkenkontrast.

Auch in Bezug auf Schriftgrößen gibt es hier einiges zu beachten, beispielsweise, dass das Corporate Design responsiv sein soll und Überschriften und Texte sowohl auf der Website als auch auf Mobilgeräten funktionieren müssen. Für Fließtexte ist ein Bereich zwischen 14 und 16 pt beispielsweise als Basisschriftgröße ein guter Richtwert. Entsprechend abgestuft sollten dann auch die Werte für verschiedene Überschriften festgelegt und konsistent durchgezogen werden. Die Strukturierung der Schriftgrößen hilft Nutzerinnen und Nutzern dabei, die relevanten Informationen durch ihre unterschiedliche Gewichtung besser zu erfassen.

Exkurs: Variable Fonts – die Zukunft im Corporate Design?

Bei variablen Fonts handelt es sich um interpolierbare OpenType-Schriften. Durch aktives Engagement von Apple, Google und Microsoft wurde ihre Entwicklung für Anwendungssoftware und Betriebssysteme in den letzten Jahren vorangetrieben.

Interpolieren
Zwischenwerte bestimmen. Für Schriften bedeutet das, dass der Übergang zwischen den einzelnen Schriftschnitten, Strichstärken und -lagen fließend ist und nicht mehr in Stufen erfolgt.

Das Besondere an variablen Schriften ist, dass Schriftlagen, -breiten und -stärken variabel generiert werden können und nicht in einzelnen Schriftschnitten hinterlegt werden müssen. Anstelle der einzelnen Schriftdateien für medium, bold etc. ist also nur noch eine Schriftdatei notwendig. Die einzelnen Schriftbreiten, -lagen oder stärken können individuell eingestellt und festgelegt werden.

Bereits in den frühen Neunzigern gab es von Adobe die *Multiple Master Fonts* – eine Vorläufervariante der variablen Fonts. Erst mit Einigung auf einen gemeinsamen Standard haben sich die variablen Fonts in ihrer heutigen Form durchgesetzt und weiterverbreitet. Der Einsatz bietet vor allem in Bezug auf Herstellung, die Benutzung und den Umweltgedanken Vorteile, weil ihre Verarbeitung ressourcensparender ist.

Beispiele
Sowohl Apple, Microsoft als auch Google haben bisher einige variable Fonts zur Verfügung gestellt. Dazu gehören beispielsweise Acumin, Myriad und Minion von Robert Slimbach in der variablen Form.

Wie variable Fonts in einem innovativen Corporate Design aussehen können, zeigt die Entwicklung eines dynamischen Font-Logos für den neuen WPP-Campus in Amsterdam. Dabei sollte sich die Kreativität des Ortes im neuen Corporate Design widerspiegeln. Die Buchstabenformen verändern sich je nach Interaktion und Bewegung im Raum und reagieren auf menschliche Gesten. Die Farbe passt sich je nach Tageszeit an.

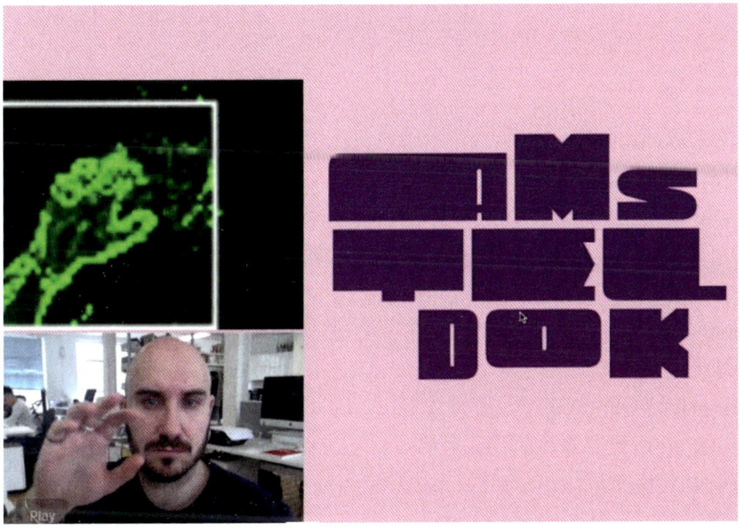

Quelle: https://site.wpp.com

Abbildung 5.18
Interaktion mit dem Logo

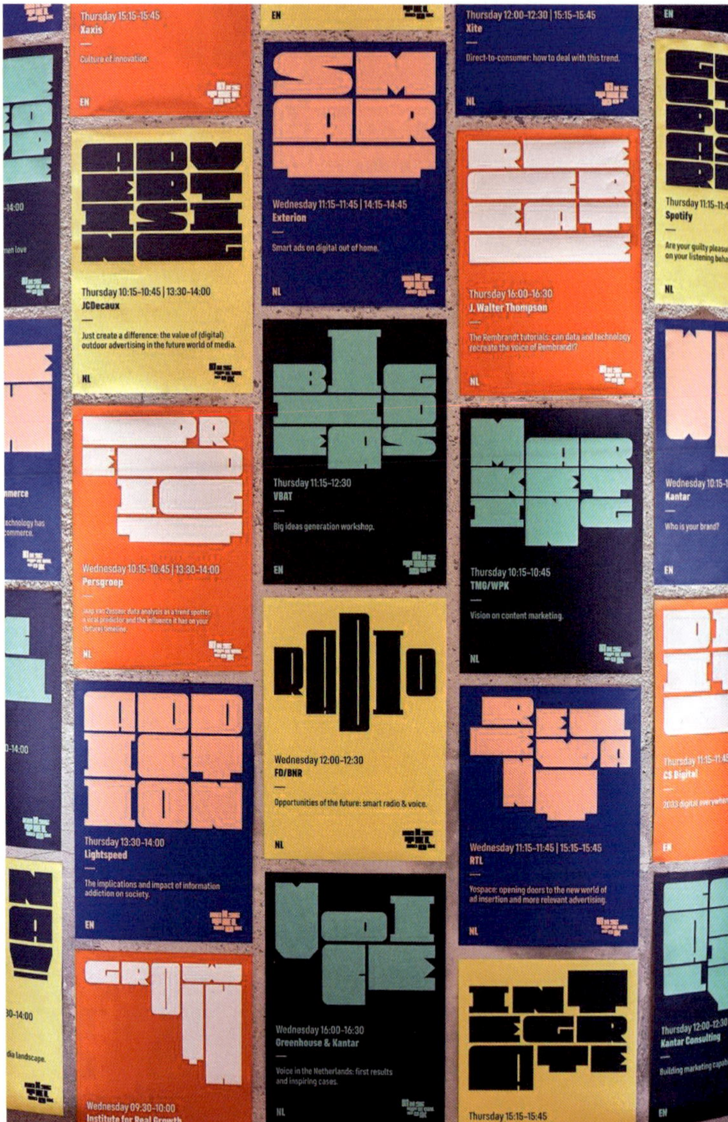

Abbildung 5.19
Unterschiedliche Logoausprägungen – je nach Interaktion und Tageszeit

Aktuell kommen variable Fonts, vor allem bei der Gestaltung und Konzeption von digitalen Medien, Websites und Apps, häufig zum Einsatz. In Zukunft wird ihre Bedeutung vor allem in Bezug auf digitale Medien noch weiter wachsen. Ob und welche Auswirkungen variable Fonts auf das professionelle Desktop Publishing im Printbereich haben, ist noch unklar. Als Ergänzung zu statischen Fonts erschließen sich für Designer und Designerinnen aber ganz neue Möglichkeiten bei der Gestaltung von Corporate Design.

5.2.6 Schriftbeschaffung und -verwaltung

Bevor es losgeht mit der Suche nach der geeigneten Schrift, kann es eine Erleichterung sein, sich eine grobe Übersicht über die möglichen Schriftklassifikationen zu verschaffen sowie deren jeweilige Zuordnung oder häufige Verwendung zu notieren. Dabei helfen Schriftverwaltungsprogramme. Hiermit können Schriften je nach Bedarf geordnet, aktiviert oder deaktiviert werden, sodass das System durch die vielen installierten Schriften nicht überlastet wird. Die aktivierten Schriften sind dann in den installierten Layoutprogrammen verfügbar.

Zudem kann man sich eine Vorschau der Schrift anzeigen lassen und so Inspiration sammeln für das Corporate Design. Anhand eines sogenannten Pangramms lassen sich Schriften miteinander vergleichen. Bei einem echten Pangramm kommt jeder Buchstabe des Alphabets genau einmal vor.

Einige Fontmanager sind direkt mit einem Shop verknüpft, sodass die Schrift unmittelbar nach der Aktivierung im Ordner erscheint.

Beispiele für Fontmanager

- Extensis Suitcase Fusion
- Font Explorer X Pro
- Font Base
- Typeface

Futura
Zwölf Boxkämpfer jagen Viktor quer über den großen Sylter Deich

Abbildung 5.20
Beispiel für ein Pangramm

Schriftlizenzen erwerben

Auf der Suche nach der richtigen Schrift gibt es sowohl professionelle Schriftdatenbanken, in denen Schriftlizenzen kommerziell verkauft und erworben werden können, als auch eine Reihe von Plattformen, die kostenlose Lizenzen anbieten.

Mithilfe von Probeschriftzügen lassen sich Schriftbilder beurteilen und präsentieren, ohne dass im Voraus die Lizenz erworben werden muss. Erst nach erfolgter Auswahl der finalen Schrift werden dann die entsprechenden Lizenzen gekauft.

Beim Erwerb auf den Plattformen wird grundsätzlich nicht die Schrift, sondern eine **Nutzungslizenz** erworben, die mit einer Gebühr vergütet wird. Um einen Rechtsstreit zu vermeiden, sollten Schriften immer lizenzkonform erworben und eingesetzt werden. Dabei spielen Einsatzart, Anzahl der Benutzer und Verbreitung eine Rolle. Genau festgehalten werden diese Regeln in den End-User License Agreements (EULAs).

5.3 Schriften kombinieren

Häufig lassen sich die verschieden gelagerten typografischen Ansprüche nicht durch den Einsatz einer einzigen Schrift erfüllen. Daher behelfen sich viele Unternehmen mit Schriftkombinationen.

Dabei gibt es mehrere Ansätze, mit denen Sie arbeiten können, zum Beispiel mit verschiedenen Schriftfamilien oder Schriftsippen oder auch mit ähnlichen, unterschiedlichen oder gar gegensätzlichen Schriften.

Eine gelungene Schriftmischung ist im weitesten Sinne immer der Zusammenschluss von aufeinander abgestimmten Schriften, die ein harmonisches Gesamtbild ergeben und den Zweck des Corporate Designs erfüllen. Sie erfordert einiges an Fingerspitzengefühl, und es gibt einige Regeln, die zu beachten sind. Letztendlich ist die Mischung von Schriften aber auch abhängig von den persönlichen Präferenzen und dem eigenen Geschmack.

Dass eine Kombination von Schriften sinnvoll sein kann, sieht man am überarbeiteten visuellen Erscheinungsbild der Marke **M&Ms**, denn hier ist der Font mit dem markanten Ampersand ein typisches Erkennungsmerkmal der Marke, eignet sich aber beispielsweise weniger, um umfangreichere Texte auf der Website zu präsentieren.

Abbildung 5.21
Plakativ und markant, auch in unterschiedlichen Schriftschnitten – Font »All Together«

Abbildung 5.22
All Together – typisches Markenzeichen von M&Ms

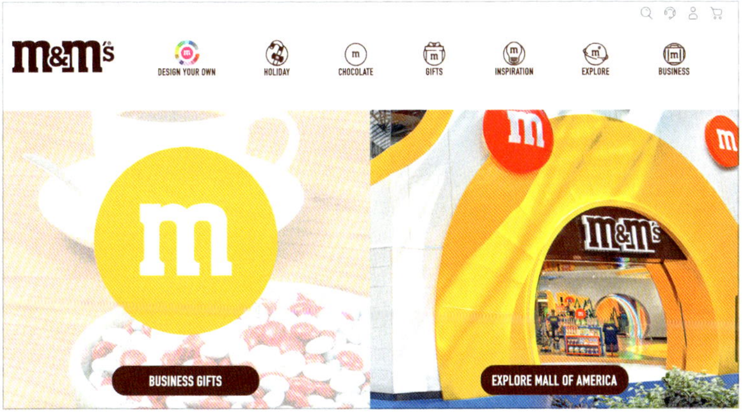

Abbildung 5.23
Bewusster Kontrast zugunsten der Lesbarkeit: All Together Sans und All Together Serif mit vielen Breiten-, Strichstärken- und Stilvarianten. Übrigens arbeitet der Schriftgestalter Monotype hier mit der Variable-Font-Technologie.

5.3.1 Mit Schriftfamilien und Schriftsippen arbeiten

Hinter dem Begriff *Font* oder *Schrift* verbirgt sich mehr als eine einzelne Ausführung einer Schrift: Sowohl Schriftfamilien als auch Schriftsippen werden häufig im Corporate Design für die unterschiedlichen Einsatzzwecke der Schrift (Plakatschrift, Leseschrift, Digitales usw.) verwendet.

Auf den ersten Blick scheinen die Merkmale und Unterschiede bei einer Schriftfamilie übersichtlich. Eine Schriftfamilie kann allerdings aus mehreren Dutzend Schriftschnitten bestehen, wie man am Beispiel der von Erik Spiekermann entworfenen Schrift Meta, der von Adrian Frutiger entwickelten Univers oder der Schrift Minion von Robert Slimbach erkennen kann. Weitere bekannte Beispiele für Schriftfamilien sind Helvetica und Futura.

Schriftfamilie

Unter einer Schriftfamilie versteht man eine Gruppe von zusammengehörigen Schriftschnitten, die unterschiedliche Schriftbreiten (condensed, extended usw.) Strichstärken (medium, bold usw.) oder Schriftlagen (italic, regular usw.) aufweisen. Der Name der einzelnen Schriftschnitte ist dabei gleich und unterscheidet sich nur in der ergänzenden Bezeichnung für die Strichstärke, Laufweite oder Neigung. Die Zusammengehörigkeit der Schriftschnitte kann man anhand der typografischen Formmerkmale eindeutig erkennen.

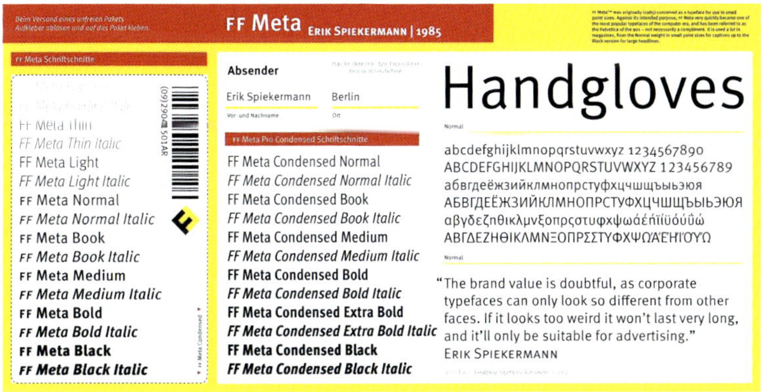

Abbildung 5.24
Schriftschnitte der Schrift Meta

Expertensatz

Besonders umfangreiche Schriftfamilien werden auch als Expertensatz bezeichnet.

Beim neuen visuellen Erscheinungsbild der **Frankfurter Hochschule für Musik und Darstellende Kunst** (HfMDK) macht die eigens von Massimiliano Audretsch für das Corporate Design entwickelte Schriftfamilie einen Großteil des Wiedererkennungswertes aus. Neben einem Regular-Schnitt gibt es die HfMDK Headline, die mit ihren drei Versionen für jeden Buchstaben für die künstlerische Vielfalt an der Hochschule steht.

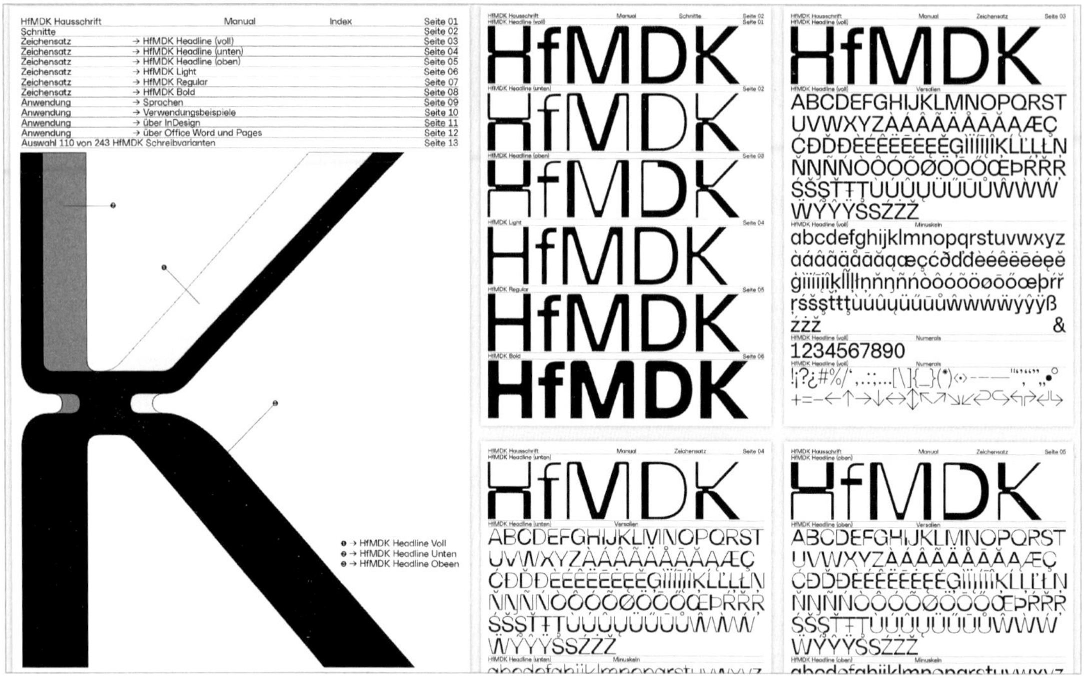

Abbildung 5.25
Vielfalt innerhalb der Schriftfamilie HfMDK

Schriftsippen

Reicht die Verwendung einer Schriftfamilie nicht aus, können Sie noch einen Schritt weiter gehen: Die Gruppe von verwandten Schriftfamilien aus unterschiedlichen Klassifizierungen (zum Beispiel Antiqua, Egyptienne) bilden eine Schriftsippe.

Das Besondere an den dazugehörigen Schriftarten ist, dass sie aus dem gleichen Grundkörper entwickelt wurden und somit trotz ihres unterschiedlichen Aussehens gleiche Proportionen aufweisen. Aus diesem Grund können sie problemlos miteinander kombiniert werden und eignen sich besonders gut für den Einsatz in umfangreichen Corporate-Design-Projekten. Neben den Buchstaben umfassen Schriftsippen auch häufig weitere Zeichen wie Sonderzeichen, mathematische oder musikalische Zeichen.

Die Auswahl oder Konzeption einer Schriftsippe bringt bestimmte Vorteile in Bezug auf die Kombination von Schriften mit sich – so ist innerhalb einer Schriftsippe durch die Ähnlichkeit der Strukturen der Schriften gewährleistet, dass die Schriften gut harmonieren, ohne sich zu sehr zu ähneln. Je nach Umfang der Schriftsippe kann man aus einem breiten Katalog aus Schriftfamilien und deren Schnitten wählen, sodass das Corporate Design abwechslungsreich und gut strukturiert gestaltet werden kann.

Bekannte Schriftsippen
Beispiele für bekannte Schriftsippen sind die Rotis von Otl Aicher, die FF Meta von Erik Spiekermann oder die FF Quadraat von Fred Smijers

Bei ähnlichen Fonts ist aber in jedem Fall zu beachten, dass die dezenten Merkmale nicht zu Verwirrung und einem unruhigen Erscheinungsbild führen. Deswegen sollten auch bei grundlegend ähnlichem Aufbau die Unterschiede zwischen den gewählten Schriften ganz offensichtlich und gut erkennbar sein.

Mit dem Bestreben, Lesbarkeit, Anwendbarkeit und Eigenständigkeit zu optimieren, entstand 2020 für das visuelle Erscheinungsbild des **ZDF** eine Schriftsippe, die 116 Fonts, 3 Breiten und 3 Stile in Roman und Italic umfasst.

Abbildung 5.26
Ausschnitt aus der Schriftsippe des ZDF, die neben der ZDF Type und ZDF Design auch noch die ZDF Micro umfasst, die vor allem für Kleinstanwendungen vorgesehen ist

5.3.2 Unterschiedliche Schriften einsetzen

In einigen Fällen besteht die Auswahl der Schrift für das Corporate Design nicht nur aus einer Schrift und deren Variation, sondern aus einer Kombination aus mehreren Schriften oder Schriftgattungen. Die Kombination von Schriften kann unterschiedliche Beweggründe haben, beispielsweise, dass für ein umfangreiches Corporate Design verschiedene Klassen von Schriften notwendig sind, um all die unterschiedlichen Anwendungsmöglichkeiten zugunsten der Übersichtlichkeit und Lesbarkeit entsprechend bespielen zu können.

Gerade in Bezug auf Überschriften gibt es durch die Auswahl von Displayschriften die Möglichkeit, die Inhalte der Texte und das Markenimage noch einmal anders in Szene zu setzen als durch Verwendung des immer gleichen Fonts. Überschriften bieten durch ihre Größe und damit verbundene verbesserte Lesbarkeit einen größeren kreativen Spielraum bei der Auswahl und Gestaltung von Schriften und können durchaus ausgefallener sein als Schriften, die in Fließtexten gut lesbar sein sollen.

Im Falle der **DFB Type** wurden eigens die Schriften DFB Sans und DFB Stencil entwickelt, um unterschiedliche Bereiche auch visuell zu unterscheiden – die DFB Stencil kommt bei DFB Pokal, der Akademie und im Fan Club zum Einsatz und schafft so gemeinsam mit den Farben und den sonstigen CD-Elementen ein starkes Markenbild.

Abbildung 5.27
Kombination unterschiedlicher Stile für ein markantes visuelles Erscheinungsbild. Die Schriften müssen zudem sowohl großformatig, beispielsweise im Stadion, lesbar sein als auch im Kleingedruckten wie beispielsweise im Magazin oder auf der Website.

Abbildung 5.28
Corporate Typography in der Anwendung – die DFB Sans im Einsatz

Durch den Kontrast beispielsweise einer Sans Serif und einer Serifenschrift können spannungsreiche Merkmale eines Corporate Designs entstehen. Alternativ kann es sich dabei auch um unterschiedliche Strichstärken handeln, die den Kontrast ausmachen. Um ein passendes Schriftpaar zu finden, ist es gut, unterschiedliche Kombinationen auszuprobieren.

Am Beispiel des Claims für die **Uni Graz** sieht man eine häufige Kombination aus der serifenlosen Avenir LT und der Minion Pro, die Serifen aufweist.

Abbildung 5.29
Gut funktionierende Kombination von serifenloser Schrift und Serifenschrift

typeconnection

Auf der Plattform typeconnection – A Typographic Dating Game (*www.typeconnection.com*) kann zu Beginn eine Schriftart gewählt werden. Daraufhin gibt es vier verschiedene Ansätze, um eine dazu passende Schrift zu finden (gleiche Familie, ähnlich, komplementär etc.).

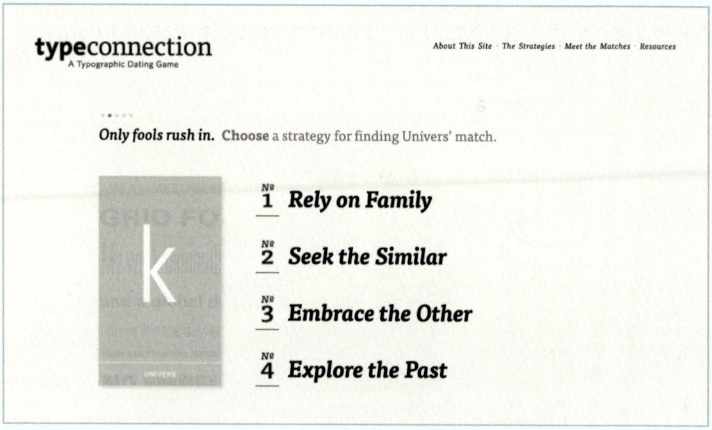

Abbildung 5.30
Auswahl der Strategie für die Suche nach der passenden Schrift auf typeconnection.com

Gegensätzliche Schriften zu kombinieren, erfordert schon einiges an Können, denn hier gilt es ein paar Regeln zu beachten, die die problemlose Anwendung im Corporate Design sicherstellen: Die gleiche x-Höhe erleichtert die Kombination zweier Schriften beispielsweise, genauso wie Ähnlichkeiten in der Breite und eine Übereinstimmung der Mittellinie. Eine Kombination von gegensätzlichen Schriften sollte zuvor durch die Variation von verschieden kombinierten Elementen und Buchstaben gut ausgetestet werden.

Um eine gelungene Kombination von Schriften zu erreichen, hilft es, sich auf zwei Schriften zu beschränken. Je mehr Schriften ins Spiel kommen, desto unübersichtlicher wird meistens auch deren Anwendung. Die konsistente Anwendung beispielsweise unterschiedlicher Schnitte ist Teil des Corporate-Design-Manuals und sollte im Alltag noch ohne größeren Aufwand zu bewerkstelligen sein.

Es ist außerdem oft hilfreich, eine Hierarchie zu erstellen, um den Einsatz der einzelnen Schriften zu strukturieren. Dazu zählen beispielsweise verschiedene Überschriften, Fließtexte oder Fußnoten. Erst durch die Abstufung von Schriftgrößen können Inhalte hervorgehoben und so der Fokus der Leserinnen und Leser gelenkt werden. Große Schriften wie Headlines verschaffen damit beim ersten Querlesen einen Überblick, der dann bei Interesse durch Weiterlesen von Sublines und Fließtext vertieft werden kann.

Anatomie der Buchstaben

Um Schriften besser beschreiben zu können, ist es hilfreich, die Bezeichnungen der einzelnen Bestandteile von Buchstaben und Zeichen zu kennen. Jede Schrift hat ihre eigenen typischen Formmerkmale, die anhand der Einteilung in Bereiche beschrieben werden können. In der folgenden Abbildung sind einige der wichtigsten typografischen Bezeichnungen dargestellt.

Abbildung 5.31
Die Anatomie der Buchstaben: ❶ Versalhöhe, ❷ Oberlänge, ❸ Mittellänger oder x-Höhe, ❹ Unterlänge, ❺ Dickte, ❻ Strichstärke, ❼ Innenraum (Punze), ❽ Serifen

5.3.3 Schriften als dekoratives Element

Bei der Schriftmischung kann beispielsweise ein markanter Kontrast zwischen zwei Schriften als Gestaltungsmittel eingesetzt werden und für Aufmerksamkeit sorgen. Je größer der Kontrast zwischen den Schriften oder Schriftschnitten ist, desto mehr Spannung lässt sich im Design erzeugen.

Displayfonts

Im Gegensatz zu reinen Textfonts wurden Displayfonts eigens für die Gestaltung von großen Überschriften konzipiert. Dabei steht weniger die Lesbarkeit als vielmehr der künstlerische und dekorative Aspekt im Vordergrund. Typisch für Displayschriften ist, dass sie in kleiner Schriftgröße häufig schlechter lesbar sind und die typografischen Details verloren gehen. Sie eignen sich deshalb nicht als Leseschriften. Displayschriften sind häufig eine Ergänzung zur Hausschrift und eignen sich weniger für den Einsatz in Fließtexten und kleinen Texten.

Wie markant ein Displayfont das Erscheinungsbild einer Marke prägen kann, wird auch an folgendem Beispiel deutlich. Dabei wurde vor allem an die Umsetzung in größeren Formaten gedacht. Für einen argentinischen Lieferservice für Fleisch, **Cow Co.**, entwickelte die Designagentur La Libertad™ᶜ den gleichnamigen Displayfont. Im Gegensatz zu herkömmlichen Metzgereien operiert Cow ausschließlich online und gehört damit zu den Vorreitern in diesem Bereich. Für das Design der Schrift ließen sich die Designerinnen und Designer von diversen Fleischstücken inspirieren und entwickelten danach sowohl Formensprache des Displayfonts als auch die Farbgebung. Die Schrift wurde dabei von Anfang an so konzipiert, dass sie auch auf großen Formaten wie Postern und Displays zur Geltung kommt. In der Kombination mit weiteren Gestaltungselementen und Schriften wurde der Font Cow zu einem der stärksten Wiedererkennungsmerkmale der Marke.

© Agentur La Libertad, https://lalibertad.com.ar

Abbildung 5.32
Schrift als starkes Wiedererkennungsmerkmal der Marke: von der Produktpalette inspiriert – der customized Displayfont Cow

Abbildung 5.33
Die Kombination von Designelementen und der experimentelle Umgang mit Schriften machen das Erscheinungsbild einzigartig.

Schauen wir uns ein weiteres Beispiel an. Beim Design der Displayschrift **TX-A von Tommy Øberg** ist der Einfluss japanischer Zeichen deutlich zu sehen. Die Kombination der japanischen Formmerkmale der 46 Hirananga-Zeichen mit modernen geometrischen Formen ergibt eine spannende und zugleich moderne Anmutung der Schrift. Sie eignet sich hervorragend für ein Corporate Design, das auch ansonsten von einer stark geometrischen Struktur geprägt ist.

Abbildung 5.34
Displayschrift TX-A

Es ist in den seltensten Fällen möglich, nur mit einem Displayfont auszukommen. Schon allein zugunsten der Lesbarkeit in Fließtexten ist es sinnvoll, eine zweite oder in Ausnahmefällen dritte Schrift für die Gestaltung von Corporate-Design-Medien zur Verfügung zu haben, die die reine Informationsvermittlung, auf Basis der Ziele und Anmutungen des Corporate Designs, zur Aufgabe hat.

Einschränkungen beachten

Bei der TX-A handelt es sich um eine Monospace-Schrift, die eine festgelegte Dickte oder Zeichenbreite besitzt. Über Merkmale wie dieses sollte man sich schon vor der Anwendung im Corporate Design bewusst sein, denn je nach Ausprägung können dadurch Einschränkungen in der Anwendung auftauchen, die später zu ungewollten Effekten führen können.

Ein Beispiel für eine gelungene Kombination aus Displayfont und Textfont bietet die bulgarische **fontfabric** mit dem selbst entwickelten Fontpaket Gwen und Gwen Text an. Darin enthalten sind sieben Schriftschnitte und ein variabler Font mit modifizierbaren Serifen.

Abbildung 5.35
Fontpaket Gwen, bestehend aus Displayfont und Textfont, mit Anwendungsbeispiel: dem Displayfont in der Überschrift und dem Textfont für einen gut lesbaren Fließtext

Quelle: fontfabrik (www.fontfabric.com)

Abbildung 5.36
Serifen des Displayfonts in Anlehnung an die Form einer Schwalbe – markantes Merkmal des Displayfonts

Eigene dekorative Schriften gestalten

Neben der Verwendung von vorhandenen Displayschriften gibt es auch die Möglichkeit, eigene Schriften zu entwickeln und in Kombination mit Farbe und Formen entsprechend in Szene zu setzen, sodass ein einzigartiger Look entsteht.

Den kreativen Umgang mit Schriften und deren Kombination sieht man anhand des 2020 präsentierten Corporate Designs des **Jüdischen Museums** in Berlin. Die eigens entwickelte Schrift JMB Pro ist dabei das zentrale Element: Per Zufall werden die Schriftzüge aus einzelnen Elementen der Libeskind-Architektur zusammengesetzt. Daraus ergeben sich dann nicht nur Headlines und das Logo, sondern auch Muster und grafische Elemente.

© Agentur Stan Hema, https://stanhema.com

Abbildung 5.37
Corporate Design mit prägnanter Typografie für das Jüdische Museum in Berlin

Abbildung 5.38
Jeder Buchstabe des Fonts JMB erscheint passend zum Thema »Vielfalt«, das sich im Markenauftritt wiederfinden sollte, in unterschiedlichen Ausführungen.

Abbildung 5.39
Kreativer Umgang mit Schrift als Markenzeichen des Corporate Designs

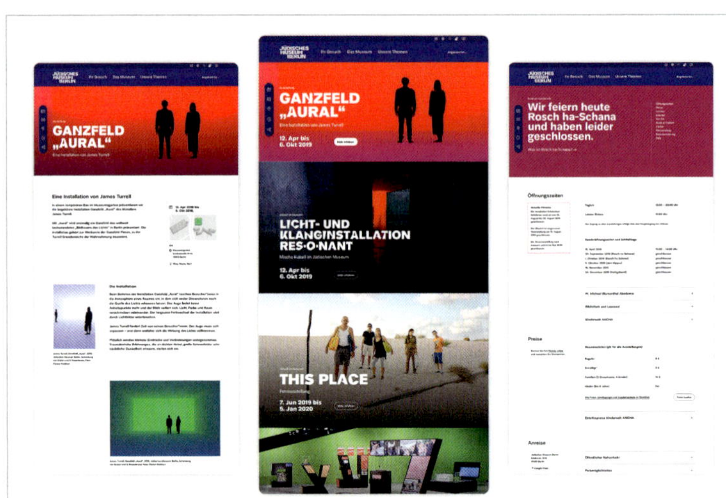

Abbildung 5.40
Einsatz auf digitalen Plattformen und Webseiten – die Schriftfamilie JMB Pro

Typo-Tipps für den Alltag

- Schriften mit geringem Strichstärkenkontrast eignen sich besonders für Texte, die auf die Ferne oder besonders klein erkennbar sein müssen.
- Schriften mit hohem Strichstärkenkontrast eignen sich für große Überschriften, die aus einer geringen Distanz gut erkennbar sein sollen.
- Bei der Beschriftung von Schildern und sehr kleiner oder heller Schrift ist es oft hilfreich, die Laufweite zu erhöhen und/oder gegebenenfalls mit dunklem Hintergrund zu arbeiten, sodass Buchstaben leichter erkennbar und Wörter besser wahrgenommen werden können.
- Eine relativ hohe x-Höhe von Kleinbuchstaben kann zur besseren Lesbarkeit beitragen. Eine zu große x-Höhe wirkt sich wiederum negativ auf die Differenzierbarkeit von Buchstaben aus.
- Schriften mit großer x-Höhe erscheinen größer als Schriften mit kleiner x-Höhe bei gleicher Punktgröße.
- Goldene Abstandsregel: Um ein möglichst ausgewogenes Verhältnis von hellen und dunklen Bereichen zu erreichen, sollte der Platz innerhalb der Buchstaben mit dem Platz zwischen den Lettern korrespondieren. Gut konzipierte Schriften sind unter anderem daran zu erkennen, dass die Abstände eines jeden Buchstabens des Alphabets, aufgrund der unterschiedlichen formalen Ausprägung, individuell angepasst wurden.
- Um Weißräume und Abstände besser miteinander vergleichen zu können, hilft es, sich vorzustellen, welche Menge an Sand nötig wäre, um die jeweiligen Zwischenräume zu füllen.
- Eine Ausnahme bei der gleichmäßigen Verteilung von Weißraum zwischen den Buchstaben bildet die Gruppe der serifenlosen Schriften. Hier sind die Abstände zwischen den Buchstaben üblicherweise enger gehalten.
- Der optimale Abstand zwischen zwei Wörtern entspricht der Breite der Letter i inklusive ihrer Vor- und Nachbreite.
- Bei Überschriften oder der Verwendung eines Displayfonts erfolgt der Umbruch eines Satzes nach dem inhaltlichen Sinn.
- Im Versalsatz wird »ß« zu »SS«, falls kein Eszett in Versalgröße vorhanden ist.
- Berührungen zwischen Buchstaben unterschiedlicher Zeilen sollten durch guten Satz vermieden werden.

Kapitel 6

Corporate Colour

Mit der Corporate Colour wird die charakterisierende Farbe eines Unternehmens oder einer Marke festgelegt. Ebenso wie das Logo spiegelt sie die Tradition, Ziele und Werte eines Unternehmens wider. Die festgelegten Farben gehen eine enge Verbindung mit der Marke ein und sorgen so gemeinsam mit weiteren Gestaltungselementen für ihren Wiedererkennungswert.

6.1 Anforderungen an Corporate Colours

Der Einfluss von Corporate Colours auf eine Marke ist groß – schließlich ist die Farbe ständiger Bestandteil des Markenerscheinungsbildes. Einige Marken definieren sich sogar so stark über ihre Corporate Colour, dass sie sich die Farbe markenrechtlich schützen lassen konnten: Sicherlich denken Sie jetzt so wie ich direkt an das Magenta der Telekom, an Milka-Lila oder Coca-Cola-Rot.

Betrachtet man die Corporate-Design-Anwendungen, so wird der häufige Einsatz der Corporate Colours offensichtlich: Logo, Plakate, Website, App, Newsletter, Flyer, Uniformen, Stellenanzeigen – die Farben einer Marke erscheinen auf sämtlichen Kanälen der Unternehmenskommunikation. Die richtige Wahl der Farbe will also gut überlegt und geplant sein.

6.1.1 Ziele des Einsatzes von Corporate Colour

Bei der Auswahl geeigneter Farben für ein Corporate Design sollte im Vorhinein klar sein, welche Ziele damit erreicht werden sollen.

- Zu den strategischen Zielen von Corporate Colours gehört die Vervollständigung des Corporate Designs und Unterstützung des markentypischen Looks. Dabei sollten der **Unternehmens-**

charakter und die Werte und Visionen des Unternehmens transportiert werden. Mithilfe der gezielten Auswahl von Farben, die Emotionen hervorrufen und den Anforderungen der Unternehmenskommunikation entsprechen, kann ein einzigartiges Erscheinungsbild geschaffen werden.

- Mit einer passenden Farbgebung, die die restlichen Bestandteile des Corporate Designs unterstützt und ergänzt, wird erreicht, dass eine Marke auf den ersten Blick **wiedererkannt** und Produkte und visuelle Markenbotschaften zugeordnet werden. Je nach Einordnung kann so das Kaufverhalten der Kundinnen und Kunden sowie auch die Weiterempfehlung und Kommunikation beeinflusst und forciert werden.
- Eine passende Farbgebung ist ein äußerst hilfreicher Bestandteil des Corporate Designs, wenn es darum geht, das Unternehmen und die Marke **in ein Marktsegment einzuordnen**. Sie hilft, die Marke von der Konkurrenz abzuheben, Aufmerksamkeit zu erregen oder ein bestimmtes Preissegment damit zu verbinden. Auch hier spielt die Ansprache der Wunschzielgruppe wiederum eine große Rolle.
- Vertrauen, Glaubwürdigkeit und Professionalität sind Merkmale, die über die Farbgebung einer Marke zugeschrieben werden können. Dazu gehört auch die **Wahrnehmung durch die Mitarbeiter und Mitarbeiterinnen**. Mithilfe der Farbgebung als Teil eines gelungenen Corporate Designs kann die positive Selbstwahrnehmung des Unternehmens gefördert und die Identifikation der Mitarbeiterinnen und Mitarbeiter mit dem Unternehmen gestärkt werden.

6.1.2 Anforderungen an Corporate Colours

Um die strategischen und marktorientierten Ziele des Unternehmens unterstützen zu können, müssen bei der Auswahl der Corporate Colour einige Aspekte beachtet werden: Hier geht es um Konkurrenzbeziehungen, Farbbedeutungen, Accessibility, die Zielgruppe und technische Anforderungen, die erfüllt werden müssen.

Corporate Colour in Bezug zur Konkurrenz setzen

Bei der Entwicklung eines Corporate Designs ist die Farbwahl eine gute Möglichkeit, sich von der Konkurrenz abzuheben oder mit einer ungewohnten Farbkombination zu überraschen und für Aufmerksamkeit zu sorgen.

Dabei ist es üblich, für einige Branchen bestimmte Farben zu verwenden. So spielt sich das Farbspektrum für Banken und Versicherungen eher im blauen Bereich ab, denn diese Farben sind eng verbunden mit dem Empfinden von Sicherheit, Verlässlichkeit und Berechenbarkeit. Grün, ebenfalls bei Versicherungen zu finden, wird auch assoziiert mit Umweltschutz und Fairness und ist beispielsweise bei Biosupermärkten beliebt. Mehr zu Farbbedeutungen lesen Sie in Abschnitt 6.2.2.

Konservative oder innovative Farben

Bei der Erstellung des Corporate Designs kann man sich überlegen, ob mit der zukünftigen Farbgebung die »gelernte« Zuordnung weiterverfolgt werden soll oder ob beispielsweise bei einer relativ jungen Zielgruppe auch eine unkonventionelle Farbe oder eine ergänzende Farbe hinzugenommen werden kann. Die Zielgruppe spielt dabei eine große Rolle – vor allem auch in Bezug auf die Medien, über die die Zielgruppe vorwiegend erreicht werden kann.

Auf Wirkung und Bedeutung von Farben achten

Bei der Entwicklung eines Corporate Designs sollte immer bedacht werden, welche Wirkung die gewählten Farben haben sollen und wo sie später zum Einsatz kommen. Danach richtet sich nicht nur die Auswahl der Grundfarbe, sondern auch die genaue Definition der Farbwerte und Varianten.

Zudem sind kulturelle Hintergründe zu beachten – Farben haben in unterschiedlichen Kulturräumen verschiedene Bedeutungen. So steht in unserem Kulturraum die Farbe Weiß beispielsweise für Reinheit und Unschuld, in Japan ist sie dagegen die Farbe der Trauer. Sich vorab zu informieren, in welchen Kulturkreisen das Corporate Design zum Einsatz kommt, ist deswegen äußerst sinnvoll (siehe hierzu Abschnitt 6.2.2).

Farbe digital und Print

Die Farbräume im digitalen Bereich bieten hierzu andere Möglichkeiten als reine Printfarben. So können beispielsweise grellere Farben dargestellt werden, die im Printbereich nur durch die Verwendung einer Sonderfarbe erreicht werden können.

Auf Accessibility achten

Auch physische Besonderheiten sollten bei der Wahl der Corporate Colours beachtet werde – Barrierefreiheit spielt vor allem beim digitalen Einsatz von Farben heute eine große Rolle. Eine kontrastreiche Farbgebung, die auch in Graustufen funktioniert, sollte hier das oberste Ziel sein. Ebenso ist zu beachten, dass es Menschen gibt, die bei einer Rotgrünschwäche bestimmte Farbkontraste nur bedingt wahrnehmen und daher manche Inhalte nur erschwert erkennen können. Zur Barrierefreiheit lesen Sie bitte Abschnitt 6.3.4.

Die Corporate Colour muss die Zielgruppe der Marke ansprechen

Bei der Wahl der Farbe muss besonders die Zielgruppe bedacht werden. Von der Zielgruppe hängt es ab, ob die Assoziationen mit der Farbe für das Unternehmen treffend sind oder nicht. Bei ähnlichen Farben und zusätzlich ähnlichen Formen sind Details besonders wichtig, um einerseits die richtige Zielgruppe anzusprechen und andererseits eine klare Wiedererkennung und Zuordnung zum Unternehmen zu garantieren (siehe hierzu den Infokasten »Formen und Details beachten«).

Die Corporate Colour muss in allen Medien gleich aussehen

Farben sollten, einmal festgelegt, in allen Corporate-Design-Medien gleich erscheinen, sodass sie mit der Marke fest in Verbindung gebracht werden und langfristig in den Köpfen der Betrachter und Betrachterinnen verankert werden können. Dazu müssen die entsprechenden Farbräume festgelegt und die Farben definiert werden. Die Werte für CMYK, RGB oder Sonderfarben werden dann im Corporate-Design-Manual oder Brandportal festgelegt, sodass Agenturen für die zukünftige Unternehmenskommunikation auf feste Regeln und Beispiele für Kombinationen und Anwendungen der Corporate Colours zugreifen und so ein konsistentes Corporate Design gewährleisten können. Dazu gehört beispielsweise auch der Umgang mit unterschiedlich farbigen Untergründen oder Transparenzen. Wie die Unternehmensfarben auf dunklen oder besonders hellen Hintergründen am besten zur Geltung kommen, lässt sich auch hier am besten wieder durch Beispiele veranschaulichen. Die verschiedenen Anwendungsarten sollten zur Vermeidung von Missverständnissen ebenfalls beachtet und mitbedacht werden.

Für die Umsetzung ist neben den Farbwerten auch wichtig, um welchen Untergrund es sich handelt – neben digitalen Medien gibt es für den Printbereich unterschiedliche Papiersorten und Materialien, die die Wirkung von Farben beeinflussen können. Saugfähige Untergründe sorgen für eine andere Resorption der Farbe als glatte, geschlossene Oberflächen. Die Auswahl der richtigen Materialien und Farben sollte vorab in einem Probedurchgang, durch einen sogenannten Proof, überprüft und mit den vorgegebenen Farbwerten für die Corporate Colours abgeglichen werden.

Corporate-Design-Farben werden durch ihren regelmäßigen und konsistenten Einsatz eng mit der Marke verwoben. Da gleicht es schon einer Meisterleistung, wenn eine Marke ihre über Jahrzehnte hinweg gelernten Corporate-Design-Farben gekonnt ersetzt.

Mit dem Fokus auf ein moderneres und zukunftsorientiertes Erscheinungsbild führte Immobilienscout 2020 statt der weltweit bekannten Markenfarben Blau und Orange ein grelles Grün in Verbindung mit dunklem Grau ein. Ab sofort wurden sämtliche Bestandteile des Corporate Designs konsequent durch die neuen Corporate Colours ersetzt oder ergänzt. Zu einer derart neuen

Formen und Details beachten

Am Beispiel der Logos von Beats Electronics und Pinterest wird deutlich, wie wichtig hier Formen im Zusammenspiel mit den Corporate-Design-Farben sind. Auch wenn beide Unternehmen einen Rotton und ähnliche Grundformen für ihre Logos gewählt haben, werden die Logos aufgrund der markanten Formgebung und der Zuordnung zum Unternehmensnamen klar mit dem jeweiligen Unternehmen verknüpft.

Abbildung 6.1
Logo Beats Electronics

Abbildung 6.2
Logo Pinterest

Ausrichtung der Corporate Colours gehört einerseits viel Mut, vor allem aber eine sehr gute Recherche zur Zielgruppe und zur Wirkung der neuen Farben. Im Fall von Immobilienscout ging es beispielsweise um die Neuausrichtung des Unternehmens und darum, eine jüngere Zielgruppe zu erreichen. Der neue inhaltliche Fokus des Unternehmens, der Corporate Identity und der Erweiterung des Publikums findet sich in den neuen Farben wieder. Das grelle Grün stellt einerseits die Verbindung mit der digitalen Welt her und wirkt gleichzeitig frischer, jugendlicher und innovativer.

IMMOBILIEN SCOUT 24

Abbildung 6.3
Vorheriges Logo und ursprünglicher Markenname »Immobilienscout24«

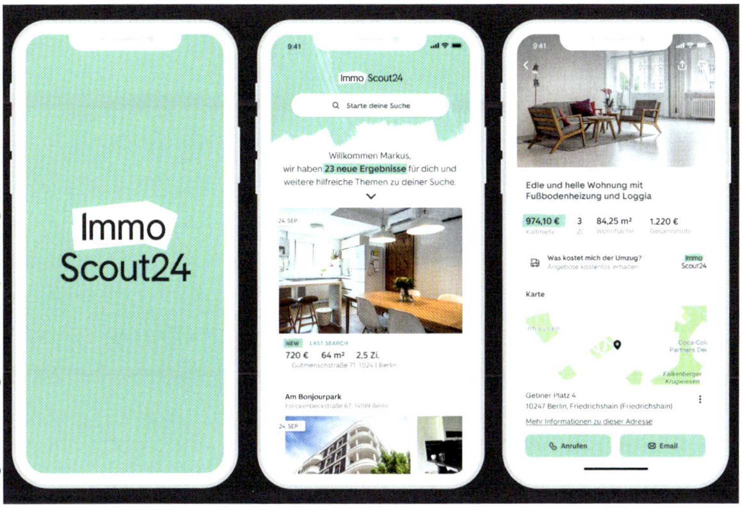

Abbildung 6.4
Neues Logo für Immo-Scout24

Abbildung 6.5
Redesign des Erscheinungsbildes von ImmoScout24 mit neuen Markenfarben

6.2 Die Auswahl der Corporate Colour

Die Auswahl einer Corporate Colour ist eine anspruchsvolle Aufgabe im Corporate-Design-Prozess und sollte wohl überlegt sein. Ziel ist es schließlich, die Inhalte der Marke richtig zu transportieren und bei der Zielgruppe die passenden Emotionen zu erzeugen, die dann letztendlich zur positiven Wahrnehmung der Marke führen. Bei der Entwicklung eines Corporate Designs wird in den meisten Fällen eine führende Corporate Colour festgelegt, die mit einer oder mehreren weiteren kombiniert wird. Die Zweitfarben unterstützen die Hauptfarben und werden zum Beispiel zur Hervorhebung und Akzentuierung eingesetzt.

In einigen Fällen besteht ein Corporate Design aus mehr als zwei Farben. Neben der Hauptfarbe kann es noch bis zu drei weitere Corporate Colours geben, die zur Hauptfarbe passen, diese aber auch akzentuieren können.

Seltener sind mehr als vier Corporate Colours zu finden. Bei Unternehmen wie Google oder eBay ist eine bestimmte Abfolge von Farben und deren Zusammenstellung eines der wichtigsten Erkennungsmerkmale der Marke. Erst 1999 wurde nach einigen Versuchen die finale Farbreihenfolge des Google-Logos festgelegt und besteht bis heute, auch wenn sich Schrift und Logo über die Zeit gewandelt haben. Ein weiteres Beispiel ist eBay: Bereits 1995 gestartet, hat auch eBay seinen bunten Logo-Look über die Jahre beibehalten.

Abbildung 6.6
Google-Logo seit 2015 in serifenloser Schrift und der markanten Farbabfolge

Abbildung 6.7
Aktuelles Logo in gewohnt buntem Look: eBay

Um die festgelegten Farben später auch in der Umsetzung unterscheiden zu können, gibt es für die Haupt- und Nebenfarben auch die Bezeichnungen Primär- und Sekundärfarbe. Wichtig bei der Beschreibung der Anwendung ist, dass auf einen Blick klar wird, auf welcher Farbe der Hauptfokus liegt und mit welcher Gewichtung die weiteren Corporate Colours eine Rolle spielen.

6.2.1 Vorgehen bei der Farbwahl

Um eine geeignete Farbwahl zu treffen, lohnt es sich, noch einmal zum Ausgangspunkt des Corporate Designs zurückzukehren und sich die aufgenommenen Anforderungen bewusst in Erinnerung zu rufen. Dazu gehören Ziele, der Wunsch nach bestimmten Veränderungen, die Herkunft, die Produktpalette und die Zielgruppe des Unternehmens. Welche Assoziationen und Emotionen sollen beim Publikum hervorgerufen werden, wenn es an die Marke denkt? Es ist an dieser Stelle gut, sich noch einmal klarzumachen, welches Image durch das Corporate Design transportiert und angestrebt werden soll.

Im Gespräch mit Stakeholdern und Entscheiderinnen auf Unternehmensseite werden im Zuge der Aufnahme der Anforderungen auch häufig Konkurrenzunternehmen genannt. Ein Blick auf die Farbgebung der Konkurrenz und deren Einfluss auf die Wahrnehmung des Corporate Designs kann aufschlussreich sein, wenn es darum geht, eine bestimmte Richtung in der Farbgebung festzulegen. Soll die Farbgebung in die branchentypische Farbwelt passen, darf sie mutig, gewagt oder sollte sie eher konservativ sein? Je nach Zielgruppe und Produktangebot können hier unterschiedliche Richtungen durchgespielt und passend zu den Wunschkunden und -kundinnen festgelegt werden. Auch hier helfen wieder Informationen aus der Anforderungsphase, wie Personas und Daten zur bisherigen Zielgruppe oder zu einer anderen gewünschten, beispielsweise jüngeren Zielgruppe.

Für das Corporate Design bieten sich vor allem diejenigen Farben an, die die Werte des Unternehmens widerspiegeln. Nach der Auffrischung der Anforderungen zeichnet sich in Bezug auf die Farbgebung meistens eine erste Richtung ab. Geht es beim Produktangebot des Unternehmens beispielsweise um Sicherheit, Loyalität und Vertrauen, so bieten sich Blautöne an. Umwelt- und

Farbeindruck durch Kontraste

Je nach Preisgestaltung sind außerdem verschiedene Kontraste denkbar. Die Kombination aus Gelb und Schwarz ist beispielsweise eher mit einem niedrigeren Preissegment verbunden, Schwarz mit sehr viel Weißraum eher mit einem teureren Preissegment.

Gesundheitsthemen fallen eher in den Bereich der Grüntöne. Esoterische oder alternative, gegebenenfalls aber auch Angebote im Luxussegment würden eher in eine violette Farbskala fallen.

In Bezug auf das Corporate Design sollte aus den angeführten Beispielen und Erklärungen im Corporate-Design-Manual genau hervorgehen, bei welcher Farbe es sich um die Primär- oder Sekundärfarbe handelt und wie sie zum Einsatz kommen. Dazu können bestimmte Medien, Bereiche oder Bestandteile des Corporate Designs festgelegt werden. Die Darstellung in den Beispielen vermittelt meistens ein gutes Gefühl dafür, zu welchem Anteil die einzelnen Farben jeweils im Corporate Design verwendet werden.

Neben den klassischen Corporate Colours kann hier auch Bezug auf den Umgang mit Weißraum oder Hintergrundfarben genommen werden.

6.2.2 Farbe und ihre Bedeutung

Farbbedeutungen mitdenken

Farben können gezielt im Corporate Design eingesetzt werden, um Markenwerte zu unterstreichen und Botschaften zu transportieren, da sie bestimmten **Assoziationen** zugeordnet werden.

Beim Einsatz von Farbe im Corporate Design geht es nicht nur darum, was gefällt oder nicht gefällt. Die Wirkung von Farben auf unsere Psyche ist enorm wichtig, sie transportieren Emotionen und lösen Assoziationen aus. Farben und ihre Bedeutung können ausschlaggebend sein, wenn es darum geht, eine Kaufentscheidung zu treffen, sich mit einem Unternehmen zu identifizieren oder eine Marke und deren Vision zu erkennen und einzuordnen.

Kulturelle Unterschiede

Farbstudien

Die Wirkung von Farben wird immer besser erforscht. Die Ergebnisse von Untersuchungen zur Wirkung von Farben können manchmal überraschend sein. So regt der Blauton mit dem Hexcode #0044CC laut einer Microsoft-Studie besonders dazu an, auf Buttons in dieser Farbe zu klicken.

Neben den eigenen Vorlieben spielen in der Farbpsychologie auch kulturelle und geschichtliche Verbindungen eine große Rolle. So können Farben in unterschiedlichen Kulturkreisen vollkommen konträre Bedeutungen haben: Wird bei uns zu Taufe und Hochzeit als Zeichen der Reinheit weiße Kleidung getragen, so ist Weiß in China die Farbe der Trauer, in Schweden steht Weiß wiederum für Güte. Gelb wird in unserem Kulturraum eher mit Gefahr und Neid in Verbindung gebracht, in arabischen Ländern bedeutet Gelb stattdessen Glück und Wohlstand.

Je nach Kulturraum, Religion oder Umgebung können Farben also unterschiedliche Bedeutungen haben. Einige Interpretationen finden sich allerdings besonders häufig wieder und sind weit verbreitet. Ihr Ursprung liegt häufig in den optischen Merkmalen des jeweiligen Lebensraumes begründet.

In Amerika ist die Farbe Grün beispielsweise eng mit Finanzen und Geld verbunden, denn Grün ist dort die Farbe der Währung, mit der Amerikaner tagtäglich in Berührung kommen.

Abbildung 6.8
Hatte einen starken Einfluss auf die Farbkultur in den USA: die Dollarnote.

Bei der Auswahl von Farben ist es also wichtig, sich mit der Zielgruppe auseinanderzusetzen. Geht es um eine internationale Zielgruppe, sollte die Bedeutung der Farben in den Kulturräumen der Zielgruppe genauer betrachtet werden. Aber auch wenn es um eine regionale Zielgruppe aus der eigenen Heimat geht, lohnt es sich, die Auswahl der Farben mit einer guten Begründung zu treffen. Das ist nicht nur die Voraussetzung für ein ganzheitliches, fundiertes Corporate Design, sondern kann auch später bei der Präsentation vor dem Unternehmen zu einer besseren Erklärung beitragen.

Farbe, Form und Kontext

Bei der Analyse der Farbbedeutung spielt nicht nur die Farbe selbst, sondern auch die dargestellte Form und der Kontext eine große Rolle. Ein rotes Herz (Liebe) hat eine andere Bedeutung als ein roter Tropfen (Blut), obwohl die Farbe in beiden Fällen gleich ist. Werden Kontext und Formen komplexer, so ist die Interpretation von mehreren Faktoren abhängig. Dazu gehören die eigene Herkunft, persönliche Erlebnisse, Alter und Entwicklungsstand, Geschlecht, Beruf und Umgebung.

Einsatz der Farbe bedenken

Nicht nur die Bedeutung in ihrem Kontext, sondern auch Einsatzart und -menge sind wichtig. Wie kommt die Farbe zum Einsatz und welche Medien werden mit ihr bespielt? Farben haben auf optischen Oberflächen eine andere Wirkung als im Printbereich. So variiert auch die Lesbarkeit von Texten, das Zusammenspiel von

Einzelelementen des Layouts und das Publikum, das angesprochen werden soll.

Vorsicht bei Farbabstufungen

Die Abstufungen der Farben reichen weit über die Grundfarben hinaus. Unterschiedliche Farbnuancen und Farbabstufungen können auch die Bedeutung der Grundfarbe verändern.

Farbpsychologie

Für die Auswahl einer passenden Hauptfarbe für ein Corporate Design sollten Sie sich im Bereich der Farbpsychologie auskennen, damit Sie mit den richtigen Bedeutungen und Wirkungen spielen können. Der bewusste Einsatz von Farben, um bestimmte Emotionen und Assoziationen hervorzurufen, hat eine lange Tradition. Das Empfinden von Farben und ihrer Wirkung ist allerdings höchst subjektiv. Aber auch wenn man keine pauschale Aussage zur Farbsymbolik treffen kann, lassen sich Farben auf unseren Kulturraum bezogen bestimmten Assoziationen zuordnen, die häufig mit der Farbe in Verbindung gebracht werden. Dabei ist es wichtig, eigene Vorstellungen und Verbindungen beiseitezulassen.

Rot

Abbildung 6.9
Lego – Spaß und Freude spiegeln sich im roten Grundton des Logos wider.

Wie unterschiedlich die Wahrnehmung sein kann, ist an der Farbe Rot sehr gut zu erkennen. Die Assoziationen von Rot sind stark kontextabhängig und können sehr gegensätzlich ausfallen. Rot ist eine Signalfarbe und wird häufig dann eingesetzt, wenn es darum geht, die Aufmerksamkeit auf ein bestimmtes Angebot zu lenken. Begriffe, die in erster Linie mit der Farbe Rot in Verbindung gebracht werden, sind Vorsicht, Achtung, aber auch Liebe, Leidenschaft, Feuer und Aggression.

Für die Anwendung im Corporate Design bedeutet das vor allem, dass genau geschaut werden sollte, um welche Themen es sich grundsätzlich bei der Marke handelt, welche Zielgruppe angesprochen werden soll und wie ausgeprägt die rote Farbe zum Einsatz kommen soll.

Die Farbe Rot findet sich beispielsweise bei Lego oder auch Netflix wieder – beide Marken stehen für Spaß, Freude und Leidenschaft.

Gelb

Die Wirkung von Gelb ist nicht so facettenreich wie die Farbsymbolik von Rot. Stattdessen wird Gelb allgemein mit positiven Gefühlen assoziiert. Optimismus, Dynamik, Wärme und Freude sind eng mit einem leuchtend gelben Farbton verbunden.

Marken wie Ikea, Deutsche Post oder McDonald's sind Unternehmen, die Gelb als Teil ihrer Corporate Colours haben. Da es bei allen drei Unternehmen unter anderem um Service und einen freundlichen Umgang mit Kunden und Kundinnen geht, bietet sich ein sonniges Gelb hier an.

Abbildung 6.10
Gelb als Corporate Colour: Freundlichkeit als fester Bestandteil der Marke

Dennoch sollte Gelb ebenfalls mit Bedacht gewählt werden. Je nach Menge und Ausprägung kann Gelb unangenehm aufdringlich wirken oder mit mangelnder Qualität in Verbindung gebracht werden.

Orange

Mit Orange werden grundsätzlich positive Eigenschaften verbunden, wie Freundlichkeit, Lebensfreude, Jugend und Energie. Zudem hat Orange die Eigenschaft, ebenfalls die Aufmerksamkeit der Betrachterin oder des Betrachters zu lenken, allerdings nicht ganz so vordergründig wie Rot.

Unternehmen wie Hermès, Nickelodeon oder auch die ING Bank haben Orange als Teil der Markenfarbe.

Abbildung 6.11
Der Fernsehsender für Kinder arbeitet mit einem energiegeladenen, jugendlichen Orange.

Abbildung 6.12
Orange als fester Bestandteil des Logos bei der ING Bank – Blau und Orange vereinen sowohl Seriosität als auch Jugendlichkeit und Dynamik.

Grün

Die Farbe Grün ist häufig in der Natur zu finden. Entsprechend symbolisiert sie vor allem Leben, Umwelt, Natürlichkeit und Hoffnung. Grün wirkt entspannend und beruhigend und wird im Corporate Design vor allem in Verbindung mit Themen wie Gesundheit, Umweltbewusstsein und Sicherheit eingesetzt. Ein Beispiel für die Verbindung zu Gesundheit und Umweltbewusstsein ist der Auftritt der Marke Wholefoods.

Abbildung 6.13
Farbsymbolik von Grün – Natur und Gesundheit sind die Themen der US-amerikanischen Supermarktkette Wholefoods.

Weitere Marken mit Grün als Corporate Colour sind beispielsweise Heineken, Android oder die AOK. Der neue Markenauftritt der AOK wurde gezielt für die Anforderungen einer vielfältigen Gesellschaft im digitalen Zeitalter entwickelt. Mit der grünen Farbe wurde das Thema Gesundheit im Corporate Design verankert. Die Hauptfarbe Grün wird durch Weiß und ein helles Grün ergänzt, die hohen Kontraste sind auch für barrierefreie Anforderungen geeignet.

Abbildung 6.14
Links das ursprüngliche Logo der AOK, rechts das Rebranding mit neuer Corporate Colour der AOK: Der Baum wurde vom Schriftzug separiert, so ist der Name besser erfassbar. Das Grün wurde neu definiert und eine neue Schrift, die AOK Buenos Aires, verwendet.

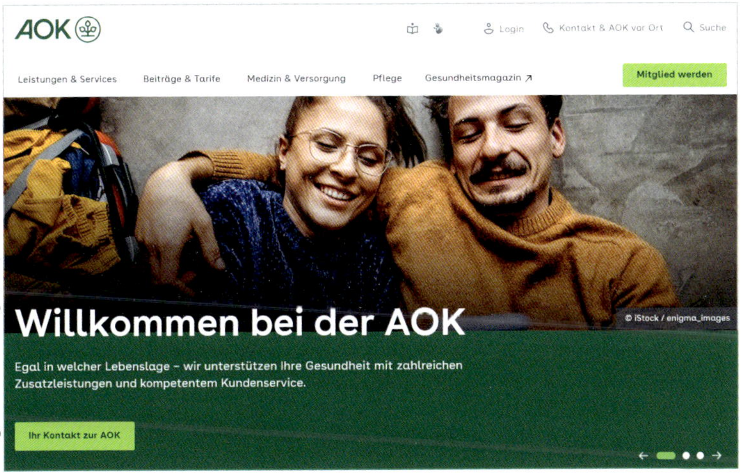

Abbildung 6.15
Das helle Grün (»Interaktionsgrün« genannt, es wird besonders für Buttons eingesetzt) hebt sich kontrastreich vom Grün des Hintergrunds ab. Zur Hervorhebung kann auch Gelb oder Hellblau verwendet werden.

Blau

Als Farbe des Himmels und des Meeres steht Blau für Weite, Ausgeglichenheit und Ruhe sowie Zufriedenheit. In der Geschäftswelt kommt Blau häufig dann zum Einsatz, wenn es darum geht, Seriosität, Professionalität, Zuverlässigkeit und Treue zu signalisieren. Aus diesem Grund fällt die Wahl bei Banken und Versicherungen sehr häufig auf die Farbe Blau im Corporate Design. Im Businessbereich geht es ebenfalls darum, Themen wie Ehrlichkeit und Loyalität zu transportieren. Passend dazu haben Unternehmen wie Deutsche Bank, LinkedIn oder IBM Blau zu ihrer Corporate Colour gemacht. Und auch Sicherheit und Ruhe werden mit Blau in Zusammenhang gebracht, daher ist es beispielsweise die Farbe der Polizei.

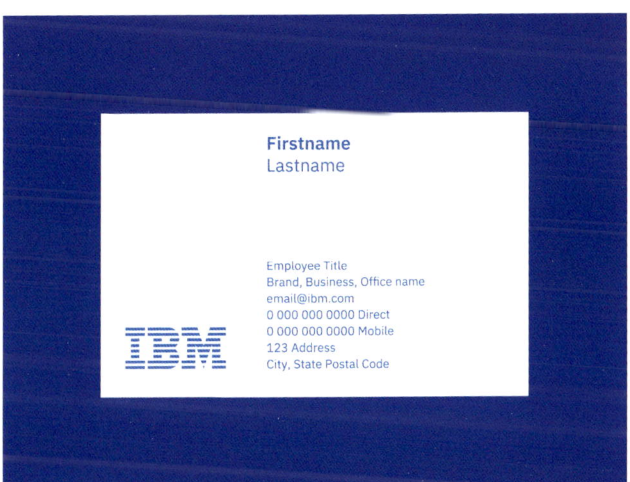

Abbildung 6.16
Zuverlässigkeit, Fortschritt und Technik sind die Themen, die sich in der Grundfarbe des Corporate Designs von IBM widerspiegeln.

Violett

In der Geschichte wurde die Farbe Violett nur von Adel und Klerikern verwendet. Daher kommt die Assoziation der Farbe mit Luxus und Macht. Aber auch Mystik, Spiritualität und Magie werden mit der Farbe in Verbindung gebracht, ebenso wie Kreativität und Ehrgeiz.

Im Corporate Design kommt die Farbe Violett nicht ganz so häufig zum Einsatz. Marken, die sie mutig in ihr Corporate Design aufgenommen haben, sind beispielsweise Yahoo, FedEx und Monster.

Abbildung 6.17
Verbindung von Kreativität und Ehrgeiz – Violett als Corporate Colour der Jobvermittlungsplattform Monster.

Schwarz

Auch wenn heute die Farbe Schwarz häufig mit Macht, Eleganz und Seriosität in Verbindung gebracht wird, sollte beim Einsatz von Schwarz im Corporate Design genau darauf geachtet werden, welche Themen, Werte und Visionen nach außen transportiert werden sollen. Denn die Farbsymbolik von Schwarz ist nicht nur mit positiven Themen verbunden, sondern beispielsweise auch mit Trauer, Angst und Unglück. Häufig wird deshalb im Corporate Design Schwarz als Grundfarbe verwendet und durch eine weitere Farbe ergänzt.

Marken, die für Qualität und Eleganz stehen, finden sich vor allem in der Modebranche. So finden sich schwarze Logos beispielsweise bei Chanel, Louis Vuitton oder Prada wieder.

Abbildung 6.18
Chanel: elegantes Design, auch im Logo und der Farbwahl

Weiß

Perfektion, Frieden, Reinheit und Schönheit sind fester Bestandteil der Farbsymbolik der Farbe Weiß. Sie steht ebenso häufig für die Vereinfachung komplexer Themen, Gesundheit und Frieden.

Aufgrund der engen Verknüpfung mit Ästhetik, Technik und Klarheit ist es verständlich, dass die Farbe vor allem in der IT-Branche verwendet wird, wie beispielsweise beim Markenauftritt von Apple. Weiß im Corporate Design hat häufig eine edle und hochwertige Wirkung.

Abbildung 6.19
Corporate Colour Weiß als Symbol für Klarheit und Ästhetik bei Apple. Anhand des Logos wird deutlich: Vor allem die Kombination aus Typografie und Formen oder Farben wird schnell zum Schlüsselelement des gesamten Corporate-Design-Auftritts.

Pastelltöne

Pastelltönen wie Rosa, Hellgrau, Hellblau oder Lila werden Adjektive wie freundlich oder sanft zugeordnet. Sie kommen zum Beispiel beim neuen Markenauftritt von Weezy zum Einsatz: Weezy ist ein Lieferant für Lebensmittel. In unter 15 Minuten werden hier qualitativ hochwertige Lebensmittel nach Hause geliefert. Die Konkurrenz unter den Lieferdiensten ist groß, was dazu führt, dass das Corporate Design gut durchdacht sein sollte.

Weezy setzt beim Markenversprechen vor allem auf die Qualität der Lebensmittel, unabhängig von der Schnelligkeit. Mit einer intuitiv leicht bedienbaren App und dem nostalgisch angehauchten Look werden Tradition und Zukunft im Corporate Design vereint.

Abbildung 6.20
Markenauftritt und App von Weezy

Farbe	Assoziation	Einsatz
Rot	Liebe, Energie, Kraft, Aggression, Leistung, Jugend, Revolution, Macht, Geschwindigkeit	Lebensmittel, Marketing, Werbung, innovative Unternehmen
Gelb	Heiterkeit, Kreativität, Intellekt, Bildung, Intelligenz	Kommunikation, Logistik, Food, Möbel, Bildung
Orange	Wärme, Leben, Optimismus, Energie, Frische, Kreativität	Politik, E-Commerce, Versicherungen, Finanzen, Food
Grün	Gesundheit, Vitalität, Natur, Entspannung, Umwelt, Nachhaltigkeit, Zufriedenheit, Hoffnung, Wachstum	Umweltschutz, Nachhaltigkeit, Politik
Blau	Vertrauen, Sicherheit, Leistung, Mut, Leben, Zukunft, Ruhe, Konzentration	Finanzwesen, Medizin, Wissenschaft, Technik
Violett	Spiritualität, Wohlbefinden, Kreativität	Kosmetik, Lebensmittel, Lifestyle, Esoterik
Schwarz	Trauer, Ernsthaftigkeit, Seriosität, Eleganz, Macht	Politik, Mode, Finanzen, Beratung, Handel
Weiß	Frieden, Reinheit, Unschuld, Vollkommenheit, Ordnung	Medizin, Technik, Naturwissenschaft

Tabelle 6.1
Übersicht zu Farben und ihrer Bedeutung

6.2.3 Farbkombinationen und Farbkontraste

Haben Sie eine Hauptfarbe für das Corporate Design gewählt, ist es durchaus sinnvoll, weitere Farben zu definieren, die als Akzent- oder Hintergrundfarben verwendet werden können. Dabei ist das Zusammenspiel der Farben von grundsätzlicher Bedeutung.

Um einen guten Überblick über Farben und deren Zusammenspiel zu bekommen und gute Farbkombinationen auszuwählen, ist es immer wieder sinnvoll, sich den Farbkreis nach Johannes Itten anzuschauen. Sollten Sie sich nicht erinnern, lesen Sie bitte den kurzen Exkurs.

Exkurs: Farbkreis nach Itten

Johannes Itten hat Farben innerhalb seines Farbkreises in drei Kategorien unterteilt.

- Die Primärfarben sind dabei die innerhalb des dargestellten Dreiecks liegenden Grundfarben oder Farben erster Ordnung: Gelb, Rot und Blau.
- Werden zwei benachbarte Farben gemischt, so ergibt sich die nächste Gruppe: die Sekundärfarben oder Farben zweiter Ordnung, hier dargestellt durch die flachen Dreiecke (Violett, Orange und Grün).
- Weitere Abstufungen, die durch Mischen der Farben entstehen, sind im äußeren Kreis dargestellt und bilden die Gruppe der Farben dritter Ordnung, oder Tertiärfarben.

Johannes Itten

Johannes Itten ist einer der Begründer der Farbenlehre. Im Verlaufe seiner Tätigkeit als Maler, Kunstpädagoge und Lehrer am Bauhaus entwickelte er mithilfe des Kreises eine geometrische Darstellung der Farben und ihrer Zusammenhänge.

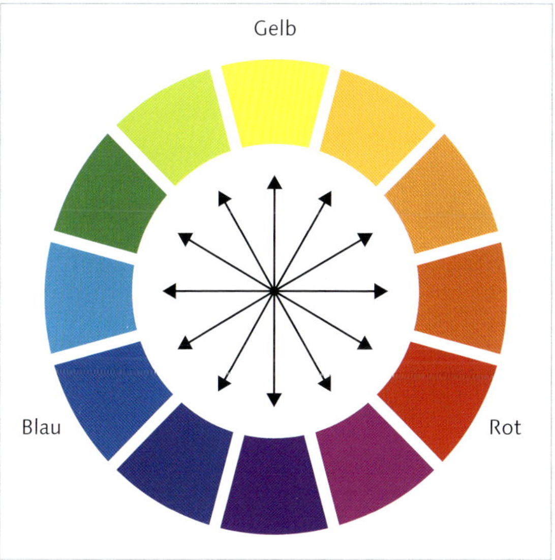

Abbildung 6.21
Einteilung des Farbkreises in die Primärfarben Gelb, Rot und Blau und die sich jeweils gegenüberliegenden Komplementärfarben

Die Farbeigenschaften und die Wirkung der Kombination von zwei oder mehreren Farben lassen sich im Farbkreis von Johannes Itten auf einen Blick erkennen: Ähnliche Farben sind dabei auch meist mit ähnlichen Assoziationen verbunden. Ebenso können warme Farben, wie Rot-, Orange- und Gelbtöne, und kalte Farben, wie Blautöne, zusammengefasst werden.

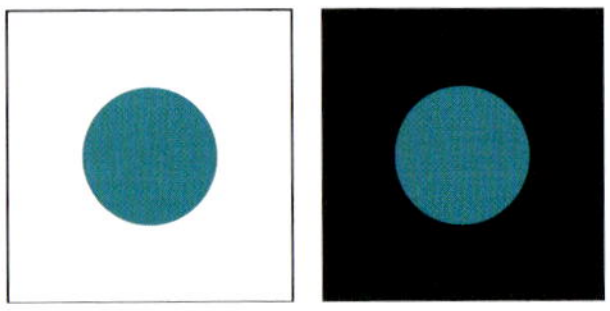

Abbildung 6.22
Farben und ihre Wirkung – je nach Hintergrund wirkt das gleiche Objekt größer oder kleiner.

Die Wahrnehmung von Farben ist ein individueller, im Gehirn ablaufender Prozess. Erst durch ihr Zusammenspiel, Vergleiche und Kontraste können Farben eindeutig eingeordnet werden. Die Farbwirkung hängt, wie wir bereits gehört haben, von ihrer Umgebung, der Kombination mit anderen Farben oder Nichtfarben ab und ergibt sich aus dem Zusammenspiel von Anteil und Anordnung. Formen, die sich auf weißem Hintergrund befinden, wirken beispielsweise größer als Formen auf dunklem Hintergrund.
Mithilfe geschickt eingesetzter Farbkontraste ist es möglich, einem Corporate Design eine besondere Spannung zu geben. Schauen wir uns sinnvolle Farbkontraste einmal an.

Komplementärkontrast

Abbildung 6.23
Beim 2020 erfolgten Redesign des funny-frisch-Logos wurde der Komplementärkontrast beibehalten – in Bezug auf ein wichtiges Thema, die Barrierefreiheit, nicht optimal.

Sich im Farbkreis gegenüberliegende Farben bilden einen Farbkontrast, den Komplementärkontrast. Gemischt ergeben sie ein neutrales Grauschwarz, im Zusammenspiel wirken sie besonders spannungsreich. Zu jeder Farbe existiert nur eine einzige Komplementärfarbe. Die Farbwirkung wird durch die Kombination von Komplementärfarben gesteigert, und die Farben erscheinen besonders kräftig und leuchtend.

Farbe-an-sich-Kontrast

Besonders lebendige Farbkontraste können erzielt werden, wenn mithilfe eines gleichseitigen Dreiecks drei möglichst weit auseinanderliegende Farben innerhalb des Farbkreises kombiniert werden. Dieser sogenannte Farbe-an-sich-Kontrast ist besonders für den Ausdruck von Lebensfreude und starken Emotionen geeignet.

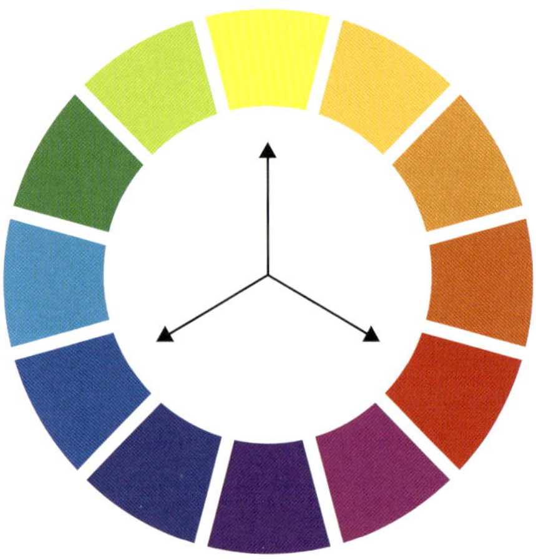

Abbildung 6.24
Farbe-an-sich-Kontrast im Farbkreis – drei möglichst weit voneinander entfernte Farben wie hier: Gelb, Rot und Blau

Beim Corporate Design für das Modelabel **Koja** wurde der Farbe-an-sich-Kontrast noch durch eine vierte Farbe ergänzt.

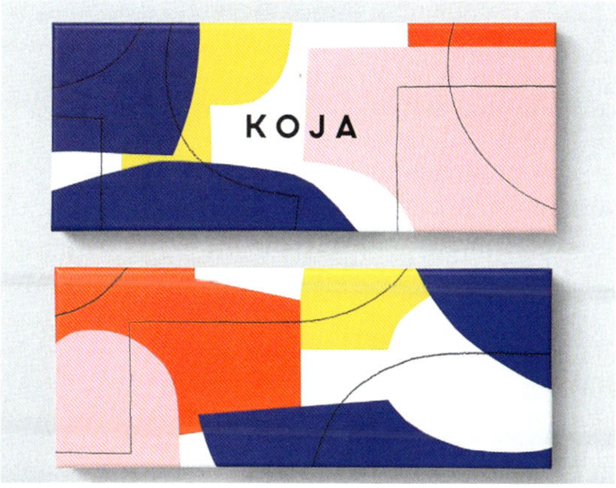

Abbildung 6.25
Koja arbeitet mit einem überzeugenden Farbe-an-sich-Kontrast

Hell-Dunkel-Kontrast

Neben dem Kontrast von Farben können auch unterschiedliche Helligkeiten zu einer spannenden Kombination werden. Dieser sogenannte Hell-Dunkel-Kontrast entsteht dann, wenn eine sehr helle Farbe mit einer sehr dunklen Farbe kombiniert wird. Das ist im extremen Fall die Kombination von Schwarz und Weiß. Neben dem Farbe-an-sich-Kontrast sorgt der Helligkeitskontrast für die meiste Aufmerksamkeit, da er Licht und Schatten, Tag und Nacht widerspiegelt. Er kann spannungsreich, dramatisch oder düster wirken.

Wie prägnant ein Hell-Dunkel-Kontrast im Corporate Design sein kann, wird am Beispiel des kroatischen Möbelherstellers **Prostoria** deutlich.

Abbildung 6.26
Der Hell-Dunkel-Kontrast passt ausgezeichnet zum elegant-klassischen Stil des Möbelherstellers.

Abbildung 6.27
In Print und Web gleichermaßen wird auf einen durchgängigen Auftritt in den Corporate Colours geachtet.

Ähnlichkeitskontrast

Mithilfe der Gruppierung und Einteilung der Farben können Wirkung, Assoziation und Verständnis der Farben genau benannt werden. Werden ähnliche Farben kombiniert, so spricht man auch von einer harmonischen Farbkombination oder einem Ähnlichkeitskontrast. Harmonische Farben werden als optimistisch, glücklich oder freudig wahrgenommen. Ein Beispiel dafür ist das Corporate Design von Burger King.

Im 2020 erfolgten Redesign des **Burger-King-Logos** wurde der Farbe-an-sich-Kontrast des Logos wieder auf den ursprünglichen Ähnlichkeitskontrast reduziert. Das Design ist somit eine dezente Weiterentwicklung des bereits in den 90er Jahren verwendeten Logodesigns. Burger King begründet den Wechsel mit dem Markenversprechen, das sich auch im Design wiederfinden soll: Seit Februar 2021 sind die Produkte frei von Zusatzstoffen, Konservierungsstoffen und Geschmacksverstärkern. Authentizität und Echtheit stehen mit dem neuen Markenauftritt im Mittelpunkt der Marke. Ergänzend zur harmonischen Farbwahl wurde Grün als Akzentfarbe ins Corporate Design integriert.

Abbildung 6.28
Entwicklung des Burger-King-Logos von links nach rechts: harmonische Farbkombination, Farbe-an-sich-Kontrast und Rückkehr zur harmonischen Farbkombination

Abbildung 6.29
Das Corporate Design von Burger King arbeitet durchgängig mit dem Ähnlichkeitskontrast, sowohl bei der Produktverpackung als auch beim digitalen Corporate Design-Auftritt und der Gestaltung der Restaurants. Grün wird dabei als Akzentfarbe verwendet.

Bei den genannten Beispielen wird deutlich, dass die Corporate Colours in vielen unterschiedlichen Bereichen der Umsetzung des Corporate Designs wiederzufinden sind. Vom Logo bis hin zur Website geht es darum, die festgelegten Farben sowohl digital als auch im Printbereich fortzuführen. Dazu gehören also alle Elemente des Corporate Designs. Am Beispiel von Weezy ist gut zu sehen, dass teilweise auch unerwartete Bestandteile des Corporate Designs in den gewählten Farben erstrahlen können.

Kalt-Warm-Kontrast

Die Wahrnehmung von Farben in Bezug auf Emotionen ist rein subjektiv, dennoch lässt sich generell feststellen, dass blaue Farben eher als kalt und Rottöne als warm empfunden werden. Bei einem Kalt-Warm-Kontrast spielt genau dieses Empfinden eine Rolle – treffen eine kalte und eine warme Farbe zusammen, entsteht ein Kalt-Warm-Kontrast. Dabei können einzelne Farben durch Mischen mit Weiß oder Schwarz als wärmer oder als kälter empfunden werden. Auch könnten die meisten Farben je nach Umgebungsfarbe wärmer oder kälter wirken.

Abbildung 6.30
Zu den kalten Farben zählen Gelbgrün, Grün, Blaugrün, Blau, Blauviolett und Violett, zu den warmen Farben zählen Gelb, Gelborange, Orange, Rotorange, Rot und rötliches Violett.

Durch den Einsatz eines Kalt-Warm-Kontrasts werden häufig Assoziationen hervorgerufen, die auch eng mit dem körperlichen Empfinden verknüpft sind, wie beispielsweise: Schatten und Sonne, Nacht und Tag, trocken und feucht. Kalt-Warm-Kontraste sind damit mit körperlichen Empfindungen verbunden und können auch im Corporate Design starke Emotionen hervorrufen.

Hier sehen Sie ein Beispiel für eine gelungene Mischung: Das Corporate Design für die Interior-Designerin **Kathrin Wiedmer** zeichnet die Mischung aus warmen Pastelltönen mit einem leuchtenden kühlen Blau aus.

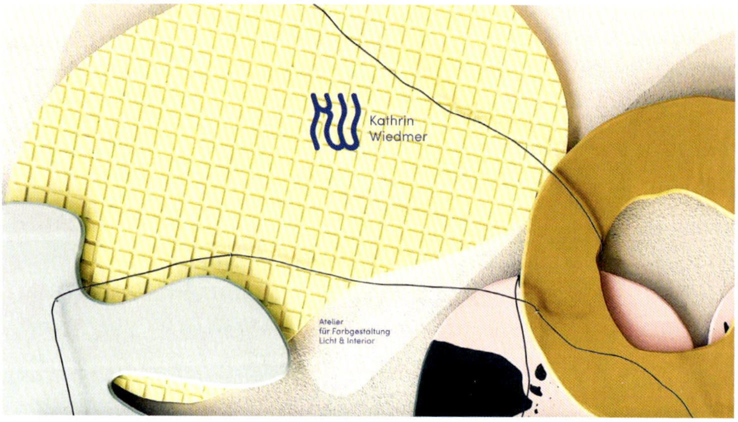

Quelle: kathrinwiedmer.ch

Abbildung 6.31
Corporate Design auf der Webseite mit dem designtypischen Kontrast aus warmen Farben im Hintergrund und dem Logo in kühlem Blau im Vordergrund.

Quantitätskontrast

Ein Quantitätskontrast bezieht sich nicht auf die Auswahl bestimmter Farben, sondern auf deren Mengenverhältnis untereinander. So können durch den extrem sparsamen Einsatz einer Farbe Akzente gesetzt und Spannung erzeugt werden.

Je nach eingesetzter Farbe kann auch bei unterschiedlicher Quantität ein Gleichgewicht durch die unterschiedliche Wahrnehmung von Farben entstehen. So wird beispielsweise der doppelte Anteil an Blau, kombiniert mit einem Anteil Orange, als ausgewogen empfunden.

Wie der Kontrast aus markanten Farben und deren bewusst sparsamer Einsatz zu einem gelungenen ausgewogenen Corporate Design führen kann, zeigt das Design der **München Klinik**.

Abbildung 6.32
Bewusste Akzentuierung durch den sparsamen Einsatz der Corporate Colours

Qualitätskontrast

Bei der Kombination von leuchtenden, gesättigten Farben mit gedeckten, getrübten Farben spricht man von einem Qualitätskontrast. Durch eine solche Kombination können gezielt Kontraste gesetzt werden, wobei die getrübten Farben in den Hintergrund treten und die gesättigten Farben verstärkt wahrgenommen werden.

Beim modularen Infografiksystem der georgischen Getränkemarke **Swee** wird mithilfe der Kombination von strahlenden und getrübten Farben angezeigt, zu welchen Teilen ein Inhaltsstoff in der jeweiligen Sorte enthalten ist.

Abbildung 6.33
Inhaltsanzeige als bunte Infografik auf der Frontseite des Packaging Designs von Swee

Bunt-Unbunt-Kontrast

Bunte Farben, wie Gelb, Blau, Grün etc., werden bei diesem Farbkontrast mit unbunten Farben, also Grau, Schwarz oder Weiß, kombiniert. Durch den entstandenen Kontrast können die bunten Farben besonders leuchtend wirken und hervorgehoben werden oder bei der Kombination mit Grau an Strahlkraft verlieren. Im Corporate Design können so bestimmte Emotionen erzeugt und Elemente akzentuiert werden.

Anhand des Corporate-Design-Auftritts von **MAN Truck & Bus** ist gut zu sehen, wie das leuchtende Rot durch den Kontrast zu unbunten Farben wie Schwarz und Weiß verstärkt wird.

Abbildung 6.34
Leuchtendes Rot, durch den Kontrast zu unbunten Farben verstärkt

6.3 Farben für Print und Web – Was ist zu beachten?

Bei der Auswahl der Corporate Colours sollte nicht nur darauf geachtet werden, dass sie zum Unternehmen passen, sondern auch auf **Material und Medium** im späteren Einsatz. Das Farbspektrum für digitale Medien bietet dabei andere Möglichkeiten als der Printbereich. Grelle, leuchtende Farben sind im Printbereich nur durch den kostenintensiveren Einsatz einer Sonderfarbe möglich – im Web können grelle Farben »mit einem Klick« ausgewählt und dargestellt werden.

Corporate Colours sind ein fundamentaler Baustein, wenn es um die Wiedererkennbarkeit einer Marke geht. Beim Umgang mit den Markenfarben ist es deswegen wichtig, fortwährend darauf zu achten, dass die Farben medienübergreifend gleich eingesetzt werden und ein sorgfältiger, genauer Umgang mit den festgelegten Farbwerten sichergestellt wird. Beim Einsatz von Layoutsoftware, wie zum Beispiel der Creative Cloud, ist das Anlegen von Bibliotheken eine große Erleichterung. So ist der Zugriff auf vordefinierte Schriften, Farben und weitere Corporate-Design-Elemente in unterschiedlichen Anwendungen problemlos möglich.

Aus der heutigen Sicht wird der digitale Bereich im Corporate Design immer mehr an Bedeutung gewinnen. Aber selbst dann, wenn die Digitalisierung in seltenen Fällen momentan noch keine Rolle spielen sollte, ist es wichtig, frühzeitig die Grundsteine für die Ausweitung des Corporate Designs auf digitale Medien zu legen. Das Corporate-Design-Konzept sollte dementsprechend auch bei der Wahl von Corporate Colours möglichst vorausschauend und flexibel gestaltet sein.

6.3.1 Farbräume

Je nach Medium geht es darum, den eigens dafür gültigen Farbraum zu beachten und die Farben richtig anzulegen.

- Die Darstellung bei digitalen Gestaltungselementen erfolgt im **RGB-Farbraum** und wird zusammengesetzt aus den Farben R (Red), G (Green) und B (Blue). Die Ausgangsfarbe dabei ist Schwarz. Je mehr Farben gemischt werden, desto heller wird die Farbe. Beim RGB-Farbraum handelt es sich deswegen um einen additiven Farbraum. Er ist mit der Möglichkeit, sehr leuchtende, grelle Farben darzustellen, vielseitiger als der CMYK-Farbraum.

- Beim Druck erfolgt die Mischung durch die Anordnung von Punkten in den Farben C (Cyan), M (Magenta), Y (Yellow) und K (Key, Schwarz) im **CMYK-Farbraum**. Dabei ist die Ausgangsfarbe Weiß. Je mehr Farbe aufgetragen wird, desto dunkler erscheint die Farbe. Man kann also sagen, die Farbe reduziert die Helligkeit des ursprünglichen Weiß. Deswegen spricht man auch von einem subtraktiven Farbraum.

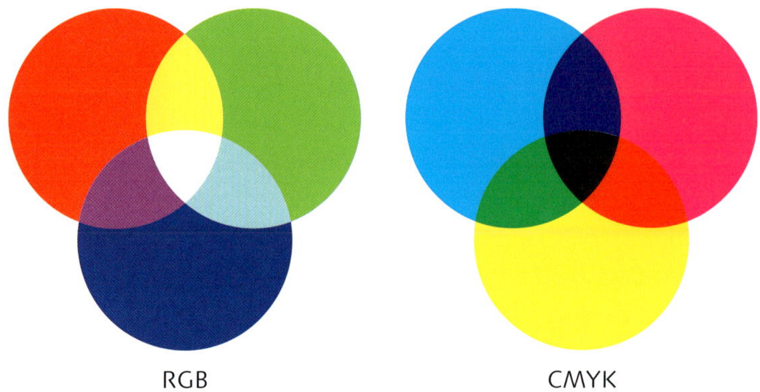

Abbildung 6.35
Additiver und subtraktiver Farbraum im Vergleich: RGB und CMYK

Ein Beispiel: Im Zuge der Digitalisierung kommen auch Farbräume wie der RGB-Farbraum häufiger zur Anwendung. Am Beispiel des Redesigns der **Hochschule Anhalt** ist zu erahnen, welchen hohen Stellenwert Farbräume, die für digitale Oberflächen zum Einsatz kommen, mittlerweile haben: Das Redesign hat im RGB-Farbraum aufgrund seiner strahlenden Wirkung am Bildschirm seinen Ausgangspunkt genommen. Dementsprechend mussten auch im Printbereich möglichst strahlende und brillante Farben erreicht werden.

© Agentur Kappa, www.agenturkappa.com

Abbildung 6.36
Logoentwicklung – im aktuellen Entwurf ist der Farbverlauf ein interessantes Detail.

Abbildung 6.37
Neues Logo mit Schriftzug als Ergänzung in Rot

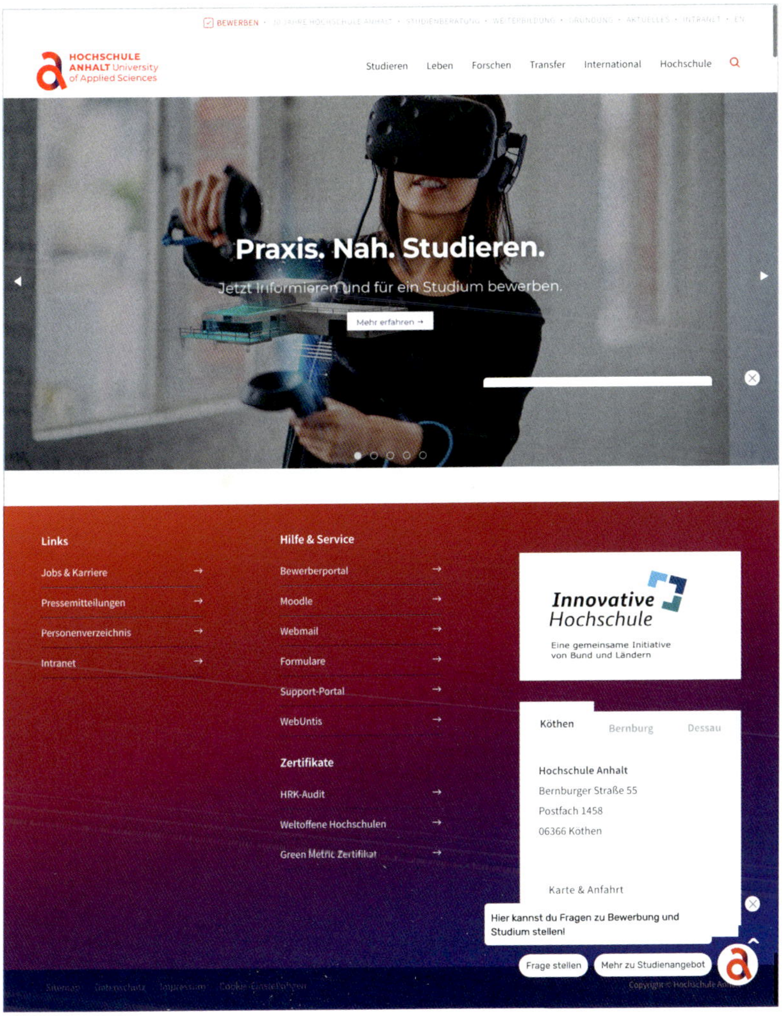

Abbildung 6.38
Corporate Colours auf der Website der Hochschule Anhalt (RGB) und Anwendung im Print, hier in einer Anzeige

Dass Farben vorwiegend nach ihrer Wirkung auf Bildschirmen und Tablets ausgesucht werden, ist mittlerweile keine Seltenheit mehr. Schließlich lassen sich über die Website in den meisten Fällen zumindest theoretisch viel mehr Menschen erreichen als über Printmedien. Zudem bietet der RGB- oder Hexfarbraum ganz andere Möglichkeiten in der Darstellung als der CMYK-Farbraum: Die Farben wirken strahlender, und es können weitaus mehr Farben dargestellt werden. Bei der Arbeit mit RGB-Farben ist zu beachten, dass es bei der Umwandlung für den Druck in CMYK zu einer Farbverschiebung kommen kann – die zuvor am Bildschirm leuchtend wirkenden Farben können dann im Druckbild vollkommen anders aussehen. Deswegen ist bei der Umrechnung der Farbräume besondere Vorsicht geboten.

6.3.2 Sonderfarben

Abbildung 6.39
Pantonefächer

Um möglichst sicherzugehen, dass Farben später im Druckergebnis genauso aussehen, wie es ursprünglich gedacht war, gibt es die Möglichkeit, sogenannte Schmuck- oder Sonderfarben, wie beispielsweise Pantone, zu verwenden. Ein Vorteil ist, dass die Farben auf allen Druckerzeugnissen sehr ähnlich aussehen und somit ein nahezu konsistentes Corporate Design in Bezug auf die Farbigkeit gewährleistet werden kann.

Je nach Beschaffenheit des Untergrunds kann hierzu beispielsweise mithilfe eines HKS- oder Pantonefächers die jeweilige Farbe ausgewählt und für die Produktion festgelegt werden. Beim Anlegen der Layoutdatei muss die Schmuckfarbe im Layoutdokument gesondert ausgezeichnet werden, sodass sie später im Druck richtig umgesetzt werden kann. Über die genauen Details für die richtige Hinterlegung der Farbinformation gibt die Druckerei Auskunft.

Freigabe

Bevor ein Druckprodukt »in Serie« geht, sollte anhand eines *Proofs* oder Probedrucks geprüft werden, ob farblich alles passt. Die Freigabe eines Proofs im Vorfeld durch das beauftragende Unternehmen kann Gold wert sein, wenn es beim Druck zu Problemen oder Fehlern kommt.

Sie kann außerdem Auskunft darüber geben, wie viele Sonderfarben im Druck möglich sind. Die Beschaffenheit der Offset-Druckmaschinen, ob zweifarbig oder vierfarbig, spielt auch bei den Druckkosten eine Rolle.

Ein höherer Kosten- und Arbeitsaufwand ist einer der Nachteile beim Einsatz von Sonderfarben. Nicht selten gibt es zudem im Nachgang Reklamationen von Druckergebnissen, denn das Druckerzeugnis kann durch die Beschaffenheit und Zusammensetzung des Papiers anders als auf der Farbkarte wirken. Pantonefächer haben aus diesem Grund ein Ablaufdatum – ein Jahr nachdem die Verpackung geöffnet wurde, sollte der Fächer ausgetauscht werden, denn durch Lichteinfluss und Abnutzung können sich die Farben verändern. Zudem können abhängig von Papierart und -beschaffenheit nicht genügend Farbschichten aufgetragen werden, um die in der Farbkarte angegebene Brillanz der Farbe zu erreichen.

Am Beispiel der **Hamburger Verkehrsbetriebe** wird deutlich, wie bei einem Redesign Farben sowohl im digitalen Bereich als auch im Printbereich zum Einsatz kommen und einen völlig neuen Look erzeugen können. Die neue Farbwahl steht symbolisch für Zukunft, Dynamik und Fortschritt.

Abbildung 6.40
Vergleich des alten und neuen Logos der Hamburger Verkehrsbetriebe. Die Grundfarbe Rot wurde beibehalten und durch ein grelles Grün ergänzt, das vor allem auf digitalen Oberflächen gut funktioniert.

Auch inhaltlich setzt der neue Markenauftritt auf die Zukunft – auf dem markeneigenen YouTube-Kanal wird in den Markenspots mit Zukunftsszenarien gespielt, und auch hier erscheint die Marke in knallig bunten Farben, die nicht zu übersehen sind.

Abbildung 6.41
Teil des neuen Corporate Designs für die Hamburger Verkehrsbetriebe: Website und Geschäftsausstattung

6.3.3 Farbtrends

Führende Anbieter von Farbsystemen, wie beispielsweise Pantone, sind längst nicht mehr nur Verkäufer von Farben für Druckereien, sondern haben eine eigene Trendforschung im »Pantone Colour Institute« eingerichtet, um keine Strömung zu verpassen. Dazu gehört auch die Erfassung von Farben im Bereich der digitalen Möglichkeiten. Die aufkommende Vision des *Metaverse* begründet dabei die Inspirationsgrundlage für die aktuellen Farbtrends. Wo sich früher die aktuellen Trends vorwiegend in der Mode, Architektur und Kunst wiedergefunden haben, schlagen sich die Strömungen und Werte des modernen Lebens, wie digitale Transformation und Metaverse, auch im Corporate Design nieder.

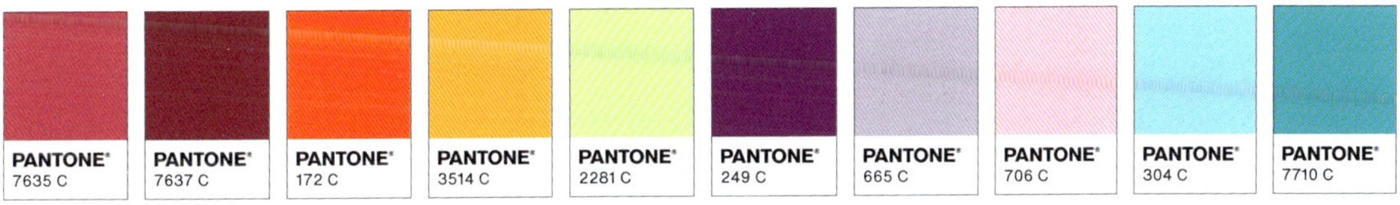

Abbildung 6.42
Pantones Farbpalette »The Digital Colour Revolution«

Auch wenn die Betrachtung von Farbtrends spannend sein kann, ist in Bezug auf das Corporate Design davon abzuraten, sich rein an diesen Trends zu orientieren. Denn es ist notwendig, sowohl die langfristigen Ziele als auch die Ansprüche des Unternehmens

Colour of the year

Jedes Jahr wird vom Pantone Colour Institute eine neue Farbe des Jahres gewählt. Das Besondere daran ist, dass sich im Laufe der Zeit in den jeweiligen Farben auch ein Teil der gesellschaftlichen Entwicklung widerspiegelt. So ist die Farbe des Jahres 2022 eigens vom Pantone-Institut entwickelt worden, um in der Mischung aus Rot und Blau auf eine fröhliche Art und Weise die globale Entwicklung und den Zeitgeist zu repräsentieren.

Abbildung 6.43
Pantone-Farbe des Jahres 2022: »Very Peri« – fröhlich lebhaft und dynamisch, in Anlehnung an eine sich aktuell in rasantem Tempo verändernde Welt

zu beachten. Geht es um eine kurzweilige Angelegenheit, die nach einer Saison oder wenigen Monaten keine Rolle mehr spielt, spricht nichts dagegen, Trends in das Design zu integrieren. Sobald ein Markenauftritt aber längerfristig angelegt werden soll, ist die Konzentration auf Trends kein guter Anhaltspunkt für das Corporate Design. Denn dann ist das Design in einer ganz bestimmten Ära verhaftet und wirkt nach Auslaufen des Trends bereits veraltet.

Bei der Auswahl der Farbe und der Erstellung des Corporate Designs sollte deswegen immer darauf geachtet werden, dass die Farben und Designelemente die Kernbotschaften der Marke authentisch widerspiegeln. Nur dann kann ein möglichst zeitloses, authentisches und langlebiges Corporate Design entstehen.

6.3.4 Barrierefreiheit

Ein weiteres Thema, das bei der Auswahl von Farbe wichtig sein kann und im Zuge der Digitalisierung immer weiter in den Vordergrund rückt, ist die Barrierefreiheit. Beispielsweise bei digitalen Oberflächen geht es in vielen Fällen nicht mehr nur darum, durch die Farbgebung das Corporate Design zu übertragen, sondern die Inhalte auch möglichst barrierefrei für alle Nutzer und Nutzerinnen darzustellen.

Für barrierefreie Websites bietet es sich an, Texte in möglichst intensivem Kontrast zum Hintergrund darzustellen – helle Schrift auf dunklem Hintergrund ist hier für Menschen mit Sehschwäche oder Farbenblindheit am besten zu erfassen. Die Farbe von Buttons beispielsweise in Formularen sollte so gewählt werden, dass auch ein Mensch mit Rot-Grün-Schwäche die Bedeutung und Funktion richtig erfassen kann.

Um zu überprüfen, ob die Farbwahl für digitale Oberflächen barrierefrei ist, gibt es einige Tools:

- contrast ratio (*https://contrast-ratio.com/*)
- paletton (*http://paletton.com/*)

Kapitel 7

Die Bildsprache

In Anbetracht von Social Media und der damit einhergehenden alltäglichen Bilderflut wird schnell klar, dass der Stellenwert von Fotos in den letzten Jahren enorm gewachsen ist. Das hat auch Einfluss auf die Bedeutung dieses Themas im Bereich des Corporate Designs.

Bilder sind sprachunabhängig und können unbeeinflusst vom kulturellen Hintergrund in Sekundenschnelle Botschaften übermitteln und Emotionen erzeugen. Im Gegensatz zu Schrift können sie schneller verarbeitet und länger erinnert werden. Mithilfe von Bildern dringen Informationen in wenigen Augenblicken zum Betrachter vor, ohne dass die gesendeten Botschaften wie bei Texten zuerst dechiffriert werden müssen. Im Idealfall verankert die Bildsprache gemeinsam mit den weiteren Elementen des Corporate Designs die Marke langfristig in den Köpfen der Betrachterinnen und Betrachter. Für die Außendarstellung eines Unternehmens hat die Bildsprache im Corporate Design daher einen hohen Stellenwert.

Bei der Festlegung der Bildsprache stellen sich vor allem folgende Fragen:

- Welche Ziele sollen mit den Bildelementen erreicht werden?
- Welche Stimmung und welche Assoziationen sollen beim Betrachten der Bilder und der in das Corporate Design eingebundenen Grafiken hervorgerufen werden?
- Mit welcher Bildsprache lässt sich die Zielgruppe am besten erreichen?
- Wie kann die Bildsprache die Marke/das Unternehmen glaubwürdig widerspiegeln, also authentisch sein?

7.1 Ziele einer konsequenten Bildsprache

Zum Umfang der Bildsprache gehören keinesfalls nur Fotos, sondern auch Illustrationen, Grafiken, Symbole, Bewegtbilder wie Videos, Werbespots sowie der markeneigene YouTube-Kanal. Neben dem Logo sind diese sekundären Stilelemente (ein Keyvisual und der Einsatz von Bildern, Bewegtbildern und sogar Tönen) eine gute Möglichkeit, um einen starken Wiedererkennungswert für den Corporate-Design-Auftritt eines Unternehmens oder einer Marke zu schaffen.

Keyvisual
Grafisches Element oder Bild, das die eindeutige Zuordnung zur Marke hervorruft

Mithilfe von professionellen Fotografinnen, Illustratoren und Designerinnen lassen sich so nachhaltige Markenbilder kreieren, die Vertrauen schaffen und starke Verbindungen zu Kunden und Kundinnen ermöglichen. Durch die Adaption des Corporate Designs auf unterschiedliche Formate und die damit einhergehende Wiederholung der Bildsprache kann das Erscheinungsbild des Unternehmens langfristig im Gedächtnis der Kundinnen und Kunden verankert werden.

Mit der Bildsprache ist es möglich, nicht nur Produkte und Dienstleistungen, sondern ganze Welten und Visionen zu verkaufen. Dabei ist es wichtig, genau die Sprache bzw. Bildwelt der Zielgruppe zu treffen. Social-Media-Kanäle eignen sich hervorragend, um diese Welten darzustellen und zu erweitern. Die Begeisterung und Identifikation mit dem Unternehmen geht im besten Fall so weit, dass Kunden und Kundinnen selbst zu Markenbotschaftern werden. Als »Brand Ambassadors« werden Menschen bezeichnet, die durch ihre Aussagen und das öffentliche Kundtun ihrer Meinung wesentlich zur Wahrnehmung einer Marke beitragen. Apple oder Tesla haben eine breite Fangemeinde, die regelmäßig dafür sorgt, dass die positive Wahrnehmung der Marke weitergetragen wird. Dazu gehören beispielsweise die langen Schlangen vor den Apple Stores bei neuen Produktlaunches.

Die Verbreitung von Markenbotschaften kann aber auch ganz gezielt eingesetzt werden, wie beispielsweise im **Manner Club**: Mitglieder können neue Produkte vor der Veröffentlichung testen und bewerten. Dadurch hat das Unternehmen die Möglichkeit, seine Zielgruppe besser kennenzulernen und Feedback einzuholen, bevor das Produkt auf dem Markt erscheint. Zudem können Produktnamen, Hashtags und Botschaften gezielt promotet werden.

Quelle: https://club.manner.com

Abbildung 7.1
Kunden als Markenbotschafter im Manner Club

Aber die Bildsprache ruft nicht nur Gefühle und Welten hervor, sie kann auch für die Einordnung in eine gewisse Preisstruktur sorgen – hier bestimmen Budget und Werte seitens der Kunden und Kundinnen, wer sich in der Welt der Marke wiederfindet und sich damit identifizieren kann.

Folgende Ziele können mit einer konsequenten Bildsprache also erreicht werden:

- Wahrnehmung nach innen und außen positiv beeinflussen
- Wiedererkennungswert auf Kundenseite steigern
- Identifikation mit dem Unternehmen und den in den Bilder gespiegelten Werten fördern
- Einordnung in Qualität und Preisstruktur ermöglichen
- Emotionen erzeugen
- Kaufentscheidung beeinflussen
- Alleinstellungsmerkmal gegenüber der Konkurrenz sichern

7.1.1 Emotionen erzeugen

Stand vor wenigen Jahren noch das Produkt im Vordergrund, so geht es heute vor allem darum, Produkte in Verbindung mit Menschen zu zeigen und damit Emotionen zu erzeugen. Heute möchte man die Unternehmenswerte und Merkmale wie Umweltbewusstsein, Diversität oder Qualität transportieren. Diese Werte sollten sich auch in der Bildsprache widerspiegeln. Sie führen schließlich im Gesamtbild zur Wahrnehmung einer Marke und sind ausschlaggebend für die Loyalität der Kundinnen und Kunden.

Emotionen sind heute der wichtigste Dreh- und Angelpunkt, wenn es um die Attraktivität von Marken geht. Erfolg und Reputation eines Unternehmens sind nicht mehr die wichtigsten Werbeträger, stattdessen steht häufig der Mensch im Mittelpunkt, und das ist auch in der Bildsprache zu sehen. Vor allem in den sozialen Netzwerken findet sich ein Gegentrend zum filterüberlagerten Look hin zu Natürlichkeit und Authentizität.

Im Fall von **Hornbach** gehen Bildsprache und Markenauftritt Hand in Hand – seit einigen Jahren geht es in den Kampagnen des Baumarkts darum, Produkte und Dienstleistungen mit einem Funken Selbstironie möglichst echt und nahbar rüberzubringen. Dazu gehört beispielsweise auch der »Macherblog« – hier werden »Macherstorys« veröffentlicht, die einen Einblick in das Heimwerkerleben gewähren. Aber statt facettenreicher Selfies wurde sich auch hier darum bemüht, die markentypische Bildsprache fortzuführen.

Quelle: www.hornbach.de

Abbildung 7.2
Beispiel für eine der Macherstorys von Hornbach: Paul Schmiedemar aus Kärnten, 100 Jahre alt, in seiner Werkstatt. Prägende Elemente der Bildsprache: Licht und Schatten, Kontraste und der »hautnahe, ungeschönte« Look.

Abbildung 7.3
Hier die Bildsprache des aktuellen Teaserbildes auf der Website von Hornbach in einem ähnlichen Look

Bilder, die berühren, Freude bereiten oder vielleicht sogar schockieren, bleiben häufig wesentlich länger in Erinnerung als geschriebene Worte. Dabei spielen Faktoren wie Lichtstimmung, Farbspektrum, Helligkeit und Perspektive eine große Rolle. Alles zusammen erzeugt eine bestimmte Stimmung, die von den Betrachtern und Betrachterinnen wahrgenommen wird. Wiederholt sich diese Stimmung in weiteren Bildern und grafischen Elementen, kann sich daraus die Grundstimmung einer Marke ergeben.

Filter nutzen

Um gezielt Emotionen zu erzeugen, eignen sich neben Perspektive, Farbe und Belichtung zum Beispiel auch Filter. Bilder mit einer leichten Unschärfe können Gefühle wie Freude, Liebe oder Geborgenheit in der Bildsprache unterstützen.

7.1.2 Authentisch sein

Ob natürlich oder abstrakt – die Bildsprache sollte dabei so authentisch wie möglich wirken und zu den Aussagen und Zielen des Unternehmens passen. Eine Bildsprache, die als authentisch wahrgenommen wird, kann wesentlich zum Vertrauen in die Marke beitragen. Persönlichkeit, eine ehrliche Darstellung und Einzigartigkeit sind Merkmale, die im Corporate Design für eine positive Wahrnehmung und längerfristige Verankerung im Gedächtnis sorgen können.

Besonders in den sozialen Medien bietet sich die Möglichkeit einer authentischen Darstellung mit vielen Bildern. Auf dem Instagram-Kanal von **Nivea** ist die Bildsprache eine Mischung aus dem gelernten typischen Markenlook in Pastelltönen und sanften Kontrasten und einem Bildstil, der offensichtlich mehr Authentizität und weniger Perfektionismus transportieren soll.

Quelle: www.nivea.de

Abbildung 7.4
Weg von der Perfektion zu einem natürlicheren Look in der Bildsprache von Nivea auf Instagram – natürliche Beleuchtung, sanfte Kontraste, fotografiert aus der Perspektive der besten Freundin

Im Beispiel von **Salus** findet sich die Bildaussage im gesamten Corporate-Design-Auftritt wieder – hier geht es um Nachhaltigkeit, Naturverbundenheit, Qualität und auch um soziales Engagement.

Abbildung 7.5
Im Redesign von Salus spiegeln sich sowohl in der Bildsprache als auch in den Corporate Colours die Werte des Unternehmens wie Naturverbundenheit, Nachhaltigkeit und Gesundheit wider.

7.2 Die Auswahl von Fotos für die Bildsprache

Eine konsistente Bildsprache ist wichtig, um die Wahrnehmung einer Marke langfristig zu verankern. Die Aussage der Bildsprache sollte dabei zum Markenkern und zur Kundenansprache des Unternehmens passen. Der Bildstil kann beispielsweise offen, provokant, maskulin oder modern sein. Wichtig ist, dass die Eigenschaften des Bildstils gleichbleibend in allen Medien mit Bildinhalten zu finden sind. Dazu gehört der Umgang mit Bildmaterial auf Social-Media-

Kanälen und der Unternehmenswebsite, mit Videosequenzen und Werbefilmen. Es geht dabei nicht um die Wiederholung immer ähnlicher Bilder, sondern um die Verwendung von ähnlichen Farben, Lichteffekten, Stimmungen, Kontrasten usw.

7.2.1 Das Vorgehen

Es gibt viele verschiedene Wege, die Bildsprache einer Marke zu gestalten. Allein bei der Auswahl von Fotos stehen die unterschiedlichsten Varianten und Möglichkeiten zur Verfügung. Soll das Shooting vor Ort, im Studio, mit Models, einer topangesagten Fotografin oder der unternehmenseigenen Digitalkamera stattfinden? Das Spektrum an Möglichkeiten ist riesig.

Deshalb ist es zu Beginn, nach Briefing und Einblick in Zielgruppe und Unternehmensziele, sinnvoll, Inspiration zu sammeln und die möglichen Bildsprachen in Form einer Collage festzuhalten (siehe auch Abschnitt 12.2). Präsentiert werden können sowohl unterschiedliche Stile als auch Alternativen zu klassischen Fotos.

Bei der Rücksprache mit dem Auftraggeber bzw. der Auftraggeberin dient diese Collage dann als Basis zur weiteren Diskussion. Findet sich das Unternehmen in der Bildsprache wieder? Deckt sich die Bildsprache mit der Zielgruppe, die angesprochen werden soll? Das darauffolgende Gespräch kann zur Klärung wesentlicher Details sinnvoll sein.

Festlegung im Corporate-Design-Manual

Gerade heute ist es eine Herausforderung, über die unterschiedlichen Plattformen und Medien hinweg eine konsistente Bildsprache aufrechtzuerhalten. Insbesondere wenn Auftraggeber oder Auftraggeberinnen an der Einbindung von Bildmaterial aktiv beteiligt sind, ist es wichtig, dass die Vorgaben im Styleguide gut kommuniziert werden.

7.2.2 Zielgruppe beachten

Um die Bildsprache eines Corporate Designs zu bestimmen, ist es eine der Grundbedingungen, zu wissen, welche Zielgruppe angesprochen werden soll. Die Analyse und ein gutes Verständnis der Themen, Vorlieben und Werte der Zielgruppe sind notwendig, um die Markenbotschaft zielführend auszurichten und mithilfe des Corporate Designs glaubhaft und nachhaltig zu verbreiten.

Zur Analyse der Zielgruppe gehören Eckdaten wie Alter, Geschlecht sowie Themen, die im Idealfall dazu führen, dass sich potenzielle Kundinnen und Kunden mit der Marke oder dem Unternehmen identifizieren und Vertrauen fassen. Zudem muss herausgefunden werden, wie die Zielgruppe am besten erreicht werden kann: welche Kanäle sie benutzt, ob sie eher über klassische Printmedien oder Social-Media-Kanäle anzutreffen ist usw.

Zielgruppen haben keine allgemeingültigen Vorlieben – wo auf der einen Seite minimalistische Fotos beliebt sind, wünschen sich andere Kunden und Kundinnen vielleicht aufschlussreichere Darstellungen mit mehr Inhalten.

Um herauszufinden, welche Vorlieben innerhalb einer Zielgruppe häufig vorkommen, ist es wichtig, den direkten Kontakt zu suchen und durch Tests und Befragungen herauszufinden, wie sich die Zielgruppe am ehesten angesprochen fühlt. Je nach Zielgruppe können dann auch die Kommunikationskanäle ausgewählt und entsprechende Akzente in der Darstellung und den Inhalten gesetzt werden. Grundsätzlich sollte sich die Bildsprache allerdings durch alle vorhandenen Kommunikationskanäle ziehen und konsistent zur Markenbildung beitragen.

7.2.3 Merkmale der Bildsprache

Ausschlaggebend für die Bildsprache sind diverse Merkmale.

Motive

Die gezielte Auswahl der Motive kann genutzt werden, um eine Identifikation mit der Marke zu fördern. Markante Bilder von Menschen, die offen und ehrlich Geschichten erzählen, erhöhen die Wahrscheinlichkeit, dass sich die gewünschte Zielgruppe wiederfindet und mit der Marke identifiziert. Charakterstarke Bilder, die Emotionen wecken und authentisch wirken, sind ein wichtiger Bestandteil des Corporate Designs. Dabei geht es nicht darum, Inhalte möglichst glatt und ästhetisch darzustellen, sondern einen langfristigen Eindruck zu hinterlassen. Idealerweise ergänzen sich Bilder und Texte zu einem kompletten Ganzen.

Farben und Farbtemperatur

Farben haben einen großen Einfluss auf die emotionale Wahrnehmung von Bildern. Die Farben eines Bildes können dabei zum Beispiel fröhlich, natürlich, grell, kindlich, getrübt etc. sein und erzeugen damit unmittelbar entsprechende Gefühle auf Seiten des Betrachters.

Tonalität

Mit Tonalität sind die Atmosphäre und Wirkung eines Bildes gemeint, die zur Identifikation der Zielgruppe mit der Marke beitragen können. Die Tonalität kann beispielsweise modern, seriös, witzig oder sachlich sein.

Ob die Farben eines Bildes eher kühl, real oder warm wahrgenommen werden, beschreibt die Farbtemperatur. Befindet sich die Farbtemperatur eher im blauen Bereich, so wirken die Farbtöne kühl. Bei Orangetönen werden die Farben als warm empfunden.

Die Farbtemperatur sollte zum Inhalt und zur Aussage der Marke passen und beeinflusst ebenfalls die Emotionen der Betrachtenden.

Verschiedene Zielgruppen bedienen

Wenn ein Unternehmen unterschiedliche Kundengruppen bedient, muss sich das auch in der Bildsprache widerspiegeln.

Perspektive, Bildausschnitt und Aussage

Durch die gezielte Auswahl von Perspektive und Ausschnitt kann die Aussage eines Bildes beeinflusst werden. In Kombination mit dem Inhalt ergibt sich die Gesamtaussage des Bildes. Die Aussage in der Bildsprache spielt auch in Bezug auf Storytelling eine Rolle – schließlich bietet sich hier eine gute Gelegenheit, die Geschichte einer Marke weiterzuerzählen.

Je nach Perspektive können Bilder beispielsweise beängstigend, befreiend, entspannend oder beklemmend wirken. Die Perspektive beeinflusst den Wiedererkennungswert der Bildsprache stark und sollte sich konsistent durch den gesamten Corporate-Design-Auftritt ziehen.

Schärfe und Unschärfe

Welche Bereiche scharf oder unscharf sind, spielt bei der Wahrnehmung von Authentizität und Persönlichkeit eine wichtige Rolle. Geglättete Bilder und weichgezeichnete Oberflächen wirken häufig zu perfekt und bleiben weniger im Gedächtnis. Zudem fällt es dem Betrachter leichter, sich mit einer weniger perfekten Darstellung zu identifizieren als mit einer unrealistischen retuschierten Darstellung.

Ordnung und Klarheit

Fokus und Ordnung werden zwar selten bewusst wahrgenommen, sind aber in Bezug auf immer wiederkehrende Themen und Aussagen von Bildern von Bedeutung. Die Beibehaltung einer gewissen Anordnung ist ein wichtiges Element des Wiedererkennungswerts und trägt zur Einmaligkeit des gesamten visuellen Erscheinungsbildes bei.

Helligkeit und Kontrast

Die Helligkeit eines Bildes wirkt sich unmittelbar auf die emotionale Empfindung des Betrachters aus. Dunkle Bilder kommen eher dann zum Einsatz, wenn es um ernste Themen geht, die mit Gefühlen wie Trauer oder Sorgen verbunden sind.

Mithilfe des Kontrasts können Bereiche eines Bildes betont werden, kontrastreiche Bilder können besonders lebhaft oder authentisch wirken.

Bedeutung des Bildstils

Der Stil ist für den Wiedererkennungswert der Marke damit besonders wichtig. Er trägt durch konsistente Umsetzung wesentlich zum charakteristisch markentypischen Erscheinungsbild bei. Dass sich durch das Zusammenspiel von Kontrasten, Farben und Perspektive ein einzigartiger Stil ergibt, sieht man an den Bildern des amerikanischen Unternehmens **John Deere**, das auch in Deutschland mit qualitativ hochwertigen Landwirtschaftsmaschinen vertreten ist. Perspektive, Belichtung und Kontraste ergeben im Zusammenspiel mit den Farben und Motiven den typischen Look – dynamisch, männlich, kraftvoll.

www.deere.de

Abbildung 7.6
Typisch für die Bildsprache von John Deere – Klarheit, Weitwinkel und selbst bei ähnlichen Farben kontrastreich

Abbildung 7.7
Häufige Perspektive – aus der Froschperspektive wirken die Maschinen und Produkte mächtig und dominant; die perspektivische Verzerrung sorgt für Dynamik, ebenso wie die markanten Farben und Kontraste.

Abbildung 7.8
Obwohl die Bildsprache von John Deere konsistent ist, bleibt die Spannung bestehen. Dass Bilder, die in einem ähnlichen Stil gezeigt werden, trotzdem noch differenziert wahrgenommen werden, erreicht man vor allem durch das geschickte Spiel mit Perspektiven und Farben. Denn auch innerhalb einer gewissen Farbskala gibt es Raum für Abwechslung und spannungsreiche Variationen.

7.2.4 Bewegtbilder mitplanen

Auch Bewegtbilder, Filme und Animationen gehören zur Bildsprache im Corporate Design. Vor allem Bewegtbilder haben durch immer bessere Möglichkeiten zur Umsetzung und den Fokus auf digitale Medien an Bedeutung gewonnen. Dazu gehört auch der Markenauftritt auf Social-Media-Kanälen wie beispielsweise Instagram oder TikTok, wo die Einstellung von Bewegtbildern auf einfache Art und Weise erfolgen kann. Auch hier sollte die Konzeption und Ausführung allerdings wohl überlegt sein und mit den Corporate-Design-Vorgaben zur Bildsprache übereinstimmen.

2021 gehört TikTok zu den am häufigsten heruntergeladenen Apps weltweit. Dass Bewegtbilder einen neuen Stellenwert zur Erreichung von bestimmten Zielgruppen gewonnen haben, wird damit eindeutig klar. Im Gegensatz zu Instagram und Facebook geht es bei TikTok darum, mit kurzen Videos Inhalte zu zeigen. Dass damit eine große Reichweite erzielt werden kann, ist mittlerweile auch bei Unternehmen angekommen. Auch hier gilt: Authentische Inhalte kommen beim Publikum weitaus besser an als klassische Werbeinhalte, kreative Inhalte werden mit einer hohen Reichweite belohnt. So ist es möglich, auch mit wenigen Followern eine große Zielgruppe zu erreichen.

Auch wenn die Zielgruppe der Plattform aktuell noch relativ jung ist, könnte sich das in den nächsten Jahren ändern, denn die einfache Benutzung und die große Reichweite sind auch für ältere Zielgruppen interessant. Bei der Wahl der Plattform sollte dennoch immer beachtet werden, wie und wo die aktuelle Zielgruppe am besten erreicht werden kann.

7.2.5 Bildsprache und Stockfotografie

Bilddatenbanken

Ist das Budget für Bilder und Illustrationen begrenzt, fällt die Wahl schnell auf die Nutzung einer Bilddatenbank. Zu den gängigsten Bilddatenbanken gehören:

- Adobe Stock
- Shutterstock
- iStock
- gettyimages

Laut einer Marketingumfrage der Bilddatenbank Shutterstock findet seit ein paar Jahren ein Umdenken in der Verwendung und Sichtweise der Bildsprache statt. Laut der Shutterstock-Studie von 2018 sind besonders Bilder mit emotionalem Ausdruck und Diversity-Motive gefragt. Die Darstellung von möglichst unterschiedlichen Kulturen und Lebensweisen in der Bildsprache kommt dabei dem Anspruch nach, Marken nicht nur einzigartig, sondern vielfältig und verantwortungsbewusst zu präsentieren.

Auch wenn es Trends und Strömungen gibt, ist es bei der Auswahl von Stockfotos wichtig, die Kernaussage einer Marke nicht aus den Augen zu verlieren. Gleich auf der Startseite der Bildportale finden sich die angesagtesten Fotos, Videos und Illustrationen. Aber Vorsicht: Diese Bilder sind oft beliebig und werden von vielen Unternehmen eingesetzt. Taucht man aber etwas tiefer ein in die Datenbanken, so lassen sich auch hier einige Schätze finden, die Teil eines einzigartigen Corporate Designs werden können.

Für den Fall, dass gar kein Budget vorhanden ist, gibt es auch kostenlose Datenbanken wie Unsplash oder Pixabay. Hier besteht die Möglichkeit, eine Spende an den Fotografen oder die Fotografin zu senden. Welche Datenbank in Frage kommt, hängt von unterschiedlichen Faktoren ab: Bildqualität, Umfang, zum Beispiel bei einer Bildserie, Lizenz, Preis, Perspektive und Motiv.

Abbildung 7.9
Desktop-Ansicht von gettyimages

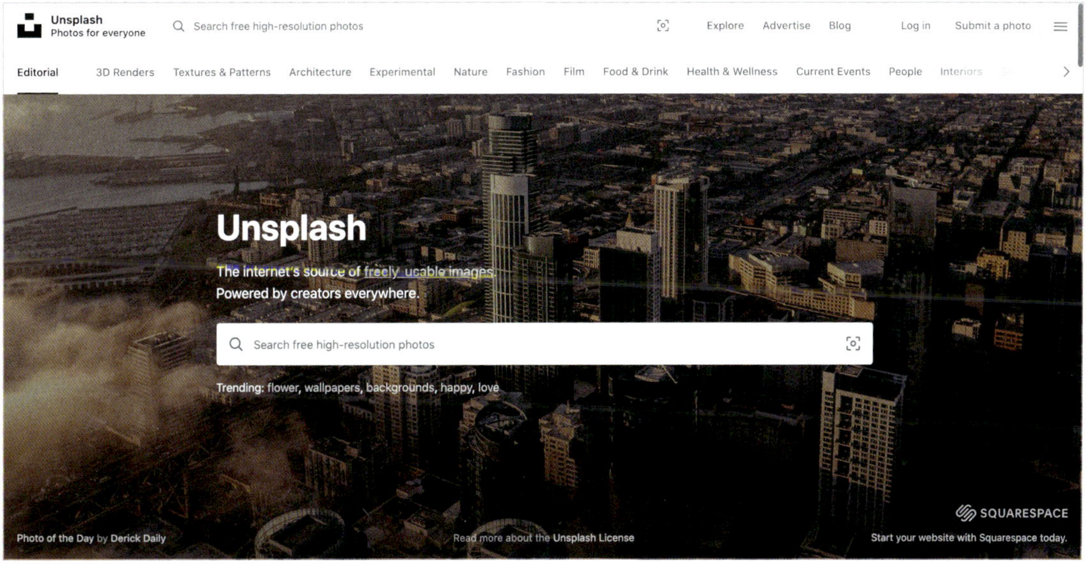

Abbildung 7.10
Desktop-Ansicht von Unsplash

Eine Herausforderung bei der Verwendung von Stockmaterial ist grundsätzlich immer, eine Reihe an Bildern zu finden bzw. die Bildsprache konsistent aufrechtzuerhalten. Die Bildreihen in den Datenbanken sind begrenzt, sodass man häufig nach kombinierbarem Bildmaterial in einer möglichst ähnlichen Bildsprache suchen muss – im Gegensatz dazu kann im Briefing für ein individuelles Shooting genau festgehalten werden, welche Vorgaben für die Bildsprache beachtet und welche Motive gezeigt werden sollen. Gerade bei kostenlosen Bilddatenbanken ist die Grenze schnell erreicht, wenn es um Konsistenz und markante Bildeigenschaften über mehrere Bilder hinweg geht.

Tipp

Um eine konsistente Bildsprache beizubehalten, kann es sich lohnen, einen Blick auf das Profil des Urhebers oder der Urheberin eines Bildes zu werfen, denn dort finden sich eventuell weitere Fotos im gleichen Stil.

Lizenzierung

Bei der Verwendung von Stockmaterial, egal ob aus kostenpflichtigen oder kostenlosen Datenbanken, ist es wichtig, sich genau über die Vorgaben zur Verwendung der Lizenzen und die Bestimmungen der Nennung der Urheberin oder des Urhebers zu informieren und die korrekten Angaben bei der Verwendung des Bildmaterials sicherzustellen.

Ähnlich wie bei den Nutzungsrechten von Designs unterliegen Fotos, Illustrationen und Filme von Bilddatenbanken ebenfalls Nutzungsrechten. Mit dem Kauf eines Bildes wird hier analog zum Erwerb von Schriften eine Lizenz zur Nutzung des Bildes erworben. Auf den Seiten der Bilddatenbanken sind die Lizenzoptionen detailliert erklärt. Die Unterschiede sind groß, sodass man sich vor

Credits

Um Bilder, Audiotöne oder Bewegtbilder zu erwerben, können bei den meisten kostenpflichtigen Bilddatenbanken sogenannte »Credits« erworben werden, die zur Bezahlung des Bildmaterials eingesetzt werden können. Für Agenturen oder Aufträge mit einem hohen Bedarf an Bildmaterial gibt es Pakete oder Abonnements zu vergünstigten Konditionen.

der Verwendung des Bildmaterials genau auf der jeweiligen Seite über die Lizenzen informieren sollte.

Vor- und Nachteile von kostenlosen und kostenpflichtigen Bilddatenbanken

Sehen wir uns erst einmal an, in welchen Fällen man sich mit Bilddatenbanken behelfen sollte und in welchen nicht. Vorteile sind hier:

- kostenlose Nutzung
- Download ohne Registrierung
- Einsatz ohne Namensnennung teilweise möglich
- gegebenenfalls Möglichkeit, zu spenden

Nachteile können sein:

- Rechte nicht ganz geklärt
- eventuelle Nennung der Urheber und Urheberinnen verpflichtend
- wenig Auswahl
- Auflösung eventuell begrenzt
- moralisch fragwürdig – keine finanzielle Unterstützung für Urheber und Urheberinnen

Nun zu den Vor- und Nachteilen kostenpflichtiger Bilddatenbanken. Vorteile sind ganz klar:

- hochwertig
- breites Spektrum (Bilder, Illustrationen, Bewegtbilder, Audio)
- finanzielle Anerkennung für Urheber und Urheberinnen
- sehr große Auswahl
- Ansprechpartner bei Fragen, zum Beispiel zu Lizenzen
- Paketpreise

Nachteile sind allerdings:

- kostenpflichtig
- strenge und teilweise kompliziertere Regelung zu Lizenzen

Im Großen und Ganzen spricht, falls es der finanzielle Rahmen des Corporate-Design-Projekts zulässt, mehr für die Nutzung von professionellen Bilddatenbanken, auch wenn es mit Kosten verbunden ist. In den meisten Fällen sind die große Auswahl, die verlässliche Regelung von Lizenzen und die Möglichkeit, bei Fragen einen Ansprechpartner zu haben, große Vorteile für die Optionen der visuellen Darstellung und die Arbeit an sich an einem Corporate Design. Gerade bei größeren Aufträgen ist die Auswahl auf den kostenpflichtigen Datenbanken vorteilhaft, um ein konsistentes Corporate Design erstellen zu können.

Die beste Lösung ist allerdings in diesem Fall ein individuelles Shooting, denn die Gefahr, dass sich ein Stockbild auch bei der Konkurrenz wiederfindet, ist allzu groß.

Auch der eher glattgebügelte, »typische« Look von vielen Stockfotos trägt nicht zu einem einprägsamen Markenauftritt bei, sondern wird von den Betrachtern und Betrachterinnen schnell als »schon 1000-mal gesehen« eingeordnet und verschwindet damit im Meer der Werbefotografien, ohne sich von Konkurrenten und Mitbewerbern abzuheben.

7.3 Weitere Elemente der Bildsprache

Grafische Elemente können neben reinen Fotos und dem Logo eine Schlüsselfunktion für die Wiedererkennbarkeit der Marke einnehmen. Es sind unverwechselbare, immer wiederkehrende visuelle Gestaltungselemente, die dazu führen, dass die Zuordnung zur Marke auch ohne das eigentliche Logo funktionieren kann.

Ausschlaggebend hierfür sind markante Eigenschaften in der Gestaltung der grafischen Elemente, die für die sofortige Wiedererkennbarkeit sorgen: Neben den Farben und Kontrasten kommen auch Formensprache, Komposition und typische Bildelemente zum Tragen. Auch hier spielt der konsistente Einsatz der einzelnen Elemente eine große Rolle. Alle Merkmale führen im Zusammenspiel zur Wahrnehmung der Marke und können ebenso mit Emotionen verknüpft sein wie Bilder. Je konkreter die Inhalte sind, desto klarer können die transportierten Botschaften von den Betrachtern und Betrachterinnen wahrgenommen werden.

7.3.1 Illustrationen

Illustrationen nehmen also einen wichtigen Stellenwert ein, wenn es darum geht, die Wiedererkennbarkeit und Identität einer Marke zu prägen. Durch ihre Wandelbarkeit und die vielseitigen Kombinationsmöglichkeiten lassen sie sich in unterschiedlichen Zusammenhängen und Medien einsetzen, sodass sich das Erscheinungsbild langfristig einprägen kann.

Dass Illustrationen ein wichtiger Bestandteil des Corporate Designs einer Marke sind, zeigt das aktuelle »Brand Stretching« der **Berliner Verkehrsbetriebe** – das »Muster der Vielfalt«, das seit Sommer die Sitze der BVG ziert, wurde nun Teil einer Modekampagne. Das Muster steht für die Diversität der Fahrgäste, für Vielfalt und Akzeptanz.

Abbildung 7.11
Einzelbestandteile des »Musters der Vielfalt«

Ziel der Ausweitung des Musters auf Kleidungsstücke ist vor allem die Stärkung der Kundenbindung und Steigerung der Loyalität der Kundinnen und Kunden.

Quelle: www.zalando.de

Abbildung 7.12
Übertragung des BVG-typischen Musters auf die Modekollektion zur Kundenbindung

Ein konsistenter Einsatz von Illustrationen führt dazu, dass sich Marken und Unternehmen von der Konkurrenz abheben können. Der Stil der Illustrationen sollte aber unbedingt zur Markenidentität und zur Zielgruppe passen. Er kann einen wesentlichen Einfluss auf die Wahrnehmung der Marke haben – ist sie eher jugendlich, handgemacht, nüchtern oder modern? Mithilfe von Illustrationen lässt sich die entsprechende Atmosphäre schaffen, die dann zusammen mit den Inhalten Teil des Storytellings einer Marke wird.

Inhaltlich eignen sich Situationen oder produktbezogene Elemente, die einen engen Bezug zum Angebot, zur Aussage oder zum Kontext des Unternehmens haben. Sehen wir uns dazu nun zwei Beispiele an.

Im Falle des Jubiläumssymposiums der **Swiss Foundations** zum 20-jährigen Bestehen sind die grafischen Elemente im Hintergrund ein markantes gestalterisches Merkmal und über alle Medien hinweg wiederzufinden. Gemeinsam mit dem Jubiläumssignet entsteht durch die Bildsprache ein starker Wiedererkennungswert. Ein statisches und animiertes Logo sowie ein neues Keyvisual, nämlich die wechselnde Kombination von bunten geometrischen Formen, sollen auf das Event aufmerksam machen. Neue Formen, Farben und Schriftkombinationen werden im digitalen Bereich auf diversen sozialen Plattformen, aber auch im Print zu sehen sein.

Abbildung 7.13 Jubiläumssymposium der Swiss Foundations

Bei den Plakaten für das **Zürcher Theater Spektakel** entsteht aus der experimentellen, auf Illustrationen beruhenden Bildsprache ein markantes Wiedererkennungsmerkmal.

Abbildung 7.14
Illustrationen mit Wiedererkennungswert für das Zürcher Theater Spektakel

Letztendlich geht es sowohl beim Einsatz von Fotografien als auch beim Einsatz von Illustrationen darum, Geschichten zu erzählen, die mit Emotionen und Identifikation mit der Marke zu tun haben. Dabei ist auch eine Kombination von beidem – also fotografischen und illustrativen Elementen – denkbar. Auch dann ist darauf zu achten, dass jeweils eine konsistente Bildsprache eingehalten wird und die Kombination wiederkehrenden Gestaltungsregeln folgt, wie bestimmten Effekten, Überlagerungen oder Kompositionen.

Aussage von Uber

Im Corporate-Design-Portal von Uber findet man zur Bildsprache in Bezug auf Fotos folgende Aussage: *Unsere Fotografie inspiriert unser Publikum aus Jung und Alt, Reich und Arm, Kunden und Partnern, lokal und global. Es ist unnötig zu erklären, wie Uber funktioniert. Wir bauen darauf auf, wie es sich anfühlt, von der Motivation an Punkt A zum emotionalen Gewinn an Punkt B zu gelangen.*

Im Corporate-Design-Portal von **Uber** sind genaue Anweisungen zur Erstellung von Illustrationen zu finden. Es ist zwar nicht immer möglich, solch konkrete Vorgaben zu machen, aber je genauer die Bildsprache definiert ist, umso geringer ist die Gefahr von Abweichungen. Einem konsistenten Markenauftritt steht damit zumindest in Bezug auf die Bildsprache nichts mehr im Wege.

Das Besondere an diesem Markenauftritt sind u. a. die markanten Grafiken mit einer schematischen Darstellung der unterschiedlichen Inhalte. Typisch dafür ist die geometrische Formensprache und der zweidimensionale Look sowie die konsequente Verwendung der Corporate Colours.

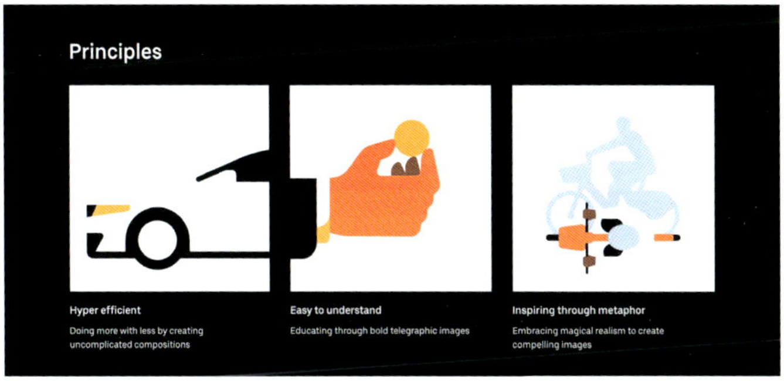

Abbildung 7.15
Prinzipien der Gestaltung für Illustrationen für Uber

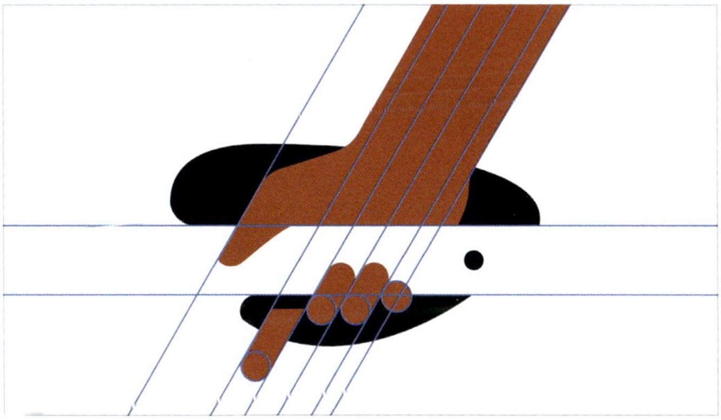

Abbildung 7.16
Die Illustrationen sind aus geometrischen Grundformen aufgebaut.

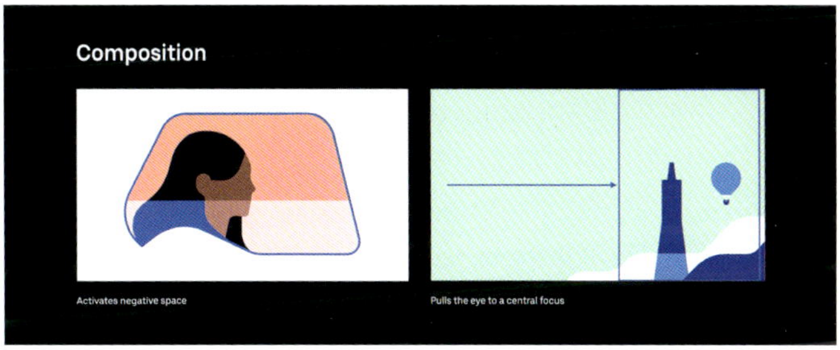

Abbildung 7.17
Vorgaben zur Komposition

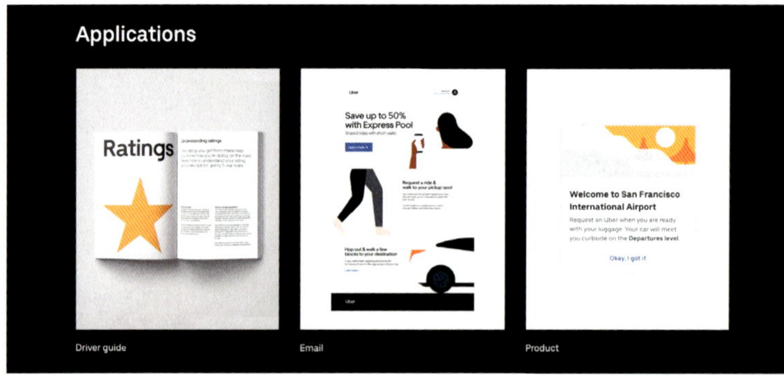

Abbildung 7.18
Anwendung im Design

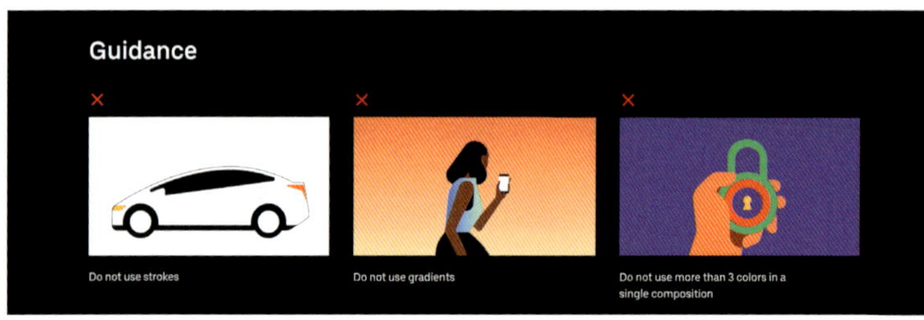

Abbildung 7.19
Negativbeispiele

7.3.2 Keyvisuals

Ist eine einzelnes, wiederkehrendes Gestaltungselement vorhanden, so bezeichnet man es auch als *Keyvisual*. Unter einem Keyvisual, auch »Schlüsselbild«, versteht man ein grafisches Element oder Bild, das die eindeutige Zuordnung zur Marke hervorruft. Dabei kann es sich um eine Grafik, ein Bild oder eine Illustration handeln.

Ähnlich wie ein Logo hat ein Keyvisual eine hohe Bedeutung, wenn es darum geht, Marken zu identifizieren und zuzuordnen. Es hat hier eine unterstützende Funktion, aber in einigen Fällen ist das Keyvisual sogar bekannter als das eigentliche Logo.

Bekannte Beispiele sind das Michelin-Männchen, der rote Fuchs von Schwäbisch Hall und die Milka-Kuh. Der Name *Milka* ergibt sich aus der Zusammensetzung von »Milch« und »Kakao«, und die Kuh war bereits auf den allerersten Schokoladenverpackungen um 1900 zu finden. Die abgebildete Montbéliard-Kuh stand schon damals für Qualität und nützliche Grundnahrungsmittel. Seit dem Redesign 2018 blickt die Milka Kuh in die entgegengesetzte Richtung. Der Farbton war zwar schon immer ein kräftiges Lila, der genaue Farbton wurde aber erst später definiert.

Abbildung 7.20
Bekanntes Keyvisual – die Milka-Kuh zierte in einer anderen Form bereits seit 1901 die Verpackungen der Schokolade.

Abbildung 7.21
»Bibendum«, wie das Keyvisual von Michelin offiziell heißt, in Aktion. Mithilfe des Keyvisuals können Emotionen und Geschichten transportiert werden.

Keyvisuals können dabei helfen, einer Marke mehr Emotionen zu verleihen und Geschichten zu erzählen. Als Keyvisuals können Illustrationen, Grafiken, aber auch die Kombination aus speziellen Farben und Formen funktionieren. Dabei sollte es immer klar, markant und einprägsam sein.

Die Einführung eines Keyvisuals erfordert ebenso viel Konsistenz und Geduld wie die Einführung eines Markenlogos – erst durch die wiederholte Einbindung und den direkten Kontext zur Marke bleibt ein Keyvisual langfristig beim Betrachter in Erinnerung. Die Verankerung und der Lernprozess der Zuordnung des Keyvisuals kann auf

Abbildung 7.22
Ursprünglicher Fuchs der Bausparkasse Schwäbisch Hall

unterschiedlichen Kanälen erfolgen. Dazu gehören Bewegtbilder ebenso wie klassische Corporate-Design-Medien, Social-Media-Kanäle oder die Unternehmenswebsite. Dabei muss das Keyvisual nicht immer streng in derselben Art und Weise dargestellt werden, sondern kann durchaus in unterschiedlichen Varianten auftauchen. Es gibt einige Merkmale, die ein gutes Keyvisual auszeichnen; dazu gehören beispielsweise:

- **Alleinstellungsmerkmal:** Das Keyvisual sollte unverwechselbar und einzigartig sein.
- **Variabilität:** Ein Keyvisual wird häufig noch vielseitiger eingesetzt als das Markenlogo, weshalb es möglichst variabel sein sollte, ohne seinen Wiedererkennungswert zu verlieren.
- **Vermittlung von Emotion:** Im Gegensatz zum Logo bietet ein Keyvisual die Möglichkeit, bei der Zielgruppe unmittelbar Emotionen zu wecken und eine Geschichte zu erzählen.
- **Zielgruppenorientierung:** Auch bei der Entwicklung eines Keyvisuals sollte die Zielgruppe im Fokus stehen.

Im Gegensatz zum Logo steht beim Keyvisual demnach vor allem das Storytelling und die emotionale Bindung an die Marke im Vordergrund. Je nach Gestaltung kann dabei eine Bindung zwischen Betrachter und Keyvisual auf ganz persönlicher Ebene entstehen. Gleicht das Keyvisual der eigenen Persönlichkeit, wird die Identifikation des Betrachters mit der Marke forciert.

Abbildung 7.23
Letztes Update von 2018 – der Fuchs in etwas jugendlicherer Ausführung

Die Gestaltung eines Keyvisuals basiert auf der Adaption und Verarbeitung der bereits für die Logoentwicklung ausgearbeiteten Markenidee. Dazu gehören wiederum Positionierung, Zielgruppe, Vision und Ziele sowie USP und Kundenansprache.

Beim bekannten Fuchs der Bausparkasse **Schwäbisch Hall** handelte es sich ursprünglich um einen für Werbezwecke eingesetzten Fuchs mit Hornbrille und Geldbündel zwischen den Zähnen, der das Ziel hatte, mehr Aufmerksamkeit zu erregen. Der Fuchs war allerdings so erfolgreich, dass er wenig später zum Maskottchen und Keyvisual des Unternehmens wurde.

Zu Beginn der Entwicklung eines Keyvisuals können im Rahmen eines Brainstormings Skizzen, Begriffe oder Bilder gesammelt werden, die zur Markenidee und zum Markenimage passen. Um das Keyvisual später zum Leben zu erwecken und damit Geschichten zu erzählen, sollte während des Entwicklungsprozesses schon an die entsprechende Umsetzung gedacht werden, wie auch an den Einsatz in unterschiedlichen Medien.

Die Entwicklung eines Keyvisuals macht vor allem dann Sinn, wenn es darum geht, unabhängig vom Logo eine Möglichkeit zu haben, ein aufmerksamkeitsstarkes Schlüsselelement in das Corporate Design einzubinden. Im Gegensatz zum Logo kann das Keyvisual komplexer sein und in unterschiedlicheren Versionen auftauchen. Als bildhaftes Element des Corporate Designs ist es fester Bestandteil der Bildsprache mit einer logoähnlichen Bedeutung.

7.3.3 Icons und Piktogramme

Ergänzend kann das Corporate Design auch Icons und/oder Piktogramme umfassen, um beispielsweise Inhalte und Abschnitte zu kennzeichnen. Sie gehören ebenfalls zur bewusst gestalteten Bildsprache und können zum einzigartigen visuellen Auftritt einer Marke beitragen.

Vorhandene Icons vermeiden

Natürlich kann man auf vorhandenes Material zurückgreifen und ein Iconset herunterladen. Allerdings tragen standardisierte Iconsets wie die Material Icons nicht zur markanten Darstellung einer Marke bei, sondern funktionieren tatsächlich eher nur auf der inhaltlichen Ebene.

Der große Vorteil von Icons ist, dass durch die gezielte Gestaltung Botschaften für den Betrachter und die Betrachterin auf einen Blick identifiziert und eingeordnet werden können. Dabei sollte jedes Icon für sich stehen können und dennoch im Verband mit anderen Icons und den weiteren Teilen des Corporate Designs harmonieren und zu einem einzigen markenspezifischen Erscheinungsbild beitragen.

Am Beispiel der **DEVK** ist zu erkennen, wie individuelle Icons Teil des Corporate Designs werden können. Typisch sind die leicht geschwungene Formensprache und der Grünton.

Abbildung 7.24 Geschwungene Formen und ein handgemachter Look im Corporate-Grün – passend zum Markenauftritt der DEVK

Mithilfe von Icons können komplexe Zusammenhänge einfach erklärt und Inhalte strukturiert werden, sodass die Betrachtenden, auch ohne jedes Wort genau zu lesen, einen sofortigen Gesamtüberblick über die Inhalte bekommen.

Icons sind vor allem auf digitalen Plattformen, in Apps und auf Websites, vielseitig einsetzbar, um platzsparend und sprachenunabhängig für Übersichtlichkeit zu sorgen und Inhalte zu transpor-

Tradition

Icons haben eine lange Tradition. Bereits vor 40000 Jahren verständigten sich die Menschen mithilfe von einfachen Zeichnungen und dokumentierten Geschehnissen, wie beispielsweise anhand von Höhlenmalereien zu erkennen ist.

Internationalität: Vorsicht

Auch wenn anzunehmen ist, dass ein Icon international verständlich ist, lohnt es sich, genauer nachzuforschen. Denn auch bei althergebrachten Icons kann es kulturelle Unterschiede geben, die zu Missverständnissen führen können.

tieren. Aber auch in Printprodukten helfen sie dabei, Inhalte zu strukturieren und leichter erfassbar zu machen. Das ist allerdings nur dann der Fall, wenn die Icons leicht verständlich und eindeutig gestaltet sind.

In Bezug auf Navigation und Übersichtlichkeit sollten Icons gezielt und bewusst zugunsten der Nutzerfreundlichkeit eingesetzt werden.

Vorteile von Icons sind:

- Sie sind sprachunabhängig,
- haben einen hohen Wiedererkennungswert und helfen dabei, ein einzigartiges Erscheinungsbild zu erzeugen,
- strukturieren Inhalte und Texte,
- sparen Platz, vor allem in Bezug auf digitale Medien, Social Media und responsive Webseiten,
- werten das Corporate Design auf, wenn sie richtig eingesetzt werden und
- haben einen hohen Aufforderungscharakter, animieren also zur Aktion.

Genauso wie Icons gehören Piktogramme zur Gruppe der Zeichen. Im Unterschied zum Icon sind Piktogramme mit einer Aufforderung oder Anweisung verbunden. Sie sind beispielsweise im Straßenverkehr zu finden. Ein Icon dagegen ist eine bildhafte grafische Darstellung von Inhalten, Funktionen oder Aktionen. Gemeinsam haben Icons und Piktogramme aber, dass die Inhalte möglichst simpel und leicht begreifbar dargestellt werden sollen.

Ein Problem beim Einsatz von beiden, Icons und Piktogrammen, ist häufig, dass sie rein dekorativ eingesetzt werden und nicht ihrer Funktion folgend, beispielsweise um Zustände auszuweisen oder zu strukturieren. Zudem werden die Begriffe Icon und Piktogramm oft missverständlich verwendet – zum Beispiel auch als Bezeichnung für Grafiken, Keyvisuals, Logos oder Embleme.

Icons und Piktogramme sollten in allen Medien einheitlich verwendet werden, um Wiedererkennungswert und Klarheit in der Bedeutung zu forcieren. Im Corporate-Design-Manual von **Union Investment** beispielsweise werden bei der Erklärung der Icons verschiedene Anwendungsprinzipien unterschieden: Content-Icons für Produkte, Dienstleistungen und Services, die die Marke betreffen, und System-Icons, die für Funktionen und Elemente der Navigation eingesetzt werden. Die Content-Icons beschreiben komplexere Zusammenhänge und sind deswegen detailreich ausgearbeitet.

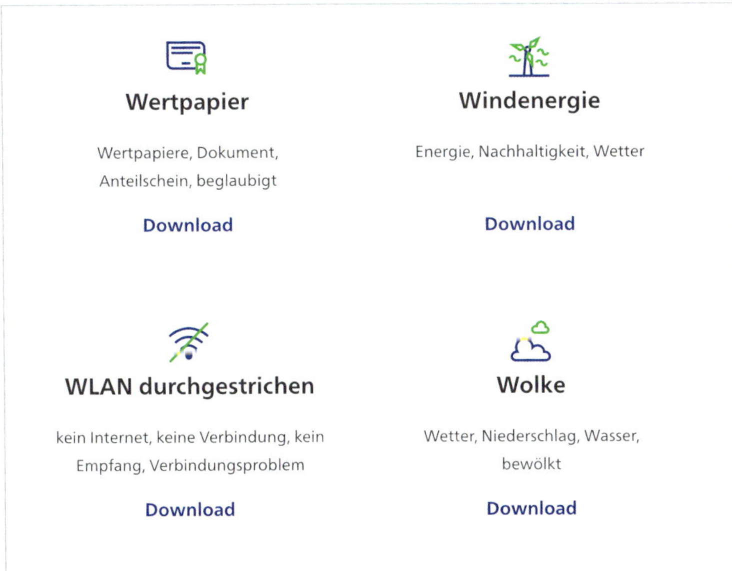

Abbildung 7.25
Detaillierter ausgearbeitet – die Content-Icons von Union Investment

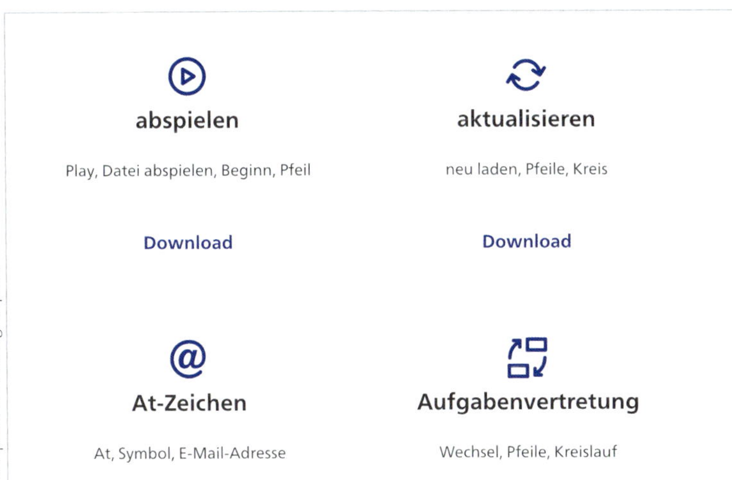

Abbildung 7.26
System-Icons für Navigation und Funktionselemente

Die Gestaltung der Icons sollte sich in das Gesamterscheinungsbild des Corporate Designs einfügen, sodass ein einheitlicher Gesamteindruck des Unternehmens entstehen kann, der sich wiederum positiv auf die Merkfähigkeit und Wiedererkennbarkeit auswirkt.

Am Beispiel der **AOK** ist erkennbar, wie sich die Bildsprache der Icons in das einheitliche Corporate Design einfügt – simpel und auf das Wesentliche reduziert, bilden die Icons die geforderten Inhalte ab.

Abbildung 7.27
Einheitlich und reduziert – die Icons der AOK

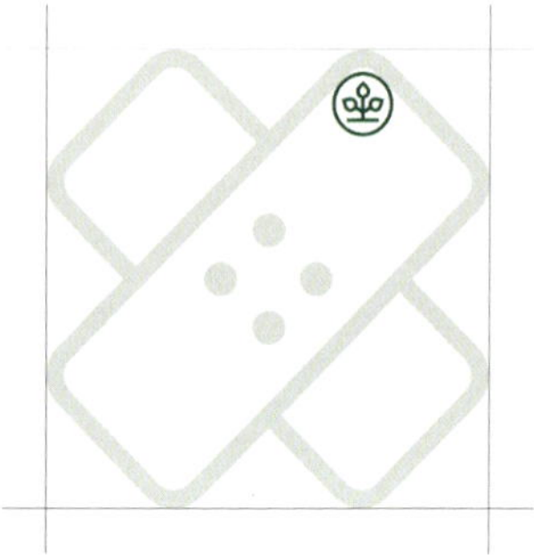

Abbildung 7.28
Ableitung der Gestaltungsmerkmale des Logos vom Lebensbaum, der verantwortlich war für die Gestaltung der Icons mit abgerundeten Ecken.

Ausgangspunkt für die Konzeption der Icons war der Lebensbaum, grafisches Hauptelement des Logos.

7.4 Die Bildsprache beschreiben

Um in einem Brandportal oder Manual die Bildsprache zu definieren, sind bestimmte Begriffe wichtig, die bei der Beschreibung helfen können:

- **Format:** Auch wenn das Format nicht unbedingt immer gleich bleibt, ist es sinnvoll, die Gegebenheiten und Eigenschaften des Bildes im Hoch- oder Querformat näher zu beschreiben.
- **Proportionen:** Symmetrien und Asymmetrien in der Anordnung der Bildelemente können ebenfalls ein charakteristisches Merkmal für die Bildsprache sein.
- **Flächenverteilung:** Aufteilung des Bildes in Flächen und Symmetrien
- **Raum:** Beschreibung durch horizontale, vertikale und diagonale Einteilung
- **Ordnung:** Regelmäßigkeiten im Gegensatz zu differenzierter Ordnung mit Fokus auf ein bestimmtes Objekt
- **Bewegung:** In Leserichtung beispielsweise aufsteigend oder absteigend
- **Objektbezug:** Einem bestimmten Bildelement zugewandt oder abgewandt
- **Anschnitt:** Beispielsweise angeschnittenes Objekt am Bildrand oder eher mittig mit Abstand zum Bildrand

Exkurs: Zusammenarbeit mit Freelancern

Nicht alle Aufgaben können agenturintern oder seitens des Designers oder der Designerin übernommen werden. Im Falle von speziellen Fähigkeiten wie beispielsweise Programmierung, 3D-Renderings, UX-Design, Illustrationen oder Fotos ist es notwendig, sich Unterstützung zu suchen. Im besten Fall kann sich aus der Zusammenarbeit an einem Projekt eine erfolgreiche längerfristige Kooperation ergeben, die Vorteile für beide Seiten hat. So können beispielsweise Weiterempfehlungen ausgesprochen werden, und es entsteht eine Vertrauensbasis, die für eine verlässliche Zusammenarbeit sowie die zeitsparende Erfüllung von Aufträgen nützlich sein kann.

Bestehen noch keine Kontakte zu Freelancerinnen und Freelancern, so gibt es genügend Möglichkeiten, im Internet schnell und problemlos eine Stellenanzeige aufzugeben. Einerseits bieten sich hierzu allgemeine Plattformen wie LinkedIn oder Stepstone an. Für die Suche nach kreativer Unterstützung sind andererseits Plattformen wie »dasauge« oder auch diverse Facebook-Gruppen hilfreich. Bei der Suche nach einer längerfristigen Zusammenarbeit lohnt es sich eventuell sogar, eine Personalberatung einzuschalten, wie beispielsweise Designerdock, die auf den kreativen Bereich spezialisiert ist.

Abbildung 7.29
Website von Designerdock

Im Falle eines Fotoshootings oder der Beauftragung eines Illustrators oder einer Illustratorin geht es beispielsweise darum, jemanden zu finden, der die festgehaltene Bildsprache in seiner Arbeit versteht und umsetzen kann. Aufschluss hierüber kann vorab ein Blick in das Portfolio und ein anschließendes Gespräch geben. Über die persönliche Website oder Plattformen wie Behance oder Dribbble kann man einen ersten Eindruck von den Arbeiten gewinnen.

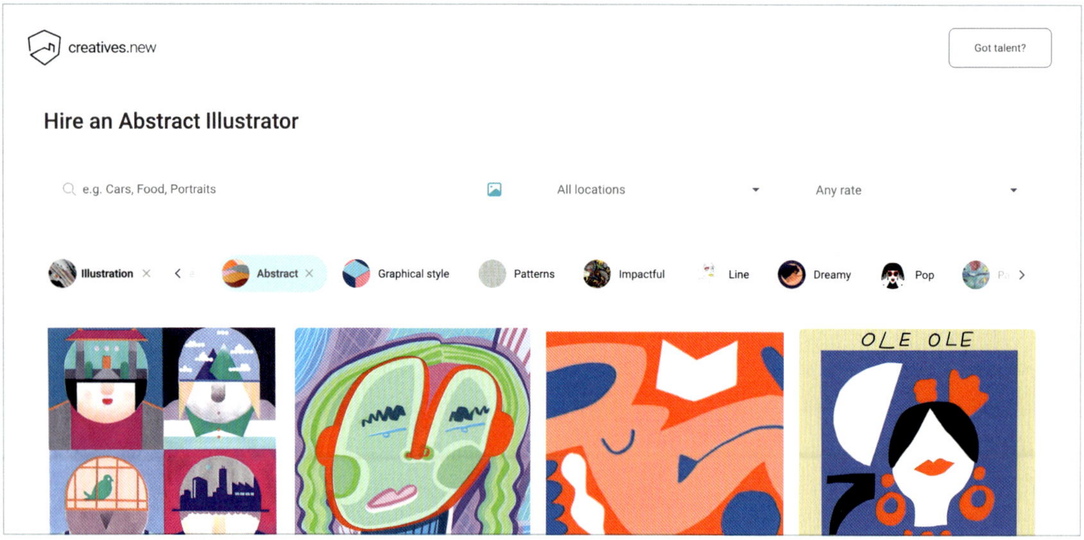

Abbildung 7.30
Plattform für die Suche nach Unterstützung oder für das eigene Portfolio: creatives.new

Kommt die Zusammenarbeit zustande, so steht an erster Stelle, einen Leitfaden zur Darstellung und zur Bildsprache zu schreiben. Dieses Briefing sollte einen guten Überblick über das Projekt und die anstehenden Aufgaben geben. Bestandteile können neben Texten auch Teile des bisherigen Corporate Designs, Unternehmens- und Hintergrundinfos, Collagen und Moodboards sowie Storyboards sein.

Im nächsten Schritt sollte in einem Kostenvoranschlag klar ersichtlich werden, welche Kosten für den Auftrag entstehen. Dazu muss klar sein, in welchem Format, in welcher Größe und zu welchem Zeitpunkt der Auftrag erfüllt werden soll. Erst wenn alle Absprachen klar sind, ergeben sich daraus verlässliche Konditionen.

Auch während der Erfüllung des Auftrags, also während der Arbeitsphase, sollte man als Designer bzw. Designerin – in diesem Fall dann als Auftraggeber oder Auftraggeberin – für Fragen und Unsicherheiten nach Möglichkeit jederzeit ansprechbar sein.

Plattformen, um mögliche Unterstützung zu finden:

- dasauge.de
- creatives.new
- dribbble.com
- behance.net

Kapitel 8

Gestaltungsraster und Formen

Bei der Konzeption eines Corporate Designs ist es durchaus hilfreich, mit Gestaltungsrastern und Grundlinien zu arbeiten. Dabei gibt es ein weites Spektrum, wie detailliert das Raster konzipiert sein kann.

Das Zusammenspiel von Flächen und die Formensprache des Designs tragen wesentlich zum unverwechselbaren Charakter eines Corporate-Design-Auftritts bei, auch wenn sie nur selten wahrgenommen werden. Dieses Zusammenspiel wird in Form eines Gestaltungsrasters organisiert, das dem Corporate Design seine grundlegende Ordnungsstruktur bietet. Das Gestaltungsraster weist allen Elementen eine bestimmte Größe und Position zu, was dem ganzen Corporate Design eine Ordnung, einen Stand, eine gewisse Professionalität verleiht.

Aber auch die Wahl von geometrischen oder organischen Formen oder deren Kombination, die Anordnung von Inhalten und die Art der Betonung von wichtigen Aussagen bilden zusammen mit weiteren Bestandteilen des Corporate Designs eine einzigartige visuelle Sprache.

Typografie und Raster

Typografie und Raster sind eng miteinander verbunden – die Struktur des Designs hat häufig viele Berührungspunkte mit den typografischen Strukturen. Betrachtet man Typografie als stark vereinfachte Anordnung von Formen und Linien, so ergeben sich aus der Anordnung von Buchstaben und Worten wiederum Flächen und Spalten als eigenständige Formen im Verhältnis zum Format. Das Format ist im Corporate Design ebenfalls als eigenständige Form zu betrachten.

8.1 Ziele von Gestaltungsrastern im Corporate Design

Auch wenn einige Elemente auf den ersten Blick wichtiger erscheinen – die Strukturierung von Inhalten und den einzelnen Elementen des Corporate Designs kann einen großen Einfluss auf die

Wahrnehmung einer Marke haben. Die Ziele des Einsatzes eines Gestaltungsrasters in Print und Digital ähneln dabei stark den bereits bekannten Ziele der übrigen Corporate-Design-Elemente:

- Wiedererkennung fördern
- Erfassung des Inhalts erleichtern und Professionalität ausstrahlen
- Aufmerksamkeit lenken
- Vereinheitlichung der Formate von Printmedien und des Anlegens von digitalen Medien hilft, Kosten zu sparen

Eines dieser Ziele kann nahezu ausschließlich durch ein konsequentes Gestaltungsraster und eine durchdachte Komposition erreicht werden: Die Komposition der einzelnen Elemente ist im Corporate Design hilfreich, um Inhalte visuell darzustellen, unterschiedlich zu gewichten und besser erfassbar zu machen. So lenkt ein durchdachtes Gestaltungsraster die Blickrichtung und vermeidet Irritationen, die den Betrachter und die Betrachterin im schlimmsten Fall von der Website oder App vertreiben oder das Lesen von Printmedien erschweren könnten.

Wiedererkennen fördern

Sich im Vorfeld Gedanken darüber zu machen, wie Inhalte am geschicktesten angeordnet und kombiniert werden, trägt wesentlich zur Konsistenz eines Erscheinungsbildes bei. Auch wenn das Raster nicht, wie beispielsweise das Logo, immer auf den ersten Blick ins Auge sticht, so bildet es dennoch ein verlässliches Grundgerüst für die Wahrnehmung von Inhalten und beispielsweise auch für die Auffindbarkeit von Informationen im Internet. Nutzer und Nutzerinnen lernen das intuitive Auffinden von Inhalten und Informationen auf Websites, in Apps oder auf Flyern und Plakaten ebenso wie die markentypische Farbgebung oder das Logo und verinnerlichen sie im Gesamtbild der Marke. Durch den markenspezifischen Umgang mit der Vermittlung von Inhalten kann also der Wiedererkennungswert der Marke gestärkt werden.

Wirkung von Gestaltungsrastern

Die konsequente Anwendung eines Gestaltungsrasters als Hilfskonstruktion hinterlässt bei Kundinnen und Kunden oft, wenn auch unbewusst, eine positive Wirkung. Das Corporate Design wirkt dadurch aufgeräumt und professionell.

Inhalte leicht erfassbar machen

Das Raster eines Layouts sollte gut durchdacht und logisch aufgebaut sein. Egal, ob in Pixeln, Millimetern oder Zentimetern gemessen wird: Zusammen sollten die Segmente eine sinnvolle Aufteilung ergeben und die vorgesehenen Inhalte möglichst leicht erfassbar machen.

Aufmerksamkeit erregen und Verweildauer steigern

Durch die hierarchische Gliederung und visuelle Gewichtung von Inhalten kann die Aufmerksamkeit der Betrachterinnen und Betrachter gezielt auf marketingrelevante Inhalte gelenkt werden, die beispielsweise zum Kauf animieren oder die Loyalität zur Marke steigern, und eine nachhaltige Verankerung der Marke im Gedächtnis der Kunden und Kundinnen kann unterstützt werden.

Schauen wir uns das Beispiel von **The Great Green Wall** an. Die grüne Wand ist eine Initiative der Afrikanischen Union, um die Effekte der Desertifikation zu bekämpfen. Das Ziel ist die Erschaffung eines großen Raumes aus grüner und produktiver Landschaft, der sich einmal quer durch Nordafrika erstreckt. In Anlehnung an das grüne Band funktioniert der grüne Streifen als starkes visuelles Element, das die Aufmerksamkeit lenkt und dafür sorgt, dass man sich die Inhalte der Medien näher anschaut und Botschaften auf einen Blick erfassen kann.

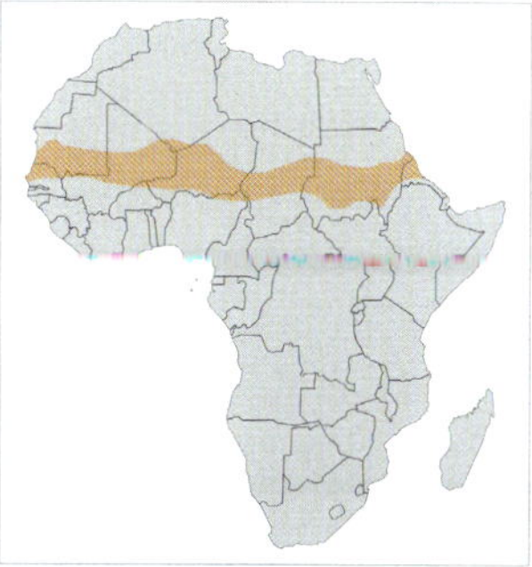

Abbildung 8.1
Streifen grüner Landwirtschaft in Afrika

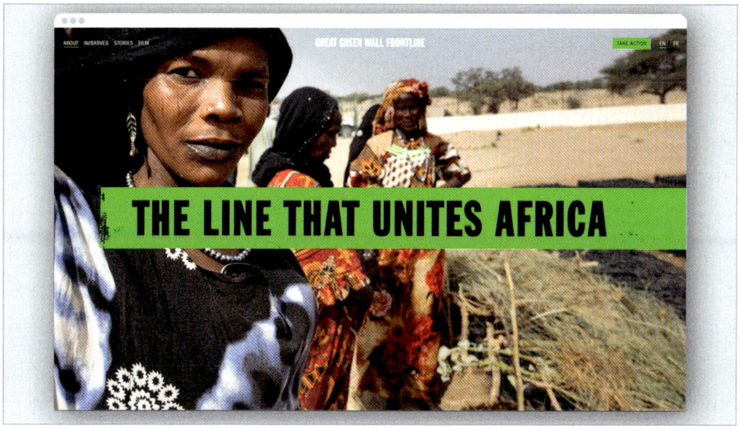

Abbildung 8.2
Starker visueller Einstieg auf der Website dank klarer Formensprache und Komposition

Abbildung 8.3
Fortführung der Formensprache und Komposition in Printmedien

Harmonische Anordnung
In unserem westlichen Kulturkreis wird die Anordnung von Elementen, die an einer Achse oder einem Punkt gleichmäßig gespiegelt sind, als harmonisch, ausdrucksstark und kraftvoll empfunden. Auch in der Natur gibt es zahlreiche Beispiele für als schön empfundene symmetrische Formen. Dazu gehört beispielsweise der Schmetterling mit seinen an einer Achse gespiegelten ähnlichen Flügeln. Ziel der Einteilung in Hierarchie und Raster muss aber nicht immer unbedingt die gleichmäßige Anordnung der Inhalte sein. Im Gegenteil: Ein zu aufgeräumtes, gleichmäßiges Design kann langweilig wirken.

Aufmerksamkeit wird besonders durch Spannung innerhalb einer Komposition erzeugt. Wo es das Layout zulässt, kann das Raster gezielt **durchbrochen** werden, um Spannung zu erzeugen. Ein gut konzipiertes Raster verleiht dem Design eine übersichtliche Struktur und eröffnet neue Wege, um aus der strengen Anordnung auszubrechen. So kann die asymmetrische Anordnung dem Layout Dynamik verleihen oder den Blick der Betrachterinnen und Betrachter gezielt auf bestimmte Bereiche lenken.

Kosten senken
Das Gestaltungsraster wirkt aber nicht nur nach außen positiv, sondern hat auch nach innen Vorteile: Aufgrund der ordnenden Struktur des Gestaltungsrasters, das alle Corporate-Design-Elemente wie Logo, Texte, Bilder und Navigationsleisten in ein vorgegebenes System einbindet und ihre Anwendung vereinheitlicht, erleichtert es Mitarbeitern und Mitarbeiterinnen des beauftragenden Unternehmens, Printmedien und digitale Medien umzusetzen, und trägt so nicht unerheblich zur Effizienzsteigerung bei.

8.2 Ordnung schaffen mit Gestaltungsrastern

Bei einem Layout wird die bewusste Anordnung der einzelnen Gestaltungselemente wie Bilder, Grafiken, Texte, Flächen, Formen und Farben auf einer Fläche bekannterweise als Komposition bezeichnet.

Das Zusammenspiel von Farbe, Form und Fläche bietet dabei eine Fülle an Möglichkeiten, um beispielsweise Spannung, Harmonie, Leichtigkeit oder Ordnung in einem Corporate Design zu erzeugen. Die Dichte der Anordnung, die Proportionen, die Ordnungsstruktur und die entstehenden Zwischenräume sind ausschlaggebend für die Wirkung der Komposition.

8.2.1 Vorüberlegungen

Vor der Konzeption eines Layouts und der Festlegung der Regeln für die Komposition im Corporate Design sollten einige zentrale Fragen geklärt werden. Diese sind zum Teil identisch mit den Kriterien für die Logoerstellung oder die Suche nach einer Corporate Colour, zum Teil aber auch spezifisch:

- Welches Ziel wird verfolgt?
- Welche Zielgruppe soll angesprochen werden?
- Welche Inhalte liegen vor?
- Welchen Umfang haben die Inhalte?
- Wie können die Inhalte strukturiert werden?
- Welche hierarchische Gliederung der Inhalte ist sinnvoll?
- Gibt es wiederkehrende Elemente, die der Orientierung und Navigation dienen?
- Welche Medien gibt es und welche Besonderheiten zeigen sich in Bezug auf die Komposition?

In dem System von Ordnung, Form und Komposition können mithilfe eines Gestaltungsrasters besonders folgende Elemente festgelegt werden:

- in Printmedien der Satzspiegel und damit verbunden die Spaltenanzahl und die Spaltenbreite
- die Position von Bildern und Texten, in den digitalen Medien besonders auch von Navigationselementen
- der Stand von Überschriften und in Verbindung mit der Corporate Typography auch Schriftgrößen, Zeilenlängen und Zeilenabstände; so entsteht dann auch eine Hierarchisierung der Inhalte
- die Position des Logos

8.2.2 Inhaltstypen

Um sich näher mit der Anordnung der einzelnen Bestandteile eines Layouts zu beschäftigen, ist es praktisch, sich zuvor darüber klar zu werden, welche Inhaltstypen schon vorhanden oder geplant sind. Dazu gehören beispielsweise das Logo, Bilder, Illustrationen, Videos, Schriften, Texttypen, Listen, Tabellen, Navigationselemente und weitere Elemente, die Teil des Corporate Designs sind.

Bei der Gestaltung der einzelnen Elemente wurde meistens bereits ein bestimmter Umgang mit Formen angewendet, der nun auch in der Komposition fortgeführt werden sollte, um ein stimmiges Gesamtbild zu erzeugen. Die Formsprache aller Elemente des Corporate Designs sollte dabei den Vorgaben aus den Anforderungen folgen, die entsprechende Zielgruppe ansprechen und die zur Marke passenden Emotionen transportieren. Die unterschiedlichen Medien, digitale oder Printmedien, sollten dann im Sinne der für das Erscheinungsbild typischen Formsprache ausgewählt und gestaltet werden.

Hier ist es zudem wichtig zu wissen, welche Inhalte eine besonders zentrale Rolle spielen bzw. welche eher nebensächlich sind. Dann sollte untersucht werden, welche Formen und Proportionen sie mitbringen und wie sie den Betrachtern und Betrachterinnen nähergebracht werden sollen. Mithilfe von Weißräumen, Schriftgrößen und Farben können dann die Elemente im Layout, ihrer Hierarchie entsprechend, angeordnet und ausgestaltet werden.

8.2.3 Gestaltungsraster im Printbereich

Um ein Gestaltungsraster im Printbereich festzulegen, müssen zunächst passende Formate bestimmt werden. Denken Sie hierbei unbedingt an die entstehenden Zusatzkosten, wenn Sie von den genormten DIN-Formaten abweichen. Anschließend müssen Sie die Schriftgrade bestimmen, Zeilenabstände sowie Spaltenabstand, Spaltenbreite und die Stege festlegen und ein Grundlinienraster einrichten. Dann werden innerhalb des Gestaltungsrasters die möglichen Positionierungen von Texten und Bildern geregelt.

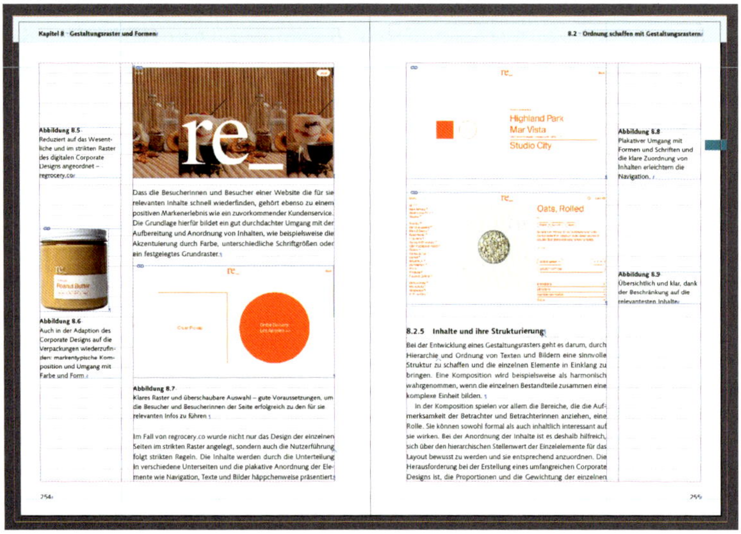

Abbildung 8.4
Aufbau eines Gestaltungsrasters

Bei der Gestaltung von Magazinen werden die Inhalte häufig hierarchisch horizontalen Bereichen zugeordnet. Mit der Einteilung der einzelnen Seiten werden die inhaltlichen Elemente in eine Ordnung gebracht. Die Reihenfolge der Erfassung durch die Leserinnen und Leser folgt im Idealfall der hierarchischen Ordnung. Je nach Stil des Corporate Designs können bestimmte Bereiche farbig unterlegt werden und so die Struktur einer Seite und die Hierarchie der Elemente ordnen. Durch Größe, Farbe, Weißraum und Anordnung können Elemente hervorgehoben werden oder als Zusatzinformation für die zeitversetzte Wahrnehmung ergänzt werden.

8.2.4 Gestaltungsraster digital

Bei Webseiten und digitalen Anwendungen sind andere Anforderungen zu beachten als in einem Printmedium. Beispielsweise ist es wichtig, die Inhaltsstruktur einer Webseite möglichst gut zugänglich zu machen – durch Zuordnung zu Themen, aufschlussreiche Überschriften und die entsprechende grafische Unterteilung, um den Besuchern und Besucherinnen das Erfassen möglichst angenehm zu machen.

Die Seitengröße und die Anordnung der Elemente hängen aber immer auch von den Browsereinstellungen und dem verwendeten Endgerät (Tablet, Smartphone …) ab. Mithilfe von CSS können Elemente sehr flexibel angeordnet werden. CSS ermöglicht dabei, ein fixes oder auch ein fluides Layout zu gestalten. In jedem Fall sollten Sie die Position und Größe des Logos bestimmen und die Navigation. Das passiert meistens im Header.

Anschließend folgt der Inhaltsbereich, der mehr oder weniger flexibel auf die Rasterspalten verteilt wird. Zeilen, die sich über eine ganze Desktopseite ziehen, sind für die Leserinnen und Leser schnell ermüdend und erschweren das Lesen. Bei breiten Formaten bietet es sich deswegen an, ein Raster zu wählen, das die Einteilung in eine Spaltenbreite für Fließtexte beinhaltet, die einen angenehmen Lesefluss ermöglicht. Dabei kann auch die Einteilung in zwei oder mehrere Spalten mit vordefinierten Abständen helfen. Eine Aufteilung in drei oder vier Spalten sorgt für größere Freiheit in der Gestaltung des Layouts und wird häufig bei digitalen Corporate-Design-Auftritten verwendet.

Ein Beispiel: Auf der Website der Firma **Regrocery** wurden die Inhalte auf das Wesentliche reduziert. Navigation und Design folgen einem strengen Muster, das auch in der mobilen Variante fortgeführt wurde. Markant ist der Umgang mit einfachen geometrischen Formen im Rahmen des Corporate Designs, die sowohl in den Navigationselementen als auch in Schrift und Logo wiederzufinden sind.

Formate

Zum Gestaltungsraster gehört auch die Festlegung von Formaten besonders für Printmedien – hier sollten Sie DIN-Formate auswählen, um Druckkosten zu senken. Auch ausgefallene Formate können ihre Berechtigung haben, beispielsweise um die Aufmerksamkeit auf sich zu ziehen, allerdings ziehen Sonderformate immer auch zusätzliche Kosten nach sich, sodass dieser Einsatz gut überlegt werden sollte.

Abbildung 8.5
Reduziert auf das Wesentliche und im strikten Raster des digitalen Corporate Designs angeordnet – regrocery.co

Dass die Besucherinnen und Besucher einer Website die für sie relevanten Inhalte schnell wiederfinden, gehört ebenso zu einem positiven Markenerlebnis wie ein zuvorkommender Kundenservice. Die Grundlage hierfür bildet ein gut durchdachter Umgang mit der Aufbereitung und Anordnung von Inhalten, wie beispielsweise die Akzentuierung durch Farbe, unterschiedliche Schriftgrößen oder ein festgelegtes Grundraster.

Abbildung 8.6
Auch in der Adaption des Corporate Designs auf die Verpackungen wiederzufinden: markentypische Komposition und Umgang mit Farbe und Form

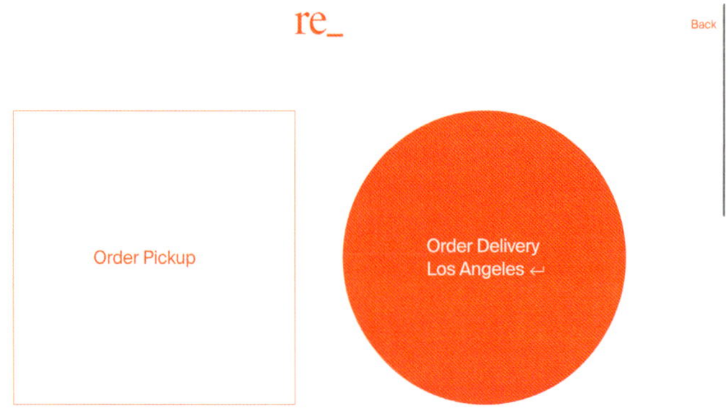

Abbildung 8.7
Klares Raster und überschaubare Auswahl – gute Voraussetzungen, um die Besucher und Besucherinnen der Seite erfolgreich zu den für sie relevanten Infos zu führen

Im Fall von regrocery.co wurde nicht nur das Design der einzelnen Seiten im strikten Raster angelegt, sondern auch die Nutzerführung folgt strikten Regeln. Die Inhalte werden durch die Unterteilung in verschiedene Unterseiten und die plakative Anordnung der Elemente wie Navigation, Texte und Bilder häppchenweise präsentiert.

Abbildung 8.8
Plakativer Umgang mit Formen und Schriften und die klare Zuordnung von Inhalten erleichtern die Navigation.

Abbildung 8.9
Übersichtlich und klar, dank der Beschränkung auf die relevantesten Inhalte

8.2.5 Inhalte und ihre Strukturierung

Bei der Entwicklung eines Gestaltungsrasters geht es darum, durch Hierarchie und Ordnung von Texten und Bildern eine sinnvolle Struktur zu schaffen und die einzelnen Elemente in Einklang zu bringen. Eine Komposition wird beispielsweise als harmonisch wahrgenommen, wenn die einzelnen Bestandteile zusammen eine komplexe Einheit bilden.

In der Komposition spielen vor allem die Bereiche, die die Aufmerksamkeit der Betrachter und Betrachterinnen anziehen, eine Rolle. Sie können sowohl formal als auch inhaltlich interessant auf sie wirken. Bei der Anordnung der Inhalte ist es deshalb hilfreich, sich über den hierarchischen Stellenwert der Einzelelemente für das Layout bewusst zu werden und sie entsprechend anzuordnen. Die Herausforderung bei der Erstellung eines umfangreichen Corporate Designs ist, die Proportionen und die Gewichtung der einzelnen

Gestaltungselemente geschickt auf die verschiedenen Formate zu übertragen und dabei die Designvorgaben beizubehalten.

Im Fall des Corporate-Design-Auftritts der **Solarisbank** wird deutlich, wie hier durch Anordnung, Größen und das Zusammenspiel von Form und Farbe eine klare Hierarchie im Layout erzeugt wird. Die Kombination von leuchtendem Orangerot und farblich zurückhaltenden Elementen ergibt einen spannenden Kontrast und lenkt den Blick auf die gut erfassbaren Texte. Das Logo wird durch den Umgang mit der Akzentfarbe Orangerot zu einem einprägsamen grafischen Element. Typisch für den Look ist außerdem die **Überlagerung** mehrerer Elemente wie Text und Bild sowie der gleichbleibende Anteil von hellen und dunklen Farbelementen. Unterstützt wird der aufgeräumte Auftritt durch klare und sehr moderne Illustrationen.

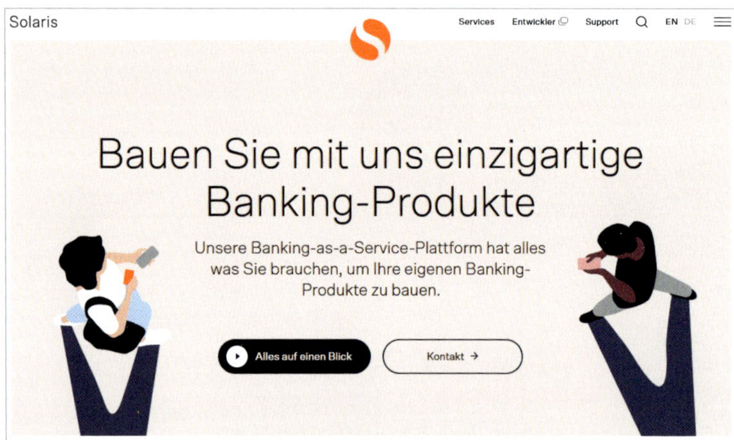

Abbildung 8.10
Corporate Design der Solarisbank: Das Logo ist neben der Überschrift ein hervorstechendes Gestaltungselement.

Abbildung 8.11
Moderne Illustrationen in zurückhaltenden Pastellfarben unterstützen das klare Ordnungsprinzip.

8.3 Formen und ihre Wirkung

Bei der Entwicklung von Designelementen wie Logos oder Grafiken und bei der Erstellung von Layouts können geometrische Formen eine gute Basis sein, um einzelne Elemente in einen grafischen Zusammenhang zu bringen. Einfache geometrische Formen wie Dreieck, Quadrat und Kreis gehören zu den sogenannten Archetypen, also Formen, die unabhängig vom kulturellen und sozialen Hintergrund von Kundinnen und Kunden überall mit den gleichen Assoziationen in Verbindung gebracht werden.

Geometrische Grundformen können als Ausgangslage für die Konzeption von Gestaltungselementen eines Corporate Designs nützlich sein. Durch die Kombination oder Variation der Formen können die archetypischen Assoziationen aber auch variiert und an die entsprechende Marke angepasst werden.

8.3.1 Das Dreieck

Das Dreieck ist von den drei Grundformen die aktivste und wird häufig mit Fortschritt und Dynamik assoziiert. Je nach Drehung kann das Dreieck als Symbol für Weiblichkeit, als Berg, als Pfeil, Dach oder Gefahrenzeichen gesehen werden.

Kommen wir noch einmal auf das Beispiel des **Kölner Doms** zurück: Mithilfe von Dreiecken ist das markante architektonische Merkmal der beiden Türme entstanden. Die Formgebung des Logos ist dabei in Mustern, Illustrationen und abstrakten grafischen Elementen im Corporate Design wiederzufinden.

Abbildung 8.12
Markantes dreieckiges Erkennungszeichen – Corporate Design für den Kölner Dom

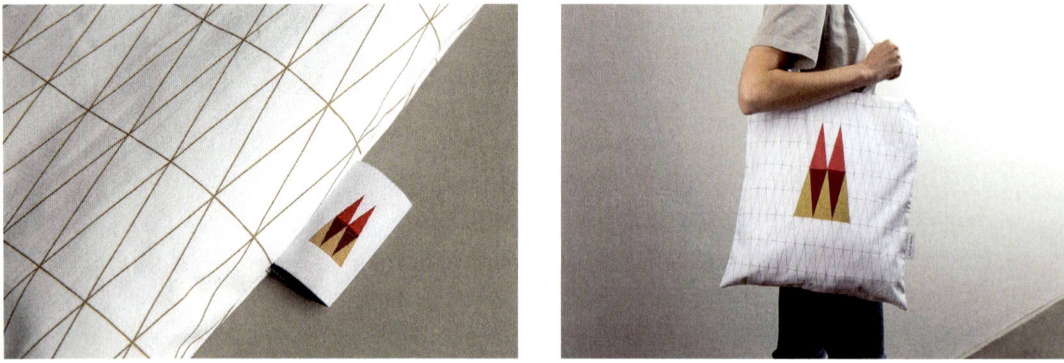

Abbildung 8.13
Fortführung der typisch dreieckigen Formsprache als Muster, auch in Kombination mit dem Logo

Abbildung 8.14
Der Strich im Logo symbolisiert die Aufwärtsbewegung.

Abbildung 8.15
Dynamisch wird das Logo besonders durch eine Überlagerung der Farben, die Bewegung suggeriert.

Abbildung 8.16
Logo und Formensprache spiegeln den bekannten Markenslogan wider.

8.3.2 Quadrat und Rechteck

Vierecke bringen im Gegensatz zu Dreiecken weniger Dynamik und Aktion ins Spiel. Sie stehen vor allem für Standhaftigkeit, Bodenhaftung, Seriosität und Verlässlichkeit. Dementsprechend sind sie oft Basis für die Entwicklung von Corporate-Design-Auftritten für Unternehmen, die diese Werte ausstrahlen möchten: Banken, Versicherungen, Beratungsfirmen.

Eines der bekanntesten Logos hierzulande ist zum Beispiel das der **Deutschen Bank**. Wie die Ergänzung durch weitere Formen die Assoziation in eine bestimmte Richtung lenken kann, ist in diesem Logo durch den Schrägstrich zu erkennen.

Auf die Spitze getrieben wurde die Wendung vom bodenständigen Quadrat zum Symbol für Dynamik und Weiterentwicklung aber beim Corporate-Design-Auftritt des Bundesverbands Digitalpublisher und Zeitungsverleger, kurz **BDZV**.

Ein weiteres Beispiel für die Anwendung des Rechtecks als führende Form im Corporate Design ist das 2021 überarbeitete Corporate Design der Bausparkasse **Schwäbisch Hall**. Dabei stand die Visualisierung der Markenwerte *Individuell. Klar. Gemeinsam* im Vordergrund. Trotz der eckigen Formensprache werden im neuen Corporate Design Emotionen und Nahbarkeit transportiert. Die Assoziation mit dem bekannten Markenslogan *Auf diese Steine können Sie bauen* ist damit auch in der Formensprache gegeben und spiegelt sich nicht nur im Logo, sondern auch in den Icons, der Schrift »Fuchs« und den Kompositionen wider.

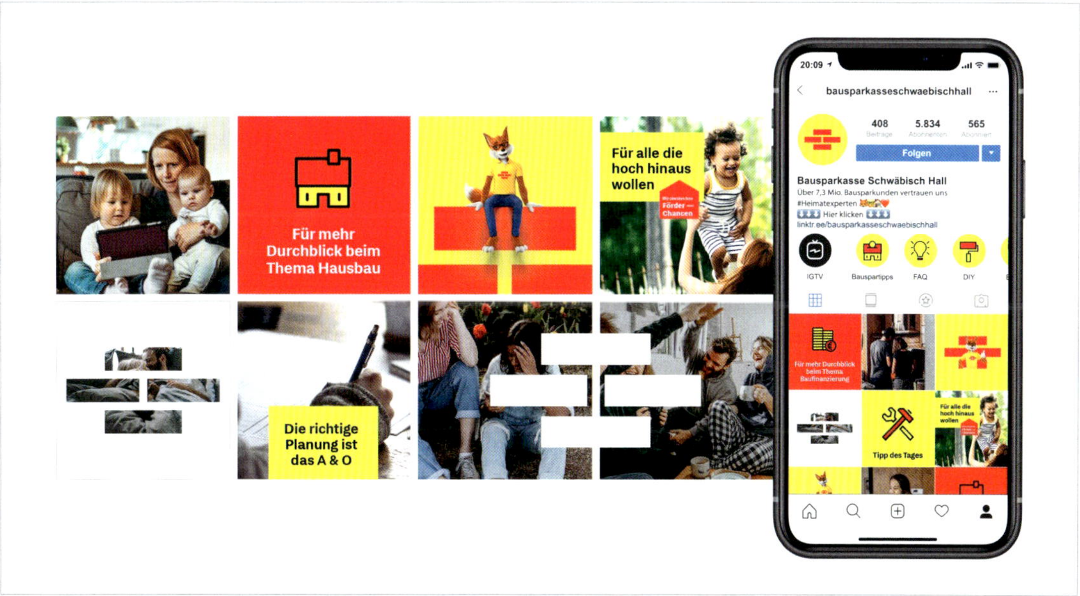

Abbildung 8.17
Geprägt von Quadrat und Rechteck – Social-Media-Account im überarbeiteten Look der Schwäbisch Hall

8.3.3 Der Kreis

Der Kreis ist als in sich geschlossene Form eng verbunden mit dem Ausdruck von Verlässlichkeit, Stärke, Freiheit und dem Gefühl von Zusammengehörigkeit und positiven Emotionen. Eine runde Formensprache ist deshalb für Unternehmen geeignet, die sich auf Emotionen und die Nähe zu Kundinnen und Kunden berufen.

Beispiel: Der Stromanbieter **Yello** hat kürzlich ein Rebranding vollzogen, das Themen wie Inspiration, Menschlichkeit, Leichtigkeit und Lebendigkeit aufgreift. Der sogenannte *Companion Dot* ist dabei das zentrale Element, das schon aus dem zuvor bestehenden Logo bekannt ist. Er funktioniert wie ein Wegweiser oder Ankerpunkt, um Inhalte zu strukturieren und den Betrachterinnen und Betrachtern Orientierung, beispielsweise auf der Website, zu geben.

Abbildung 8.18
Markantes Zusammenspiel aus Form und Farbe – das Logo von Yello

Abbildung 8.19
Der gelbe Punkt findet sich überall auf der Website.

Aber auch in weiteren Elementen des Corporate Designs überwiegen runde Formen, so beispielsweise auch in der Bildsprache, den Illustrationen oder als grafisches Element im Hintergrund.

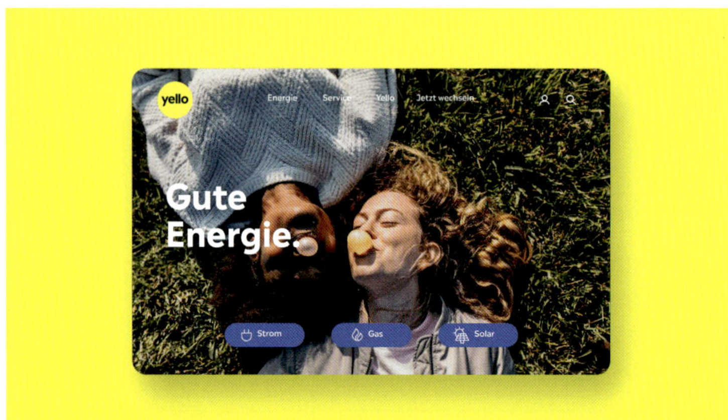

Abbildung 8.20
Die runde Formensprache ist auch auf der Website des Unternehmens und in der Bildsprache zu finden.

Abbildung 8.21
Offensichtliche Themen – Menschlichkeit und Kundennähe, zu finden in sämtlichen Bestandteilen des Corporate Designs, unterstützt durch den Einsatz runder, organischer Formen

Dass der Kreis ein beliebtes Motiv ist, sieht man auch an den Firmenauftritten von BMW, VW, der NASA, von Pinterest, Starbucks, HP oder Spotify.

Kapitel 9

Corporate Design der Zukunft

Der Wandel unserer Gesellschaft, bedingt durch technische Entwicklungen und globale Einflüsse, spiegelt sich längst auch im Corporate Design wider. Das hat auch die Arbeitsweise von Designern und Designerinnen verändert.

Wo es früher darum ging, regionale Werbeplakate zu gestalten, eröffnen sich heute in der Gestaltung ganz neue Möglichkeiten, die sich in rasantem Tempo weiterentwickeln. Es reicht längst nicht mehr, den Radius für ein Corporate Design lediglich auf neue Medien zu erweitern – Flexibilität ist in allen Bereichen gefragt, sowohl in der Einbeziehung von unterschiedlichen Medien als auch in der Konzeption von Designelementen an sich.

9.1 Brand Experience

Traditionell verfolgt Corporate Design und die damit verbundene Markenkommunikation einen Top-down-Ansatz – die Wahrnehmung der Marke wird durch die Unternehmenskommunikation vorgegeben. Seit einiger Zeit zeichnet sich allerdings ein Gegentrend dazu ab: Der Einfluss von Social Media sowie die einfache Verbreitung der eigenen Brand Experience durch die Kundinnen und Kunden haben zur Folge, dass zu einem großen Teil auch die Meinung der Kundschaft bestimmt, wie eine Marke in Erscheinung tritt.

Brand Experience
Dieser Marketingbegriff beschreibt, wie Kunden und Kundinnen eine Marke wahrnehmen und erinnern.

Die Identifikation mit dem Unternehmen geht dabei so weit, dass Kunden und Kundinnen zu Mitbestimmern der Marke werden.

Mit der »Demokratisierung des Designs« sind weitere neue Herausforderungen an die Konzeption und die Gestaltung von Corporate Design entstanden. Das Erscheinungsbild einer Marke wird heute nicht mehr nur vom Unternehmen selbst gestaltet und geführt, Nutzerin und Konsument haben einen eigenen weitreichenden Spielraum gewonnen. Die Markenkommunikation durch Kundinnen und Kunden findet dabei hauptsächlich auf Social-Media-Kanälen statt, aber auch in Blogartikeln und Foren.

Kunden und Kundinnen wollen heute Teil der Marke sein und das Markenerlebnis bis zu einem gewissen Grad auch mitbestimmen. Personalisierte Inhalte und eine auf den Kundenkreis zugeschnittene Brand Experience sind Möglichkeiten, um sich von der Konkurrenz abzuheben oder einen einzigartigen Markenauftritt zu kreieren.

Zudem sind die Einzigartigkeit und die Wiedererkennbarkeit eines Markenauftritts so stark wie noch nie in den Fokus gerückt. Als Konsequenz hat generatives und datengesteuertes Design an Stellenwert gewonnen.

9.2 Flexibles und dynamisches Corporate Design

Andere Gegebenheiten, Bedürfnisse und der ständig wachsende Anspruch an Mobilität und Unabhängigkeit in unserer Gesellschaft verlangen sowohl im Alltag als auch im Beruf und der Gestaltung des Arbeitsalltags, in der Aufstellung von Teams und der Kommunikation untereinander ein hohes Maß an Flexibilität.

9.2.1 Flexibilität im Corporate Design

Auch wenn es beim Stichwort *Flexibilität* erste Ermüdungserscheinungen gibt, bieten sich im Designbereich durch neue technische Möglichkeiten und ungewohnte Anforderungen spannende Herausforderungen, um auf die anspruchsvollen neuen Bedürfnisse zu reagieren.

Design sollte heute so variabel sein, dass es

- einerseits vielseitig anpassbar und einsetzbar ist und
- andererseits Kundinnen und Kunden ein möglichst einzigartiges uneingeschränktes Erlebnis bietet.

Corporate Design muss nicht nur an die neuen Gegebenheiten adaptierbar sein, sondern ganz individuell auf die Bedürfnisse des Einzelnen zugeschnitten werden. Die heutige Lebensweise und unsere Umgebung sind geprägt von maximalen Möglichkeiten und vielschichtigen Trends, was einen hohen Anspruch an die eigene Meinungsbildung und deren Vertretung nach außen stellt. In Kombination mit strategischen Marketingmaßnahmen bietet Design eine hervorragende Möglichkeit, Geschichten zu erzählen, in sich stimmige Welten zu schaffen und ein Unternehmen auch in seiner Kommunikation nach außen zukunftsfähig zu machen. Datengestütztes Design und reaktive Technologien sind dafür wichtige Instrumente.

Design und Nachhaltigkeit

Zudem gibt es auch gesellschaftlich relevante Themen, die das Corporate Design betreffen, wie beispielsweise der Umgang mit Ressourcen. Der bewusste Umgang mit Umweltaspekten im Corporate Design kann bei entsprechender Zielgruppe für ein Unternehmen ebenso vielversprechend in Bezug auf zukünftigen Erfolg sein wie der Fokus auf moderne Technologien.

Bisher waren ein konsistentes Design und ein durchgängiger Markenauftritt beinahe ein Garant für die Verankerung einer Marke in den Köpfen der Kunden und Kundinnen. Das wird in Zukunft nicht mehr ausreichen – weder um sich von der Konkurrenz abzuheben noch um langfristig bei der Kundschaft in Erinnerung zu bleiben. Ein Logo, zwei Farben, Typografie etc. – sämtliche Bestandteile eines zukunftsfähigen Corporate Designs müssen mehr hergeben als das einmal festgelegte Erscheinungsbild.

Stattdessen zählt dazu neben der bereits erwähnten Brand Experience, d.h. der ganzheitlichen Erfahrung einer Marke mit all den Touchpoints, vor allem der Grad der Flexibilität – auch im Erscheinungsbild, und das, ohne an Wiedererkennungswert einzubüßen.

Bisher bestand die Anforderung an ein flexibles Corporate Design vor allem in der Möglichkeit zur Adaption des Designs auf unterschiedliche Medien. Das Corporate Design sollte auf dem iPhone genauso auf einen Blick erkennbar sein wie auf einer Werbetafel. Heute genügt es lange nicht mehr, ein Corporate Design modular aufzubauen, sodass eine Übertragung auf unterschiedliche Formate und Medien leichter möglich ist. Auch die Möglichkeiten des globalen Einsatzes sind unabdingbar. Ein Erscheinungsbild muss gegebenenfalls von einem Betrachter am Times Square genauso eindeutig identifizierbar sein wie von einer Betrachterin in Berlin oder Shanghai.

9.2.2 Dynamisches Corporate Design

Die Steigerung dieser Flexibilität wird erreicht durch die Kreation von dynamischen Erscheinungsbildern, die nicht nur flexibel, sondern häufig auch besonders lebendig erscheinen. Die grundsätzlichen Kriterien für dynamisches Corporate Design sind bereits seit langem bekannt und mittlerweile feste Bestandteile moderner Brandportale.

Dabei muss trotz der Variation im Erscheinungsbild die Wiedererkennbarkeit erhalten bleiben. Wichtiger denn je ist es bei der Entwicklung dynamischer Corporate Designs, dass der Kern der Marke verstanden und verinnerlicht wurde. Auf Basis des Markenkerns kann dann ein fluides Erscheinungsbild entwickelt werden, das zwar aus den gleichen Grundbestandteilen wie ein klassisches Corporate Design besteht, aber viel wandelbarer und anpassungsfähiger ist.

Wirkung
Durch die Flexibilität und Wandelbarkeit des Erscheinungsbildes und die immer neuen Kombinationsmöglichkeiten der Bestandteile wirken dynamische Designs besonders lebendig.

Eine Möglichkeit, die Wiedererkennbarkeit trotz der geforderten Flexibilität zu erhalten, ist, im Voraus eine Art Container oder Rahmen festzulegen, innerhalb dessen der Designer oder die Designerin frei in der Gestaltung agieren kann. Dieser Rahmen wird zum festen Erkennungsmerkmal der Marke und kann beispielsweise das Logo umfassen oder die Marke selbst. Immer wiederkehrende Bestandteile können mit wechselnden Elementen wie beispielsweise Schriften, Farben, Illustrationen oder Hintergründen kombiniert werden und für immer neue Looks sorgen.

Wie kann das in der Praxis aussehen? Bekanntestes Beispiel hier ist das **Google-Logo**, das als Marke bestehen bleibt, egal wie es darüber hinaus gestaltet wird.

Abbildung 9.1
Unterschiedliche Gestaltung des Google-Logos, trotzdem ist eine eindeutige Zuordnung möglich.

Mithilfe von dynamischen Erscheinungsbildern können Marken Bezug nehmen auf aktuelle Themen, gesellschaftliche Veränderungen oder Änderungen innerhalb der Marke selbst.

Die Individualisierung eines Markenauftritts nach der Umgebung oder gar nach den Kundenvorlieben steht aktuell hoch im Kurs. Für die Konzeption des Corporate Designs bedeutet das, dass die Grundelemente des Designs so charakterstark sein müssen, dass sie auch in veränderter Form wiedererkennbar sind.

Im Erscheinungsbild der **Stadt Linz** wurde mit der typografischen Formgebung ein Platz für unterschiedliche Gestaltungsarten des Logos geschaffen. Das Konzept beinhaltet die horizontale Anordnung des Buchstabens i. Damit wird Bezug genommen auf das Motto *L.I.N.Z. – lebendig, innovativ, natürlich, zusammen zufrieden*. Die entstandene Lücke kann je nach Kontext und Thema flexibel angepasst werden.

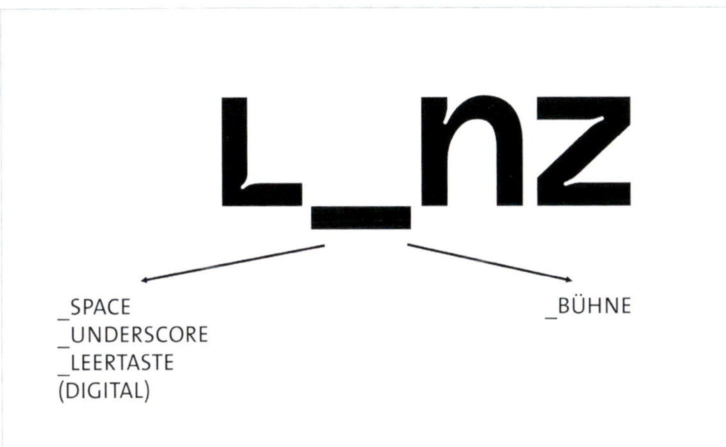

Abbildung 9.2
Neues Logo der Stadt Linz in Österreich

Abbildung 9.3
Social-Media-Auftritt mit unterschiedlichen Ausprägungen des Erscheinungsbilds

Abbildung 9.4
Fotospot in der Stadt

Die Variabilität eines Corporate Designs kann aber noch ganz andere Ausmaße annehmen. Vor allem in Branchen, die selbst einer stetigen Veränderung unterliegen, eignet sich ein ständig anpassbares dynamisches Design. Sehen wir uns das Beispiel von **Galaxy** an. Bei Galaxy handelt es sich um eine Web3-Finanzplattform, die die Lücke zwischen Kryptowährung und potenziellen Investoren und Investorinnen schließen und die Anbindung von Unternehmen an die Kryptowirtschaft vereinfachen soll. Die Finanzplattform richtet sich sowohl an die bestehende Community, die bereits mit Kryptowährung vertraut ist, als auch an Neulinge auf diesem Gebiet und will Sachverhalte entwirren und das teilweise abstrakte Thema von der vorherrschenden Komplexität befreien.

Abbildung 9.5
Ähnlichkeit mit einem Astronautenhelm – Versinnbildlichung der Unternehmensmission im Logo

Das aufgrund dieser Anforderungen entstandene Logo besteht aus den Grundformen Quadrat und Kreis und symbolisiert das endlose

Potenzial der Blockchain in Kombination mit der Galaxy-Plattform. Angelehnt an einen Astronautenhelm zeigt es die unterschiedlichen Rollen des Unternehmens in Bezug auf Technologie, Sicherheit, Forschung und Führung. Die unendlichen Variationsmöglichkeiten stehen für die vielen unterschiedlichen Menschen, die am zukünftigen Ausbau der Plattform beteiligt sind.

Teil des neuen Designs ist außerdem eine Reihe von Illustrationen, die das variable Erscheinungsbild des Unternehmens ergänzen.

Abbildung 9.6
Spiegelt sich auch im Logo wider: Komplexe Themen einfacher darzustellen ist der Anspruch von Galaxy, einer digitalen Finanzplattform.

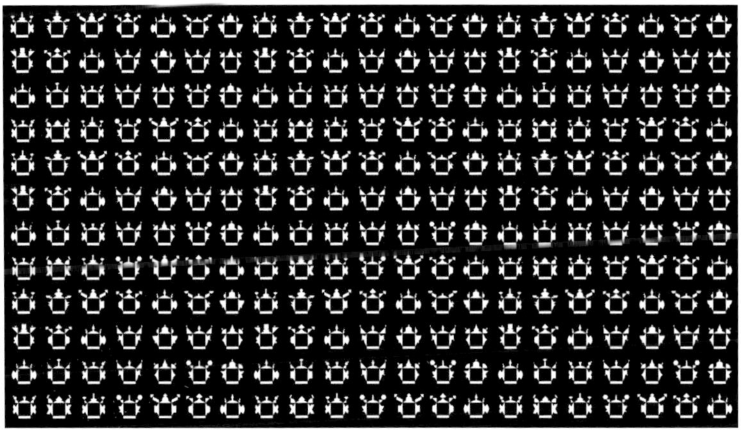

Abbildung 9.7
Unendliche Ausprägungen des Logos, analog zur Vielseitigkeit der Nutzerinnen und Nutzer der Plattform

Abbildung 9.8
Sparsamer Einsatz von Farbe und hohe Wiedererkennbarkeit bei der Wahl von Schrift und Illustrationen ergänzen das flexible Erscheinungsbild.

Abbildung 9.9
Zukunftsmusik auch in Form von Printmedien: Der Wiedererkennungswert bleibt auch ohne Animation bestehen.

Wo komplexe Sachverhalte herrschen, entsteht das intensive Verlangen nach **Vereinfachung** und Reduzierung auf das Wesentliche. Und zwar auch im Corporate Design. Modernen Designern und Designerinnen muss also ein Spagat gelingen aus

1. komplexeren technischen und gesellschaftlichen Anforderungen und
2. einer simplen, geradlinigen Kommunikation mit klarer Zuordnung zur Marke.

Dabei betrifft Corporate Design auch heute schon lange nicht mehr nur die visuelle Komponente einer Marke; stattdessen zählen weitere Kriterien zum geforderten ganzheitlichen Markenerlebnis:

- Interaktion mit der Marke
- Service
- Reaktionsfähigkeit

- Individualität der Inhalte und Produkte
- Qualität der Inhalte und Produkte

Das Bild von Designerinnen und Designern splittet sich damit in mehr und mehr Zweige – je nach Fokus – abseits des klassischen Corporate Designs. UX und Service Design sowie Markenstrategie werden in Zukunft für das Erleben einer Marke noch weiter an Bedeutung gewinnen und zu den Aufgaben von Designern und Designerinnen gehören. Kreative Ideen im Corporate Design sind somit weitreichender geworden, erfordern mehr Feedback und Abstimmung mit angrenzenden Bereichen.

9.2.3 Elastic Layout

Neben den physischen Begegnungen mit einem Unternehmen sind in der modernen Welt noch viele weitere Berührungspunkte hinzugekommen, die ebenfalls die Wahrnehmung durch Kunden oder Mitarbeiterinnen formen – dazu gehört die Verwendung des Produkts, die Werbung, die Handhabung bis hin zum Recyclinggedanken sowie die Erreichbarkeit und der Umgang mit Kunden und Kundinnen bei Rückfragen oder Problemen.

Neben dem Erscheinungsbild im Geschäft sind weitere Markenerlebnisorte hinzugekommen: Ob Social Media, E-Commerce-Plattformen, Newsletter, Blogs oder Apps – jede Erweiterung bringt auch eine Erweiterung der Corporate-Design-Medien mit sich.

em

ist im Schriftsatz eine Bezeichnung für die Angabe der Zeichenbreite in Abhängigkeit von der Schriftgröße. Dabei entspricht ein *em* einem Geviert aus dem Druckwesen. Das ist in etwa die Breite des Buchstabens »M« der jeweiligen Schriftart.

Betrachtet man beispielsweise Webseiten der ersten 20 Jahre, so ist noch ganz klar die Analogie zum Printbereich zu sehen: Das Corporate Design wurde auf die jeweils vorgegebene Fläche der Bildschirmgröße adaptiert und im besten Fall noch angepasst.

Im Gegensatz zu den bisherigen starren Rastern (Fixed Layout) zeichnet sich seit einiger Zeit der Trend zu Elastic Layouts ab. Der Anspruch bei elastischen Layouts ist, Webseiten in jedem möglichen Fall optimal darzustellen. Die Aufteilung der Seite und der Elemente erfolgt hier in *em* und nicht in festen Maßen wie Zentimetern oder Pixeln. Die Angabe in *em* steht in Relation zur Schriftgröße. Je nach Browser passt sich das Layout entsprechend an. Die Programmierung dahinter ist anspruchsvoll, komplex und dadurch fehleranfällig, weshalb Elastic Layouts aktuell noch nicht so häufig zum Einsatz kommen.

Aber der Trend ist ganz eindeutig: Webseiten und digitale Anwendungen sollen heute flexibel und individuell anpassbar sein.

Das bedeutet für das Corporate Design, dass das Design nicht mehr 1:1 auf die unterschiedlichen Größen adaptiert wird, sondern ein eigenes Konzept dahintersteckt, das zur individuellen Nutzungssituation passt. Eventuell ist es dann sinnvoll, auf Bestandteile zu verzichten, um die Ansicht und den Zugang auf kleinen Bildschirmen zu optimieren. Die Gestaltung muss dann ebenso flexibel sein wie die Umgebung, in der das Corporate Design betrachtet werden kann.

Für eine treffende Gestaltung reicht es nicht mehr aus, den bisherigen Gestaltungsprinzipien zu folgen, auch wenn sie eine sehr gute Grundlage bieten. Stattdessen geht es darum, die Bedürfnisse der Nutzer und Nutzerinnen und deren Gewohnheiten so intensiv zu studieren, dass die Customer Journey und damit das Erscheinungsbild darauf angepasst werden kann. Bei der Konzeption von digitalen Produkten und Anwendungen muss man also dem User einen Schritt voraus sein. Sein Verhalten vorherzusehen, gelingt aber nur dann, wenn einerseits ein hohes Maß an Empathie vorhanden ist und andererseits durch Tests, Beobachtungen und Befragungen die Zielgruppe genau studiert wurde. Eine Möglichkeit dazu sind Designsysteme.

Definition

Was sich hinter dem Begriff *Designsystem* verbirgt, lässt sich mit der von IBM formulierten Definition sehr gut auf den Punkt bringen: *Ein Designsystem ist eine Sammlung vorgefertigter, wiederverwendbarer Elemente – Komponenten, Muster, Anleitungen und Code –, mit denen die Benutzer konsistente digitale Erlebnisse schneller entwickeln können. Durch die Verwendung der vorgefertigten und universellen Elemente wird die Zeit, die Teams für Design und Entwicklung aufwenden, auf ein Minimum reduziert. Anstatt grundlegende Elemente zu erstellen und wiederzuverwenden, können sie diese Zeit nutzen, um ihre Produkte an die spezifischen Kundenanforderungen anzupassen.*

9.2.4 Designsysteme

Mit dem Wandel der Anforderungen an Designerinnen und Designer von reinen Gestaltern zu Problemlösern haben sich auch der Berufsalltag und die Aufgaben im Designbereich verändert. Durch die immer vielfältigeren Herausforderungen, Anwendungen und Möglichkeiten ist auch die Organisation von Aufgaben und die Strukturierung des Designprozesses wichtiger geworden.

Vor allem im Verlauf eines sehr umfangreichen Corporate-Design-Projekts gibt es Elemente und Komponenten, die immer wieder zum Einsatz kommen. Auf lange Sicht, zugunsten des Zeitaufwands und der verbesserten Kommunikation im Team, lohnt es sich, diese einzelnen Bestandteile festzuhalten und für alle Beteiligten an einem zentralen Ort zugänglich zu machen. Das geschieht, vor allem auch im Hinblick auf digitale Designelemente, mithilfe eines Designsystems.

Konsistenz spielt bei der Wahrnehmung eines Unternehmens eine maßgebliche Rolle – durch fehlende Konsistenz im Corporate Design auf den unterschiedlichen Kommunikationskanälen kann der Eindruck entstehen, dass man es mit völlig unterschiedlichen Unternehmen zu tun hat. Ein Designsystem bietet einen guten

Leitfaden für den konsistenten Einsatz von Designprinzipien und in Bezug auf die User Experience. Die gemeinsame Vision wird so in vielen Bereichen für das gesamte Unternehmen erfassbar.

Studie

In einer seit 2017 laufenden Studie von ABB mit 107 Teilnehmenden aus 14 Ländern haben 69 % der Befragten angegeben, dass eine Vereinheitlichung des User Interfaces und die Konsistenz bei Softwareprodukten einen positiven Einfluss auf den Verkauf haben. ABB führt zum firmeneigenen CommonUX-Designsystem vierteljährlich Befragungen durch, um Feedback aufzunehmen und Defizite zu identifizieren.

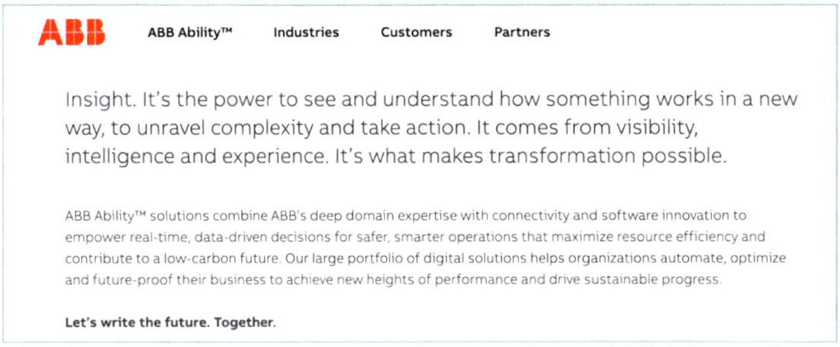

Quelle: https://global.abb/topic/ability/en

Abbildung 9.10
Für Unternehmen wie ABB wird der Zusammenhang zwischen User Experience und langfristigem Erfolg immer deutlicher.

Teil eines Designsystems sind nicht nur die Gestaltungselemente, sondern auch Gestaltungsprinzipien für die Entwicklung neuer Komponenten und Interaktionen. So können nicht nur Webseiten, sondern auch zukunftsfähige digitale Produkte, Apps oder Plattformen markenkonform gestaltet werden. Der Einsatz von gezielt ausgearbeiteten Guidelines und Komponenten des Designsystems stellt somit die Erfüllung der Anforderungen an die Qualität in Bezug auf Ästhetik und Nutzerfreundlichkeit sicher.

Designsysteme

Beispiele für bekannte Designsysteme sind:

- Material Design (Google)
- Salesforce Lightning Design System
- Polaris (Shopify)

Eine ständig erweiterte Kollektion an Designsystemen findet man auch unter *https://designsystemsrepo.com/*.

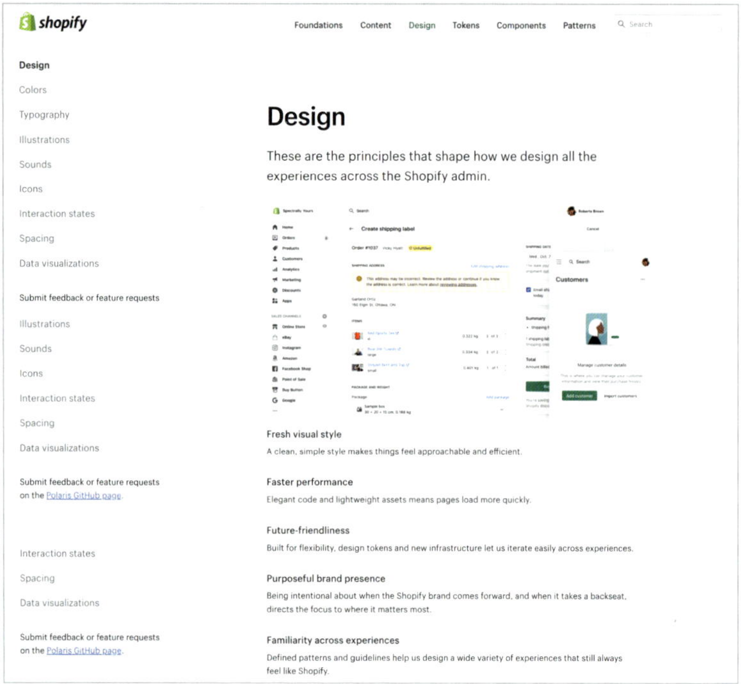

Abbildung 9.11
Angaben zum Design im Designsystem Polaris von Shopify (https://polaris.shopify.com)

Um Corporate-Design-Elemente möglichst konsistent umsetzen zu können, behilft man sich im digitalen Bereich beispielsweise mit *Pattern Libraries*. Damit wird sichergestellt, dass sich das Erscheinungsbild bei den vielen unterschiedlichen Formaten nicht verselbstständigt und zu komplex wird.

Atomic Design

Dass die Bestandteile des Designs bis ins kleinste Detail beschrieben werden können, hat Brad Frost in seiner Darstellung des Atomic Designs beschrieben. Dabei hat er die Einzelteile des Designs in Atome, Moleküle, Organismen, Templates und Seiten unterteilt. Je nach Zusammenschluss ergeben die einzelnen Komponenten ein größeres Ganzes bis hin zu einer kompletten Seite.

Der Unterschied zwischen Styleguide und Designsystem besteht darin, dass der Styleguide, wie beispielsweise in Form eines digitalen Brandportals, umfangreicher in Bezug auf die Marke, das Markenimage und deren Hintergründe ist. Die Bestandteile eines Styleguides sind zudem eher beschreibend, während ein Designsystem oder eine Pattern Library tatsächlich dazu geeignet ist, die aufgeführten Komponenten direkt einzusetzen und damit zu arbeiten.

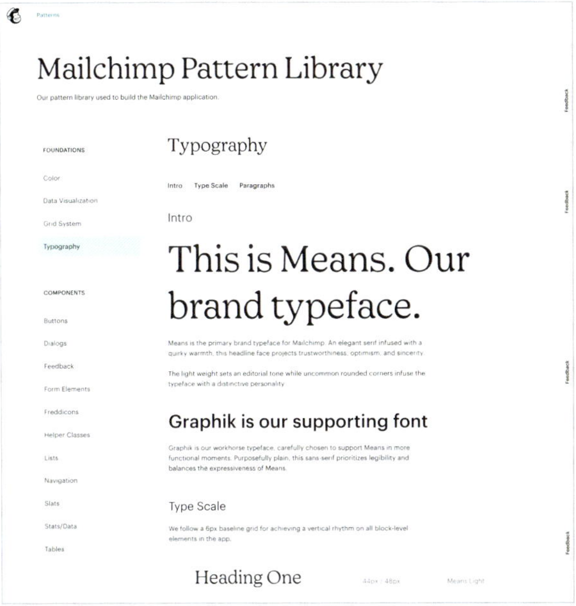

Abbildung 9.12
Auszug aus den Angaben zum Umgang mit Typografie im Pattern Library von Mailchimp (https://ux.mailchimp.com)

Eines der bekanntesten Beispiele für ein Designsystem ist das Material Design von Google. Es wird nicht nur von Google selbst eingesetzt, sondern darüber hinaus auch von Entwicklerinnen und Programmierern. Auf der dazugehörigen Plattform sind in einer Bibliothek sämtliche Bestandteile des Designsystems hinterlegt und erklärt.

Abbildung 9.13
Übersicht über die Kategorien des Material Designs von Google (https://material.io)

Zu einem Designsystem gehören feste Bereiche, die je nach Umfang und Projekt mit den Elementen und Vorgaben befüllt werden können:

- Inhaltstypen: Hintergrundinformationen zur Markenkommunikation, der Kundenansprache und Richtlinien zum Umgang mit Texten
- Markenverständnis und Vision: langfristige Ziele
- Festgelegte Regeln und Prinzipien
- Komponenten: interaktive Elemente wie beispielsweise Buttons
- Regionen: bei Webseiten etwa die Navigation, die Suche oder der Footer
- Wiederholungsmuster: wiederkehrende Funktionen und Designpatterns
- UX Guidelines: Vorgaben und Ziele zur Benutzbarkeit für die angestrebte Zielgruppe
- Anwendungsbeispiele und konkrete Beschreibungen (formal, anwendungsbezogen, technisch und kontextbezogen)

Begriff

Der Begriff *Designsystem* kann für Verwirrung und Missverständnisse sorgen. Aus diesem Grund haben einige Unternehmen einen Eigennamen für ihr Designsystem etabliert, sodass von vornherein begrifflich der Fokus nicht nur auf dem Design liegt. Ein Beispiel hierfür ist Adobes »Spectrum«.

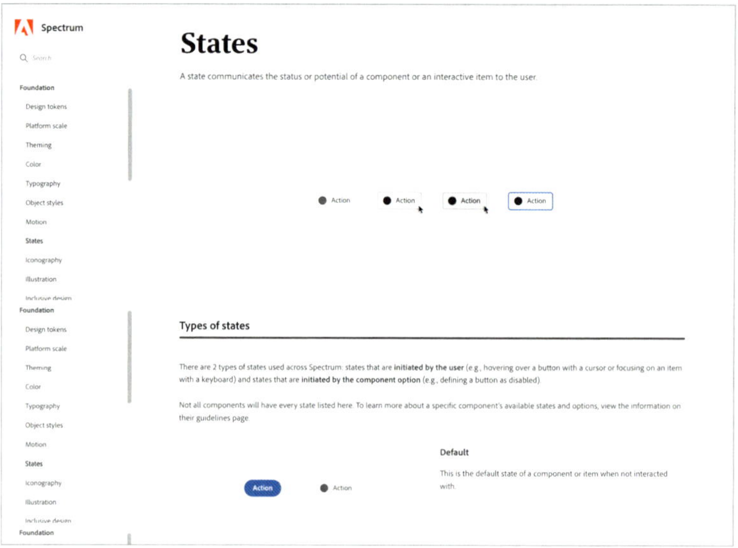

Abbildung 9.14
Ausschnitt aus Adobes »Spectrum« (https://spectrum.adobe.com)

Erstellung

Um ein Designsystem zu erstellen, werden zunächst immer wiederkehrende Designelemente, Abläufe, Prozesse und Funktionen gesammelt und in einen Zusammenhang gebracht. Die Einzelelemente lassen sich wie bei einem Design-Manual nach den Bestandteilen des Corporate Designs kategorisieren. Bei digitalen Elementen kommen außerdem noch weitere Informationen wie beispielsweise Codes und digitale Formate sowie unterschiedliche Ausprägungen der Interaktion hinzu. Dabei sollten die einzelnen Elemente einen gewissen Spielraum für Flexibilität lassen. Durch Tests und Feedbacks können die Komponenten eines Designsystems auf allen Ebenen optimiert werden. Erklärungen zu den Komponenten sollten Sinn und Zweck und den konkreten Einsatz, Ziele, Einflüsse und Ergebnisse aus Praxistests wiedergeben, um ein möglichst klares Verständnis zu ermöglichen. Die Erweiterung von Designsystemen wird in Zukunft noch weitere Elemente umfassen, wie beispielsweise die Marke und die Produkte im virtuellen Raum, Augmented Reality oder sprachgesteuerte Interaktionen.

A design system needs to be kept alive and evolving as much as possible. It's not an end game.
(Emanuela Damiani, Senior UX Product Designer, Mozilla)

Wichtig bei der Erstellung eines Designsystems ist, dass es möglichst simpel und klar, gut strukturiert und leicht erweiterbar sein sollte.

Die Vorteile sind vielfältig, auch wenn es, durch das Anlegen und Kategorisieren der einzelnen Bestandteile, vorerst mit Mehraufwand verbunden ist:

- Wahrung der Konsistenz des Corporate Designs auf allen Plattformen durch die gezielte Gestaltung bis ins kleinste Detail und den kontinuierlichen Einsatz der festgelegten Elemente
- Zugriff der Teams auf das Designsystem durch die zentrale Ablage, unabhängig von den Personen, die für die Konzeption der Komponenten verantwortlich sind
- Erleichterung bei der Übergabe von Designelementen an Entwicklerinnen und Entwickler
- Zeitersparnis und damit verbunden auch Kostenersparnis
- weniger Wartungsaufwand
- weniger Fehlerquellen
- Gleichverteilung von Wissen zum Design
- Wahrung des angesetzten hohen Designstandards in Bezug auf User Experience und Kommunikation durch die bewusst finale Gestaltung der Einzelelemente

Regt zum Denken an

Ein Designsystem bietet nicht nur eine gute Übersicht über die vorhandenen Elemente, deren Verhalten und Einsatz, sondern regt auch dazu an, die einzelnen Bestandteile vollständig zu durchdenken und mehrere Eventualitäten zu beachten.

Vorsicht beim Einsatz

Die Vorteile eines Designsystems erschließen sich nicht immer automatisch. Deswegen ist es wichtig, auch im Einsatz und der Benutzung konsistent zu bleiben und die aktive Nutzung und Erweiterung des Designsystems bei allen Beteiligten zu forcieren und dafür zu werben, bis es zur Gewohnheit wird.

In Bezug auf die Zukunft von Produkten und Services, vor allem aber auch in Bezug auf Corporate Design, werden Designsysteme weiter an Bedeutung gewinnen. Kunden und Kundinnen, Stakeholder und Designerinnen dafür zu begeistern und das Verständnis für Designsysteme zu fördern, kann für Designteams und Agenturen ein wichtiger Schritt in Bezug auf die Zukunftsfähigkeit sein. Auch wenn häufig kritisiert wird, dass die Kreativität durch den Einsatz von Designsystemen und Pattern Libraries zu leiden hat, ist es bei länderübergreifenden, umfassenden Corporate-Design-Projekten sinnvoll, damit zu arbeiten, um ein langfristiges, konsistentes länder- und teamübergreifendes Markenbild etablieren zu können.

9.3 Augmented Reality, Virtual Reality und Mixed Reality

Die neuen Möglichkeiten der Kommunikation einer Marke entwickeln sich rasant, und so ist es kein Wunder, dass auch das Corporate Design stetig erweiterbar sein muss. Dazu gehören auch neue Erlebniswelten, beispielsweise durch Augmented Reality oder virtuelle Welten, wie das Metaverse, die sich stetig weiterentwickeln und in neuen Trends mit noch ausgereifteren technischen Möglichkeiten münden.

Die Corona-Pandemie hat mit den damit einhergehenden gesellschaftlichen Veränderungen ihren Teil dazu beigetragen, dass die ohnehin schon aktive Weiterentwicklung von digitalen Plattformen und Kommunikationsmöglichkeiten mit den Kundinnen und Kunden beschleunigt wurde. Mithilfe von Augmented Reality können heute eindringliche, individuelle Markenerlebnisse erschaffen werden, die mit dem simplen Ladenbesuch nichts mehr zu tun haben. Was unterscheidet aber Augmented Reality von Virtual Reality und Mixed Reality und welche Möglichkeiten gibt es für das Corporate Design?

1. **Augmented Reality:** Mithilfe von AR-Brillen und Smartphone-Kameras werden Objekte in Echtzeit in die reale Umgebung eingeblendet.
2. **Virtual Reality:** Mithilfe von Brillen und Headsets kann man in eine virtuelle Realität eintauchen.
3. **Mixed Reality:** Eine Mischung aus Augmented und Virtual Reality bietet ein ganz besonderes Erlebnis einer gemischten Realität.

Firmen wie Ikea oder Sephora nutzen bereits heute Augmented Reality, um ihren Kundinnen und Kunden die Auswahl der Produkte zu erleichtern. Im Fall von Ikea kann mithilfe einer App ausprobiert werden, wie die Möbelstücke vor Ort aussehen würden. Auch die Parfümkette Sephora setzt auf das virtuelle Ausprobieren bestimmter Produkte, um Kundinnen und Kunden die Entscheidung zu erleichtern und die Rücklaufquoten zu reduzieren.

Die Erfahrung der Marke steht hier im Vordergrund – die Kaufentscheidung wird um ein Vielfaches erleichtert, indem Kunden und Kundinnen im Voraus möglichst konkret wissen, worauf sie sich einlassen und was sie nach dem Kauf erwartet. Dass Corporate Design hier ebenfalls eine Rolle spielt, erscheint auf den ersten Blick nebensächlich, aber auch das Erscheinungsbild der App oder Plattform sowie die Präsentation der Marke müssen für die Nutzenden wiedererkennbar und korrekt zuzuordnen sein.

Abbildung 9.15
Mithilfe von Augmented Reality können Kunden in der Ikea-App ausprobieren, ob das Möbelstück in die eigene Wohnung passt (www.ikea.de).

9.4 Immersives Marketing

Einen Schritt weiter geht immersives Marketing. Darunter versteht man das Eintauchen in eine künstlich kreierte Markenwelt, die dazu führen soll, dass Nutzerinnen und Nutzer ihr ganz eigenes Erlebnis mit den Geschichten und der Welt der Marke haben können, während sie die Realität teilweise oder komplett ausblenden.

Dazu gehören auch Interaktionen zwischen Nutzerin bzw. Nutzer und der virtuellen Welt, wie sie beispielsweise schon länger von Computerspielen bekannt sind. Immersives Marketing richtet sich an Erwachsene und soll insbesondere die Beziehung zwischen Kunden und Kundinnen sowie der Marke positiv beeinflussen.

Kundenerlebnisse werden so immer spezifischer, individueller und es gibt ganz neue Wege, Markenbotschaften zu transportieren und Storytelling zu betreiben. Beispielsweise wird Kundinnen und Kunden so, vor allem bei Produkten, die mit relativ hohen Ausgaben verbunden sind, die Kaufentscheidung erleichtert – Fragen können noch gezielter beantwortet werden, als wenn sie beispielsweise über eine Website erläutert werden.

HoloLens

Ein Tool, das ein besonders intensives Nutzererlebnis bietet, ist die von Microsoft entwickelte HoloLens: Mithilfe der Mixed-Reality-Brille kann man interaktive dreidimensionale Projektionen in der tatsächlichen Umwelt sehen. Über Gesten, Sprache, Kopfbewegungen und kleine Knöpfe kann mit der virtuellen Welt interagiert werden. Der große Vorteil bei einer derartigen Darstellung ist, dass die Person nicht vollkommen in einer eigenen Welt verschwindet, sondern immer noch an der tatsächlichen Realität teilnehmen kann.

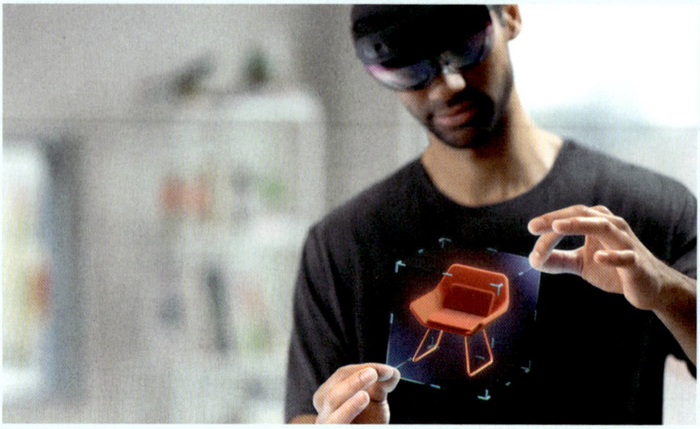

Quelle: microsoft.com

Abbildung 9.16
Neue Möglichkeiten mithilfe von Mixed Reality und der HoloLens

Auch hier spielt Data Driven Design eine große Rolle, denn durch die erhobenen Daten wird den Designern und Designerinnen genau mitgeteilt, wie die Vorlieben und Interessen der Kundschaft aussehen. Es werden mittlerweile handfeste Beweise gefordert, die zeigen, wie erfolgreich das Design tatsächlich ist. Dabei wird unterschieden zwischen

- qualitativer Datenerhebung und
- quantitativer Datenerhebung.

Bei der qualitativen Datenerhebung werden die Daten gesammelt, die die individuelle Einordnung der Zielgruppe betreffen. Methoden, die hierfür genutzt werden, sind beispielsweise Einzelinterviews oder Fallstudien. Dabei ist es das Ziel, herauszufinden, welche Erwartungen und Wünsche die Zielgruppe an die Marke hat, und diese genauer zu verstehen.

Bei der quantitativen Datenauswertung geht es um die numerische Erhebung von Daten, also knallharte Fakten in Form von Zahlen. Diese Daten werden anschließend ausgewertet und visualisiert. Sie werden beispielsweise eingesetzt, um die Erkenntnisse aus der qualitativen Datenerhebung zu unterstützen.

Mittlerweile ist die Bedeutung der Datenerhebung also auch in Designbüros angekommen. Daraus entstehen nicht nur neue Geschäftsmodelle, sondern auch andere kreative Ansätze, um Daten zu visualisieren und neue Designs zu generieren.

Ein Beispiel: Bei der Entwicklung des Designs für das **Google News Lab** ging es vor allem darum, visuell darzustellen, welche Trends und Themen mit besonders großer Hoffnung verbunden sind. *Building Hopes* ist eine App, die es mittels Augmented Reality ermöglicht, virtuelle »Hoffnungsskulpturen« zu bauen. Jeder Stein einer Hoffnungsskulptur steht dabei für ein Thema, dem die Person hoffnungsvoll gegenübersteht. Die einzelnen Skulpturen sind für andere Personen sichtbar und transportieren so auf spielerische Weise die Meinung und Einschätzung von Themen, die die Gesellschaft aktuell bewegen.

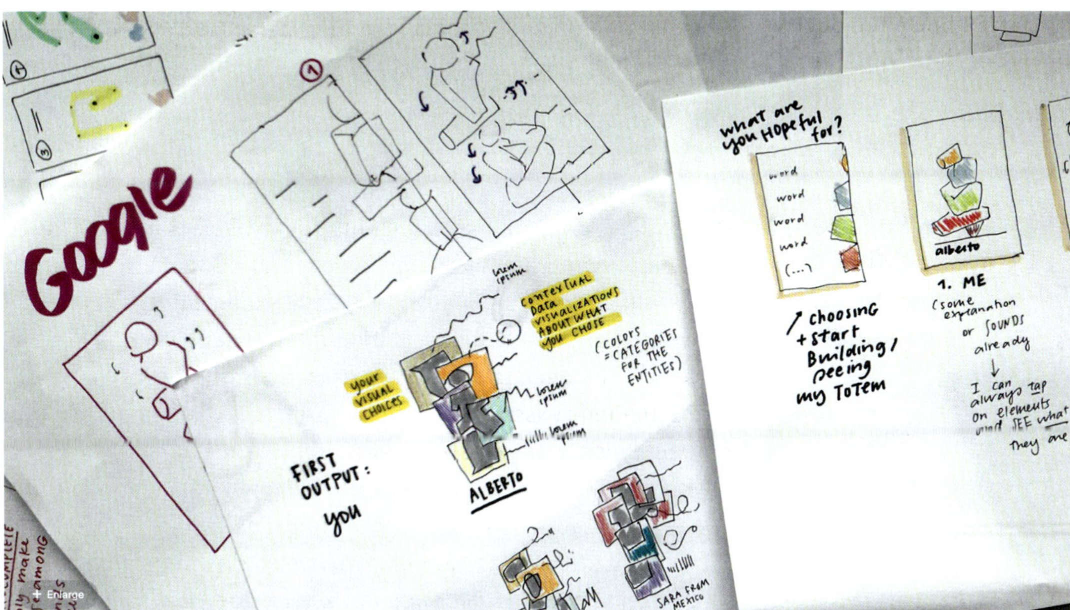

Abbildung 9.17
Animation zu mehr Hoffnung, dank »Building Hopes«

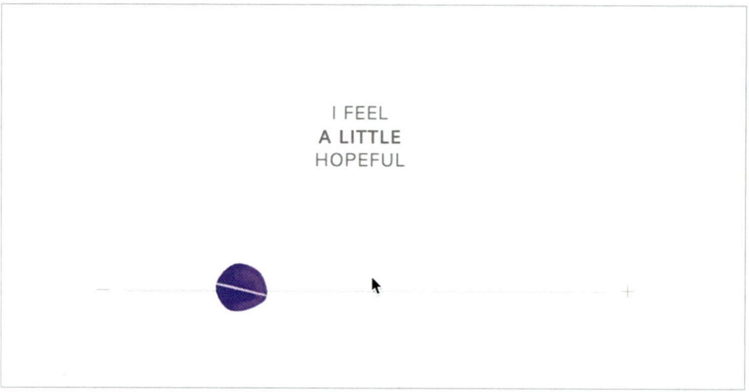

Abbildung 9.18
Wie viel Hoffnung die für Nutzer und Nutzerinnen relevante Themen mit sich bringen, kann individuell festgehalten werden.

Abbildung 9.19
Abbild der individuellen Hoffnungsdaten der Nutzer in Form von Hoffnungsskulpturen

Daten zu sammeln und auszuwerten sowie den Erfolg von Design zu messen, sind Themen, die in Zukunft an Bedeutung gewinnen werden. Nicht nur der Umgang mit Daten in Bezug auf die Privatsphäre, sondern auch die Darstellung der Ergebnisse spielt dabei eine große Rolle. Daten so darzustellen, dass ihre Gewichtung, die Zusammenhänge und der Kontext auf einen Blick erfassbar und vergleichbar sind, ist Aufgabe der Datenvisualisierung. Das erfolgt entweder ganz klassisch in Form von Graphen, Diagrammen und Karten oder durch neue technische Möglichkeiten.

Die Flut an Informationen hat in den letzten Jahren dazu geführt, dass die Erfassung von Bildern und visuell aufbereiteten Elementen immer mehr bevorzugt wurde. Weniger lesen, stattdessen Inhalte visuell verstehen, das ist die heutige Betrachtungsweise von digitalen Produkten und Anwendungen. Vor diesem Hintergrund ist es nun noch deutlicher, wie wichtig die Struktur und die visuelle

Aufbereitung von Inhalten ist. Es geht vor allem darum, die Flut an Informationen so aufzubereiten, dass man sich darin zurechtfindet, ohne im allerersten Augenblick das Interesse zu verlieren.

Bedeutung von Nutzerinnen und Nutzern

Nutzerinnen und Nutzer sind aktuell wieder ins Zentrum der Aufmerksamkeit gerückt, und zwar mehr denn je, denn es geht nicht nur darum, für sie zu gestalten, sondern mit ihnen. Sie werden immer häufiger mit in die Gestaltung einbezogen, sie werden befragt und beobachtet, um möglichst viele Rückschlüsse auf Verhalten, Wünsche und »Pain Points«, also Problempunkte, ziehen zu können. Heute steht tatsächlich wieder die Funktion und das Ziel, das mit der Webseite, der Anwendung und dem Design erreicht werden soll, im Vordergrund – und zwar sowohl aus Unternehmenssicht als auch aus Nutzersicht.

Dass die Übergänge zwischen den einzelnen Bereichen wie Technik, Service und dem virtuellen Erscheinungsbild einer Marke fließend sind, ist offensichtlich. Und so lohnt es sich, auch in Bezug auf das Corporate Design und die Ausweitung auf virtuelle Welten derartige Entwicklungen mitzuverfolgen. Die Entwicklung von digitalem Corporate Design wird sich in Zukunft nicht mehr nur auf Medien beschränken, die die Nutzer und Nutzerinnen an ihren Arbeitsplatz binden, sondern viel flexiblere interaktive Markenerlebnisse hervorbringen. Die Weiterentwicklung, das Zeitalter nach dem klassischen Webauftritt, die Verschmelzung von Realität und virtueller Brand Experience werden Themen für das Corporate Design der Zukunft sein. Dabei steht nicht mehr unbedingt das Erscheinungsbild als bloße visuelle Komponente im Vordergrund, sondern es ist ein Weg zu finden, Informationen möglichst gut und leicht verständlich zugänglich zu machen.

9.5 Generatives Corporate Design

Technische Weiterentwicklungen haben aktuell einen großen Einfluss auf die Entwicklung und Ausweitung von Corporate-Design-Medien. Dabei bietet das generative Design die Möglichkeit, mithilfe von Datenauswertungen automatisiert Designs zu erzeugen und zu adaptieren.

Generative Aspekte im Designbereich generell

Bei Airbus wird beispielsweise mithilfe von generativem Design eine um 45% leichtere Trennwand für Flugzeuge entwickelt. Dadurch kann der jährliche Ausstoß von CO_2 pro Flugzeug um 10 Tonnen reduziert werden.

Und auch in der Automobilbranche sind algorithmische Designmethoden nicht mehr wegzudenken. Mercedes-Benz hat hierfür eine eigene Abteilung »Concept IAA« eingerichtet, die sich mit dem Thema Intelligent Aerodynamic Automobile beschäftigt. In Verbindung mit dem Computer erschaffen Designerinnen und Designer heute innovative Elemente, die wirtschaftliche und ökologische Vorteile bieten.

Abbildung 9.20
Progressives Fahrzeugdesign (www.mercedes-benz.de)

Im Corporate Design gab es in der Vergangenheit zwar einige Versuche zu generativem Design, die Bedeutung ist aber bei weitem nicht so ausgeprägt wie im Industrie- oder Produktdesign. Das liegt einerseits an der Motivation, die bei einem wirtschaftlichen Hintergrund höher ist, andererseits auch an den eingeschränkten Möglichkeiten zur Umsetzung von generativem Corporate Design. Typische Probleme tauchen beispielsweise dann auf, wenn es am Budget für technische Möglichkeiten oder an konsistenter Umsetzung fehlt, um das Konzept komplett durchzuziehen.

Dass algorithmisches Design aber auch im Corporate Design ein reizvolles Thema sein kann, sieht man an den wiederkehrenden neuen Ansätzen und Ideen. Mithilfe eines Algorithmus entstanden 2017 sieben Millionen unterschiedliche Ausführungen eines Verpackungsdesigns für **Nutella**.

Abbildung 9.21
Algorithmisches Design für Nutella

> **Vorteil**
> Ein großer Vorteil von datengestütztem, generativem Design ist, dass die Konzeptionsphase intensiver ausfallen kann, weil die automatisierte Umsetzung im Nachgang wiederum Zeit und Ressourcen spart.

Eine originelle Umsetzung in Bezug auf generatives Corporate Design zeigt auch die generative Plakatkampagne des Schweizer Pendants zu Amazon: **Galaxus**. Wo Amazon aufgrund der Größe des Landes auf einen eigenen Internetauftritt verzichtet hat, blühte in der Zwischenzeit eine ganz eigene Plattform für Onlinehandel auf. Galaxus wirbt damit, dass unter anderem nicht nur Produkte aus vielerlei Kategorien mit einem Klick zu haben sind, sondern dass auch die Produktbewertungen besonders real, abseits von Fakebewertungen sind, und lädt die Community zum ehrlichen Austausch über die angebotenen Produkte ein. Die Plattform ist mittlerweile auch in Deutschland zu finden und wirbt mit dem Slogan *Der ehrlichste Onlineshop Deutschlands*.

Neben originellen Werbespots wurde 2020 im Heimatland von Galaxus eine Plakatkampagne ins Leben gerufen, deren Inhalte standortbezogen verändert wurden. Jedes der 11214 erstellten Plakate war somit ein Unikat. Die algorithmisch generierten Plakate basierten auf einem Design, das dann automatisiert angepasst wurde. Die anonymen Bestelldaten der Kundinnen und Kunden vor Ort lieferten die zum Ort passenden Produktpräferenzen und die zufällige Zusammensetzung der Aussagen auf den Plakaten.

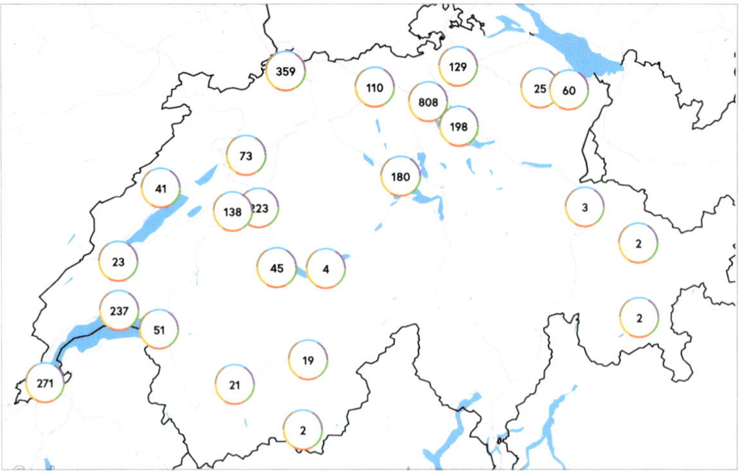

Abbildung 9.22
Auswertung von anonymisierten Käufen beeinflussen das generative Design je nach Ort. (galaxus.ch)

Eine Glanzleistung dieser Kampagne war dann, das jeweils personalisierte Plakat auch am richtigen Ort aufzuhängen. Zu diesem Zweck wurden die Zielorte der Plakate mit dem genauen Standort mit aufgedruckt und die Verteilung entsprechend koordiniert. Dass das Design teilweise unter der zufälligen Kombination von Texten und Bildern zu leiden hatte, war Teil des Looks der Kampagne. Das Design wurde also einmal erstellt, nachträglich aber weder angepasst noch korrigiert, sondern tatsächlich rein generativ erzeugt. Umgesetzt wurde die Kampagne außerdem in Lokalzeitungen und Postern im öffentlichen Nahverkehr.

Quelle: www.galaxus.ch

Abbildung 9.23
Die kuriosen Erkenntnisse, deren Komposition und das Layout passen mal besser und mal schlechter zusammen.

Abbildung 9.24
Auch auf Französisch zu finden – die aus dem Nutzerverhalten generierten ortsbezogenen Erkenntnisse (galaxus.ch)

Abbildung 9.25
Generatives Design, das nachträglich nicht mehr verändert oder angepasst wurde (galaxus.ch)

Datenerhebung

Um generatives Design zu verstehen und zu entwickeln, lohnt es sich, einen Blick auf die Erhebung und Visualisierung von Daten zu werfen.

Die klassische Herangehensweise besteht darin, Daten zu sammeln und daraus neue Erkenntnisse zu gewinnen oder Trends zu erkennen. Beim generativen Design geht es darum, mit den gewonnenen Daten kreativer umzugehen und sie freier zu interpretieren, um dann daraus beispielsweise ein dynamisches Erscheinungsbild zu entwickeln.

Mithilfe von generativem Design können Eigenheiten, die typisch für ein Unternehmen sind und mitunter den USP ausmachen können, noch einmal ganz anders herausgestellt und ausgearbeitet werden. Damit ist es möglich, die Marke durch kreative Lösungen eindeutig von der Konkurrenz abzuheben und durch die charakterstarke Darstellung einzigartig zu machen.

9.6 Gesellschaftliche Verantwortung und Corporate Design

Neben der optimalen Kommunikation von Markenwerten und -botschaften durch das Corporate Design lassen sich auch andere Werte und Botschaften darüber vermitteln, beispielsweise durch den bewussten Umgang mit Umweltthemen oder gesellschaftliche Aufklärung. Je nach Produktangebot und Zielgruppe kann eine nachhaltige Auslegung des Corporate Designs einen starken Einfluss auf Kundenstamm und Käuferverhalten haben; zudem kann so die Glaubwürdigkeit und Loyalität zur Marke gesteigert werden. Das spielt vor allem dann eine Rolle, wenn die Unternehmen selbst einen sozialen Zweck verfolgen.

Dabei dreht sich Nachhaltigkeit nicht immer nur um ökologische Aspekte, sondern auch um soziale und ökologische Verantwortung, die Unternehmen ernst nehmen sollten, wenn sie zukunftsfähig bleiben wollen. Angesichts der Entwicklungen in letzter Zeit in Bezug auf Klimaveränderungen, Verschmutzung von Umwelt und Weltmeeren und vorangetrieben durch die globale Coronakrise hat vor allem das Thema Nachhaltigkeit enorm an Relevanz gewonnen. Einen bewussten Umgang mit Ressourcen zu kommunizieren, ist für viele Unternehmen ein wichtiger Bestandteil der Außendarstellung geworden.

Wieso sollten die Botschaften dann also nicht auch in der Art der Umsetzung weitergeführt werden? Konsumenten und Kundinnen sind heute wachsamer, wenn es um Nachhaltigkeit geht, und achten beim Einkauf häufiger darauf, wie Waren verpackt und hergestellt wurden. Die Konsumethik steht ganz im Zeichen des verantwortungsbewussten Umgangs mit Ressourcen, auch in Bezug auf das eigene Kaufverhalten. Nach der Pandemie stehen außerdem Themen wie soziale Gerechtigkeit und ökonomische Nachhaltigkeit wie Zero-Waste-Strategien ganz oben auf der Agenda.

9.6.1 Nachhaltiges Corporate Design

Sustainability ist längst kein Thema mehr für eine kleine Zielgruppe, sondern ist in der Mitte unserer Gesellschaft angekommen und damit auch wirtschaftlich ein ausschlaggebender Faktor für Unternehmen. Dazu gibt es geteilte Meinungen – die einen preisen die längst überfälligen Veränderungen im Mindset der Kunden und Kundinnen sowie der Unternehmen an, die anderen verbuchen sämtliche Bestrebungen unter »Greenwashing« – dem bloßen Ausnutzen des Themas für Marketingzwecke. Tatsächlich aber gibt es Maßnahmen mit nachweislich positivem Effekt auf die Umwelt.

Beim Thema Glaubwürdigkeit in Bezug auf Corporate Design steht nicht nur der Transport gewisser Produkteigenschaften nach außen im Vordergrund, beispielsweise durch die Andeutung einer umweltfreundlichen Materialauswahl – im Corporate Design gibt es tatsächlich Wege, Marken- und Produktkommunikation nachhaltig anzugehen.

- Mit der gezielten Ausrichtung auf beispielsweise die Reduktion der CO_2-Emissionen kann schon zu Beginn der Anforderungsphase bei jedem einzelnen Schritt darauf geachtet werden, dass ressourcenschonend gearbeitet wird.
- Auch die Umsetzung kann ganz im Sinne der Umweltverträglichkeit erfolgen, beispielsweise indem Transportwege kurz gehalten werden und mit regionalen Partnern zusammengearbeitet wird.

Es gibt im Corporate-Design-Prozess unzählige Stellschrauben, die sich zu einem großen Ganzen summieren können und langfristig einen positiven Effekt sowohl auf den Schutz von Ressourcen als auch auf wirtschaftliche Erfolge von Unternehmen haben können. Ob es die Wahl des verwendeten Papiers, Transportwege oder ein nachhaltiger Umgang im Webdesign sind – viele Möglichkeiten sind unternehmensseitig noch gar nicht bekannt.

Aufgabe des Designers oder der Designerin ist hier wieder die entsprechende Beratung und das Aufzeigen der Möglichkeiten.

Nachhaltiges Webdesign

Selbst in Bezug auf digitale Medien und Webdesign gibt es Möglichkeiten, ein besonderes Augenmerk auf Sustainability zu legen. Die Verarbeitung von immer größeren Datenmengen verursacht eine steigende Umweltbelastung. Aus diesem Grund wird nach Lösungen gesucht, um Websites möglichst umweltschonend, also mit weniger Datenaufkommen umzusetzen.

Website Carbon Calculator

Mit dem Website Carbon Calculator lässt sich der ökologische Fußabdruck einer Website errechnen und auswerten.

Abbildung 9.26
Auf websitecarbon.com lässt sich der ökologische Fußabdruck einer Website ermitteln.

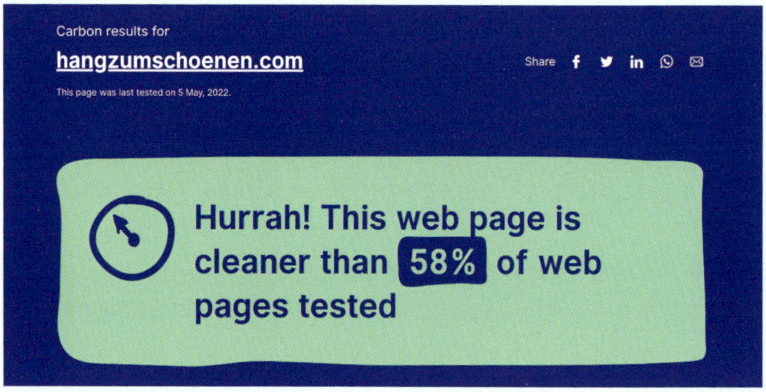

Abbildung 9.27
Ergebnis auf websitecarbon.com

Punkte, die nachhaltiges Webdesign auszeichnen, sind beispielsweise:

- Ladezeit – eine kürzere Ladezeit verbraucht weniger Energie
- zielführende Gestaltung – wie lange muss man suchen, bis die Seite ihren Zweck erfüllt hat bzw. man zu den relevanten Informationen gelangt ist
- Funktionalität – responsives Design
- zeitloses, langlebiges Design

9.6.2 Barrierefreiheit

Ein weiterer Punkt, der in Bezug auf gesellschaftliche Verantwortung, vor allem im digitalen Corporate Design, eine Rolle spielt, ist die Barrierefreiheit. Schließlich geht es bei nachhaltigem Corporate Design nicht nur darum, möglichst langfristige Lösungen zu entwickeln, sondern diese Lösungen auch einer möglichst großen Gruppe zugänglich zu machen. Darüber hinaus hat barrierefreies Design nicht nur für Menschen mit eingeschränkter Farbwahrnehmung Vorteile, sondern ist beispielsweise durch gesteigerte Kontraste auch für alle anderen Menschen besser erkennbar.

Barrierefreiheit ist ein Thema, das immer noch nicht zur Standardagenda bei der Aufnahme der Anforderungen gehört. Dabei ist es wesentlich einfacher, Barrierefreiheit gleich von Anfang an zu bedenken, als ein bestehendes Designkonzept später wieder abändern zu müssen. Trotz etwaiger Einschränkungen in der kreativen Gestaltungsfreiheit ist inklusives Design ein guter Ausgangspunkt für die nachhaltige Ausrichtung eines Corporate Designs.

Ein Beispiel für die Mitbeachtung von Aspekten der Barrierefreiheit in der Gestaltung ist das Corporate Design der **Deutschen Bahn**, das vor allem in Bezug auf das intuitive Verstehen der Inhalte und interaktiven Elemente optimiert wurde.

Abbildung 9.28
Dank der Farbgebung und der klaren Schrift DB Type wurden hier von Grund auf gute Voraussetzungen für Barrierefreiheit in digitaler Form geschaffen.

Abbildung 9.29
Kontrastreich und klar – Iconset für die Deutsche Bahn

Abbildung 9.30
Intuitiv erfassbare Elemente erleichtern die Navigation und das Verständnis der Inhalte

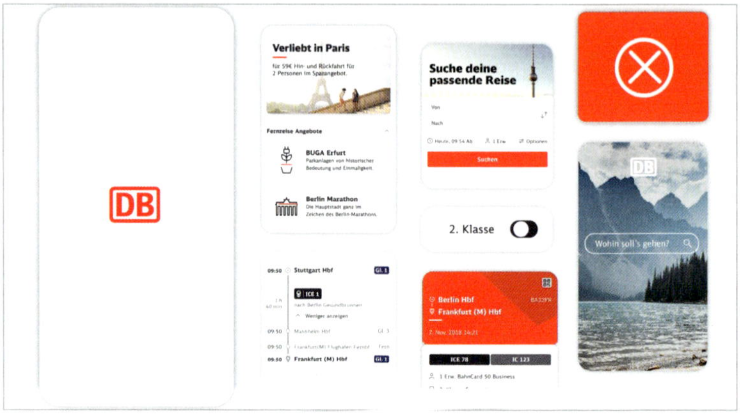

Abbildung 9.31
Anpassung des bisherigen Designs an digitale Oberflächen, durch dezente Optimierung der Schrift für noch bessere Lesbarkeit

Sowohl gesellschaftlich-soziale Themen als auch ökologische Themen und das Thema Gleichberechtigung sind aktuell wichtig und werden auch in Zukunft Einfluss nehmen auf die Gestaltung von Corporate Design. Sich mit Sustainability auseinanderzusetzen, ist zwar eine Herausforderung, da es noch ein relativ neues Thema im Corporate Design ist und häufig nur in begrenztem Maß auf Erfahrungswerte zurückgegriffen werden kann, es ist aber eine Investition in die Zukunft. Es lohnt sich also, sich neben technischem Fortschritt auch diesen Themen zu widmen, wenn es darum geht, zukunftsfähige Marken zu gestalten und die eigene Expertise als Corporate Designer bzw. Designerin auszubauen.

Kapitel 10

Adaptionen

Mit der Erstellung der Corporate-Design Elemente ist schon ein wichtiger Teil der Arbeit getan. Das Corporate Design konsistent auf unterschiedliche Anwendungen zu übertragen, will allerdings ebenso gelernt sein. Seine konsistente Fortführung ist wichtig, um einen ganzheitlichen Markenauftritt mit großem Wiedererkennungswert zu gewährleisten.

Wie klar geworden ist, besteht Corporate Design keinesfalls nur aus der Entwicklung eines Logos und der Auswahl von Farben. Ist das Konzept abgestimmt und sind die einzelnen Elemente des Corporate Designs festgelegt, so geht es darum, das Corporate Design auf unterschiedliche Medien und Formate zu übertragen. Gerade heute ist es üblich, dass Corporate Design flexibel auf allen möglichen Plattformen und in allen Formaten funktionieren muss. Dabei gibt es für alle Formate bestimmte inhaltliche und formale Gestaltungsvorgaben.

Adaption
Übernahme bestehender Designvorgaben

Unter einer Adaption versteht man genau das: die Fortführung und Übertragung des Corporate Designs nach den zuvor festgelegten Gestaltungsregeln unter Einsatz der markenspezifischen Corporate-Design-Elemente wie Logo, Corporate Colours, Corporate Typography usw. Dazu gehören alle Kanäle wie Apps, Websites, E-Mails, Anzeigen oder Flyer. Die Vorgaben können je nach Medium sehr unterschiedlich sein.

Eine solche Adaption erfolgt sowohl nach einem kompletten Neudesign als auch nach einem Redesign. Auch möglich ist, dass im Laufe der Zeit noch weitere Formate hinzukommen, die bei der Konzeption noch gar nicht bedacht worden sind. Dann ist es wichtig, die Grundsätze des Corporate Designs konsequent bei-

Konsistenz
Durch die Adaption der Corporate-Design-Regeln auf alle Medien entsteht ein einheitlicher Look, eine Konsistenz, die der Marke oder dem Unternehmen das gewünschte professionelle Auftreten ermöglicht.

zubehalten, auch wenn völlig unterschiedliche Anforderungen an Format, Farben und Raster gegeben sind.

Adaptionen können in unterschiedliche Richtungen erfolgen:

- Einerseits gibt es die Möglichkeit, dass bereits Corporate-Design-Medien im Printbereich vorhanden sind, die auf digitale Medien übertragen werden sollen.
- Gerade heute, im Zeitalter von »Digital first«, kommt es häufig vor, dass ein bereits erstelltes digitales Corporate Design auf Printmedien übertragen werden muss.

Für beide Richtungen gibt es Regeln und Besonderheiten, die zu beachten sind. Dabei geht es um Farben, die Auflösung, Formate etc., deren Anforderungen vor der Adaption klar sein sollten.

10.1 Unterschiede in verschiedenen Medien

Wird ein neues Corporate Design erstellt, so kann es hilfreich sein, schon von Anfang an von einer breiten Palette an Anwendungen des Corporate Designs auszugehen – selbst dann, wenn zuerst nur eine sehr überschaubare Variation an Anwendungsmöglichkeiten geplant ist. Mithilfe von Mockups können weitere Anwendungsbeispiele simuliert und die Vorgaben dafür mit im Styleguide verankert werden. Je vielseitiger und kreativer die Anwendungsbeispiele dabei sind, desto leichter fällt eine spätere Adaption auf weitere Formate.

Um dem Anspruch an Flexibilität und Variabilität nachzukommen, müssen Designerinnen und Designer heute ganz genau wissen, wie die Anforderungen für die unterschiedlichen Medien aussehen und welche Möglichkeiten in Bezug auf Machbarkeit und Budget vorhanden sind. Bei der Adaption von Corporate Design von Print zu Digital oder umgekehrt sind folgende Punkte zu beachten:

- **Farbräume**: Für Print- und digitale Medien gelten unterschiedliche Farbräume, beispielsweise RGB für Screendesign und CMYK für den Printbereich. Es ist sinnvoll, die Corporate-Design-Farbpalette entsprechend zu erweitern und Referenzwerte für die korrekte Umsetzung der additiven Farben in der subtraktiven Umsetzung auf Bildschirmen festzulegen. Es sollten sowohl die

Hex-Codes oder RGB-Werte für den digitalen Bereich als auch die CMYK-Werte für den Druck bestimmt werden.

- **Farben**: Bei der Festlegung der Corporate Colours ist zu beachten, dass Farben in digitalen Medien anders dargestellt werden, als es im Printbereich möglich ist. Besonders leuchtende Farben sind am Bildschirm keine Seltenheit, im Printbereich bedeutet das aber häufig, dass eine Sonderfarbe für den Druck zum Einsatz kommen muss.
- Unterschiedliche **Maße**: Im Gegensatz zu Printformaten wird bei digitalen Formaten nicht in Millimetern oder Zentimetern gerechnet, sondern in Pixelmaßen.
- **Auflösung**: Je nach Ausgabe muss bei der Erstellung des Designs die Auflösung beachtet werden – für die Auflösung an Bildschirmen sind zum Beispiel 72 dpi üblich, bei Printmedien im Offsetdruck werden häufig 300 dpi für farbige Bilder vorgegeben, um die Druckqualität und Bildschärfe zu garantieren. Beim Digitaldruck sind auch niedrigere Auflösungen möglich.
- Um das Layout möglichst **flexibel** zu halten, sollten auch die Schriftgrößen, Raster und Bildgrößen anpassbar sein. Um Inhalte auf einem Smartphone bestmöglich erfassen zu können, bieten sich beispielsweise andere Schriftgrößen und Bildformate an als für eine Website oder ein Plakat.
- Bei der Festlegung des **Ausgangsformats** sollte die Zielgruppe beachtet werden – das kann beispielsweise beim Fokus auf digitale Medien heißen, dass der »Mobile-first«-Ansatz Sinn macht und das Design zuerst auf die kleinsten möglichen Medien adaptiert wird, bevor es auch auf größere Medien wie Webseiten oder schließlich Printmedien übertragen wird.

10.2 Digital first

Digitale Marketingmaßnahmen bilden heute den Großteil eines Corporate-Design-Projekts. Auch wenn Printmedien noch immer fester Bestandteil des Corporate Designs sind, ist das Corporate Design für digitale Oberflächen in vielen Fällen ausschlaggebender für die Sichtbarkeit einer Marke.

Daher ist auch im Corporate Design das Motto »Digital first« oder sogar »Mobile first« längst angekommen. Das bedeutet, dass digitale Medien – ob Social Media, Website oder Smartwatch –

Dokumentieren
Um den Überblick zu behalten, ist eine gute Dokumentation das A und O. Die Aufstellung von Designkomponenten ist sinnvoll, um Arbeitsabläufe zu optimieren.

vorrangig betrachtet werden, denn durch sie kann eine wesentlich größere und vorselektierte Zielgruppe erreicht werden. Auflösung, Formate, Farbraum und ein möglichst flexibles Layout für die unterschiedlichen Ausgabegeräte spielen eine große Rolle.

Das Corporate Design soll heute in den meisten Fällen maximal anpassbar sein und einen großen Spielraum zulassen. Dieser Weg der Gestaltung des Corporate Designs verlangt auch von Designern und Designerinnen eine neue Herangehensweise und oft auch die Aneignung von technischem Grundwissen.

10.2.1 Arbeiten mit flexiblen Rastern

Bei der Übertragung eines digitalen Corporate Designs auf unterschiedliche Medien und Formate sorgt ein Raster durch die Definition von immer wiederkehrenden Elementen, Abständen und Größen für Orientierung und Flexibilität.

Breakpoint
Umbruch des Designs bei Erreichen einer bestimmten Displaygröße (responsives Webdesign)

Dabei kann es sowohl um technische Voraussetzungen gehen als auch um unterschiedliche Größen und Platzverhältnisse. Bei Webseiten spricht man in Bezug auf unterschiedliche Größen auch von sogenannten *Breakpoints*, die die entsprechende Größe für das Designs vorgeben: In den meisten Fällen geht es dabei um die Anpassung eines vorhandenen Designs auf Smartphone, Tablet und Desktop. Je nach Format muss das Design so angepasst werden, dass die ursprüngliche Funktion der Seite erhalten bleibt.

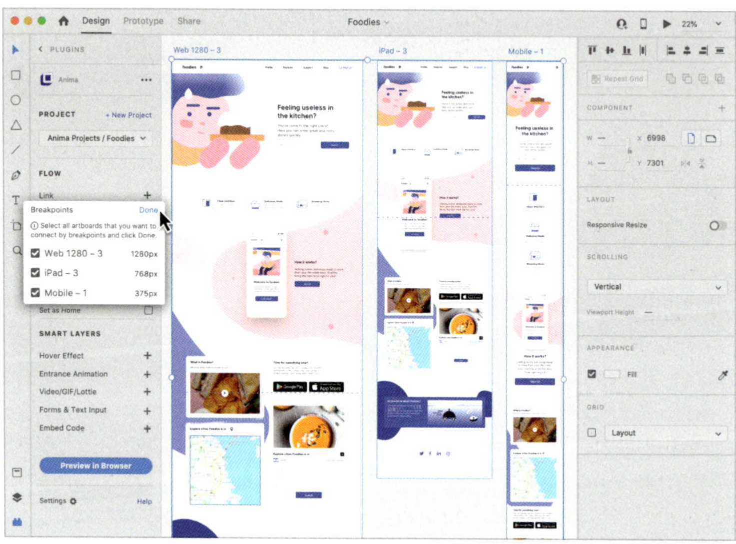

Abbildung 10.1
Design nach Breakpoints (www.animaapp.com)

Liegt ein gut durchdachtes Raster zugrunde, so erleichtert es die Anordnung und Strukturierung der Inhalte, vor allem wenn es viele unterschiedliche inhaltliche Formate gibt. Lesen Sie hierzu bitte Abschnitt 8.2.4.

Im Falle von **CosmosDirekt** findet sich im Brandportal eine genaue Beschreibung des Rasters und der Erzeugung von unterschiedlichen Formaten durch seine Anwendung.

ERSTELLUNG DES RASTERS

IN 4 SCHRITTEN ZUR FERTIGEN "ON BRAND"-KOMMUNIKATION

Allen Medien steht ein flexibles Raster, das für jedes Format adaptierbar ist, als Basis zur Verfügung. Die Flexibilität unseres Rasters im Zusammenspiel mit seinen markenprägenden Elementen gewährleistet gleichzeitig einen hohen Wiedererkennungswert der Marke.

Um das Raster für das benötigte Format zu erstellen. müssen folgende Schritte umgesetzt werden:

Abbildung 10.2
Anleitung zur Anwendung des Rasters im Brandportal

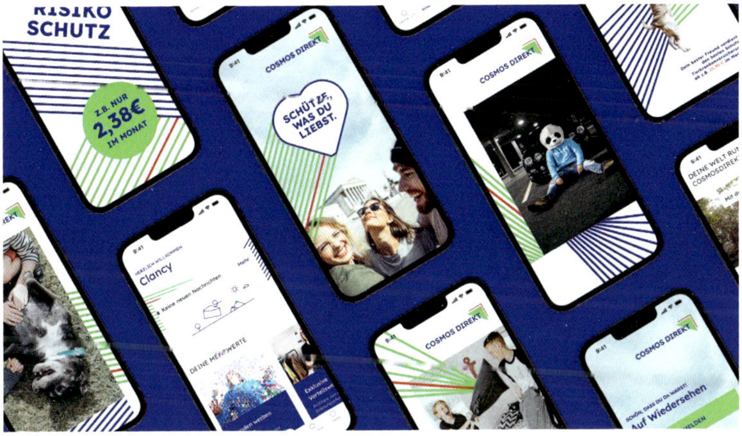

Abbildung 10.3
Digitales Corporate Design, ebenfalls im Raster

Konzeption

Im Brandportal von CosmosDirekt heißt es zur Konzeption des neuen Designs: *Um den dynamischen, wegweisenden Charakter der neuen Marke zu repräsentieren, wurde ein flexibles Layout-System entwickelt, das sich variantenreich auf alle Medien anwenden lässt. Ob rein typografisch, mit emotionalem Bild oder unseren Streams – wir bleiben stets in »Bewegung« und kommunizieren selbstbewusst und charismatisch, egal wie klein oder groß das Format auch sein mag.*

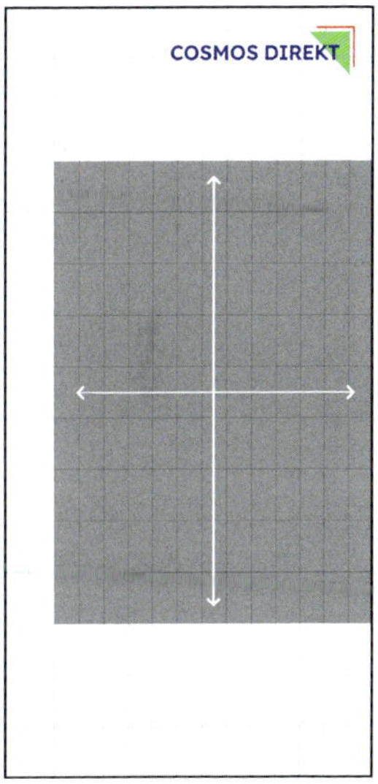

Abbildung 10.4
Beispiele zeigen die Anwendung des digitalen Grids.

Bei umfangreichen Projekten lohnt es sich sogar, ein Designsystem (siehe Abschnitt 9.2.4) anzulegen, das bei der Erstellung von responsiven Layouts und Adaptionen äußerst hilfreich sein kann. In einem Designsystem werden die einzelnen Designkomponenten festgehalten und in einer Bibliothek gesammelt. Die Verwendung eines Designsystems oder einer Pattern Library kann eine enorme Zeitersparnis mit sich bringen und die konsistente Wahrung von Designstandards erleichtern.

Wie der Aufbau eines flexiblen Designsystems aussehen kann, zeigt das Beispiel von **Audi**. In einem Brandportal sind die wichtigsten Komponenten und Regeln für die Umsetzung des Corporate Designs in unterschiedlichen Medien festgehalten und anhand von Beispielen demonstriert. Gestaltungsraster und Regeln sind relativ strikt, dennoch lassen sich damit sämtliche Medien optisch befüllen, und es ergibt sich ein starkes Markenbild.

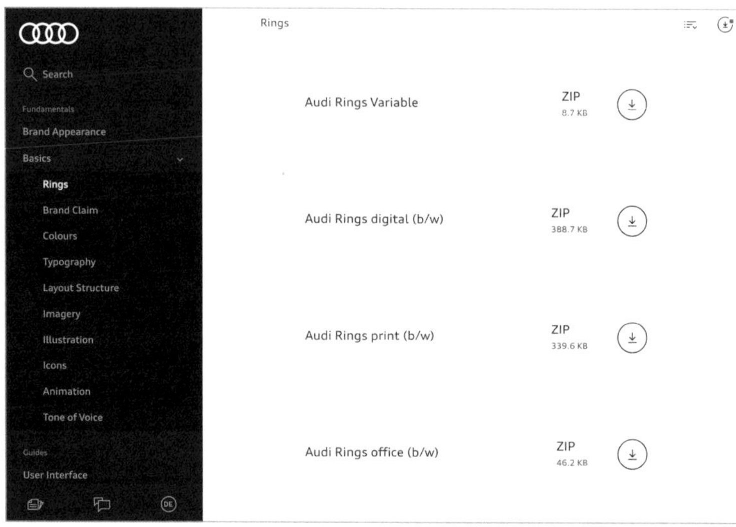

Abbildung 10.5
Logoversion für jede Gelegenheit – die markentypischen vier Ringe sind im Brandportal von Audi explizit für unterschiedliche Medien hinterlegt.

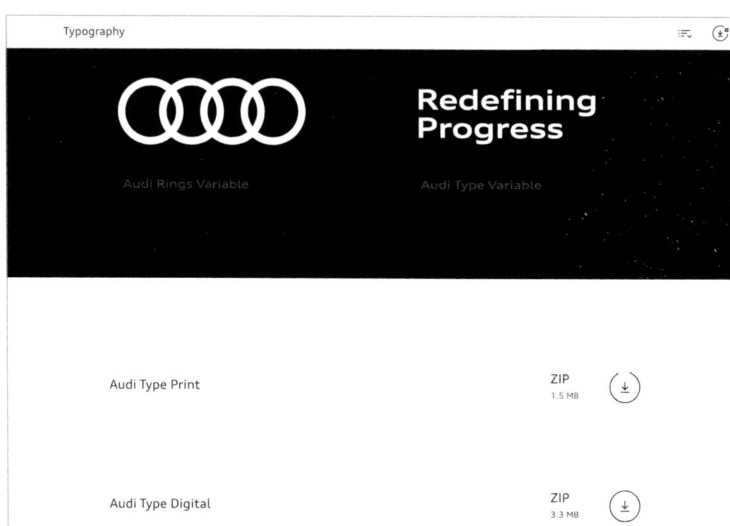

Abbildung 10.6
Bereit für die nächste Adaption – Corporate Typography von Audi im Brandportal

Gelernte Muster

Auf gelernte, bereits seit längerer Zeit bestehende Muster zurückzugreifen, ist ein guter Weg, um den Nutzern und Nutzerinnen die Orientierung zu erleichtern. So befindet sich die Navigation auf Websites meistens im oberen Teil der Seite oder in der rechten oberen Ecke, ebenfalls ist das Logo prominent in bereits bekannten Bereichen zu finden. Auf mobilen Geräten ist es sinnvoll, die Navigation so anzuordnen, dass sie mit dem Daumen leichter zu bedienen ist.

10.2.2 Farbwahl

Bei der Konzeption eines Corporate Designs spielen Farben eine große Rolle. Dabei sollte man als Designerin oder Designer immer im Hinterkopf haben, wo das Design später zum Einsatz kommt. Auch wenn der Fokus auf digitalen Erscheinungsbildern liegt, sollten die Corporate Colours universal einsetzbar sein, um das Corporate Design möglichst flexibel zu halten.

Ein weiterer Grund, warum beide Farbräume, also sowohl für digitale Medien als auch für Printmedien, beachtet werden sollten, ist, dass sich die Farben im RGB-Farbraum in ihrer Leuchtkraft wesentlich von den Farben im CMYK-Farbraum unterscheiden können. Sobald es darum geht, Printmedien umzusetzen, sollte klar sein, auf welche Farbwerte zurückgegriffen werden muss, um die Konsistenz im Corporate Design aufrechtzuerhalten. Dazu gehört beispielsweise auch die Festlegung von Werten für Sonderfarben wie Pantone. Sonderfarben ermöglichen es, Farben zu drucken, die im CMYK-Farbraum nicht umsetzbar wären. Ob Sonderfarben zum Einsatz kommen, ist häufig eine Kostenfrage, die ebenfalls im Zuge der Erstellung des Corporate Designs geklärt werden sollte.

10.2.3 An Zielgruppe anpassen

Jedes Projekt bringt individuelle neue Anforderungen mit sich, die zu Publikum, Angebot und den Marketingbotschaften passen müssen. Neben der Aktualität und Entwicklung im Bereich digitaler Medien und der damit verbundenen Veränderung im Corporate Design sieht man am Beispiel der **Bank of England** sehr gut, dass es sinnvoll ist, die Adaptionen des Corporate Designs auf die Zielgruppe anzupassen.

Und auch wie der Ansatz »Digital first« bei Unternehmen mit langer Tradition aussehen kann, wird beim Redesign des visuellen Auftritts der Bank of England deutlich.

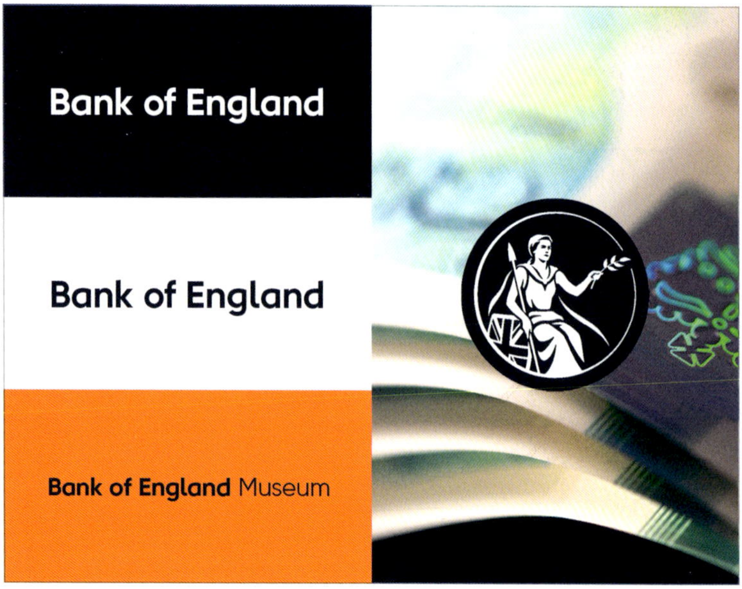

Abbildung 10.7
Neuer Corporate-Design-Auftritt der Bank of England

Pressestatement

Im Pressestatement der Bank wird deutlich, dass der Fokus des neuen Corporate Designs auf dem digitalen visuellen Erscheinungsbild liegt: *One part of how we communicate is the »look and feel« of our content. That includes things like our logo, and the colours and typography we use. We want to make these things more accessible and inclusive.*

Dyslexie
Eingeschränkte Fähigkeit, Texte lesen oder verstehen zu können

Bei der Zielgruppenrecherche hat sich herausgestellt, dass 10% der Leserinnen und Leser unter einer Leseschwäche leiden. Das war der Anlass für die Anpassung der Schrift für das neue Corporate Design. Bei der Entwicklung der Schrift wurde deshalb darauf geachtet, dass sie mit den Vorgaben des britischen Verbands für Dyslexie übereinstimmt. Die Farben des neuen Corporate Designs wurden so gewählt, dass Inhalte durch die starken Kontraste von hell und dunkel besonders gut zu lesen sind. Beim Logo wurde darauf geachtet, dass es durch Vereinfachung und klarere Formsprache auch in kleiner digitaler Ausführung gut erkennbar ist.

Abbildung 10.8
Dyslexiekonforme Typografie für das neue Corporate Design

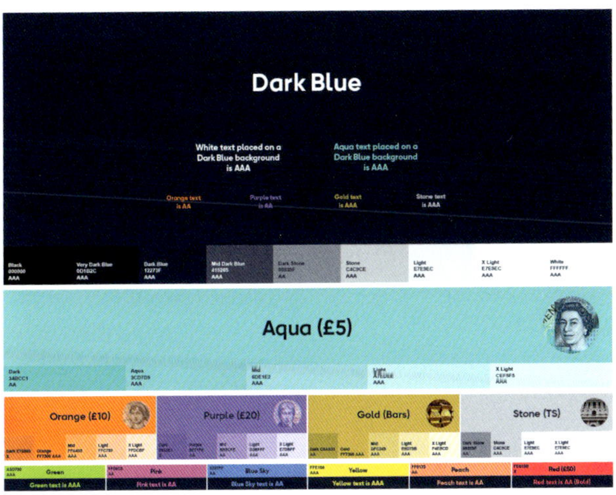

Abbildung 10.9
Zielgruppengerechte Farbwahl

Abbildung 10.10
Gestaltung von Charts und Diagrammen im Sinne des neuen Corporate Designs

10.3 Von Print zu digital

Corporate Design für Printmedien hat nach wie vor seine Daseinsberechtigung, da gedruckte Werbemittel Kunden und Kundinnen haptisch ansprechen – anders als Web oder App. Oft beschäftigen sie sich mit Printmedien wie Plakaten oder Flyern länger als mit dem digitalen Gegenstück; so bleibt die Markenaussage oft auch besser im Gedächtnis haften.

Wurde das Corporate Design eines Unternehmens noch auf eher klassische Art und Weise erstellt und zielt somit zunächst auf den Printbereich ab, so gilt es nun, das bestehende Corporate Design auf digitale Medien zu erweitern: Es muss dann auf Webseiten und für interaktive Elemente, E-Mail-Signaturen, Apps, Social-Media-Kanäle, Videos und vieles mehr anwendbar sein.

Auch bei digitalen Medien müssen sämtliche visuellen Elemente nach den Corporate-Design-Richtlinien gestaltet werden, denn nur so kann eine hohe Wiedererkennbarkeit des Unternehmens oder der Marke dauerhaft gewährleistet werden. Erst dann kann langfristig ein eindeutiges Profil geschärft und der Bekanntheitsgrad gesteigert werden. Dabei geht es nicht darum, stur die bisherigen Corporate-Design-Vorgaben umzusetzen, sondern die Wiedererkennbarkeit gekonnt auf alle Kanäle und Touchpoints anzuwenden und die jeweiligen Anforderungen zu beachten – ganz gleich ob analog oder digital.

Neben den bereits in Abschnitt 10.1 behandelten Punkten gibt es noch gesondert zu beachten:

- **Die Ausprägungen des Logos** müssen entsprechend angepasst werden. Digital kann das Logo beispielsweise als Favicon in sehr kleiner Größe zum Einsatz kommen oder auch in den Header einer Website eingebunden werden. Auch die wiedererkennbare Darstellung in Profilbildern muss beachtet werden (siehe den Abschnitt 4.4).
- **Gestaltungsraster, Abstände und Hierarchien** müssen neu definiert und an die digitalen Anforderungen angepasst werden. So können Überschriften und Fließtextgrößen für die optimale Lesbarkeit in unterschiedlichen digitalen Medien flexibel angepasst werden, sodass sie möglichst barrierefrei lesbar sind.
- **Schriften** müssen gegebenenfalls überprüft werden. Hier ist auch die rechtliche Seite nicht zu vernachlässigen: Der Erwerb von Schriftlizenzen und die korrekte Einbindung der Fonts sollten genau abgeklärt werden. Hierzu gleich mehr.

- Die **Bildsprache** kann um Bewegtbilder und Animationen erweitert werden.
- Es kommt eine weitere Dimension hinzu: die Möglichkeit, **Audioinhalte** einzubinden.
- **Interaktive Elemente**, wie zum Beispiel Menüpunkte, Buttons oder Scrolleffekte, müssen mitbedacht werden.
- Es kann **personalisierte Inhalte** nach demografischen Eckdaten und Vorlieben geben.

Schrift auf die digitale Welt anpassen

Besonders bei Schriften gibt es einige Möglichkeiten der Optimierung für eine Darstellung am Bildschirm. Der Abstand zum Bildschirm, Hintergrundbeleuchtung und Reflexionen sind besondere Umstände, die die Wahrnehmung von digitalen Schriften beeinflussen können. Zu starke und Komplementärkontraste sollten beispielsweise vermieden werden, um die Lesbarkeit nicht zu erschweren. Die Schriftgröße sollte so gewählt werden, dass der Text gut erfassbar ist. Bei der Auswahl der Schrift ist zu beachten, ob es sich um eine für den Bildschirm optimierte Schrift handelt, die auch für den Einsatz im Printbereich vorhanden ist. Musste man hier früher auf Bitmap-Fonts zurückgreifen, die nicht skalierbar waren, so gibt es heute skalierbare Outlinefonts, die durch Vektoren ein verlustfreies Skalieren ermöglichen.

Hinting

Durch Hinting, also die Einbettung von zusätzlichen Informationen, ist es möglich, Screenfonts gestochen scharf am Bildschirm darzustellen. Das Hinting ermöglicht beispielsweise auch, dass besonders kleine Buchstaben noch optimal zu erkennen sind. Das ist vor allem in Bezug auf responsives Design wichtig, denn je nach Medium werden Texte in kleinerer oder größerer Schriftgröße dargestellt.

Abgesehen von der Schriftgröße kommt es in Bezug auf die Lesbarkeit außerdem auf die Spationierung der Buchstaben an. Denn eine größere Schrift allein führt am Bildschirm nicht unbedingt zu verbesserter Lesbarkeit. Es kommt darauf an, wie gut sich die Schrift auch bei Reflexionen und Lichteinfall sowie Kontrasten erkennen lässt. Dafür können Abstände ausschlaggebend sein.

Beim Redesign des Markenauftritts von **Merck** wurde nicht nur der Corporate Font »Merck Font« eingeführt, sondern bei der Wahl der Schrift für Fließtexte bewusst darauf geachtet, dass sie auch auf Bildschirmen gut lesbar ist. Mit der Verdana sind vier Schriftschnitte hinzugekommen, die für Texte außerhalb von Headlines verwendet werden.

© Agentur Futurebrand, www.futurebrand.com

Abbildung 10.11
Starkes Markendesign mit flexiblem Erscheinungsbild – Merck

NEWS & STORIES COLLECTIONS

Pressemitteilungen
Stöbern Sie in den Pressemitteilungen von Merck und erfahren Sie mehr über die neuesten Nachrichten von Merck.

Future Talk
In unserer Podcast-Serie „Future Talk" kommen neugierige Köpfe aus den unterschiedlichsten Fachbereichen zusammen, um über ihre persönliche Vision für die Zukunft zu sprechen.

Zukunft im Blick
Innovativste Forschung und Entwicklung: Merck nutzt neueste Erkenntnisse der Wissenschaft, um Projekte mit einem weltverändernden Potenzial zu entwickeln.

The Future Transformation
Unser Anspruch: Fortschritt für Menschen überall. Deshalb schauen wir genauer hin, fragen nach und denken weiter.

Abbildung 10.12
Ergänzung zum Corporate Font für Fließtexte – bei der Auswahl der Schrift wurde Wert auf die optimale Darstellung am Bildschirm gelegt.

Abbildung 10.13
Sofortiger Wiedererkennungswert auch im Printbereich durch die individuell gestaltete Markenschrift Merck Font

Neben der Optik spielt auch die Ladezeit bei Schriften eine Rolle – durch den Einsatz einer individuellen Schrift sollte diese keinesfalls negativ beeinflusst werden.

Barrierefreiheit

Auch in Bezug auf Barrierefreiheit gibt es einige Regeln, die zum Standard bei der Erstellung von Webseiten und mobilen Anwendungen gehören, um ein möglichst positives Nutzererlebnis zu erreichen. Menschen mit Sehbehinderung sollten die Möglichkeit haben, Inhalte einer Webseite zu erfassen. Das hat Vorteile für alle Nutzerinnen und Nutzer, denn barrierefreies Design ist beispielsweise auch bei schlechten Lichtverhältnissen leichter zu erkennen. Für ein barrierefreies digitales Corporate Design gilt es vor allem, auf deutliche Kontraste zu achten und Farben, Abstände und Strukturen zu überprüfen. Aber auch die Schrift sollte so gewählt werden, dass eine möglichst gute Lesbarkeit garantiert ist (siehe auch Abschnitt 9.6.2).

Die Richtlinien für barrierefreies Design im digitalen Bereich werden in den sogenannten Web Content Accessibility Guidelines (WCAG) aufgeführt und beinhalten Anforderungen, die die Barrierefreiheit einer Seite sogar messbar und damit vergleichbar machen. Inhalte sollten klar strukturiert sein, in Bezug auf die Schriftgröße beispielsweise individuell anpassbar sein. Die vier Säulen der Barrierefreiheit sind also:

- Wahrnehmbarkeit
- Bedienbarkeit
- Verständlichkeit
- Robustheit (in Bezug auf Technik)

Die Hausschrift der **Bundesregierung** wurde nach entsprechenden Gesichtspunkten ausgewählt. Sowohl Antiqua als auch die serifenlose BundesSans sind durch ihre Form besonders gut lesbar.

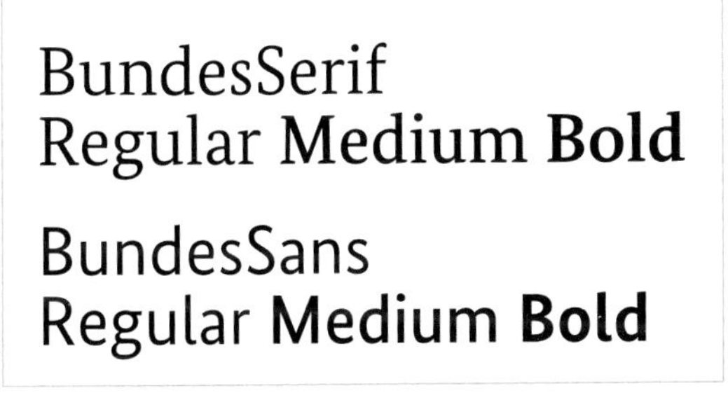

Abbildung 10.14
Besonders gut zu erkennen durch offene, klare Formen – die Hausschrift der Bundesregierung

Auch die Corporate Colours sind so gewählt, dass die Kontraste die Inhalte optimal erkennbar machen.

Abbildung 10.15
Starke Kontraste im Sinne von inklusivem Design als Teil des Corporate Designs der Bundesregierung

Sowohl unter der Sektion Schriften als auch bei den Farben gibt es im Styleguide der Bundesregierung jeweils Links zu speziellen Schriftgrößen und Kontrastrechnern, um die Barrierefreiheit optimal gewährleisten zu können.

Interaktive Elemente

Interaktive Elemente, ihre Ausprägung und das Verhalten bei bestimmten Aktionen der Nutzerinnen und Nutzer sollten ebenfalls im Sinne des Corporate Designs gestaltet werden. Interaktionen einzubinden ist eine gute Möglichkeit, den Nutzer oder die potenzielle Kundin emotional zu erreichen und längerfristig zu binden. Ein gutes Beispiel dafür ist die Plattform Duolingo, auf der die Besucher und Besucherinnen durch animierte Grafiken bei der Benutzung unterstützt und motiviert werden.

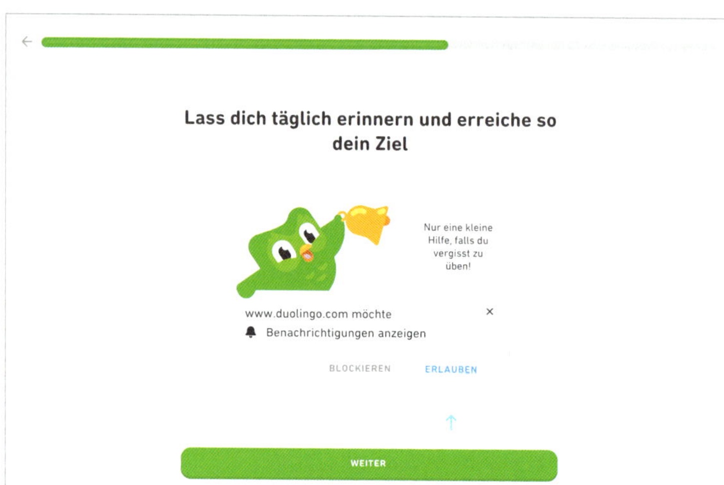

Abbildung 10.16
Hilfestellung durch animierte grafische Elemente

Kapitel 11

Redesign

Ein Redesign ist klassisch die Neugestaltung bereits vorhandener Designprodukte. Seine aktuelle Bedeutung erhielt der Begriff aber erst mit Bezug auf das Corporate Design.

Unternehmen sollten markenbewusst und zukunftsorientiert arbeiten. Das impliziert, dass auch ein Corporate Design immer wieder auf den Prüfstand gestellt werden muss. Trifft es noch den Markenkern? Wird die Zielgruppe noch korrekt angesprochen? Ist es noch adäquat für die neuen, zumeist digitalen Sehgewohnheiten der Zielgruppe? Ist es für alle digitalen Endgeräte optimiert? Ist das Corporate Design für die heutige Zeit noch flexibel genug?

Es ist wichtig, Trends und die sich wandelnde Anforderung an Unternehmen und Marken im Blick zu behalten und notfalls mit einer Kurskorrektur in Form eines Redesigns, Relaunches oder Refreshes zu reagieren. Schauen wir uns die drei Begriffe kurz an.

Der Begriff **Redesign** bezeichnet die Veränderung eines bestehenden Designs. Dabei wird das Leitbild des Unternehmens mit einem neu erstellten visuellen Auftritt neu interpretiert. Beim Redesign spielen immer die Kontinuität der Markenwahrnehmung, positive Assoziationen und wiederkehrende Erinnerungen eine große Rolle, um den langfristigen Erfolg einer Marke zu garantieren. Dabei die Geschichte und die gewachsene Fangemeinde an Kundinnen und Kunden mitzunehmen und gleichzeitig mit der Gestaltung im Hier und Jetzt anzukommen, ist eine Herausforderung, die eine sehr behutsame Vorgehensweise und gute Recherche erfordert.

Begriffe nicht immer klar

Generell wird im allgemeinen Design-Sprachgebrauch häufig nicht klar zwischen den Begriffen *Redesign* und *Relaunch* unterschieden.

Der erste Redesigner

Alessandro Mendini, Architekt und Vertreter des Studios »Alchimia«, stellte in den 1970er Jahren den vorherrschenden Realismus in Frage, indem er bekannte Objekte veränderte und umgestaltete. Das bedeutete, dass Objekte in einen völlig neuen Zusammenhang gebracht wurden und damit eine neue Bedeutung bekamen. Eines seiner berühmtesten Objekte, der »Proust Chair«, ist ein Readymade, ein im Stil des 17. Jahrhunderts entworfener Sessel, den der Architekt und Künstler mit impressionistischen Mustern bedeckte. Mit der Umgestaltung des Stuhls revolutionierte Alessandro Mendini den bis dahin üblichen Designprozess und gilt als einer der Erfinder des Redesigns.

Abbildung 11.1
»Proust Chair« von Alessandro Mendini

Wird der Markenauftritt auch inhaltlich erneuert, so spricht man von einem kompletten **Markenrelaunch**. Es ist ein radikalerer Schritt als ein Redesign. In Bezug auf Websites wird ebenfalls der Begriff *Relaunch* verwendet, wenn neben dem Design auch die technischen Gegebenheiten und Inhalte sowie die Nutzerführung geändert werden und gegebenenfalls ein neues CMS (Content Management System) zur Pflege der Website eingeführt wird.

Unter **Refresh** versteht man die Aktualisierung eines bestehenden Corporate Designs. Dabei wird das Corporate Design einer Firma häufig an aktuelle Trends, den Zeitgeist oder auch eine neue Zielgruppe anzupassen. Der Aufwand ist im Gegensatz zum Redesign oder Relaunch wesentlich geringer.

11.1 Ziele eines Redesigns

Mit einem Redesign können unterschiedliche Ziele verfolgt werden, die vor der Phase der Neugestaltung genau analysiert werden sollten:

- Modernisierung des Unternehmensauftritts aufgrund einer nicht mehr zeitgemäßen Gestaltung
- Modernisierung des Unternehmensauftritts aufgrund neuer technischer Voraussetzungen für das Corporate Design
- Abgrenzung von der Konkurrenz
- Veränderung in der Unternehmensstruktur, beispielsweise Erweiterung auf ausländische Märkte, eine veränderte Produktpalette, einen Führungswechsel
- neue Zielgruppe
- Änderung der Markenausrichtung
- Imagewechsel – Verdeutlichung der neuen Werte durch das Redesign
- Versuch, möglichen sinkenden Nutzer- oder Käuferzahlen entgegenzuwirken
- Herstellung eines einheitlichen Corporate Designs, wenn es bis jetzt nicht konsequent umgesetzt wurde

Die Herausforderung bei einem Redesign besteht vor allem darin, die bisherigen Kunden und Kundinnen, die den visuellen Auftritt des Unternehmens gegebenenfalls seit Jahren kennen, mit dem neuen Design nicht zu verlieren und andererseits das Erscheinungsbild an die geänderten Gegebenheiten anzupassen. Auch Mitarbeiter und Mitarbeiterinnen müssen sich in dem neuen visuellen Erscheinungsbild wiederfinden können. Andererseits kann ein Unternehmen mit einem sorgsamen Redesign auch zeigen, dass es mit der Zeit geht, und so Kunden und Kundinnen auf sich aufmerksam machen.

Ist der visuelle Auftritt eines Unternehmens über einen längeren Zeitraum schrittweise entstanden, so kann es ebenfalls sinnvoll sein, ein Redesign vorzunehmen. Dann wird auf Basis des bisherigen Auftritts hinterfragt, welche Kommunikationskanäle und Werbemittel in der heutigen Situation sinnvoll für das Unternehmen sind oder ergänzt werden könnten. Die Corporate-Design-Elemente werden dann im Zuge der Überarbeitung des Corporate Designs ebenfalls neu konzipiert und gestaltet. Wird die Marke dabei komplett überarbeitet, spricht man von einem Relaunch.

Für die Marke anpassen
Die Möglichkeiten für ein Redesign sind weitreichend, aber nicht alle Umsetzungsmöglichkeiten sind für jede Marke und jedes Unternehmen sinnvoll.

Kommen wir zu einem Beispiel: Der Klimawandel ist ein brandaktuelles, emotional aufgeladenes Thema. Um der Aktualität des Themas gerecht zu werden, wurde der Designauftritt des **Climate Change Committees** mit einem entsprechend aussagekräftigen Erscheinungsbild komplett neugestaltet.

Abbildung 11.2
Bisheriges Logo

Abbildung 11.3
Neues Logo

Das große Thema des Climate Change Committees, nämlich durch die Visualisierung von Daten den Klimawandel zu belegen und darzustellen, findet sich auch in der Gestaltung wieder: In Anlehnung an die gesammelten Daten werden drei Halbkreise als Symbole für Erdhemisphären dargestellt, die zugleich die formale Ableitung der Abkürzung CCC des Climate Change Committees sind. Das im Rahmen der Datenerhebung zu beobachtende Temperaturspektrum spiegelt sich in der prägnanten Farbwahl wider.

Abbildung 11.4
Neuer Corporate-Design-Auftritt

Für die Darstellung von Dynamik und Übergängen wurden auch digitale Animationen mit in den neuen Corporate-Design-Auftritt einbezogen.

Abbildung 11.5
Digital Design, Präsentation

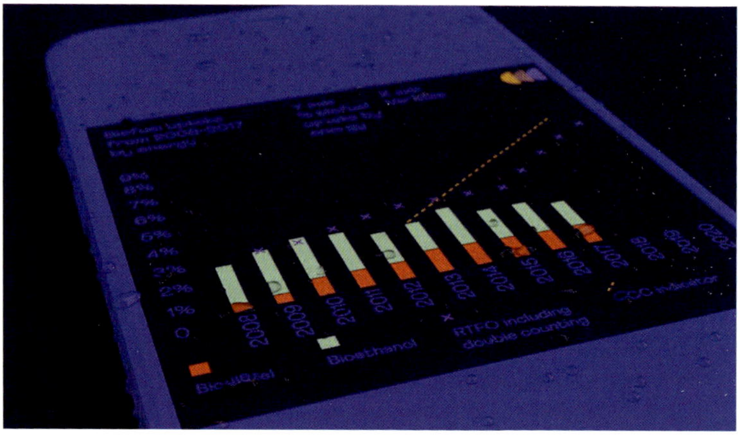

Abbildung 11.6
Digital Design, mobile Ansicht

11.2 Das Vorgehen

Der Prozess eines Redesigns kann dem Ablauf der Neuerstellung eines Corporate Designs ähneln oder sogar gleichen. Der Einstieg ist allerdings unterschiedlich – denn bei einem Redesign gehört zu den Anforderungen auch ein behutsamer Umgang mit vorhandenen Designelementen und der damit verbundenen Firmengeschichte.

11.2.1 Analyse

Während der Briefing- und der Recherchephase geht es neben der Analyse der aktuellen Situation, der Konkurrenz und Marktsituation auch darum, die Motivation für ein Redesign herauszufinden, um den Prozess mit dem entsprechenden Ziel im Hinterkopf optimieren zu können.

Gründe für ein Redesign können unter anderem sein:

- Der Markenkern kommt nicht deutlich genug zum Ausdruck.
- Die Marke soll neu positioniert werden. Das kann unterschiedliche Gründe haben: Ein schlechtes Markenimage soll aufgebessert werden, oder die Marke soll nach einer Firmenübernahme einen neuen Auftritt erhalten.
- Der Markenauftritt wirkt nicht mehr modern genug.
- Das Corporate Design ist nicht flexibel genug an digitale Anforderungen anpassbar.
- Die Produktpalette, Zielgruppe oder das ganze Geschäftsmodell des Unternehmens haben sich geändert. Kurz: Die Positionierung der Marke wurde angepasst, da muss das Corporate Design nachziehen.
- Die Konkurrenzsituation hat sich verändert.
- Das Corporate Design hat sich im Laufe der Zeit entwickelt und soll nun einen einheitlichen Auftritt erhalten.
- Der Firmenname wurde verändert.

Neuer Firmenname

Ein Beispiel für die Anpassung des Corporate Designs aufgrund eines geänderten Firmennamens: Im Jahre 2015 musste der Verlag Galileo Press aus markenrechtlichen Gründen seinen Firmennamen anpassen. Galileo Press heißt seitdem Rheinwerk Verlag.

Abbildung 11.7
Beim Redesign des Rheinwerk Verlags wurde die Schrift von Syntax auf Frutiger angepasst, die Corporate Colour wurde leicht verändert und es wurde ein neues Logo entworfen, das sich auf den neuen Namen bezieht.

Die Beweggründe für ein Redesign können also sehr unterschiedlich sein. Es ist aber von wesentlichem Vorteil, wenn hinter den Beweggründen auch die Beobachtung von Kundenverhalten steht und von damit verbundenen sich veränderten Anforderungen an den Markenauftritt. Die regelmäßige Recherche und Anpassung an veränderte Nutzerverhalten ist essenziell, um bei Kundinnen und Kunden auch langfristig positiv in Erinnerung zu bleiben und damit eine nachhaltige Kundenbindung zu schaffen.

11.2.2 Umsetzung

Der weitere Prozess, die Entwicklung des Designs, Abstimmung und Umsetzung, verläuft analog zum Prozess der Neuerstellung eines Corporate Designs. Punkte, die für die Einschätzung des Umfangs der Neugestaltung wichtig sind, sind beispielsweise Elemente oder Inhalte, die sich auch im neuen Design wiederfinden sollen.

Bei einem Redesign ist unbedingt zu beachten, dass es eine gewachsene Zielgruppe gibt, die sich mit den bisherigen Werten und der Geschichte des Unternehmens identifiziert. Dieser Zielgruppe sollte Beachtung geschenkt werden – auch wenn das neue Erscheinungsbild eventuell völlig anders aussieht, ist es wichtig, die Neuerungen verständlich zu kommunizieren. Bei Marken mit langer Tradition ist es häufig wichtig, grundlegende Erkennungsmerkmale beizubehalten.

Die Einführung eines Redesigns ist in Bezug auf den allseits gelernten bisherigen Markenauftritt eine weitaus größere Herausforderung als die Einführung eines neu erstellten Corporate Designs. Einerseits ist Fingerspitzengefühl gefragt, andererseits ist es aber auch sehr wichtig, selbstbewusst mit dem neuen Erscheinungsbild umzugehen und auch bei Kritik standhaft zu bleiben und den neuen Markenauftritt weiterhin konsequent durchzusetzen. Es ist unerlässlich, beim Redesign an die bestehende Marke anzuknüpfen, um den Wiedererkennungswert zu garantieren und das Vertrauen von Kunden und Kundinnen in die altbekannte Marke nicht zu zerstören.

Langfristig planen
Das neue Design sollte möglichst langfristig angelegt und vielseitig einsetzbar sein, damit ein erneutes Redesign in absehbarer Zeit ausgeschlossen werden kann.

Im Fall des Redesigns der **Otto Group** stand die Unternehmensvision im Fokus und das Bestreben, mit der digitalen Transformation Schritt zu halten. Im Rahmen des neuen Corporate Designs wurde die Unternehmenswebsite gemäß der Anforderung *Responsible commerce that inspires* in Richtung Zukunft gestaltet. Mensch und Umwelt stehen dabei klar im Fokus. Mit dem Ziel, einen erleichterten Zugang zur Marke und eine einfachere Brand Experience zu erlangen, entstand ein neues Corporate Design, das vor allem für digitale Medien entwickelt, aber auch auf Printmedien übertragen wurde. Um das neue Design für alle Beteiligten zugänglich zu machen, wurden die einzelnen Bestandteile, Templates und Guidelines in einem Brandportal festgehalten.

Teil des Redesigns war die Verbindung der Buchstaben »O« und »G« zu einem Icon mit gesteigertem Wiedererkennungswert. Es findet seinen Einsatz gleichzeitig als App-Symbol, Favicon oder Social-Media-Icon.

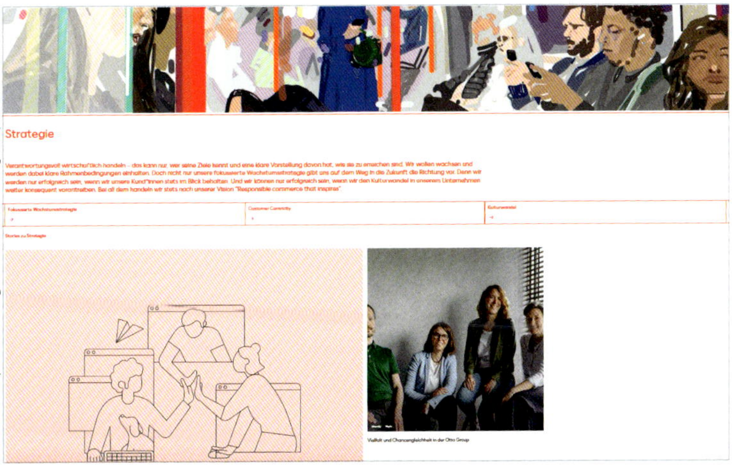

Abbildung 11.8
Design auf der neuen Unternehmenswebsite der Otto Group

Auch die Bildsprache wurde überarbeitet – die neue Bildsprache erscheint vor allem modern, dynamisch und zukunftsorientiert. Die Motive zeigen Menschen, wirken authentisch und werden von Illustrationen ergänzt.

Abbildung 11.9
Das neue Logo der Otto Group

Abbildung 11.10
Illustrationen lockern den grafischen Look des neuen Corporate Designs auf.

Auch die Schrift Optimist wurde speziell auf die Bedürfnisse der plattformübergreifenden Funktionalität und Lesbarkeit ausgerichtet. Übernommen aus dem alten Corporate Design wurde das charakteristische Rot der Marke.

Beim Redesign der Produktpalette von **Leibniz** wurde auch das Logo überarbeitet und wirkt nun klarer und moderner. Neben dem Logo wurden auch die Corporate Colours angepasst. Gelb als Hauptfarbe wurde beibehalten. Die Produktpalette wurde aber zusätzlich in sechs Kategorien unterteilt und entsprechend den neuen Corporate Colours zugeordnet.

Neu ist auch der Look der Verpackungen – das typische Markenzeichen, der Keks mit den 52 Zähnen, ist nun auch im Packaging Design zentrales Motiv. Auf den Produktverpackungen wird komplett auf den Markennamen verzichtet – das Produkt selbst wirbt für sich. Das Produkt wird zum Markenmerkmal, noch vor dem eigentlichen Markenschriftzug.

Zum neuen Markenauftritt von Leibniz gehören auch grafische Elemente – die Illustrationen sind ab sofort auf den Produkten für Kinder zu finden und lockern den ansonsten eher cleanen Look auf.

Abbildung 11.11
Vorher und nachher – die Schrift für das neue Leibniz-Logo wurde nur leicht modifiziert.

Abbildung 11.12
Anlehnung an das typische Merkmal der bekannten Kekse: Die »Zähne« finden sich auch im Logo wieder.

Abbildung 11.13
Vorher-nachher-Vergleich des Packaging Designs. Neue Verpackung mit der Verschmelzung von Logo und Produkt. Auf die separate Platzierung des Logos wurde bewusst verzichtet.

Abbildung 11.14
Kombination von einer klaren Formensprache mit auflockernden Elementen – Illustrationen auf der Verpackung von Produkten für Jüngere

11.3 Refresh: Schrittweise Erneuerung

Alternativ zum komplett neuen Erscheinungsbild gibt es auch die Möglichkeit, das Corporate Design nur teilweise zu erneuern. Das nennt man dann Refresh. Ein schrittweises Design-Update bringt andere Herausforderungen mit sich als ein Redesign: In der Übergangsphase ist der Markenauftritt möglicherweise nicht mehr konsistent und wirkt zerrissen, falls die Änderungen zu gravierend sind. Eine Refresh bietet sich vor allem dann an, wenn die Neuerungen dezent sind und sich in den bisherigen Look integrieren lassen. Meistens handelt es sich um Anpassungen an Designtrends und an veränderte Gewohnheiten der Zielgruppe. In puncto Designtrends beobachten wir beispielsweise seit mehreren Jahren den Siegeszug des Flat Designs, einer zweidimensionalen Darstellung, die sich beispielsweise in der Logoüberarbeitung von **Audi** zeigt.

Abbildung 11.15
Audi-Logo vor 2006 und nach dem Refresh im Flat Design

Ein Beispiel für ein gelungenes Refresh bietet die Marke **Airbnb**. Auf die veränderten Anforderungen nach der Corona-Pandemie reagierte Airbnb mit dem Refresh seiner Buchungsplattform für Ferienaufenthalte in privaten Unterkünften. Die Kombination aus Arbeiten und Reisen, die durch die Pandemie und das damit verbundene Remote-Arbeiten vorangetrieben und etabliert wurde, war ein Grund für die Überarbeitung der Plattform.

Die Beobachtung des Nutzerverhaltens ergab beispielsweise, dass Buchungen längere Zeiträume umfassten als noch vor der Pandemie. Auch die Reiselust hat stark zugenommen – einerseits durch die wiedergewonnenen Freiheiten, andererseits durch die neuen Möglichkeiten, Freizeit und Arbeit flexibler miteinander verbinden zu können.

Abbildung 11.16
Redesign auf der Airbnb-Plattform (Desktopversion) nach dem veränderten Nutzerverhalten

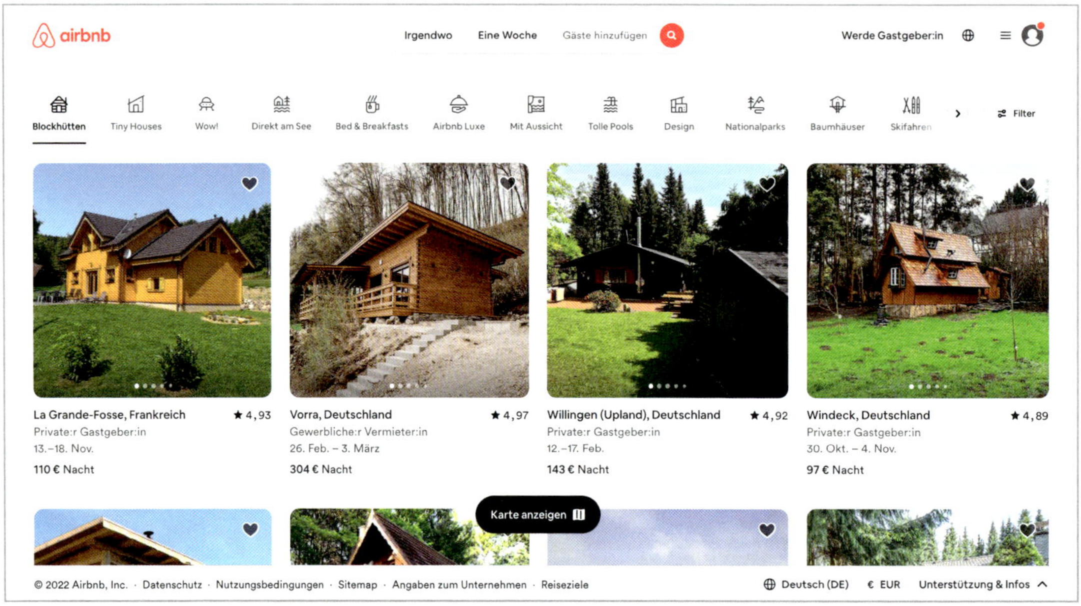

Die Erkenntnisse haben maßgeblich die neue Struktur und Kategorisierung der Plattform beeinflusst. Mithilfe von Icons kann jetzt beispielsweise durch einen Klick nach der Art der Unterkunft gefiltert werden, egal ob Blockhütte oder Insel, bis hin zum Erdhaus. Ein Filtern nach der Umgebung vereinfacht die Auswahl der passenden Unterkunft.

Zudem werden durch das Menü Arten von Unterkünften vorgeschlagen, die der Nutzerin oder dem Nutzer ansonsten vielleicht nicht in den Sinn gekommen wären. Mithilfe von KI werden die Vorschläge auf die jeweilige Person zugeschnitten und immer individueller angepasst.

Beim Refresh von Airbnb handelt es sich also nicht um den kompletten Relaunch der Marke, sondern um die sukzessive Anpassung des bestehenden Designs an neue Funktionen und die damit verbundene notwendige Erweiterung der Designelemente, wie beispielsweise durch das neue Iconset für die Unterkünfte.

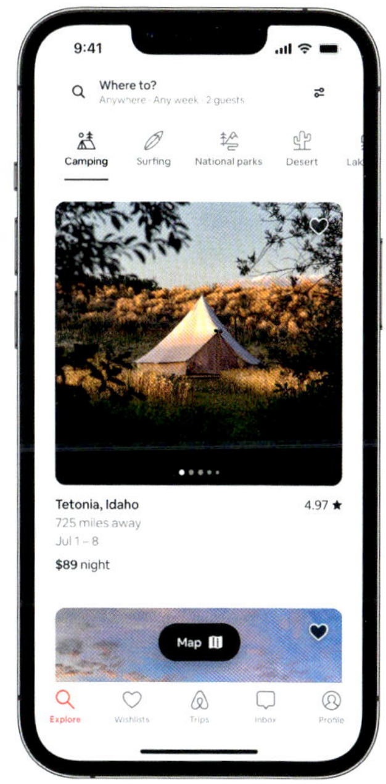

Abbildung 11.17
Auswahl nach Kategorie mithilfe von Icons

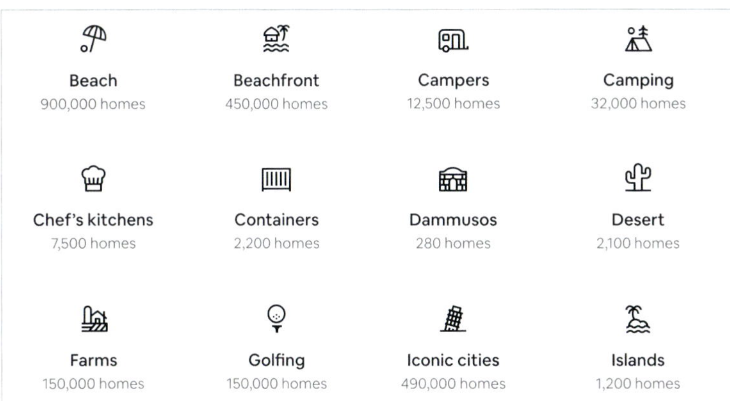

Abbildung 11.18
Iconset als Teil des Redesigns

TEIL III

Finalisierung und Organisation

Kapitel 12

Präsentation und Feedback

Die Präsentation ist neben der Erstellung des Designs das A und O, wenn es um den Kontakt mit Auftraggeberinnen und Auftraggebern, den Austausch und konstruktives Feedback geht. Eine gut strukturierte Präsentation kann allen Beteiligten helfen, die Idee und Arbeitsweise des Designteams besser zu verstehen.

12.1 Die Präsentation erstellen

Die Akzeptanz eines Projekts steht und fällt mit der Art und Weise der Präsentation. Es ist wichtig, regelmäßig Zeit für die Dokumentation des Projekts und für die Zusammenstellung der Präsentation einzuplanen. Nicht zuletzt geht es auch darum, die Präsentation der Arbeitsergebnisse und Zwischenstände souverän vortragen zu können und die Inhalte so zu präsentieren, dass sie für alle Anwesenden ohne Probleme nachvollziehbar sind.

Neben den passenden Texten helfen visuelle Inhalte, das Gesagte besser verständlich zu machen. Gerade wenn es um die Herleitung von Ideen, Rechercheergebnisse und um die eigentlichen Entwürfe geht, ist es sehr viel einfacher, über konkrete Vorschläge zu sprechen, als mit Fachbegriffen beeindrucken zu wollen oder die Zeit mit grundlegenden Fragen zu verbringen. Nach einer gut strukturierten Präsentation und der passenden Vorbereitung sind Auftraggeberinnen, Stakeholder und Teammitglieder umfassend informiert und können tiefgreifendere Fragen stellen. Der erreichte Wissensstand aller Beteiligten bildet eine gute Grundlage für eine konstruktive Fortführung des Projekts.

Professionell verhalten

Die Art und Weise der Präsentation ist Teil der Handschrift eines Designers bzw. einer Designerin, kann zum Wiedererkennungswert beitragen und zum Qualitätsmerkmal der Arbeit werden. Das gilt auch für den Umgang mit Feedback: Gerade bei einer kreativen Tätigkeit ist man auf eine ganz persönliche Art mit seiner Arbeit verbunden. Kritik entgegenzunehmen und sie sogar positiv für sich zu nutzen, will geübt sein. Das kann in Bezug auf Karriere und persönliche Weiterbildung aber äußerst wertvoll sein.

12.1.1 Vorüberlegungen für eine gelungene Präsentation

Im ersten Schritt legen Sie den Rahmen für die Präsentation fest. Findet die Präsentation vor Ort oder remote statt? Wie können besonders angenehme Voraussetzungen für alle Teilnehmenden geschaffen werden? Welche Möglichkeiten zur Auflockerung gibt es? Wann sollten Pausen eingeplant werden? Wie ist der konkrete Ablauf? Welche technischen Voraussetzungen müssen geklärt werden? Wie kann ich den Teilnehmern und Teilnehmerinnen den Einstieg erleichtern?

Personenkreis

Anschließend wird der Personenkreis für die Präsentation festgelegt. Sowohl auf Seiten der Designer und Designerinnen als auch bei der beauftragenden Firma sollten die richtigen Entscheidungsträger und Expertinnen eingeladen werden, um im Rahmen des Meetings das Projekt möglichst konstruktiv voranbringen zu können.

Ist das Projekt schon weit vorangeschritten, sind die Grundentscheidungen getroffen und sitzen Auftraggeber bzw. Auftraggeberin und Stakeholder in einem Boot, lohnt es sich gegebenenfalls, bewusst den Kreis von Kritikern und Kritikerinnen zu erweitern. Gerade unbedarftes Feedback kann dann besonders wertvoll sein, denn im Idealfall handelt es sich um die spätere Zielgruppe, die ebenfalls ohne Vorkenntnisse und Insiderwissen das Erscheinungsbild wahrnimmt und ganz offen darauf reagiert. Mit derart ehrlichem Feedback umzugehen, ist ebenfalls gewöhnungsbedürftig, es kann aber Fehltritte und weitere Korrekturschleifen zu einem späteren Zeitpunkt vermeiden – nämlich dann, wenn die Kosten höher wären und der Aufwand fataler – und das Projekt schon vor der Veröffentlichung wesentlich voranbringen.

Wer hält die Präsentation?

Bei der Präsentation sollte darauf geachtet werden, dass die Rolle der oder des Präsentierenden auch dem **Status** des Gegenübers entspricht. Das heißt, findet die Präsentation vor der Geschäftsleitung einer Firma statt, so sollte auch auf der Seite der Designagentur jemand mit Führungsverantwortung stehen oder zumindest an der Präsentation beteiligt sein. Schließlich sollen sich die Auftraggeberinnen und Auftraggeber wertgeschätzt fühlen.

12.1.2 Ein gutes Konzept ist das A und O

Um die Präsentation möglichst gut strukturiert aufzubauen, ist es sinnvoll, sich thematisch am tatsächlichen **Projektverlauf** zu orientieren. Der Ablauf eines Projekts ist zwar je nach Aufgaben und Themen unterschiedlich, es kann aber dennoch sinnvoll sein, sich ein grobes Präsentationsgerüst als Vorlage zu erstellen, das dann immer wieder ergänzt und angepasst werden kann. Die Präsentation kann in ihrem Aufbau konkret einem Inhaltsverzeichnis folgen, bei dem es darum geht, das Publikum Schritt für Schritt zu einem (Zwischen-)Ergebnis zu führen. Das Inhaltsverzeichnis sollte dabei keineswegs aus Stichworten bestehen, sondern idealerweise aus konkreten Fragen, die es zu beantworten gilt. Das können beispielsweise Fragen sein wie:

1. Kurze Zusammenfassung der Anforderung und Aufzeigen des Ausgangspunktes
2. Was waren die Ziele des Auftrags?
3. Erklärung der Vorgehensweise: angewendete Methoden (beispielsweise Recherche, Befragung der Zielgruppe/Konkurrenzanalyse)
4. Roadmap und Meilensteine im Projektverlauf mit Zeitangaben und Hinweisen, an welchem Punkt man sich gerade befindet
5. Einblick in den Gestaltungsprozess: Vorstufen, Überlegungen, Mindmaps, Erkenntnisse, Skizzen etc.
6. Eventuelle Probleme bei der Entwicklung
7. Ergebnisse in Form von Designvorschlägen und Erklärung
8. Anwendung der Designelemente mit Beispielen
9. Ausblick und Ideen zu weiteren Designelementen, Anwendungen und dem weiteren Projektverlauf
10. Feedbackrunde

Zeiteinteilung

Zur Strukturierung der Präsentation gehört auch die Einteilung in Zeitabschnitte. Sie sollten darauf achten, dass die Besprechung von Detailfragen relativ kurz gehalten oder auf einen separaten Gesprächstermin vertagt werden, um den Fluss und die Zusammenhänge der Präsentation zu erhalten.

Roter Faden

Eventuell kennen die Auftraggeber und Auftraggeberinnen auch schon einige Zwischenschritte, wie das Moodboard oder eine Zusammenfassung der Anforderungen. Dennoch ist es etwas anderes, alles noch einmal im Kontext zu sehen und einen roten Faden in der Geschichte und dem Werdegang des Projekts zu erkennen.

Zentrale Aufgabenstellung erfassen und formulieren

Mit der Formulierung der zentralen Aufgabenstellung, die Sie im Rebriefing gemeinsam mit Auftraggebern bzw. Auftraggeberinnen festgelegt haben, fühlen sich alle Beteiligten von vornherein abgeholt und mit im Boot – jeder weiß, worum es geht.

Die Gliederung ist dabei essenziell für eine gute Präsentation und sollte wie bei einem Film oder Theaterstück ein Ganzes ergeben, eine Geschichte erzählen und zeigen, welchen Weg Sie bei der

Gestaltung gegangen sind, um zu einem bestimmten Ergebnis zu kommen. Eine Einteilung in einzelne Schritte hilft dabei, einen roten Faden zu behalten und anhand eines Grundgerüsts die Informationen in sinnvoller Reihenfolge aufzuzeigen.

Die schönste Präsentation ist nämlich nicht zielführend, wenn sie keinen roten Faden hat oder keine aussagekräftigen und projektrelevanten Fakten beinhaltet. Die Inhalte sollten dabei so aufgearbeitet sein, dass sie für jemanden, der nicht tief im Projekt steckt, problemlos und auf möglichst angenehme Art und Weise erfassbar sind. Gerade wenn es die erste Präsentation vor einem neuen Auftraggeber oder einer neuen Auftraggeberin ist, ist das eine gute Gelegenheit, Können, Engagement und Professionalität unter Beweis zu stellen.

Das Präsentationsgerüst kann bereits während des Projektprozesses mit Erkenntnissen, Informationen und Bildmaterial befüllt werden. Die Zusammenfassung bereits erfüllter Aufgaben und Schritte sollte Teil der Arbeitsroutine werden und wöchentlich mit einer festen Zeit eingeplant werden. Das verhindert, dass die Präsentation am Ende in einer Nacht-und-Nebel-Aktion zusammengeschustert werden muss. Durch die Dokumentation der Inhalte werden außerdem Details festgehalten, die ansonsten wieder in Vergessenheit geraten würden, die aber für das Verständnis des Prozesses sehr wertvoll sein können.

Wie sieht die Präsentation konkret aus?

Es gibt unterschiedliche Tools, mit denen Präsentationen zusammengestellt werden können. Ob PowerPoint, Keynote oder Miro zum Einsatz kommen, hängt vom Rahmen und von den Inhalten der Präsentation ab. Letztendlich geht es darum, die Inhalte für alle Beteiligten möglichst leicht zugänglich zu machen. Gegebenenfalls lohnt es sich auch, schon früh daran zu denken, wie im Nachgang eine Zusammenfassung an alle Teilnehmenden übermittelt werden kann.

Präsentation ansprechend gestalten

Die Antworten und Erkenntnisse müssen keinesfalls nur textlich festgehalten werden. Teil der Präsentation können auch Skizzen, Fehlversuche und Zwischenergebnisse sein.

Präsentation in einer anderen Sprache

Ist es gegebenenfalls notwendig, die Präsentation in einer anderen Sprache abzuhalten? Dann ist möglicherweise eine Extraportion Vorbereitung gefragt, denn zentrale Aussagen und die Wahl der eigenen Ausdrucksweise sollten vorher geübt werden.

12.1.3 Auftraggeber bzw. Auftraggeberinnen am Prozess teilhaben lassen

Sie haben gerade gelesen, dass am besten bereits während des Projekts und vor der finalen Anfertigung der Präsentation Zwischenstand und Prozesse dokumentiert werden sollten.

Zu sehen, wie das Ergebnis der Präsentation zustande gekommen ist, ist nicht nur interessant, sondern erzeugt auch ein besseres Verständnis für die Arbeitsweise und die Schlussfolgerungen. Anhand der Präsentation lassen sich die strategische Vorgehensweise, Lösungsansätze und schlussendlich auch die Professionalität ausmachen.

Es ist zwar möglich, Auftraggeber und Auftraggeberinnen vor vollendete Tatsachen zu stellen, aber mit großer Wahrscheinlichkeit werden sie wenig begeistert davon sein, so offensichtlich keinen Einfluss auf den Prozess nehmen zu können. Des Weiteren haben Designer und Designerinnen durch die intensive Beschäftigung mit dem Thema einen enormen Wissensvorsprung, der beispielsweise durch das Ausprobieren unterschiedlicher Lösungen zustande kommen kann. Dieses Wissen ist ein wichtiges Element der Präsentation, denn erst wenn alle Beteiligten den gleichen Wissensstand haben, kann das Projekt durch Fragen und Einwände weiter vorangebracht werden. Durch eine ausführliche und verständliche Präsentation werden die wichtigsten Fragen schon im Voraus geklart, und die anschließende Diskussion kann konstruktiver ausfallen.

Wichtig ist, dass bei der Präsentation keine Bauchschmerzen bestehen, sondern das Designteam zu hundert Prozent hinter jedem Entwurf stehen kann. Schließlich sollte das Endergebnis für alle Beteiligten zufriedenstellend sein. An einem Entwurf weiterzuarbeiten, der von vornherein nur halbherzig unterstützt wurde, mündet oft in fehlende Motivation, und die weitere Arbeit daran wird zur Qual. Um das zu vermeiden, ist es wichtig, so lange an einer Lösung zu arbeiten, bis sie zu den Anforderungen der beauftragenden Firma und auch den Ansprüchen an die eigene Arbeit passt.

Anzahl Entwürfe

Wie viele Designentwürfe am Ende präsentiert werden, ist eine individuelle Entscheidung.

Es spricht nichts dagegen, eine klare Empfehlung auszusprechen, die mit handfesten Argumenten begründet werden kann. Dadurch können etwaige Diskussionen in eine bestimmte Richtung gelenkt oder gar von vornherein vermieden werden. Eine Debatte zu persönlichen Vorlieben mit subjektiven Empfindungen als Begründung ist schwer zu führen, denn sobald die Diskussion mit persönlichen Vorlieben befeuert wird, lässt sich mit objektiven Argumenten nur noch bedingt etwas ausrichten.

Diskussionspunkte auf später verschieben

Um nicht in endlose Diskussionen zu verfallen, ist es hin und wieder sinnvoll, Punkte auszuklammern, die dann nach der Präsentation, beispielsweise in einem separaten Gespräch, zu erörtern sind. Eventuell klären sich einige Fragen auch im weiteren Verlauf der Präsentation. Deswegen sollte man als Präsentierende bzw. Präsentierender stets die Zeit im Blick behalten und dafür sorgen, dass die Präsentation trotz der Unterbrechungen ein komplettes Ganzes ergibt.

12.1.4 Fakten sprechen lassen

Die Präsentation sollte auch bei Kreativleistungen auf Fakten beruhen: Es geht nicht nur darum, etwas ansprechend zu gestalten, sondern darum, einen gewissen Erfolg für die beauftragende Firma zu erzielen. Das kann die Steigerung des Umsatzes, mehr Besucher und Besucherinnen auf der Website oder das Erreichen eines bestimmten Publikums sein. Durch die Einbindung von Zahlen und Fakten sind Ergebnisse weniger angreifbar und sorgen für mehr Vertrauen. Denn jedes Design ist für den Auftraggeber bzw. die Auftraggeberin mit einem teilweise nicht unerheblichen Investment in Bezug auf Aufwand, Budget und Zeit verbunden. Es ist wichtig, die Diskussion von vornherein auf einer Ebene zu führen, die für alle verständlich ist und abseits der subjektiven Vorlieben für Farben und Formen liegt. Design kann durch Fakten und die Einbindung der Zielgruppe vergleichbar und betriebswissenschaftlich verwertbar gemacht werden. Erst dann können unendliche Diskussionen und Fehlentscheidungen zugunsten des eigenen Geschmacks vermieden werden.

12.1.5 Zielgruppe beachten

Bringt man die Zielgruppe relativ früh ins Spiel, kann dadurch eine sehr gute Messlatte für den Erfolg des Designs entstehen. Durch User Testing können beispielsweise Schwächen und Stärken ausgemacht werden, bevor das finale Design auf dem Markt landet. Dadurch entsteht nicht nur die gewünschte faktenbasierte Diskussionsgrundlage, sondern es können auch unnötige Kosten vermieden und Ressourcen geschont werden. Mit dem ROI, dem Return on Investment, ist es weitaus leichter zu überzeugen als mit einer subjektiven Herleitung, warum diese oder jene Form oder Farbe gewählt wurde.

12.1.6 Mehr als schön – Design als kreativer Lösungsansatz

Dass Designer und Designerinnen heute vor allem helfen können, kreative Lösungen zu entwickeln, sollte man sich auch in der Präsentation zunutze machen. Dabei hört die Argumentationskette bei der Gestaltung lange nicht auf, sondern betrifft auch die Umsetzung und spätere Handhabung des Designs:

- Wie sieht die Implementation für Mitarbeitende oder die Pflege von Content aus?
- Was passiert, wenn unterschiedliche Gruppen, gegebenenfalls noch in unterschiedlichen Sprachen, auf die Informationen zugreifen müssen?
- Welches Budget benötigt die Umsetzung und was passiert, wenn sich Bestandteile oder Detailinformationen ändern?

Design weiterzudenken und einen Ausblick zu liefern, gehört heute ebenfalls zu Ihrer Aufgabe. Auch wenn diese Gedanken noch nicht vollkommen zu Ende gedacht sein müssen, sollten sie dennoch Platz in der Präsentation als Teil einer Komplettlösung haben.

12.1.7 Weitere nützliche Präsentationsskills

Eine Präsentation professionell vorzubereiten, ist ein wichtiger Aspekt. Folgende Praxistipps helfen dabei:

- Bei einer Präsentation ist **Mut** gefragt – nicht nur der Mut, vor einer Gruppe von potenziellen Kritikerinnen und Kritikern zu sprechen, sondern auch der Mut, eventuell etwas noch nicht Finales zu zeigen. Selbstverständlich will auch hier jeder Schritt wohl überlegt sein. Aber selbst unfertige Zwischenschritte können so in Szene gesetzt werden, dass an der Professionalität der oder des Gestaltenden kein Zweifel entstehen kann.
- Um die Situation von vornherein etwas aufzulockern, bieten sich sogenannte **Ice Breaker** an – das sind meist Fragen oder kurze Aufgaben, die nur entfernt oder gar nichts mit dem Thema der Präsentation zu tun haben und so für weniger Anspannung sorgen.

- Es kann von Vorteil sein, wenn der oder die **Präsentierende** nicht nach Seniorität, sondern nach dem Grad des Engagements im Projekt gewählt wird. Denn dann ist sichergestellt, dass er oder sie auch möglichst viel der Entwicklung und möglichst viele Details des Projekts mitbekommen hat. Sobald man direkt involviert ist, fällt es häufig leichter, über das Projekt zu reden.
- Auch wenn eine Vorlage für Präsentationen äußerst praktisch ist, sollte man diese nicht einfach nur recyceln, sondern passgenau **auf das Projekt und die Zuhörer und Zuhörerinnen zuschneiden**. Dafür benötigt man natürlich auch Wissen über sein Publikum – man sollte nicht nur inhaltlich, sondern auch in Bezug auf Auftreten und Stil wissen, wer einem bei der Präsentation gegenübersitzt.
- Anstelle von reinen Text-Bild-Präsentationen gibt es weitere Möglichkeiten, für **Abwechslung** zu sorgen und die Zuhörer und Zuhörerinnen mitzunehmen auf die Reise. Eine Präsentation sollte deswegen auch in ihrem Ablauf durchdacht und durch Filme oder kurze Interaktionen aufgelockert sein.
- Die Präsentation sollte nicht nur optisch einen professionellen Anschein machen. Zum professionellen Eindruck gehört auch, dass die Argumentation **objektiv** bleiben sollte. Kritik an bereits bestehenden Entwürfen oder gar der Konkurrenz sollte unterlassen werden. Überhaupt sollten Vergleiche mit anderen Aufträgen oder Details zu weiteren aktuellen Projekten vermieden werden. Ihr Auftraggeber bzw. Ihre Auftraggeberin könnte ansonsten Rückschlüsse daraus ziehen und Sie nicht nur für inkompetent, sondern auch für indiskret halten. Die Schaffung einer guten Vertrauensbasis würde damit in weite Ferne rücken.

Vorbereitung ist das A und O

Insgesamt kommt es bei einer guten Präsentation vor allem auf eines an: auf eine ausgereifte Vorbereitung. Sie bringt automatisch ein gutes Stück Selbstbewusstsein mit – und wenn Sie die Präsentation dann vorher bereits einmal durchspielen, sind Sie für den Auftritt gut gewappnet.

12.2 Tools zur Ideensammlung und Präsentation

Bei der Präsentation von Ideen ist eines wichtig und immer wieder zu beachten: Als Designerin und Designer steckt man meistens viel tiefer in den Ideen und Gedankenprozessen als das beauftragende Unternehmen. Zudem ist das eigene Bild der Idee schwer nur mit Worten beschreibbar. Um bei der Präsentation von Ideen und Meilensteinen eine möglichst gute Diskussionsgrundlage zu haben, ist es wichtig, die eigenen Ideen auch visuell für alle beteiligten Stakeholder und Teamkolleginnen gut verständlich zu zeigen.

Die eigenen Ideen sind dabei nicht immer ausreichend, um beispielsweise bei einem Corporate Design Assoziationen, Herleitungen und den weiteren Ausblick auf die Erweiterung auf angrenzende Bereiche darzustellen. Dann ist es oft hilfreich, neben dem verbalen Storytelling als Teil der Präsentation und des Austauschs zum Projekt auch eine visuelle Welt um die Projektideen zu kreieren. Häufig sind auf diese Weise Emotionen und Assoziationen sowie die Fortführung der Grundidee auf mehreren Ebenen für alle leichter erfassbar.

12.2.1 Moodboards

Es gibt mehrere Wege, diese »Welten« darzustellen. Eine Möglichkeit, die sich bewährt hat und häufig zum Einsatz kommt, sind Moodboards.

Je nach Projektphase kann ein Moodboard für unterschiedliche Zwecke eingesetzt werden:

- intern als Inspirationsquelle
- um erste Corporate-Design-Ideen beim Unternehmen zu präsentieren und die Richtung für das Corporate Design einzuschränken

Moodboard
Sie wissen es sicher: Unter einem Moodboard versteht man die Ansammlung von Bildern und Gestaltungselementen, Farben, Inspirationen und Texten, die den Betrachtern und Betrachterinnen helfen, Stimmung, Ziele und Visionen visuell zu vermitteln.

Es gibt unterschiedliche Herangehensweisen und Arten von Moodboards. Das kann eine lose Sammlung von Blättern und Schnipseln sein, die an einer physischen Pinnwand hängt und nach und nach ergänzt wird, oder aber ein digitales Board, das mit Teamkollegen und -kolleginnen online geteilt und nach und nach erweitert werden kann.

Physisches Moodboard

Ein physisches Moodboard kann in einer frühen Projektphase hilfreich sein, um Inspiration und Gedanken mit dem Team zu teilen, darüber zu diskutieren oder einen konkreten Anhaltspunkt für die Entwicklung eines Corporate Designs zu finden. Einem physischen Moodboard sind gestalterisch keine Grenzen gesetzt – es kann auf einer Pinnwand, einer großen Pappe oder einer Wand entstehen. Auch die Bestandteile können sehr variabel sein. Ausschnitte aus Zeitschriften, Ausdrucke, Kopien, Teile von Verpackungen oder Scribbles und Fotos können Bestandteil eines physischen Moodboards sein.

Abbildung 12.1
Physisches Moodboard

Werden im Team über einige Tage hinweg Bestandteile zusammengetragen und auf dem Moodboard gesammelt, so lohnt es sich, die Bestandteile dann noch einmal in einen thematischen Zusammenhang zu bringen und ähnliche Elemente zu gruppieren. Nach und nach kann sich so ein klares Bild von Emotionen, Richtungen und Designbestandteilen entwickeln.

Ein physisches Moodboard ist dann geeignet, wenn

- das Team gemeinsam vor Ort arbeitet (in Zeiten von Remote-Arbeit eventuell nicht der Fall)
- man sich als Designerin und Designer eine eigene, persönliche Übersicht über gesammelte Inspirationen schaffen möchte
- der Prozess der Anfertigung eines physischen Moodboards zu innerer Klarheit über die Anforderungen des Projekts verhilft

Digitale Moodboards

Neben der physischen Erstellung von Moodboards gibt es einerseits die Möglichkeit, digitale Moodboards mithilfe von Programmen auf dem eigenen Rechner zu erstellen (beispielsweise mit InDesign oder Photoshop). Mittlerweile gibt es allerdings auch einige Plattformen, die Vorlagen für Moodboards anbieten. Grundsätzlich ist es nicht immer ratsam, diese Vorlagen zu benutzen, denn sie bringen meistens schon einen eigenen Stil mit, der nicht unbedingt zum Stil des eigenen Brandings, der eigenen Bildsprache und erst recht nicht zum anstehenden Designprojekt passt. Dennoch lohnt es sich, dort Inspirationen, beispielsweise zur Komposition, Darstellung oder dem Umgang mit typografischen Elementen, zu sammeln. Das kann beispielsweise durch eine privat geteilte Pinnwand auf Pinterest geschehen oder ein Team-Moodboard in Canva.

Quelle: https://build.wanderingaimfully.com

Abbildung 12.2
Moodboard von wanderingaimfully

Inspiration

Plattformen, die sich als Inspirationsquelle und zur Erstellung von Moodboards eignen, sind beispielsweise:

- Adobe
- Canva
- Pinterest
- Bilddatenbanken, wie Adobe Stock, Shutterstock oder Getty Images
- Sampleboard
- Invision
- Miro

Moodboards bei Webprojekten

Bei Webprojekten können Moodboards eine gute Ergänzung zu Wireframes sein und so einen Ausblick auf die spätere Umsetzung geben. Dabei wird mithilfe von Wireframes der strukturelle Aufbau dargestellt. Den visuellen Part übernimmt das Moodboard. Für Auftraggeberinnen und Stakeholder kann diese Kombination sehr nützlich sein, um Feedback zu geben und die weiteren Schritte im Arbeitsprozess besser zu verstehen.

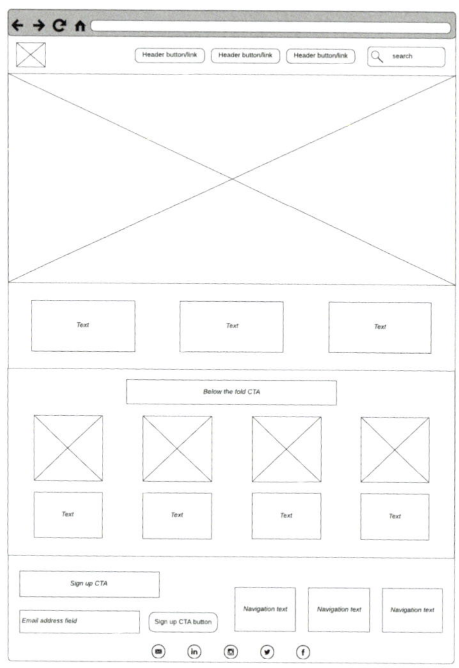

Quelle: www.lucidchart.com

Abbildung 12.5 Beispiel für Wireframes einer Website

Moodboards zum Einsatz bei beauftragenden Unternehmen

Neben der internen Nutzung als reine Inspirationsquelle und für den Ideenaustausch können Moodboards auch zum Zwecke des Rebrandings genutzt werden – damit verdeutlicht man im Anschluss an das Briefing oder an einen Workshop die besprochenen Inhalte und bringt sie visuell in einen Zusammenhang.

Es kann dann als Grundlage und als Richtlinie für den weiteren Verlauf des Projekts dienen. Damit ist sichergestellt, dass zwischen allen Beteiligten ein Konsens über das Projekt besteht und sie auf dieser Basis die weiteren Schritte planen und durchführen. In diesem Fall ist es im Nachgang wichtig, das erstellte Moodboard mit allen Stakeholdern und Stakeholderinnen zu teilen und die entsprechende Bestätigung einzufordern.

Der häufigste Fall, bei dem Moodboards zum Einsatz kommen, ist ein Ausblick auf die Designrichtung oder die Präsentation eines ersten Meilensteins im Designprozess. Dabei kann ein Moodboard wie eine Herleitung und visuelle Untermalung bei der Schilderung des Designprozesses funktionieren.

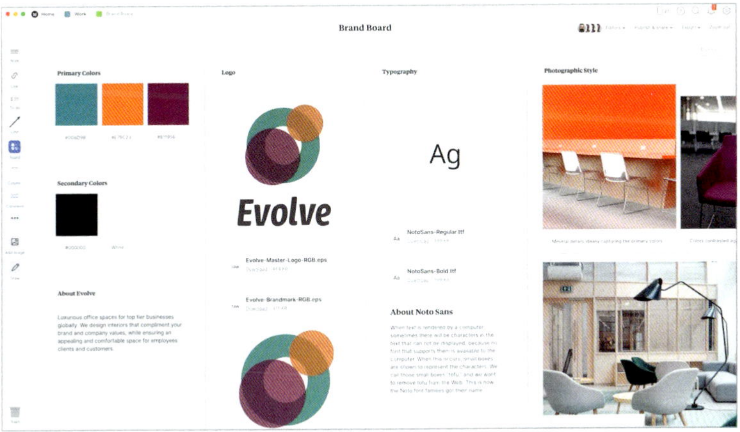

Quelle: https://milanote.com/templates/moodboards

Abbildung 12.3
Vorlage für ein Moodboard im Bereich Corporate Design

Ein Moodboard kann auch Teil der Präsentation von mehreren möglichen Designrichtungen sein. Dann beinhaltet es ebenfalls die einzelnen Komponenten des Corporate Designs, wie beispielsweise Farbwelten, Typografie, Bildsprache etc., sowie gegebenenfalls einen Ausblick auf die Anwendung des Corporate Designs auf seine einzelnen Bestandteile oder den digitalen Unternehmensauftritt. Typische Bestandteile eines Moodboards sind:

- Farben
- Schriften
- Muster
- Bilder
- Formen
- Grafiken

Vor allem in Bezug auf digitale Projekte können Moodboards auch eine konkrete Darstellung der Zielgruppe beinhalten. Denkbar wäre hier beispielsweise die Freizeitgestaltung, Arbeitsplatz, Vorlieben,

Interessen usw. Aus dieser Eingrenzung lassen sich dann die Personas entwickeln, die als Prototypen für bestimmte Zielgruppen funktionieren.

Vorbedingungen

Vor der Erstellung eines Moodboards sollten folgende Schritte passieren:

1. Klarheit über die genauen **Projektanforderungen** (beispielsweise Hintergrundinformationen zur Anwendung des Corporate Designs – digital oder in Printwerbemitteln). Sehr hilfreich können beispielsweise Einblicke in die Marketingstrategie oder auch das Mission Statement eines Unternehmens sein, das Anspruch und Ziele auf den Punkt bringt. Auch die Umschreibung mit Worten, wie »sicher«, »modern«, »feminin« oder »vertrauenswürdig« bilden eine gute Grundlage für die Erstellung eines Moodboards.
2. **Publikum:** Mit wem wird das Moodboard geteilt? Der Fokus bei der Gestaltung eines Moodboards richtet sich auch hier danach, ob es später Stakeholdern und Stakeholderinnen oder Mitgliedern des internen Designteams präsentiert wird.
3. **Sammlung und Verwaltung** von Material und Inspiration aus unterschiedlichen Quellen. Bei der Arbeit im Team ist es beispielsweise praktisch, einen geteilten Ordner anzulegen und hier die Bestandteile gemeinsam zu sammeln.

12.2.2 Stylescapes

Moodboards sind eine diffuse Anordnung von Informationen, Farben und Formen, die ein Schritt in Richtung Corporate Design sein können. Möchte man noch einen Schritt weiter gehen, so gibt es die Möglichkeit, ein Moodboard zu erstellen, das nicht mehr nur eine vage Zusammenfassung beinhaltet, sondern einen genaueren Ausblick auf konkrete Ideen zum Corporate Design.

Mit sogenannten *Stylescapes* lässt sich ein 360°-Blick zum Corporate-Design-Auftritt visuell präsentieren. Die Bestandteile von Stylescapes betreffen dann nicht mehr die Vorstufe des Corporate Designs, sondern ergänzen sich gegenseitig zu einem kompletten Look, inklusive Farben, Formen und Anwendungen, die speziell im neuen Corporate Design erstellt wurden. Es geht dabei nicht darum, einen perfekten Markenauftritt darzustellen, sondern eine Welt rund um das Corporate Design zu schaffen. So kann man zu einem relativ frühen Zeitpunkt im Projektverlauf schon Feedback zur Designrichtung einholen und gegebenenfalls nachjustieren, ohne das Corporate Design final auf die einzelnen Bestandteile übertragen zu haben.

Ob alle Anforderungen und Informationen richtig ausgetauscht wurden und ein allgemeines Verständnis der Ziele auf allen Seiten besteht, wird dann klar, bevor Zeit in pixelgenaues Arbeiten investiert wurde. Stylescapes sind eine gute Möglichkeit, während des Projekts zu überprüfen, ob sich alle auf dem gleichen Pfad zum Ziel befinden. Es ist außerdem eine wunderbare Möglichkeit, um Teammitglieder, Stakeholder und Auftraggeberinnen mit auf die Reise zum finalen Corporate Design zu nehmen.

Quelle: thefutur, https://thefutur.com

Abbildung 12.4
Stylescape-Beispiel

Gerade, wenn es mehrere Möglichkeiten oder Designrichtungen gibt, eignen sich Moodboards, um einen vergleichbaren Rahmen für die Designs zu schaffen und sie entsprechend zur Geltung kommen zu lassen. Fällt die Wahl auf eine Designrichtung, kann das Stylescape die Grundlage für die Weiterentwicklung von späteren Designelementen sein und damit einen roten Faden für das gesamte Corporate Design als Orientierung vorgeben.

Das Format von Stylescapes ist frei wählbar. Es bietet sich aber an, ein breites Querformat zu wählen, um darauf eine Art visuelle Geschichte zum Design erzählen zu können. Da Stylescapes sehr viele Elemente beinhalten, eignen sie sich nicht unbedingt für die Präsentation am Bildschirm. Im Idealfall werden Stylescapes beim physischen Kundenmeeting präsentiert. Dürfen Auftraggeber bzw. Auftraggeberinnen die Stylescapes dann sogar beispielsweise für die interne Präsentation des Designs mitnehmen, so ist das meistens ein toller Wow-Effekt zum Abschluss einer Präsentation.

Abbildung 12.6
Stylescape von Tangoe

Quelle: https://www.brightscout.com

Bilder sagen mehr als 1000 Worte – das gilt auch für Designprojekte. Mithilfe von Moodboards lässt sich eine gute Diskussionsgrundlage schaffen. Ideen und Inspirationen lassen sich einfacher kommunizieren, wenn es einen visuellen Anhaltspunkt gibt, der für alle zugänglich ist.

12.2.3 Shooting oder Mockup?

Nie zuvor gab es so vielseitige und unkomplizierte Möglichkeiten, Ideen zu präsentieren. Von Scribbles über das eigene Fotosetup bis hin zu Onlineplattformen für 3D-Animationen sind hier der Phantasie kaum Grenzen gesetzt. Einerseits ist das sehr erfreulich, andererseits sollte man genau wissen, welche Präsentationsform für das Projekt sinnvoll ist und welche nicht. Denn die Gefahr ist groß, sich im Dschungel der Möglichkeiten zu verlieren und unnötig viel Zeit in das Ausprobieren und die Recherche zu stecken. Es spricht nichts dagegen, offen zu sein für neue Möglichkeiten, allerdings sollte man von vornherein ein konkretes Ziel im Kopf haben und nicht wahllos das Internet durchforsten.

Ob es sinnvoll ist, mit der Fotokamera oder anderen Möglichkeiten zur Präsentation des Designs zu arbeiten, hängt von mehreren Faktoren ab:

- den eigenen Vorlieben,
- den vorhandenen Möglichkeiten,
- dem eingeplanten Budget,
- dem Projektinhalt,
- der Zielgruppe und
- den Erwartungen von Seiten der auftraggebenden Firma.

Die Möglichkeiten, ein Mockup am Computer zu bearbeiten, sind allerdings heutzutage so gut, dass es nicht mehr unbedingt notwendig ist, ein Fotostudio aufzusuchen.

Vorteile von Mockups

Was ist ein Mockup? Unter einem Mockup versteht man die Simulation eines Endprodukts. Dabei wird mit möglichst überschaubarem Aufwand gezeigt, wie das Design später einmal aussehen könnte.

In Bezug auf klassisches Corporate Design kommen häufig diese Mockups zum Einsatz, um in einer frühen Designphase die unterschiedlichen Ausprägungen des Corporate Designs zu demonstrieren. Im Printbereich können das sämtliche das Corporate Design betreffenden Werbemittel wie Flyer, Schilder oder Plakate sein, im digitalen Bereich beispielsweise Webseiten, Profile oder Anzeigen. Es ist nicht sinnvoll, tagelang Zeit in ein Fotoshooting zu stecken, wenn es lediglich darum geht, vorab Feedback zu einem Zwischenstand einzuholen. Mithilfe von Mockups lassen sich Umfang und Spektrum eines Corporate-Design-Projekts sowie Besonderheiten im Umsetzungsprozess abbilden. Dabei können beispielsweise Farben oder Materialien simuliert werden, ohne im Meeting mit komplizierten Fachbegriffen hantieren zu müssen, die Nicht-Fachleuten vielleicht eher unbekannt sind. Besonders für großformatige oder aufwändige Designs bieten sich Mockups an. Auf der Seite von Laurel Hom gibt es beispielsweise die Möglichkeit, Fotos von Fabrikhallen und Hauswänden zu erwerben, um das eigene Design dann darauf entsprechend zu simulieren.

Begrifflichkeiten

Im digitalen Bereich gibt es noch weitere Begriffe, die häufig gleichgesetzt werden, aber eine andere Bedeutung haben: zum Beispiel *Wireframe* oder *Prototyp*.

- Wireframes zeigen in einer frühen konzeptionellen Phase die Struktur und Funktionsweise von Websites oder digitalen Produkten. Dabei gibt es noch keinen oder kaum einen Designanteil.
- Ein Prototyp dagegen ist eine erste Probeversion eines digitalen Produkts oder einer Webseite. Mithilfe von Mitgliedern der Zielgruppe kann damit getestet werden, wo es noch Verbesserungspotenzial gibt.

Weiterer Einsatz

Abgesehen von Kundenprojekten bieten sich Mockups auch für die Darstellung von Ideen und Konzepten im Rahmen von Designwettbewerben oder für das eigene Portfolio an.

Quelle: www.homsweethom.com/mural-mockups

Abbildung 12.7
Mural Mockups von Lauren Hom

Abbildung 12.8
Mockup Editor von Artboard Studio

Mockups online

Es gibt einige Plattformen, die Mockups anbieten, wie beispielsweise Artboard Studio mit dem ehrgeizigen Anspruch, *The best online mockup generator* zu sein.

Weitere Plattformen für Mockups sind:

- Envato mit eigenem Mockup-Generator (placeit.net/)
- Mockupworld (mockupworld.co)
- Unblast (unblast.com)

Vorteile von Shootings

Fotos haben ihre ganz eigene Ästhetik, und eventuell ist es sinnvoll, die finalen Ergebnisse in einem Shooting festzuhalten. Die Zusammenarbeit mit einer professionellen Fotografin oder einem Fotografen hat viele Vorteile: Ein Shooting kann vollkommen individuell geplant und gestaltet werden. Es ist außerdem möglich, Personen mit einzubinden, was bei einem Mockup eher schwierig ist.

Beim Vorgespräch zum Fotoshooting können sämtliche Details individuell festgelegt werden – wie Beleuchtung oder Perspektive. Die Bildsprache kann dabei gezielt auf das Motiv abgestimmt werden. Bei einem Mockup hingegen sind, trotz der bombastischen Möglichkeiten heutzutage, oft Grenzen gesetzt, wenn es um die individuelle Darstellung geht.

Mithilfe eines Fotoshootings ist es außerdem möglich, eine eigene Marke zu entwickeln. Entscheidet man sich beispielsweise als Designerin im Printbereich dafür, die eigenen Produkte immer wieder fotografieren zu lassen, so kann das zur Festigung der eigenen Handschrift und zu Wiedererkennbarkeit als eigenständige »Marke« beitragen.

Die Zusammenarbeit mit einem Fotografen kann auch von Vorteil sein, wenn es um Weiterempfehlung und die Erweiterung des Netzwerks geht.

Dennoch ist ein Fotoshooting mit Mehraufwand verbunden – nicht nur bei der Vorbereitung, durch ein Briefing und die Zusammenstellung der Motive, sondern auch finanziell. Mockups hingegen sind häufig im Abo oder für eine geringe Summe zu erwerben. Zudem können sie schnell am Computer bearbeitet und beispielsweise in eine Präsentation eingefügt werden.

Fazit

Ob Foto oder Mockup – mithilfe einer visuellen Darstellung des Designs werden Konzepte leichter verständlich. Heute zählen beide zum Repertoire der professionellen Darstellungs- und Präsentationsoptionen. Es spricht ganz und gar nichts dagegen, je nach Projektgestaltung zwischen den Möglichkeiten zu wechseln und sie auszuprobieren oder im Verlaufe eines Projekts zu kombinieren: beispielsweise die Simulation von Umfang und Möglichkeiten des Corporate Designs während des Projektverlaufs und die finale Dokumentation des fertigen Projekts mit einem professionellen Shooting. Folgende Aspekte spielen eine Rolle, wenn es um die Entscheidung für die Darstellungsweise der eigenen Projekte geht:

- Die optimale Vermittlungsweise
- Die eigenen Vorlieben
- Der Anspruch an Arbeitsweise und Ästhetik
- Das eigene Umfeld

12.3 Umgang mit Feedback

Beim Präsentieren geht es immer darum, die Zuhörerinnen und Zuhörer abzuholen und mit einzubeziehen. Das heißt konkret: Es sollte die Möglichkeit bestehen, Fragen einzuwerfen oder weitere Ideen einzubringen. Aktiv Feedback zu den einzelnen Abschnitten einzuholen, ist unerlässlich: Wurde alles verstanden? Gibt es Fragen oder Einwände?

Bei Corporate-Design-Projekten geht es keinesfalls nur um das Feedback nach Projektabschluss, sondern im besten Fall gibt es die Möglichkeit, schon sehr früh, beispielsweise nach dem Rebriefing (siehe Abschnitt 3.1.2), Rückmeldungen zur Zusammenarbeit, zu Abläufen, aber auch zum Fortschritt im Designprozess zu bekommen. Während eines Projekts immer wieder eine Rückmeldung von Auftraggebern bzw. Auftraggeberinnen sowie Stakeholdern einzuholen, stärkt einerseits das Teamgefühl, nämlich gemeinsam an einem Projekt zu arbeiten, es ermöglicht andererseits einen regelmäßigen und offenen Kommunikationsfluss und schützt vor unangenehmen Überraschungen bei der finalen Präsentation des Corporate Designs.

Feedbackrunden können auch als Teil der Roadmap eines Corporate-Design-Projekts von vornherein als fester Projektbestandteil eingeplant werden. Es ist nämlich keinesfalls selbstverständlich, Rückmeldungen zu erhalten. Oft genug fehlt die Zeit oder die Einschätzung, dass es nun ein guter Zeitpunkt für ein Standortgespräch sein könnte. Plant man die Feedbackrunden gleich zu Projektbeginn ein, können sich alle Beteiligten entsprechend darauf einstellen und Zeit einplanen. Es lohnt sich außerdem, das Feedback zusammenzufassen und im Projektteam, sowohl auf Auftraggeberseite als auch auf Agenturseite, zu teilen.

Professionell bleiben!

Auch wenn Emotionen im Spiel sind, ist es wichtig, sich immer wieder darauf zu besinnen, das Feedback nicht persönlich zu nehmen und sich die eigene Rolle als professioneller Designer oder professionelle Designerin vor Augen zu führen.

Hat sich während der Präsentation noch kein Dialog ergeben, so muss spätestens am Ende der Präsentation gezielt nach Feedback gefragt werden. Falls Einwände kommen oder Kritik, so ist es wichtig, gelassen zu bleiben und freundlich zu antworten, Zweifel aus dem Weg zu räumen und die Kommunikation angenehm zu gestalten.

Ist die andere Partei nicht der gleichen Meinung oder wirft fachliche Kritik ein, so ist es ratsam, nicht in Besserwisserei zu verfallen, sondern auf Augenhöhe zu bleiben und andere Meinungen gelten zu lassen, auch wenn der eigene Expertenstatus unbestritten ist.

Mit Kritik an der eigenen Arbeit umzugehen ist nicht immer leicht. Vor allem dann nicht, wenn die Kritik wenig mit Fakten und viel mit dem persönlichen Geschmack zu tun hat. Und die Frage, die häufig auftaucht, ist: Wie geht man mit Kritik um, wenn sie von jemandem kommt, der eigentlich fachfremd ist? Die wenigsten Auftraggeber und Auftraggeberinnen können mit der Erfahrung der präsentierenden Designer und Designerinnen mithalten, und dennoch: Kritik versetzt uns auch mit längerer Berufserfahrung gelegentlich noch einen Stich. Doch das muss nicht so sein. Oft hilft ein konsequenter Perspektivwechsel, denn Kritik und Feedback sind gute Möglichkeiten, sich selbst, die eigene Persönlichkeit und das eigene fachliche Können weiterzubringen.

Lernen, mit Kritik umzugehen

Kritisiert zu werden, will gelernt sein. Meistens bieten sich die Präsentationen im Studium dafür an, zu lernen, mit Kritik umzugehen. Doch nicht immer gibt es die Gelegenheit, sich mit diesen Übungen auf den späteren Berufsalltag vorzubereiten.

Schrittweise

Wie bei allen Gewohnheiten sollte man nicht davon ausgehen, dass man bei der nächsten Präsentation vollkommen immun dagegen ist, wenn das eigene Design kritisiert wird. Stattdessen geht es darum, sich Schritt für Schritt weiterzuentwickeln und jedes Mal souveräner damit umzugehen, dass jemand über die eigene Arbeit urteilt.

Vorteile von Kritik

Kritik an der eigenen Arbeit kann dabei helfen, konkreter einzugrenzen,

- was Auftraggeber bzw. Auftraggeberinnen erwarten,
- was sie erreichen möchten und
- welche Rolle ihre eigenen Vorstellungen dabei spielen.

Betrachtet man das Projekt unter dem Aspekt, dass es darum geht, die bestmögliche Lösung zu finden, dann fühlt sich Feedback oft schon ganz anders an. Der Gedanke, mit dem Auftraggeber bzw. der Auftraggeberin gemeinsam auf die optimale Lösung hinzuarbeiten, kann dazu beitragen, Feedback dankend anzunehmen. Feedback ist ein Indikator dafür, dass die optimale Lösung noch nicht gefunden wurde und dass es noch Punkte gibt, die verbessert werden können!

Es gibt aber auch den gegenteiligen Fall: ausbleibendes Feedback. Fehlendes Feedback kann sich mindestens ebenso schlimm anfühlen wie konkrete Kritik. Zum Gefühl der Unsicherheit kann sich dann noch das Gefühl gesellen, nicht wahrgenommen zu werden.

Feedback teilen!

Findet das Feedback im Rahmen eines Meetings statt, ist es eine gute Idee, genau wie bei einem Rebriefing die Inhalte des Feedbacks festzuhalten und nach dem Meeting allen Beteiligten zur Verfügung zu stellen. Das können gegebenenfalls auch wichtige Personen sein, die nicht am Meeting teilgenommen haben, aber einen Anteil an den weiteren Entscheidungen im Projekt haben.

In beiden Fällen gibt es einen Weg, um souverän mit der Situation umzugehen und das Bestmögliche für sich aus der Erfahrung mitzunehmen: Nachfragen. Bei konkreter Kritik können Fragen zur weiteren Klärung und im Idealfall zur gemeinsamen Ausarbeitung eines Lösungsvorschlags führen, der allen Ansprüchen gerecht wird.

Im Falle von ausbleibendem Feedback ist es Ihr gutes Recht, es aktiv einzufordern. Es spricht nichts dagegen, nett nachzufragen, welche Punkte in Ordnung sind und wo noch Verbesserungswünsche bestehen. Hilfreich kann es dabei auch sein, Punkte, die bereits während des Gestaltungsprozesses mit Unsicherheiten verbunden waren, direkt anzusprechen und zu klären. Je früher klärende Gespräche im Designprozess stattfinden, desto sicherer können die nächsten Schritte unternommen werden.

Zudem hat Ihre Auftraggeberin oder Ihr Auftraggeber das Gefühl, an einem offenen, transparenten Prozess beteiligt zu sein und keine unangenehme Überraschung befürchten zu müssen. Ein früher und lebendiger Austausch während des Projekts sorgt für Vertrauen und beflügelt damit häufig den gesamten weiteren Projektverlauf.

Kritik annehmen

Bei Feedbacks ist es wichtig, in der Diskussion mithilfe von Argumenten oder Beispielen stets sachlich, objektiv und freundlich zu bleiben. Lösungen gemeinsam und auf freundschaftlicher Basis auszuarbeiten, ist weitaus konstruktiver, als sich einem firmeninternen Machtkampf hinzugeben. Nicht zu vergessen: Sie als Designer oder Designerin haben die Expertise, wenn es um gestalterische Fragen geht, und dementsprechend ist es häufig möglich, mit einschlägigen Beispielen und Erklärungen zu überzeugen, ohne dabei jemanden zu übergehen. Viele Fragen und Einwände sind der Unwissenheit geschuldet und sollten niemals persönlich genommen werden. Im Gegenteil: Mit jeder Antwort und jeder Erklärung können Sie Ihren Expertenstatus weiter festigen.

Kritik umsetzen

Gerade bei der ersten visuellen Umsetzung kann ein reger Austausch während der ersten Feedbackrunde entstehen. Oftmals ist es nämlich so, dass hier unterschiedliche Vorstellungen aufeinandertreffen, die aber erst jetzt, anhand des konkret vorliegenden Designs, benannt werden können. Konkrete visuelle Anhaltspunkte machen die Benennung von Erwartungen und Anforderungen oftmals leichter. Ist die Richtung einmal geklärt, so fällt das Feedback in den darauffolgenden Runden häufig nicht mehr so intensiv aus.

Sind mehrere Parteien und Abteilungen an einem Projekt beteiligt, kann es passieren, dass auch ebenso viele unterschiedliche Meinungen vertreten sind. Im besten Fall lassen sich schon während des Gesprächs Kompromisse ausarbeiten oder Zweifel aus dem Weg räumen.

Ist das nicht der Fall, kann es hilfreich sein, sich auf zwei Lösungsansätze zu einigen, die im Nachgang ausgearbeitet werden. In jedem Fall sollte aber während des Meetings ein Weg gefunden werden, wie die nächsten Schritte aussehen und mit welchen Aufgaben sie für die Beteiligten verbunden sind.

Aufgaben verteilen

Hin und wieder geht es dabei darum, noch weitere Informationen einzuholen oder gestalterische Details zu liefern. Die Aufgaben können dabei sowohl auf Seiten der Designer und Designerinnen als auch auf Seiten der auftraggebenden Firma liegen.

Umgang mit persönlich gemeinter Kritik

Hin und wieder bekommt man auch eine Rückmeldung, die sich nicht auf der sachlichen Ebene abspielt, sondern auf der persönlichen. Dann ist es wichtig, nicht emotional zu werden, sondern souverän zu bleiben. Das heißt nicht, dass man sich alles gefallen lassen muss – es ist durchaus legitim, sich von ungerechtfertigtem unsachlichem Feedback abzugrenzen und zu kommunizieren, dass hier eine Grenze Ihrerseits erreicht ist.

Wichtig ist, dass man nach einer derartigen Erfahrung nicht in Selbstzweifel verfällt. Zum Berufsalltag gehören sowohl Höhen als auch Tiefen – auch wenn Sie keine Berufsanfängerin bzw. kein Berufsanfänger mehr sind. Sich Erfolge und positive Erlebnisse zu notieren, kann in weniger schönen Situationen helfen, positiv zu bleiben und mit belastenden Situationen besser umzugehen.

Positive Gefühle in Erinnerung rufen

Letztendlich geht es bei der Bearbeitung eines Projekts darum, für alle Seiten eine passende Lösung zu finden. Ist das gelungen, kann es ein wunderbares Gefühl sein, das auch negative Erlebnisse überstrahlt. Das Wichtige ist, sich die positiven Gefühle immer wieder in Erinnerung zu rufen und Perfektionismus und zu hohe Erwartungen beiseitezulassen.

Kapitel 13

Der Projektabschluss: CD-Manual, Brandportal und Datenübergabe

Mit der Veröffentlichung der Website oder der Lieferung der Drucksachen ist ein Designprojekt noch nicht ganz abgeschlossen. Damit das entstandene Design auch weiterhin richtig eingesetzt wird und sich das auftraggebende Unternehmen auch im Nachgang gut aufgehoben fühlt, gibt es einige Aufgaben, die noch zu erledigen sind.

Die Nachsorge für ein Designprojekt ist vergleichbar mit der technischen Hilfestellung nach der Installation der neuen Klimaanlage – der Auftrag ist erledigt, aber weit und breit ist keine Bedienungsanleitung zu finden. Ähnlich verhält es sich mit Designprojekten – die erbrachte Arbeit, das erstellte Corporate Design, ist zwar eine großartige Leistung, die Nachsorge ist aber ebenso ausschlaggebend für die Zufriedenheit der Auftraggebenden.

Mithilfe eines Corporate-Design-Manuals, einer Schulung oder eines aufklärenden Gesprächs lassen sich Anwendung, Verständnis und weitere Schritte zum Design klären. Die Anwendung des Logos auf unterschiedlichen Medien, die Einpflegung von Inhalten in eine Website oder die Verwendung von Farben im Print- und im Onlinebereich mögen Designerinnen und Designern zwar als simpel und selbstverständlich erscheinen, für den Auftraggebenden sind es aber oftmals Hürden, die einer separaten Erklärung bedürfen.

Weitere Vorteile

Neben der Kundenzufriedenheit haben diese Erklärungen auch Vorteile für die Designseite: Nichts ist schlimmer als die Verwässerung des eigenen Designs durch falsche Anwendung oder Erweiterung auf eigene Faust seitens der auftraggebenden Firma ohne Rückfragen.

13.1 Corporate-Design-Manual und Brandportals

Unter einem Corporate-Design-Manual, kurz CD-Manual, oder Styleguide versteht man die Sammlung aller für das Corporate Design typischen Merkmale und Gestaltungsvorgaben. Das Logo und die unterschiedlichen Einsatzmöglichkeiten, typografische Elemente, Corporate Colours, Gestaltungsraster und Formate sind darin mit jeweiligen Beispielen erklärt.

© Agentur LIT, https://litcreate.com

Abbildung 13.1
Beispiel für ein CD-Manual: Das Brandbook der Solarisbank, konsequent im Corporate Design der Firma umgesetzt mit Logo, speziellen Illustrationen und in der Corporate Colour.

Ein CD-Manual zu erstellen, war früher eine Aufgabe, die nicht nur Erfahrung in der Erstellung, sondern auch in der Ausfertigung bedurfte. Im Gegensatz zu den seitenlangen Printversionen der CD-Manuals von damals ist es heute üblich, die Guidelines für Designs online zur Verfügung zu stellen. In Brandhubs und -portalen können Inhalte, Beispiele und Anwendungsregeln für Kundinnen und Designer freigeschaltet werden. Sie können entweder durch passwortgeschützte Bereiche auf eine bestimmte Zielgruppe begrenzt oder der breiten Allgemeinheit zur Verfügung gestellt werden. Die Firma **Merck** beispielsweise stellt ihre Corporate-Design-Richtlinien ausführlich in Form eines Brandportals ins Web.

Abbildung 13.2
Markenportal von Merck mit eingeschränktem Zugang und Login-Bereich

Abbildung 13.3
Frei zugänglicher Bereich mit Link zum Designsystem von Merck

13.1.1 Inhalt eines CD-Manuals und Brandportals

Je besser erklärt wird, wie die einzelnen Bestandteile verwendet werden, desto sicherer kann man davon ausgehen, dass das Design auch langfristig richtig umgesetzt wird. Der Aufbau des Manuals ist dabei ebenso vielfältig wie das Design selbst. Inhaltlich sollte es aber grundsätzlich alle wichtigen Aspekte des Corporate Designs enthalten:

- Elemente des Corporate Designs (dazu gehören auch: Schriften, Schriftschnitte, Formate, Proportionen und Kombinationen von Gestaltungselementen, Farbwerte für unterschiedliche Medien etc.)
- Beispiele zur richtigen/falschen Anwendung (zum Beispiel Umgang mit dem Logo auf dunklem oder hellem Hintergrund, Einsatz von Templates für Präsentationen oder E-Mails)
- mögliche Varianten und deren Anwendung
- Sonderfälle
- Kontaktdaten für Rückfragen

Vor allem digitale Manuals haben den Vorteil, dass sie flexibel ergänzt, modifiziert und mit den jeweils involvierten Personen geteilt werden können. Auch hier können Erfahrungswerte gesammelt werden und beispielsweise bei offensichtlichen Unklarheiten Beispiele und Erklärungen an den problematischen Stellen ergänzt werden. Das Ziel des Manuals ist schließlich, den internen und externen Mitarbeitern und Mitarbeiterinnen den Umgang mit den Corporate-Design-Richtlinien möglichst leicht zu machen, sodass ein konsistentes Erscheinungsbild eingehalten werden kann.

Die Erklärungen in einem Design-Manual sollten so verfasst sein, dass auch Laien verstehen, worum es geht. Denn ein solches Manual wird von vielen unterschiedlichen Berufsgruppen benutzt, nicht nur von den vom Unternehmen beauftragten Designern und Designerinnen. Falls Fachbegriffe verwendet werden, sollten sie kurz und leicht verständlich erklärt werden. Insgesamt sollte eine klare und gut verständliche Sprache gewählt werden.

Internationale CD-Manuals

Zudem ist es möglich, das Manual in unterschiedlichen Sprachen zur Verfügung zu stellen und bei Änderungen gleichzeitig in allen Sprachversionen upzudaten. Besonders interessant ist hier, dass es bei international tätigen Firmen teilweise unterschiedliche Auslegungen und Besonderheiten im Design-Manual gibt, die ebenfalls digital hinterlegt werden können. Dazu gehören Schriftzeichen, der Umgang mit Zahlen oder weitere kulturelle Sonderfälle, die für alle Mitarbeiterinnen und Mitarbeiter wertvolles Zusatzwissen sein können.

Zur Beschreibung eines Logos würde im Design-Manual beispielsweise stehen, welche Versionen und Größen vorhanden sind – für die digitale Anwendung und den Printbereich. Abstände zu umliegenden Elementen, die Kombination beispielsweise mit dem Claim oder die Anwendung des Logos auf unterschiedlichen Hintergründen gehören ebenso dazu. Wie sehen die unterschiedlichen Farbvarianten aus?

Graustufen, Schwarz-Weiß, RGB- und CMYK-Farbwerte sowie eventuelle Sonderfarben sind ebenfalls Bestandteil des CD-Manuals oder des Brandportals. Dazu gehören auch mögliche Farbkombinationen, der Umgang mit Farben in unterschiedlichen Medien oder auf unterschiedlichen digitalen Plattformen.

Welche Schriften kommen wann in welchem Schriftschnitt und in welchen Größen zum Einsatz? Das ist heute auch in Bezug auf den digitalen Einsatz von Schriften von Bedeutung. Einheitliche Regeln für die einzelnen Schriftschnitte und ihre Größen sind beispielsweise wichtig beim Einsatz auf responsiven Webseiten. Zu viele verschiedene Schriftschnitte sind ungünstig, wenn es darum geht, die Nutzer und Nutzerinnen zu führen und relevante Informationen klar und einfach zugänglich zu machen. Zudem ermöglicht die Festlegung von Schiften und Schriftgrößen bei der Erstellung von Layouts, Wireframes und digitalen Designs eine großartige Zeitersparnis.

Der Umgang mit Gestaltungselementen wie Bildern und Schriften kann im Styleguide nach dem jeweiligen Anwendungsort gestaffelt werden. So können beispielsweise für Social-Media-Plattformen andere Regeln als für die Firmenwebsite gelten, natürlich alles im Sinne eines konsistenten Corporate-Design-Auftritts.

Raster, Formate und Proportionen für digitale Elemente, Interaktionen und die Darstellung von besonderen Inhalten, wie beispielsweise Videos, können in einem Corporate-Design-Manual gut mit Beispielen verdeutlicht werden. Vor allem bei digitalem Design sind hier Ergänzungen sinnvoll – beispielsweise für Feedback bei Fehlermeldungen, Hints, Buttons oder immer wiederkehrende Elemente wie Header oder Footer. Aber auch Sonderformate für Veranstaltungen und Messen können hier ergänzt werden. Häufig wird die konkrete Anwendung mit Beispielen in Form von Videos ergänzt, sodass zur visuellen noch eine akustische Komponente zur Verdeutlichung hinzukommt.

Bei der Bildsprache sollten die vorhandenen Stile in die jeweiligen Unterpunkte unterteilt werden – dort werden dann beispielsweise vorhandene Iconsets und der Umgang mit Illustrationen erklärt oder die Vorgaben für Fotos und Shootings festgehalten.

Akustische Inhalte

Mit der Zeit sind immer weitere Kategorien für die Erstellung eines Corporate-Design-Manuals hinzugekommen: Neben Bewegtbildern wie Animationen und Videos ist der Umgang und die Tonalität von akustischen Inhalten ebenfalls Bestandteil des Manuals. Auch wenn es nicht unmittelbar das visuelle Corporate Design betrifft, sind diese Vorgaben hilfreich, zum Beispiel, wenn es um die Konzeption eines Imagefilms geht.

Sehr ausführlich ist das Brandportal der **Stadt Berlin**, auf dem die Regeln für den Einsatz aller Corporate-Design-Elemente sowohl im Printbereich als auch im digitalen Einsatz festgeschrieben sind.

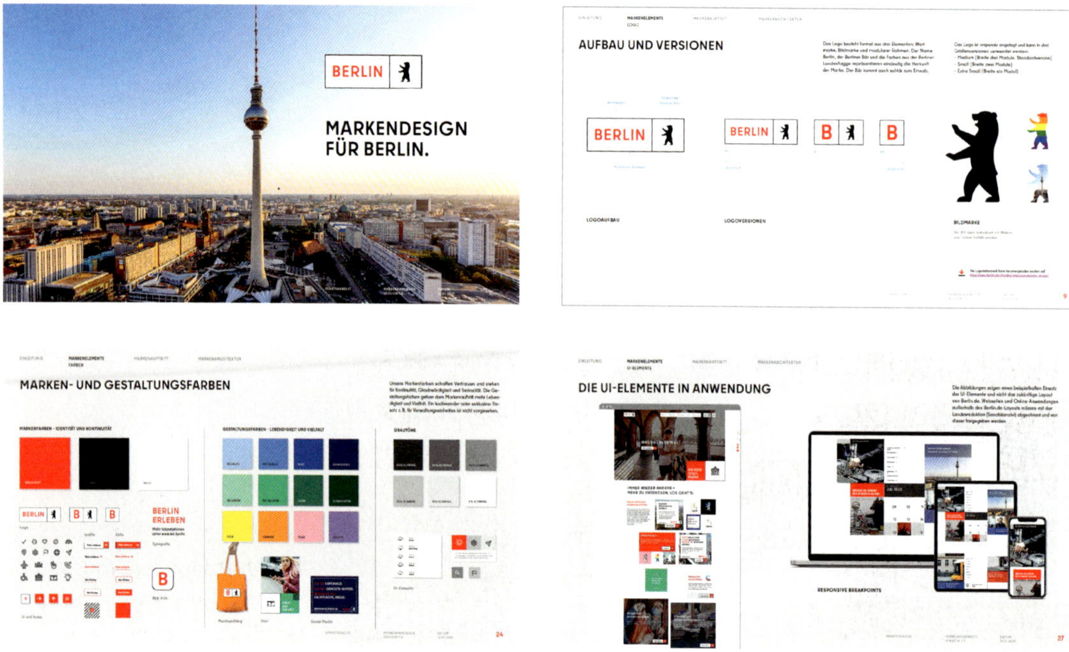

Abbildung 13.4
CD-Manual der Stadt Berlin im PDF-Format mit Details zum Umgang mit Logo, Farben und digitalen Designelementen

Im Gegensatz zu ihren Vorgängern im Printformat haben digitale CD-Manuals also einige Vorteile. Wo die Manuals früher in den Tiefen der Schreibtischschubladen der auftraggebenden Firma und der Agentur verschwanden, lassen sie sich heute angenehm leicht beispielsweise durch die Versendung eines Links teilen.

Und auch die Aktualisierung ist leichter. Musste früher ein 100-seitiges PDF-Dokument überarbeitet, neu versendet oder gar gedruckt werden, so lassen sich die digitalen Brandportale von heute vergleichsweise einfach pflegen und aktuell halten.

Mit der rasanten Weiterentwicklung von Trends, digitalen Möglichkeiten und Tools ist es außerdem ein Leichtes, ein Corporate-Design-Manual um neue Bereiche zu erweitern. Dazu gehören aktuell nicht mehr nur Farben, Schriften und Logos, sondern gegebenenfalls auch Töne, Abläufe und Interaktionen mit der Marke.

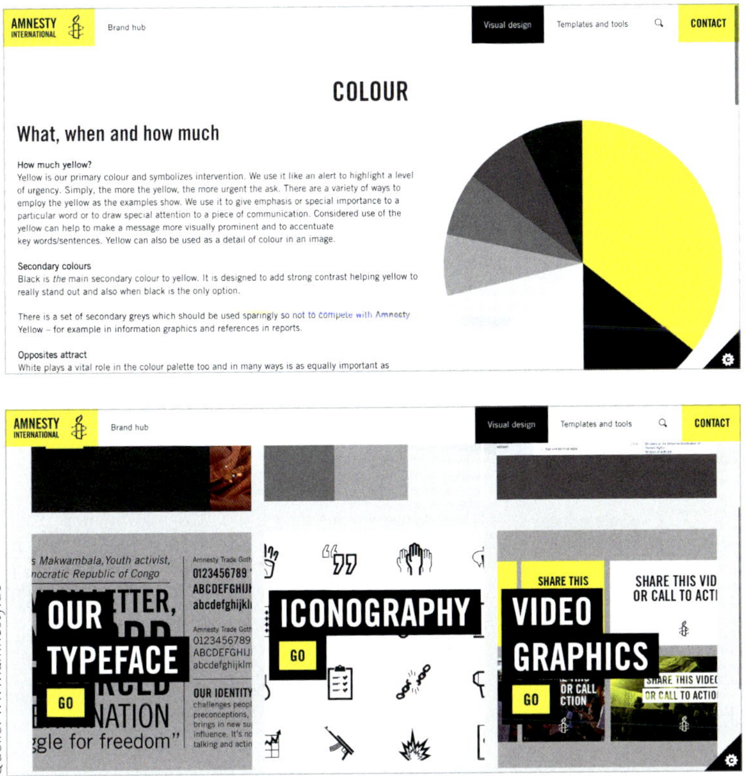

Quelle: www.amnesty.de

Abbildung 13.5
Ausschnitt aus dem Brandhub von Amnesty International mit weiteren Bestandteilen des Corporate Designs

Zum Corporate Design von heute gehören auch Bewegtbilder – Imagefilme und Erklärvideos, animierte Grafiken. Digitale Plattformen bieten dabei die Möglichkeit, die heutigen Gestaltungsmöglichkeiten eines Designs auch gleich in ihrem realen Erscheinungsbild darzustellen: Animationen und interaktive Elemente sind leichter zu verstehen, wenn sie in ihrer finalen Form und Funktion gezeigt und sogar ausprobiert werden können.

User Experience und Service-Design

Mit den digitalen Corporate-Design-Manuals ist bei der Gestaltung aber auch ein weiterer interessanter Bereich ins Spiel gekommen: Denn auch hier sollen die relevanten Informationen möglichst unmittelbar auffindbar sein. User Experience und Service-Design spielen also auch hier wieder eine Rolle. Die interaktive und konzeptionelle Gestaltung eines heutigen Corporate-Design-Manuals in digitaler Form gehört mit zu einem ganzheitlichen Unternehmensbranding – in diesem Fall betrifft es vor allem die Mitarbeiter bzw. Mitarbeiterinnen und die Dienstleister des Unternehmens.

13.1.2 Ein Brandportal erstellen

Die Erstellung eines leicht bedienbaren Corporate-Design-Portals mit einer möglichst niedrigen Zugangsschwelle ist ein eigenständiges Projekt, das im Idealfall mit der genauen Analyse der bestehenden Anforderungen verbunden ist. Auf dem Brandportal von **Cosmos Direkt** erhalten Sie einen sehr strukturierten Einblick in die Gestaltung der Corporate-Design-Elemente.

Abbildung 13.6
Von Logo bis Icons: Alle Corporate-Design-Elemente sind schnell zugänglich.

Das ist nicht nur zeitlich, sondern auch finanziell mit Aufwand verbunden, den viele Auftraggeber und Auftraggeberinnen unterschätzen. Mit der Zunahme der Touchpoints und der Komplexität der Portale sind in der Vergangenheit auch die Kosten für Corporate-Design-Portale in die Höhe geschossen.

Dass ein solches Portal aber nicht immer höchst komplex sein muss, zeigt das Markenportal der **Messe Frankfurt**: Das auf WordPress basierende Portal wirkt aufgeräumt und strukturiert und beinhaltet neben den Guidelines zum Corporate Design auch noch Details zur Marke.

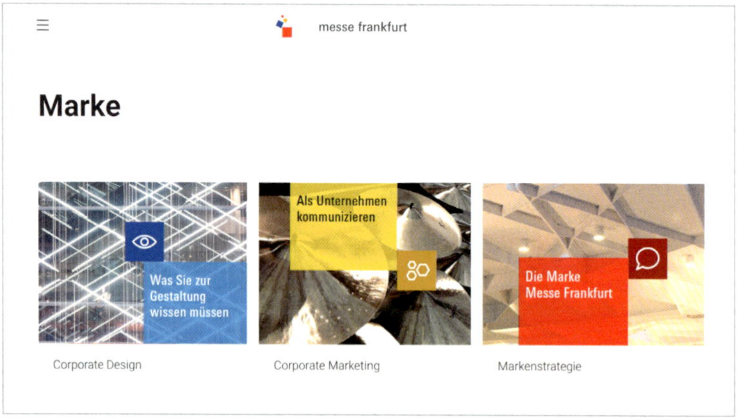

Abbildung 13.7
Im Brand-Portal der Messe Frankfurt werden über das Corporate Design weitere wichtige Themen zum Umgang mit der Marke abgebildet.

Abbildung 13.8 Systematisch werden links in Registern die verschiedenen Corporate-Design-Elemente zugänglich gemacht.

Im Brandportal von **Österreich** sind viele Bestandteile des Corporate Designs und deren Anwendung beschrieben, darunter auch die Illustrationen mit der Unterteilung in unterschiedliche Stile, Infografiken und Icons.

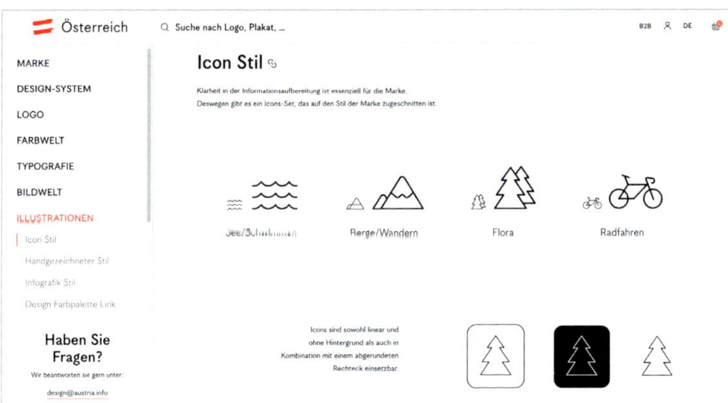

Abbildung 13.9 Beschreibung der Bildsprache, in diesem Fall zur Verwendung der Icons

Kleine Projekte

Vor allem bei kleineren Designaufträgen und entsprechend überschaubarem Budget lohnt es sich meistens nicht, ein komplettes Designportal für die Bereitstellung der Guidelines aufzusetzen. Dann ist die digitale Übermittlung der einzelnen Bestandteile und eines erklärenden Styleguides in PDF-Form häufig ausreichend. Ergänzend dazu ist eine Schulung für die Verantwortlichen empfehlenswert, in der die einzelnen Elemente und deren Anwendung vorgestellt werden. Außerdem wird darin vermittelt, wie weitere Inhalte korrekt in die Website eingepflegt werden, zum Beispiel unter Verwendung eines Content-Management-Systems.

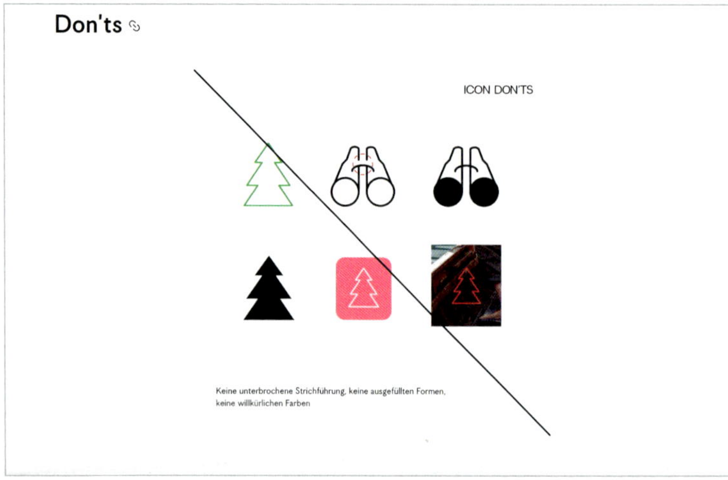

Abbildung 13.10
Bestandteil der Sektion »Illustrationen« sind auch Negativbeispiele, an denen genau verdeutlicht wird, wie Farben und Illustrationen nicht kombiniert oder verwendet werden sollen.

13.2 Überlassung von offenen Daten

Der Auftrag ist erfüllt, Auftraggeber und Auftraggeberin sind glücklich und das Layout umgesetzt. So könnte ein schöner Projektabschluss aussehen. Hin und wieder stellt sich dann die Frage nach dem Umgang mit den offenen Daten.

Grundsätzlich verkauft man als Gestalter und Gestalterin keine Designs, sondern die Nutzungsrechte an kreativen Leistungen (siehe Abschnitt 14.2). Noch vor Beginn eines Projekts sollte ihre Benennung und genaue Berechnung Bestandteil des Vertrags sein. Denn auch wenn Nutzungsrechte häufig unangenehme Fragen mit sich bringen, sollten urheberrechtliche Belange im Voraus geklärt werden, um später Missverständnisse zu vermeiden.

Es gilt grundsätzlich die Regel: Keine offenen Daten an Auftraggeber bzw. Auftraggeberinnen! Denn laut Urheberrechtsgesetz darf ohne gesonderte Vereinbarung ausschließlich der Urheber bzw. die Urheberin etwas am Design verändern. Zudem sind Folgeaufträge meist ausgeschlossen, wenn die auftraggebende Firma selbst in den Dateien arbeiten kann.

Hilfreiche Websites

Folgende Websites können bei nutzungsrechtlichen Fragen hilfreich sein:

- designerwissen.allianz-deutscher-designer.de
- bdg.de

Wann Daten überlassen?

Es gibt aber durchaus Fälle, in denen es sinnvoll ist, den Auftraggebern und Auftraggeberinnen die offenen Daten zu überlassen. Beispielsweise, wenn keine weitere Zusammenarbeit gewünscht ist, keine Aussicht auf weitere Projekte besteht oder sich der Einsatz mit einer angemessenen Vergütung trotzdem gelohnt hat.

Ist der Entschluss gefasst, die Daten weiterzugeben, sollte das aber nur mit gesonderter Vergütung vonstattengehen. Wie sieht eine angemessene Vergütung aus? Auch hier kann es unterschiedliche Auffassungen geben. Schließlich haben Auftraggebende aus ihrer Sicht schon für die Arbeit und die damit verbundenen Nutzungsrechte bezahlt. Dennoch: Die Herausgabe offener Daten sollte nie unvergütet bzw. ohne Sonderregelung geschehen.

Bei der Überlassung von Daten ist generell darauf zu achten, dass die Urheberrechte von Dritten nicht verletzt werden. Das betrifft beispielsweise Schriften oder Bilder, die eingebunden sind. Im Falle einer Broschüre ist darauf zu achten, wer die Nutzungsrechte an den Bildern erworben hat. Ebenso sollten Designer und Designerinnen bei der Herausgabe der Dateien darauf hinweisen, dass keine Schriftlizenzen beinhaltet sind und diese gesondert erworben werden müssen.

Überlässt man Auftraggebern oder Auftraggeberinnen unabhängig von einer vorhergehenden vertraglichen Regelung das entstandene Werk zur Eigennutzung, spricht man auch von einem **Buy-out**. Auch beim Buy-out ist es rechtens, zu einem späteren Zeitpunkt bei auffälligem Missverhältnis von Vergütung und Nutzen die Nutzungsrechte nachzuverhandeln.

Die Überlassung von Daten will also wohl überlegt sein. Das A und O dabei ist, sich im Klaren darüber zu sein, was es bedeutet, Daten zu übergeben. In einem persönlichen Gespräch lassen sich solche Fragen klären, bevor es zu Missverständnissen kommt. Sind die Fronten von vornherein geklärt – durch klare Regeln in den AGB und dem Angebot –, fällt es später leichter, für die Überlassung der Nutzungsrechte, deren Nachverhandlung oder die Überlassung von Daten eine angemessene Entlohnung zu verlangen. Denn nur dann weiß auch die auftraggebende Firma von Anfang an, worauf sie sich einlässt.

Vertraglich festgelegte Überlassung

Ein Sonderfall ist die bereits im Voraus vertraglich festgehaltene Überlassung von offenen Dateien. Das kann beispielsweise dann sinnvoll sein, wenn es sich um immer wiederkehrende minimale Anpassungen handelt. Derartige Minianpassungen sind selten im Sinne der Designer und Designerinnen, denn strenggenommen müsste hier eine Pauschale wie beispielsweise »Je angefangene 10 Minuten fällt der Betrag XY an« ausgehandelt werden, die bei häufigen Änderungen den späteren Rechnungsbetrag in die Höhe schnellen lässt.

Auf Kundenseite stößt ein derartig hoher Rechnungsbetrag für die scheinbar mit wenig Aufwand verbundene Leistung auf Unverständnis. Um sich solche Frustfallen zu sparen, kann die Überlassung der offenen Daten von vornherein vertraglich festgehalten und ausgeführt werden.

Kapitel 14

Nutzungsrechte, Honorare und Organisation

Der Berufsalltag von Designern und Designerinnen besteht leider nicht nur aus der Bearbeitung von Projekten und Kundenkommunikation. Einen beachtlichen Anteil der Arbeitszeit nehmen auch organisatorische Aufgaben ein – wie die Festlegung und Kommunikation von Preisen, das Erstellen von Angeboten und Rechnungen und der Umgang mit Daten.

Den eigenen Wert zu kennen und richtig und fair zu kommunizieren, ist ein wichtiger Meilenstein zum Spaß und Erfolg mit der Arbeit. Denn sowohl Preisgestaltung als auch die Gewinnung von loyalen Auftraggebern bzw. Auftraggeberinnen ist auf lange Sicht überlebensnotwendig. Dabei spielen Fairness, Verlässlichkeit und Verantwortung eine große Rolle. Die Qualität der Arbeit bei der Erstellung eines Corporate Designs allein ist nicht ausreichend, um ein Projekt erfolgreich und für alle Seiten zufriedenstellend abzuschließen. Wichtig ist auch, dass

- die Kommunikation für alle Seiten angenehm verläuft,
- Auftraggebern bzw. Auftraggeberinnen sich aufgehoben fühlen,
- der Wert der Arbeit mit dem Preis korrespondiert und
- der Umgang mit Informationen und Daten vertraulich und verlässlich passiert.

Vertraulichkeit gewährleisten
Zur Wahrung des Vertrauens gehört der pflegliche Umgang mit vertraulichen Informationen, Bildmaterial und Unternehmenseinblicken.

Am Ende eines erfolgreichen Projekts steht im besten Fall nicht nur die Zufriedenheit, sondern auch Weiterempfehlungen und Folgeaufträge. Welche Möglichkeiten es gibt, ganz entspannt Preise festzulegen, und wie der Umgang mit Daten und Dateien nicht nur Sorgen, sondern auch Zeit spart, ist Thema dieses Kapitels.

Eigene Positionierung klären

Um sich darüber klar zu werden, wie die eigene Preisgestaltung aussehen könnte, ist es wichtig, sich über langfristige Ziele, die Zielgruppe und die Marktpositionierung des eigenen Unternehmens Gedanken zu machen. Erst wenn die eigene Positionierung geklärt ist, kann sie auch im Gespräch mit potenziellen Auftraggeberinnen und Auftraggebern entsprechend kommuniziert werden.

14.1 Rechtliches: Umgang mit Marken, Markeneintragung, Patenten

Was eine Marke ist, ist zumindest umgangssprachlich eindeutig – täglich haben wir mit vielen verschiedenen Marken zu tun. Milka, Rewe, Volkswagen – bei jedem Schritt, mit jedem Handgriff kommt man mit Marken in Berührung. Aber was genau steckt hinter dem Begriff *Marke* und wie wird ein Name zu einem Markennamen?

Der Begriff *Marke* umfasst seit der Markenrechtsreform von 1995 nicht nur Produkte, sondern auch Dienstleistungen. Eine Marke sorgt für die klare Unterscheidung von anderen Marken und konkurrierenden Unternehmen. Mit der Eintragung einer Marke ist der Name geschützt. Ihre Verwendung bleibt damit ihrem rechtlichen Besitzer vorbehalten. Mit der Eintragungsurkunde hat man einen Nachweis zu Hand, der es erleichtert, gegen die unrechtmäßige Nutzung des Markennamens durch Dritte vorzugehen.

14.1.1 Markenversprechen

Der Markeneintragung geht das Markenversprechen und die Suche nach einem geeigneten Namen voraus: Das Markenversprechen beinhaltet beispielsweise Qualitätskriterien, Versprechen zu Herstellung und Herkunft oder Umweltkriterien. Die Kriterien des Markenversprechens machen den einzigartigen Markencharakter aus und grenzen die angebotenen Produkte oder Dienstleistungen von denen der Konkurrenz ab. Die Entwicklung des Markenversprechens ist deswegen ein wichtiger Meilenstein auf dem Weg zu einer wettbewerbsfähigen Marke. Die damit verbundenen Eigenschaften und Ziele stellen außerdem wichtige Informationen für die späteren Kommunikationsmaßnahmen dar. Spiegeln diese Maßnahmen die Werte wider und sorgen für die Einzigartigkeit der Marke, so können sie den Wert einer Marke dauerhaft enorm steigern.

Durch die Identifikation mit einer Marke kann eine dauerhafte und langlebige Kundenbeziehung entstehen. Zudem können loyale Kunden und Kundinnen, die sich im Markenbild wiederfinden, zu Multiplikatoren und Multiplikatorinnen für Markenbotschaften werden. Gerade deswegen ist die Konzeption einer Marke und ihres visuellen Erscheinungsbildes nicht nur als Kostenfaktor, sondern als Investition in die Zukunft zu sehen.

14.1.2 Markenrecht

Bei der Arbeit mit Marken im Rahmen von Designprojekten kann es nie schaden, sich auch etwas tiefergehend mit Marken und Markenrecht auszukennen. Und wer weiß – vielleicht gibt es sogar einmal den ein oder anderen Anlass, selbst in diesem Bereich mit einer Markenidee aktiv zu werden.

Um Marken besser einordnen und unterscheiden zu können, wurden drei Arten von Marken festgelegt, die bestimmte Merkmale besitzen:

- Dazu gehört die **Personenmarke**, die fest mit einer natürlichen Person verbunden ist. Die Personenmarke ist das Ergebnis eines starken Personal Brandings, das im Idealfall in die weite Verbreitung des eigenen Namens als Marke mündet. Beispiele hierfür sind: Hugo Boss, John Deere, Kate Spade.

Geschützte Marke

Mit der Eintragung der Marke und der Kennzeichnung durch das ® ist auf den ersten Blick offensichtlich, dass es sich hierbei um eine geschützte Marke handelt. Die Eintragung kann sowohl durch Privatpersonen als auch durch Unternehmen erfolgen.

Abbildung 14.1
Registered-Zeichen

Abbildung 14.2
»John Deere«, eine Marke der John Deere & Company, wurde 1837 von John Deere, einem Schmied und Unternehmer und gleichzeitig dem Erfinder des Stahlpfluges, gegründet.

Gattungsbegriffe

Werden Markennamen anstelle der Produktnamen benutzt und entwickeln sich damit zum Synonym, laufen sie Gefahr, zu sogenannten *Gattungsbegriffen* zu werden. Die Folge wäre die Löschung der eingetragenen Marke. Aus diesem Grund sind Unternehmen bemüht, den Markencharakter zu erhalten. Beispiele für potenzielle Gattungsbegriffe sind »Tempo« oder »Tesa«.

- Die **Herstellermarke**: Unter der Herstellermarke versteht man das, was auch umgangssprachlich als »Marke« bezeichnet wird. Mit der Marke ist ein bestimmtes Produkt verbunden, dessen Bezeichnung sogar oft gleichgesetzt ist mit dem Markennamen. Aus den Eigenschaften der Produkte ziehen die Käuferinnen und Käufer unmittelbar Rückschlüsse auf das Unternehmen dahinter, was beispielsweise die Qualität betrifft. Beispiele hierfür sind: Tempo-Taschentücher, Milka-Schokolade oder Ariel-Waschpulver.
- Die **Dachmarke**: Eine Dachmarke kann mehrere einzelne Marken beinhalten. Dabei müssen die einzelnen Marken nicht unbedingt einer Sparte angehören. Ein bekanntes Beispiel hierfür ist Nestlé: Zu Nestlé als Dachmarke gehören weitere Marken wie Nespresso, San Pellegrino oder Nesquik. Bei einer Dachmarke ist die Verknüpfung zwischen Produkt und Marke nicht mehr so offensichtlich wie bei einer Herstellermarke. Zwar ist bei vielen Produkten allgemein bekannt, dass sie zu einer bestimmten Dachmarke gehören, den Verbraucherinnen und Verbrauchern ist das aber längst nicht bei allen Produkten bewusst, die im Alltag benutzt werden.
- Die **Handelsmarke**: Bei einer Handelsmarke handelt es sich um eine vom Händler eingetragene *Eigenmarke*. Eigenmarken gibt es nur von diesem speziellen Händler zu kaufen. Sie werden meistens genutzt, um ein bestimmtes Preissegment abzudecken. Beispiele hierfür sind »Ja« von Rewe oder »Balea« von dm.

Gerade wenn mehrere Marken eines Unternehmens existieren, ist es wichtig, Ordnung in die Markenarchitektur zu bringen. Das bedeutet im Idealfall auch, dass die einzelnen Marken klar voneinander unterscheidbar sind und sich diese Unterscheidbarkeit im Corporate Design widerspiegelt.

Die Markenstruktur eines Unternehmens zu verstehen, kann ein sinnvoller Bestandteil der Vorrecherche eines Corporate-Design-Projekts sein, um die Verstrebungen und Merkmale der Marke, um die es im Projekt geht, besser zu verstehen.

14.1.3 Markeneintragung

Im Vorfeld der Markeneintragung geht es erst einmal darum, einen geeigneten Markennamen zu finden. Diese Aufgabe obliegt generell nicht den Designerinnen und Designern, es ist aber interessant, hier etwas Hintergrundwissen zu besitzen.

Markennamen finden

Dabei gibt es einige Punkte, die zu beachten sind: Beispielsweise sollte der Markenname unmissverständlich und einprägsam sein. Die Frage ist hier auch, ob die Marke nur lokal, national oder auch international verfügbar sein soll. In der Markengeschichte gab es bereits einige Beispiele von Markennamen, die international ganz andere Bedeutungen hatten. Die Bezeichnung »El Reventon« eines Autos der Marke Lamborghini (ins Spanische übersetzt: geplatzter Reifen, Platten) für eine Automarke kommt, wenn man die Bedeutung kennt, beispielsweise nicht unbedingt dem Markenimage zugute. Insofern lohnt es sich, auch bei der Suche nach einem Markennamen an die Zukunft und mögliche Weiterentwicklungen der Marke zu denken.

Markenrecherche

Sobald der Markenname feststeht, geht es darum, den Namen zu prüfen. Um zu prüfen, ob ein Markenname bereits existiert und geschützt ist, kann man auf der Seite des Patent- und Markenamtes eine Recherche durchführen oder durchführen lassen. Eventuell lohnt es sich, für Recherche und Markeneintragung einen Patentanwalt oder eine Rechtsanwältin mit Spezialisierung auf Markenrecht zurate zu ziehen.

Markengesetz

Als Marken können alle Zeichen, insbesondere Wörter einschließlich Personennamen, Abbildungen, Buchstaben, Zahlen, Klänge, dreidimensionale Gestaltungen einschließlich der Form einer Ware oder ihrer Verpackung sowie sonstige Aufmachungen einschließlich Farben und Farbzusammenstellungen geschützt werden, die geeignet sind, Waren oder Dienstleistungen eines Unternehmens von denjenigen anderer zu unterscheiden. (§ 3 Absatz 1 Markengesetz)

Bei der Eintragung einer Marke unterscheidet man zwischen einer reinen Wortmarke, einer Bildmarke oder einer Kombination aus beidem: der Wort-Bild-Marke (siehe Abschnitt 4.2). Zudem gibt es noch weitere Möglichkeiten für Marken: dreidimensionale Marken und Farbmarken.

Abbildung 14.3 Granini-Flaschen zählen zu den dreidimensionalen Marken.

Zu den dreidimensionalen Marken gehören beispielsweise die Granini-Flasche, das Nutellaglas, Legomännchen oder der Goldhase von Lindt & Sprüngli.

Unter einer Farbmarke versteht man die Definition von einer oder mehreren Farben, unabhängig von der Form. Beispiele hierfür sind: Milka-Lila, Nivea-Blau, natürlich das Magenta der Deutschen Telekom oder der Gelbton des ADAC.

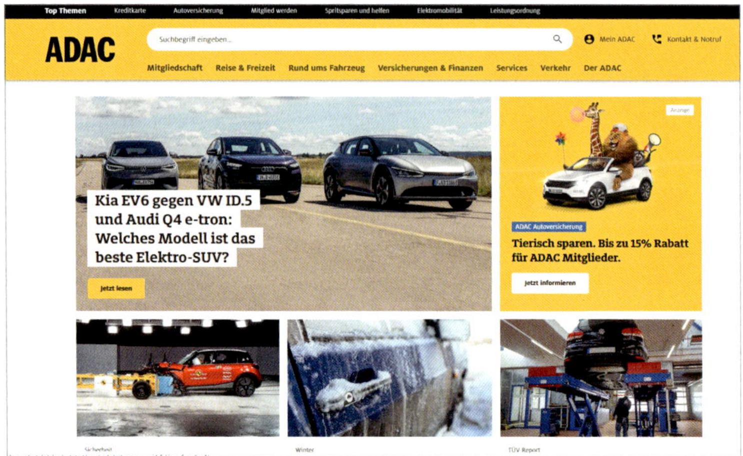

Abbildung 14.4 Eingetragene Farbmarke: das Gelb der Marke ADAC

Erst seit 2019/2020 gibt es die Möglichkeit, noch weitere, nicht grafisch darstellbare Marken anzumelden. Dazu gehören beispielsweise Klangmarken, wie der Knall des Sektkorkens der Henkel & Co. Sektkellerei KG, Hologrammmarken und Multimediamarken oder gar Domainnamen, sofern sie keine reine Sach- oder Werbeangabe sind.

Um eine Marke eintragen zu lassen, muss man ein Verzeichnis der Waren und Dienstleistungen anlegen, die für die Marke relevant sind. Die Unterteilung der Waren und Dienstleistungen erfolgt nach der internationalen Klassifikation von Nizza.

Nizza-Klassifikation
Die Nizza-Klassifikation besteht aus 45 Klassen für Waren und Dienstleistungen. Nach der Anzahl der beanspruchten Klassen richtet sich auch die zu zahlende Gebühr beim Deutschen Patent- und Markenamt.

Mithilfe der international abgestimmten Klassifikationsdatenbank des DPMA lassen sich die richtigen Klassen herausfinden und in einem digitalen Warenkorb speichern. Zu beachten ist, dass bei der Markenregistrierung seitens des DPMA keine weitere Prüfung auf eine Kollision mit bereits bestehenden Eintragungen erfolgt. Fehlen zeitliche Kapazitäten oder gibt es Unsicherheiten, lohnt es sich eventuell, die Recherche einem Experten oder einer Expertin zu übergeben.

Weitere Tipps zur Markenregistrierung

Sollte es in einem Ihrer Projekte zur Markenregistrierung kommen, sollten unter anderem folgende wichtige Punkte bedacht werden:

- Die Klassifikation sollte gut durchdacht sein, denn nach der Klassifikation richtet sich dann auch der spätere Markenschutz.
- Die Auflistung des Waren- und Dienstleistungsverzeichnisses für die Markenregistrierung ist nach der Einreichung nicht mehr änderbar – auch hier sollte man sich bei den genauen Angaben sicher sein.
- Die angegebenen Klassen unterliegen einem Benutzungszwang – das bedeutet, dass die Marke auch bei den beanspruchten Waren und Dienstleistungen zum Einsatz kommen muss.
- Genaue Angaben zur Art der Marke (Wort-, Bild- oder Wort-Bild-Marke) sind erforderlich.
- Gebühren müssen rechtzeitig (spätestens drei Monate nach der Antragsstellung) gezahlt werden.
- Die fehlende oder falsche Nennung der Klassen ist ein häufiger Grund für Verzögerungen bei der Registrierung von Marken.

Markenanmeldung

Nach der Recherche kann die Marke angemeldet werden. Bei der Anmeldung gilt im Streitfall: Wer den Antrag zur Markenanmeldung zuerst eingereicht hat, hat das Vorrecht auf die Markeneintragung. Insofern ist es sinnvoll, nach erfolgter Recherchearbeit nicht lange mit der Eintragung zu zögern.

Die Anmeldung einer Marke kann sowohl elektronisch über die Webseite des Deutschen Patent- und Markenamtes (*www.dpma.de/service/elektronische_anmeldung/dpmadirektweb/index.html*) erfolgen als auch in Papierform. Eine Markenanmeldung kostet rund 300 Euro zuzüglich der Gebühr für die Anmeldung weiterer Nizza-Klassen (ab der vierten Klasse).

Nach der erfolgreichen Markenanmeldung und nach Prüfung etwaiger Schutzhindernisse erhält der Markeninhaber oder die Markeninhaberin eine Urkunde mit dem dazugehörigen Registerauszug.

Wichtig: Die Dauer des Markenschutzes beträgt 10 Jahre und kann durch Einzahlung der Verlängerungsgebühr beliebig oft um weitere 10 Jahre verlängert werden.

Patentanmeldung

Im Gegensatz zur Patentanmeldung wird bei der Markenanmeldung nicht geprüft, ob es bereits eine existierende ältere Marke gibt. Patentanmeldungen werden grundsätzlich inhaltlich geprüft.

Weiterführende Links zum Thema Markenregistrierung

- www.dpma.de
- www.tmdn.org
- Informationen zur Klassifikation: www.dpma.de/marken/klassifikation/waren_dienstleistungen/index.html
- Register der in Deutschland eingetragenen Marken: www.dpma.de/recherche/dpmaregister/index.html
- Markenanmeldung: www.dpma.de/marken/anmeldung

14.1.4 Patente und Designschutz

Der Patentschutz schützt im Gegensatz zum Markenschutz eine Erfindung oder Idee. Er ist durch die höhere Prüfungsgebühr von 350 Euro kostenintensiver und bleibt für bis zu 20 Jahre bestehen. Die technische Erfindung muss dabei die folgenden Kriterien erfüllen:

1. Die Erfindung ist neu.
2. Sie beruht auf erfinderischer Tätigkeit.
3. Sie ist gewerblich anwendbar.

Werden diese drei Kriterien nicht erfüllt, handelt es sich möglicherweise nicht um einen Patent-, sondern um einen Designschutz: Handwerklich oder industriell hergestellte Erzeugnisse lassen sich mit der Eintragung des Designs schützen. Allerdings handelt es sich dabei um einen Schutz, der auf das angegebene Erscheinungsbild begrenzt ist. Designs können beispielsweise Gegenstände, Fahrzeuge oder grafische Symbole sein.

Die Anmeldung eines Designschutzes erfolgt ähnlich der Markeneintragung. Der Schutz kann bis zu 25 Jahre betragen.

14.2 Nutzungsrechte im Designbereich

Das Urheberrecht und die Regelungen im Umgang mit kreativen Werken sind fester Bestandteil des Design-Berufsalltags und sollten ebenso selbstverständlich Teil des Designvertrags und der Vergütung sein. Allerdings sind hier die Auffassungen unter Designern und Designerinnen ebenso vielfältig wie die Fachrichtung im Design selbst. Grundsätzlich ist dabei die Auffassung der eigenen Leistungen ausschlaggebend. Je nachdem, ob man seine Arbeit eher als beratende oder als kreative Leistung sieht, steht und fällt auch der Stellenwert der Nutzungsrechte.

Grundsätzlich sollte die Vereinbarung von Nutzungsrechten aber Bestandteil eines jeden Designvertrags sein, auch wenn die Beratung im Vordergrund steht. Denn sobald eine Schöpfungsleistung Bestandteil des Auftrags ist, tritt auch das Urheberrecht in Kraft. Voraussetzung ist, dass die Leistung erbracht wurde, also ein sichtbares Ergebnis entstanden ist.

Designleistungen werden im Urheberrecht zu den Werken der angewandten Kunst gezählt (§2 Abs. 2 Nr. 4 UrhG). Dazu gehören u.a.:

- Logo
- Illustrationen
- Typografie
- Farbkonzept
- Webdesign
- Packaging Design
- Layout

Man kann also sagen, dass die Hauptbestandteile eines Corporate Designs dem deutschen Urheberrecht unterliegen und entsprechend geregelt werden sollten.

Nicht selten sorgt der Posten »Nutzungsrechte« im Auftrag für Irritationen. Auch hier geht es darum, wie die auftraggebende Firma die Designleistung einordnet und welche Erfahrungen sie bisher gemacht hat. Hier helfen ein klärendes Gespräch und die Beantwortung von Fragen. Es ist besser, gleich am Anfang Themen zu klären, die Fragen aufwerfen, als später mit Ärger und größeren Missverständnissen zu tun zu haben.

Vergütung der Nutzung
Bei der Berechnung der Nutzungsrechte geht es nicht um die Vergütung des Entwurfs, sondern um die Vergütung der Nutzung des Designs. Entfällt die Nutzung des Entwurfs, weil beispielsweise keine Einigung zustande kam oder kein Budget für die Umsetzung vorhanden ist, so werden die Nutzungsrechte mit dem Faktor »0« berechnet.

Entgegen der weit verbreiteten Meinung, ohne explizite Regelung von Nutzungsrechten wären hier auch keine Einschränkungen vorhanden, greift rechtlich der *Zweckübertragungsgrundsatz*, im Urheberrechtsgesetz wie folgt festgehalten: *Werden keine Regeln zum Umfang der lizenzierten Rechte getroffen oder sind die Regeln unklar, so ist der Zweckübertragungsgrundsatz des § 31 Abs. 5 UrhG anzuwenden. Dieser besagt, dass sich der Umfang des lizenzierten Rechts im Zweifel nach dem mit seiner Einräumung verfolgten Zweck bestimmt.*

Somit ist zumindest eine formale Regelung erfolgt, auch ohne die separate Beschreibung als Vertragsinhalt. Im Sinne des Zweckübertragungsgrundsatzes werden nur Rechte übertragen, die zur Erreichung des Vertragszwecks auch tatsächlich notwendig sind. Weil die Formulierung sehr schwammig ist, ist es für Designer und Designerinnen umso wichtiger, die Nutzungsrechte in Art und Umfang ganz genau zu regeln.

14.2.1 Bestseller-Regelung

Es ist zwar nicht wissenschaftlich bewiesen, inwieweit Corporate Design, ein Logo oder die Gestaltung eines Firmenauftritts zum Erfolg eines Unternehmens beiträgt. Tatsächlich gibt es im Urheberrecht aber die sogenannte *Bestseller-Regelung*, die besagt, dass

Nutzungsrechte in der kreativen Arbeit

Umgekehrt ist auch bei der Bearbeitung von Projekten darauf zu achten, dass Urheberrechte nicht verletzt werden. Beim Kauf von Stockfotos liegt das vereinbarte Nutzungsrecht, falls nicht anders festgehalten, beispielsweise bei der Käuferin oder dem Käufer selbst. Und das auch nur für die angegebenen Zwecke. Ob die Bilder also auch in Newslettern und Broschüren oder nur für die Website benutzt werden dürfen, ist Sache des Urheberrechts, das man als Designerin und Designer gleich vor der Integration der Fotos in das Layout klären sollte.

bei besonders großem Erfolg die Vergütung der Urheberin bzw. des Urhebers nachträglich erhöht werden kann. Im Urheberrechtsgesetz gibt es hierzu folgende Passage:

Hat der Urheber einem anderen ein Nutzungsrecht zu Bedingungen eingeräumt, die dazu führen, dass die vereinbarte Gegenleistung sich unter Berücksichtigung der gesamten Beziehungen des Urhebers zu dem anderen als unverhältnismäßig niedrig im Vergleich zu den Erträgen und Vorteilen aus der Nutzung des Werkes erweist, so ist gemäß § 32a UrhG der andere auf Verlangen des Urhebers verpflichtet, in eine Änderung des Vertrages einzuwilligen, durch die dem Urheber eine den Umständen nach weitere angemessene Beteiligung gewährt wird.

Es lohnt sich also, nicht nur im Vorfeld ein Auge auf die Nutzungsrechte zu werfen, sondern bereits erledigte Projekte auch hin und wieder einmal zu beobachten.

14.2.2 Vier Nutzungskategorien

Die Nutzungsrechte an einer schöpferischen Arbeit werden hauptsächlich in vier unterschiedliche Kategorien unterteilt:

1. Nutzungsart
2. Nutzungsdauer
3. Nutzungsgebiet
4. Nutzungsumfang

Für Bestandteile eines Corporate Designs spielen diese Faktoren eine große Rolle, wenn es um einen langfristig fairen Umgang mit Nutzungsrechten und deren Berechnung geht.

Nutzungsart

Bei der Art des Nutzungsrechts gibt es zwei Varianten.

- Die erste Variante ist die am häufigsten gebräuchliche: das **einfache Nutzungsrecht**. Es besagt, dass die Nutzung eines Werkes durch mehrere Auftraggeber und Auftraggeberinnen erteilt werden kann. Das bedeutet konkret, der Erwerb der Nutzung einer Illustration kann, beispielsweise über eine Internetplattform, mehrfach erfolgen. Beim einfachen Nutzungsrecht kann es also vorkommen, dass im Flyer der Konkurrenz die gleichen Bilder abgebildet sind wie im eigenen Flyer, falls die Bilder dem einfachen Nutzungsrecht unterlagen.

- Im Gegensatz dazu gibt es noch das **ausschließliche Nutzungsrecht**. Es kommt zum Beispiel dann zum Tragen, wenn für ein Unternehmen exklusiv ein Logo entworfen wird, das nur vom Unternehmen selbst benutzt werden darf.

Es ist offensichtlich, dass bei der Unterscheidung des Umfangs auch unterschiedliche Preiskategorien im Spiel sein müssen. Die exklusiven Nutzungsrechte werden dementsprechend höher vergütet als einfache Nutzungsrechte.

Bei der Berechnung sind folgende Faktoren anzusetzen:

- einfaches Nutzungsrecht: Faktor 0,2
- exklusives Nutzungsrecht: Faktor 1,0

Hierzu sehen wir gleich eine Beispielrechnung.

Vorsicht beim Portfolio!

Wichtig ist hier zu wissen: Wenn die auftraggebende Firma sich für das exklusive Nutzungsrecht entscheidet, darf auch die Designerin oder der Designer das entwickelte Logo nur nach Rücksprache mit der Firma für ihr oder sein Portfolio oder Werbezwecke verwenden.

Nutzungsdauer

Bei der Nutzungsdauer wird in der Regel zwischen Zeitspannen von 1,5 Jahren, 10 Jahren oder unendlich unterschieden. Auch hier gilt wieder eine entsprechende Preisstaffelung, die sich in der Höhe des zu multiplizierenden Faktors wiederfindet. Folgende Faktoren sind üblich:

- 1 Jahr: Faktor 0,1
- 5 Jahre: Faktor 0,3
- 10 Jahre: Faktor 0,5
- unbegrenzt: Faktor 1,5

Nutzungsgebiet

Ob das Design regional, national (in der DACH-Region), europaweit oder weltweit genutzt wird, spielt ebenfalls eine Rolle bei der Berechnung der Leistung und muss im Voraus geklärt werden. Bei der Konzeption einer Website beispielsweise ist es fraglich, ob die Nutzung nur auf die Sprachregion beschränkt werden kann, denn streng genommen ist sie weltweit zugänglich.

Folgende Faktoren sind für die Berechnung des Nutzungsgebiets üblich:

- regional: Faktor 0,1
- national: Faktor 0,3
- europaweit: Faktor 1,0
- weltweit: Faktor 2,5

Nutzungsumfang

Der Nutzungsumfang richtet sich bei Printmedien beispielsweise nach Zahlen wie der Auflagenhöhe, also der Intensität der Nutzung. Bei Illustrationen geht es beispielsweise darum, wie die Illustrationen verwendet werden dürfen. Entsprechend wichtig ist es hier, alle Fälle mit in den Nutzungsvertrag aufzunehmen – vor allem dann, wenn die Produktionskosten besonders hoch sind.

Der Nutzungsumfang wird üblicherweise mit folgenden Faktoren berechnet:

- gering: Faktor 0,1
- mittel: Faktor 0,3
- groß: Faktor 0,7
- umfangreich: Faktor 1,0

Dass die Beschreibung »groß« oder »mittel« nicht alleine ausreicht, um den Umfang festzulegen, ist offensichtlich. Deswegen sollte der Umfang beispielsweise durch eine Auflistung noch einmal ausführlich festgehalten werden.

Beispielrechnung

Angenommen, Sie veranschlagen die Entwurfsarbeit mit 1 000 Euro. Mit dem beauftragenden Unternehmen haben Sie die Nutzungsrechte im Voraus geklärt: Sie sollen einfach (Faktor 0,2), für 5 Jahre (Faktor 0,3), national (Faktor 0,3) und in mittlerem Umfang (Faktor 0,3) gelten. Die Faktoren summieren sich also auf 1,1. Daraus ergibt sich die folgende Rechnung:
1 000 € + (1 000 € × 1,1) = 2 100 €

Bei der Berechnung der Nutzungsfaktoren sind auch weitere Abstufungen sowie ein breiteres Spektrum möglich. Dabei reicht es beim Gesamtnutzungsfaktor von 0,5 für geringe bis 6,0 für die maximale Nutzung.

14.2.3 Nutzungsvertrag

Grundsätzlich sollte ein Vertrag folgende Punkte mit Blick auf das Nutzungsrecht erwähnen:

- alle Vertragsparteien konkret benennen
- Umfang und Reichweite der Nutzungsrechte benennen
- genaue Definition des Werks, für das Sie die Rechte übertragen möchten

- gegebenenfalls die Bearbeitung des Werks gestatten oder verbieten
- räumliche, örtliche oder inhaltliche Einschränkungen aufführen
- festhalten, dass die Nutzungsrechte erst nach Begleichen der Rechnung übertragen werden

Auch wenn die Diskussion zu Nutzungsrechten ein leidiges Thema ist, ist die offene Kommunikation gerade zu Projektbeginn wichtig, um einerseits eine faire Vergütung zu gewährleisten und andererseits spätere Missverständnisse zu vermeiden.

Wichtig ist dabei auch, eventuelle Nachverhandlungen im Auge zu behalten. Beispielsweise dann, wenn das Design erfolgreich ist und noch in anderen Bereichen eingesetzt werden soll. Das können andere Medien, Werbemittel oder auch eine regionale Ausweitung sein. Dann ist es Zeit, nachzuverhandeln, um gerechterweise am wirtschaftlichen Erfolg des Unternehmens beteiligt zu werden. Die Nutzungsrechte werden in diesem Fall noch einmal in der Höhe der zusätzlichen Nutzung angesetzt und mit dem Betrag der ursprünglichen Entwurfsarbeit multipliziert.

Gerade bei einem umfassenden Corporate Design mit vielen unterschiedlichen Bestandteilen ist es eine Herausforderung, die Nutzungsrechte zu berechnen. Dann bietet sich ein Mittelweg an – mit der Annahme einer umfangreicheren Nutzung und einem Faktor von 3 bis 4. Erscheint der auftraggebenden Firma der Betrag für die Nutzungsrechte zu hoch, so kann man beispielsweise eine Ratenzahlung, eine niedrig angesetzte Nutzung mit späterer Nutzungsanpassung oder eine Beteiligung am Umsatz vereinbaren. Gerade bei Unternehmen, die neu auf dem Markt sind und nur über ein begrenztes Budget verfügen, sind diese Abmachungen Möglichkeiten, um auf beiden Seiten ein zufriedenstellendes Ergebnis zu erreichen.

In jedem Fall gibt es Wege, dem auftraggebenden Unternehmen die Nutzungsrechte gleich im Angebot als Selbstverständlichkeit mitzugeben. Dazu gehören beispielsweise Formulierungen wie: *Entsprechend den gewünschten Anforderungen beinhaltet das Angebot die weltweiten Nutzungsrechte für fünf Jahre.* Die Zeiten, in denen Angebote in rein tabellarischer Form übermittelt wurden, sind natürlich ohnehin längst vorbei (siehe hierzu auch Abschnitt 14.3.2).

Vergütungstarifvertrag

Um sich bei der Kalkulation von Kosten ein genaueres Bild von der Einbindung von Nutzungsrechten zu machen, gibt es den Vergütungstarifvertrag (AGD), der sowohl als App als auch als Webapp genutzt werden kann: *https://vtv.calculate.design/*

Nützliche Links zu diesem Thema

- Allianz Deutscher Designer (AGD)
- https://agd.de/handbuch/dokumente
- https://vtv.calculate.design/
- https://freelancedesignerclub.de/nutzungsrechte-design/
- https://designerdock.com/extras/beitraege/was-sind-nutzungsrechte/

14.3 Honorare, Rechnungsstellung, AGB

Preise und Preisgestaltung sind Themen, die zu Beginn der Selbstständigkeit oft ein großes Fragezeichen hinterlassen. Dabei ist es wichtig, Preise sinnvoll zu kalkulieren und vor allem: den eigenen Wert zu kennen und richtig zu kommunizieren. Denn nicht selten wird man bei einem ersten Kundengespräch gefragt: *Was wird das kosten?*, und kommt dann in Zugzwang.

14.3.1 Honorare festlegen

Schon vor dem ersten Corporate-Design-Projekt sollte man erstens eine konkrete Strategie haben, um professionell mit dieser Frage umzugehen, und zweitens eine Vorstellung davon besitzen, was tatsächlich an Kosten auf das beauftragende Unternehmen zukommen wird. Es sollte klar sein, welche Corporate-Design-Bestandteile zum Projekt gehören und welchen Wert sie für das jeweilige Unternehmen haben können bzw. mit welchem Aufwand die Erstellung einhergeht.

Grundvoraussetzung

Die Grundvoraussetzung für eine angemessene Kalkulation der eigenen Preise ist einerseits eine gesunde eigene Wertschätzung und andererseits die realistische Aufstellung von verfügbarer Arbeitszeit, Ausgaben und Aufwendungen, die für den eigenen Lebensstil nötig sind.

Allzu schnell wird hier eine Zahl genannt, die man dann spätestens in der fünften Korrekturschleife zum Logo bereut oder dann, wenn es eben doch mehr Sektionen und Textänderungen auf der Website waren als zuvor angenommen. All diese Eventualitäten gilt es in die Berechnung eines Corporate-Design-Projekts einfließen zu lassen und die Konditionen durch einen Vertrag und AGB abzusichern.

Stundenbasierte Honorarberechnung

Eine Möglichkeit, den eigenen Stundenlohn für die Erstellung eines Corporate Designs zu berechnen, ist die kostenbasierte Berechnung. Dabei werden alle Kosten, die für den eigenen Berufs- und Lebensunterhalt bestehen, addiert. Dazu gehört beispielsweise auch die Kalkulation für Ausfälle, Krankheitstage, Versicherungen wie Krankenversicherungen, Berufsunfähigkeitsversicherungen, Miete oder Rate, die Kosten für öffentliche Verkehrsmittel oder das Auto.

Grob gesagt werden hier also folgende Kosten betrachtet:

1. Kosten für den eigenen Lebensstandard
2. Kosten für den Betrieb
3. die verfügbare Zeit

Aus diesen drei Faktoren lässt sich der Stundenlohn berechnen. Zu Beginn der Selbstständigkeit sollte die feste monatliche Belastung an Fixkosten überschaubar sein.

Die **Berechnung der verfügbaren Arbeitszeit** ergibt sich aus den tatsächlich verplanbaren Stunden für produktive Arbeit, also abgesehen von Kundenakquise, Kommunikation, Marketing etc. Dazu gehört die Beratung, Aufnahme von Anforderungen und die letztendliche Konzeption und Realisierung des Corporate Designs.

- Verfügbare Wochen pro Jahr: Das heißt beispielsweise, von einem Jahr mit 52 Wochen theoretisch verfügbarer Arbeitszeit ziehen sie 4 Wochen für Urlaub und 2 Wochen für Unvorhergesehenes, eventuelle Fortbildung oder Krankheit ab. Ihre verfügbare Arbeitszeit pro Jahr reduziert sich damit auf 45 Wochen/Jahr.
- Produktive Stunden pro Tag: Im nächsten Schritt geht es nun darum, zu berechnen, wie viele produktive Arbeitsstunden pro Tag Sie einrechnen wollen: Ob Sie Vollzeit oder halbtags, 4 oder 5 Tage pro Woche arbeiten wollen, bestimmt letztendlich den zu berechnenden Stundenlohn. Angenommen, Sie entscheiden sich dafür, Vollzeit zu arbeiten. Die produktive Arbeitszeit, also die Zeit, die Sie tatsächlich für Tätigkeiten für Ihre Auftraggeber bzw. Auftraggeberin abrechnen können, schätzen Sie mit 6 Stunden/Tag als realistisch ein.
- Verfügbare Kapazitäten pro Jahr: Damit lässt sich nun berechnen, wie viel Kapazitäten an Arbeitszeit Sie pro Jahr verkaufen können: 45 × 5 × 6 = 1 350 Stunden Arbeitszeit, die Sie für Projekte einplanen können.

Arbeit am eigenen Image
Bei der Berechnung der Kapazität ist zu beachten, dass noch ausreichend Zeit für die Arbeit am eigenen Image oder dem eigenen kreativen »Unternehmen« bzw. an der eigenen Selbstständigkeit übrig bleibt. Grob gesagt, sollte man hier von ca. 30 % der insgesamt verfügbaren Arbeitszeit ausgehen. Die Summe aus der Arbeitszeit am Unternehmen und der produktiven Arbeitszeit für Kundenaufträge sollte die insgesamt verfügbare Arbeitszeit also nicht überschreiten.

Um den Stundenlohn für ein Corporate-Design-Projekt zu berechnen, ist es wichtig, sich nun einen guten Überblick über die monatlichen Kosten zu verschaffen. Bei der Auflistung der Ausgaben geht es keinesfalls nur darum, das Existenzminimum für Gas, Wasser, Strom und Essen zu berechnen, sondern den gewünschten Lebensstandard zu berücksichtigen: Urlaube, Sport, Hobbys, Zusatzversicherungen, Vorsorge, Rücklagen, Steuervorauszahlungen etc. Das alles gehört mit in die großzügige Berechnung der monatlichen Ausgaben. Mit der Auflistung der einzelnen Posten ergibt sich das notwendige monatliche Einkommen, um den entsprechenden Lebensstandard zu halten.

Für das oben genannte Beispiel nehmen wir an, dass sich die Berechnung für jährliche Ausgaben auf 30 000 Euro beläuft. Dann ergibt sich aus der verfügbaren Menge an produktiver Arbeitszeit (1 350 Stunden) und dem benötigten Einkommen folgende Rechnung: 40 000 Euro / 1 350 Stunden = 29,63 Euro Mindesthonorar pro Stunde. Für die Kalkulation eines Angebots wäre das also das Mindesthonorar, das sie anbieten sollten, wenn Sie die Deckung Ihrer Kosten sicherstellen wollen.

Angebot vs. Kostenvoranschlag

Bei einem Angebot sind die aufgeführten Designleistungen und die damit verbundenen Kosten festgelegt. Ein Kostenvoranschlag ist nur dann verbindlich, wenn es entsprechend im Text vermerkt ist.

Bei der Berechnung des Designhonorars und der Erstellung von Angeboten und Kostenvoranschlägen für ein Corporate Design ist zwar Fingerspitzengefühl gefragt, die Berechnung nach Bedarf und verfügbaren Stunden hilft aber oftmals, Preise mit einem besseren Gefühl anzugeben und gegebenenfalls zu verhandeln.

Im Idealfall trägt die produktive Arbeitszeit die Arbeitszeit am Unternehmen mit. Um das sicherzustellen, sollte man also bei der Berechnung des Stundenlohns noch ca. 30 % aufschlagen. In unserem Beispiel wären das bei einem Stundenlohn von 29,63 Euro noch ca. 8,89 Euro extra. Damit würde der reale Stundenlohn also 38,52 Euro betragen.

Bei der Festlegung der eigenen Preise lohnt es sich durchaus, auch einmal im Netz nach Anhaltspunkten zu suchen oder befreundete Designer und Designerinnen zu fragen. Im Endeffekt ist die Preisgestaltung aber höchst individuell. Wichtig ist dabei nicht nur, dass man entsprechend für seine Arbeit entlohnt wird, sondern dass man auch zu seinen Preisen stehen kann. Und selbst dann, wenn die Vorstellung des eigenen Stundenlohns klar geworden ist, ist nichts davon in Stein gemeißelt. Denn der tatsächliche Stundenlohn ergibt sich erst aus einem offenen und ehrlichen Gespräch mit Auftraggebern bzw. Auftraggeberinnen. Dann merkt man meistens recht schnell, ob die Wertschätzung für die Arbeit vorhanden ist oder ob das Projekt eher »mal eben schnell« über die Bühne gehen soll.

Gegenseitige Wertschätzung ist eine gute Basis für die Zusammenarbeit an einem Corporate-Design-Projekt. Neben der Konzeption und Umsetzung sind Phasen intensiver Kommunikation ebenfalls Teil eines Corporate Designs. Fragen müssen geklärt und Inhalte geliefert werden – da ist die Annahme, dass ein Projekt lediglich aus Bestellung und Lieferung besteht, fehl am Platz. Eine wichtige Aufgabe für Designerinnen und Designer ist auch die Beratung, die notwendig ist, um das Projekt voranzubringen, fehlende relevante Informationen zu beschaffen und ein gutes Ergebnis zu erzielen.

Merken Sie sich also: Den eigenen Wert sollte man als Designerin und Designer kennen und auch entsprechend selbstbewusst kommunizieren! Preise unsicher zu kommunizieren und bei der ersten Frage direkt einzuknicken, wirkt nicht nur unprofessionell, sondern auch unglaubwürdig. Jede Preisverhandlung ist eine Übung auf dem Weg zu mehr Sicherheit und sollte dementsprechend als Chance gesehen werden. Lässt man sich dabei immer wieder auf einen neuen Rabatt und niedrige Preise ein, ist das nicht nur ungesund für den Verlauf und das eigene Engagement für das anstehende Projekt, sondern auch für die berufliche Zukunft. Zudem sollte ganz klar sein, dass die eigene Arbeit einen gewissen Wert für Auftraggeber bzw. Auftraggeberinnen hat und ihnen für ihren Markenauftritt einige Vorteile verschafft. Dazu gehört beispielsweise

- die Wahrnehmung als professionelles Unternehmen,
- die Ansprache einer bestimmten Zielgruppe,
- die Vermittlung eines gewissen Preissegments oder
- die Abgrenzung zur Konkurrenz.

Pro bono

Bei guter Auftragslage und freien Kapazitäten ist vielleicht hin und wieder Platz für ein sogenanntes »Pro-bono-Projekt«. Dann geht es nicht um wirtschaftliche Ziele, sondern vielleicht um das eigene Image, ethische oder soziale Werte oder um die Erhöhung des Bekanntheitsgrades durch ein interessantes Corporate-Design-Projekt oder die Möglichkeit, mit der Gestaltung eine besonders hohe Reichweite zu erzielen.

Auftraggeberin und Auftraggeber bewusst auswählen

Sollte beim ersten Gespräch schon klar sein, dass zwischen den Preisvorstellungen für die Konzeption und Ausführung des Corporate Designs Welten liegen, so ist es besser, direkt abzusagen und ehrlich zu kommunizieren, dass diese Konditionen für Sie nicht in Frage kommen. In diesem Fall ist Zeit tatsächlich Geld, denn anstatt weiter ohne Ergebnis zu verhandeln und sich zu erklären, könnten Sie diese Zeit sinnvoll einsetzen, indem Sie aktuelle Projekte vorantreiben oder die Zeit in Ihr eigenes Unternehmen stecken. Auch hier ist wieder Mut und Zuversicht gefragt und die feste Annahme, dass sich neue Chancen auftun.

Wertbasierte Honorarberechnung

Zu Beginn der Selbstständigkeit als Designer oder Designerin kann die Berechnung auf Stundenbasis ein guter Ausgangspunkt bei der Erstellung von Angeboten sein. Mit wachsender Erfahrung und wachsender Selbstsicherheit ist die stundenbasierte Berechnung aber eventuell nicht mehr passend. Nämlich dann, wenn es nicht mehr nur um Zeitaufwand, sondern um Werte und Ergebnisse geht. Ein typisches Beispiel ist der Logoentwurf, der als Scribble auf einer Serviette in einem Café oder – noch markanter – beim Kundenmeeting entsteht: Der Zeitaufwand hat hier offensichtlich keine Relevanz mehr, sondern der Wert des Logos für das Unternehmen. Dabei kommen Erfahrung, Kreativität und Know-how zum Tragen, und der Preis hierfür lässt sich nicht nach Zeitaufwand berechnen. Um für die Frage nach der Berechnung von Design- und Beratungsleistungen gewappnet zu sein, sollte man sich im Vorfeld Gedanken darüber machen, welchen Wert ein professionell erstelltes Corporate Design für ein Unternehmen hat.

Merke

Bei der Berechnung der eigenen Leistung zählt also vor allem der Vorteil für Auftraggeber bzw. Auftraggeberinnen und der Mehrwert der Arbeit des Designers oder der Designerin.

Die Berechnung des Honorars ist außerdem von Projektumfang und Teamgröße abhängig: Vor allem bei größeren digitalen Projekten sind schnell unterschiedliche Expertisen gefragt. Entsprechend notwendig ist es, ein Team aus Designern, Konzepterinnen und Programmiererinnen zusammenzustellen. Bei der Arbeit im Team können die Kosten höher ausfallen – schließlich sind auch Wirkradius und Möglichkeiten für die auftraggebende Firma weitläufiger und die Reichweite des Corporate Designs höher.

Bei Projekten, die in vielen kleinen Etappen geplant sind oder die allgemein nicht sehr überschaubar sind, ist es eventuell ebenfalls besser, das Honorar etwas großzügiger zu planen. Der wiederholte Einstieg in Dateien und Rückfragen sowie Hilfestellung nehmen hier oft mehr Arbeitszeit in Anspruch als bei der Kalkulation angenommen.

Bei Corporate-Design-Projekten sollte man generell den Mut aufbringen und sich aufrichtig fragen, ob die Aufgabe an sich, Thematik und Zusammenarbeit der eigenen Vision, den eigenen (Unternehmens-)Zielen entsprechen und damit einen Schritt in die richtige Richtung bedeuten.

Steuern bedenken

Bei den Kalkulationen von Designhonoraren, Budgets und zukünftigen Anschaffungen ist zu beachten, dass im Gegensatz zum Gehalt, das man als Angestellter monatlich auf das Konto ausgezahlt bekommt, vom tatsächlichen übrigen Betrag noch Steuern abzuführen sind. Wie diese sich berechnen, ist von der Einkommenshöhe und weiteren Faktoren abhängig. Einen Einkommensrechner findet man online beispielsweise auf der Seite des Bundesministeriums für Finanzen (BMF) unter *https://www.bmf-steuerrechner.de/*.

Wie die eigene Preisstruktur aussieht, ist abhängig von mehreren Faktoren. Beim Berufseinstieg fallen die Preise üblicherweise deutlich niedriger aus als mit wachsender Berufserfahrung. Abgesehen von der Berufserfahrung gibt es aber noch weitere Faktoren, die den Marktwert und damit die Preisstruktur für Designleistungen bestimmen. Dazu gehören beispielsweise Kontakte, Ausbildung und Weiterbildung, zum Beispiel in Form von Zertifikaten oder Fortbildungen, bisherige Auftraggeber und Auftraggeberinnen oder das Mitwirken an größeren Projekten, Preise und Auszeichnungen sowie der Bekanntheitsgrad.

Nutzungsrechte beachten

Zu beachten sind hierbei auch die Nutzungsrechte, die mit der Übergabe der Corporate-Design-Bestandteile gelten. Dabei wird festgelegt, mit welcher regionalen Reichweite das Design zum Einsatz kommen darf. Auch wenn sich die Angaben dazu später noch einmal ändern können, sollte ein Hinweis und die vorläufige Festlegung bereits Bestandteil des Angebots sein (siehe auch Abschnitt 14.3.2).

14.3.2 Angebote erstellen

Ein gutes Angebot zu schreiben, will ebenso gelernt sein, wie ein gelungenes Layout zu erstellen. Es ist ganz normal, dass man zu Beginn der Selbstständigkeit hierbei Fehler begeht. Und auch das ein oder andere unangenehme Gespräch mit Auftraggebern bzw. Auftraggeberinnen kann Teil der Angebotserstellung sein. Generell sollten diese kleinen Rückschläge aber als Übung und nicht als Anlass für Frust gesehen werden. In jedem Fall ist es sinnvoll, in einem Vorgespräch die Eckpunkte des Projekts abzustecken.

Für Angebot und Kostenvoranschlag gilt: Wer seine Rechte kennt, ist klar im Vorteil!

Sinnvolle Fragen für das Gespräch können sein:

- Um welchen Umfang handelt es sich?
- Wie sieht die weitere Planung aus?
- Um welche Produkte oder Dienstleistungen geht es?
- Wie ist die angedachte Reichweite des Designs?
- Welches Budget ist für das Projekt eingeplant?
- Welcher zeitliche Rahmen wird gewünscht?
- Welche Probleme bestehen aktuell?
- In welcher Form werden die Ergebnisse erwartet?

Das A und O beim Schreiben von Angeboten ist die offene Kommunikation. Auch wenn die Kalkulation eines Angebots vordergründig eine eher trockene Angelegenheit ist, kann ein Anflug von Menschlichkeit Wunder bewirken. Denn schließlich geht es hier um eine Zusammenarbeit auf Vertrauensbasis. Im besten Fall verschickt man das Angebot nicht einfach als E-Mail-Anhang, sondern bespricht die Inhalte in einem Gespräch vor der Versendung der schriftlichen Version.

Es gibt einige Bestandteile eines Angebots, die nicht fehlen dürfen:

- Empfänger und Absender
- Umfang des Projekts (nach Schätzung)

- Inhalt des Projekts
- Problemstellung
- Mögliche Lösungswege
- Zeitraum, gegebenenfalls mit Meilensteinen
- Preisrahmen und Zahlungsbedingungen
- beinhaltete Korrekturrunden
- Bestandteile (Design, aber auch geplante Workshops oder Schulungen)
- Datum und Geltungsdauer
- Hinweis auf den Gerichtsstand bei Streitigkeiten

AGB

Beim späteren Versenden des Angebots lohnt es sich, auch einen Hinweis auf die aktuell gültigen allgemeinen Geschäftsbedingungen mitzusenden (siehe Abschnitt 14.3.5). Darin enthalten sind weitere detaillierte Konditionen, die außerhalb des Angebots wichtig sein können, wie beispielsweise ein Hinweis zur Künstlersozialkasse.

Wichtig bei der Erstellung eines fairen Angebots ist die realistische Kalkulation von Zeiten. Budgets zu knapp zu kalkulieren, kann fatal sein, wenn am Ende doch viel mehr Arbeit anfällt, als zu erwarten war. Bei Unsicherheiten, vor allem wenn die Zusammenarbeit mit Auftraggeberin oder Auftraggeber noch neu ist, ist es für alle Seiten am transparentesten, wenn unvorhersehbare zusätzliche Kosten zu einem gewissen Stundenlohn separat abgerechnet werden.

Korrekturrunden sollten immer Teil des Angebots sein, allerdings nur in einer zuvor festlegten Zahl. Alle Korrekturen, die darüber hinaus anfallen, werden dann ebenfalls zum festgelegten Stundenlohn abgerechnet.

Zwischenrechnungen

Bei größerem Umfang ist es üblich, eine Vorauszahlung zu vereinbaren oder eine Zwischenrechnung zu stellen.

Gerade wenn die Möglichkeit besteht, dass sich der Umfang während des Projekts erweitert, ist es gut, das Angebot nach dem Baukastenprinzip zu gestalten, sodass bei Bedarf Bestandteile nachverhandelt oder hinzugenommen werden können.

Auf Basis des Angebots wird dann nach Projektabschluss die Rechnung erstellt. Je transparenter das Angebot und die Kommunikation zum Aufwand während des Projekts ist, desto einfacher wird es, die Arbeiten in Rechnung zu stellen.

14.3.3 Rechnungsstellung

Obwohl es eigentlich ein schönes Gefühl sein müsste, nach dem erfolgreichen Abschluss eines Corporate-Design-Projekts das Geld dafür einzutreiben, sind auch bei der Rechnungsstellung viele Fragen offen und verursachen ein flaues Gefühl im Magen. Wie war das nochmal mit den Korrekturen und den Arbeiten, die nicht Bestandteil des ursprünglichen Angebots waren?

Je genauer und konkreter das Angebot formuliert war, desto leichter fällt es nach dem Projekt, die erbrachten Leistungen in

Rechnung zu stellen. Denn die Frage der Berechnung der Einzelposten stellt sich dann im besten Fall gar nicht mehr. Und auch Rückfragen kann man vorbeugen, wenn im Voraus alles mit dem Auftraggeber bzw. der Auftraggeberin geklärt wurde.

Die Wirklichkeit sieht dennoch ab und zu anders aus. Denn während des Projekts, vor allem bei größeren Projekten, gibt es häufig den Fall, dass unvorhersehbare Änderungen oder Zeitverzögerungen eintreten. Dann ist es wichtig, direkt zu reagieren und nachzuverhandeln.

Die Bestandteile der Rechnung sind abgesehen von den erbrachten Leistungen etwas überschaubarer. Es ist dann auch nicht mehr nötig, die Rechnung in Textform aufzuschlüsseln. Trotzdem ist es empfehlenswert, auch hier wieder eine persönliche Formulierung zu wählen und explizit darauf hinzuweisen, wer die direkte Ansprechperson für Fragen zur Rechnung ist.

Bestandteile einer Rechnung sollten sein:

- Empfänger und Absender, inklusive Anschrift, Telefonnummer und E-Mail-Adresse
- Datum der Rechnungsstellung
- Leistungszeitraum: Über welchen Zeitraum hat sich die Erstellung des Corporate Designs erstreckt?
- Menge, Art und Leistungsbeschreibung: Welche Leistungen waren Teil der Vorbereitung, Konzeption und Ausführung des Corporate-Design-Projekts?
- Steuersatz (7 % oder 19 %) und Steuerbetrag
- Steuernummer, Umsatzsteuernummer
- Gesamtbetrag
- Zahlungsmodalitäten (Kontoverbindung, Zahlungsziel)
- Rechnungsbetrag
- Rechnungsnummer

Die eigene Arbeit in Rechnung zu stellen, ist nicht von vornherein und nicht immer mit einem guten Gefühl verbunden. Gerade dann, wenn ein Projekt nicht so glattgelaufen ist, kann es ziemliche Bauchschmerzen verursachen, die gesamte Summe in Rechnung zu stellen. Ist das der Fall, sucht man im besten Fall noch einmal das Gespräch. Keinesfalls sollte aber die Arbeit unter Wert verkauft werden. Bei Nichtgefallen oder persönlichen Unpässlichkeiten ist die Arbeit dennoch erbracht und sollte auch entsprechend bezahlt werden.

14.3.4 Projektverlauf dokumentieren

Sollten dennoch einmal Rückfragen kommen, ist es gut, wenn der Projektverlauf nachvollziehbar dokumentiert wurde. Das kann auch sehr hilfreich sein, um die eigene Arbeitshaltung zu optimieren oder den Projektverlauf für sich oder im Team besser nachvollziehen und besprechen zu können. Dazu gehören beispielsweise zusätzliche Korrekturschleifen bei der Konzeption der Website oder Maßnahmen, die noch nicht Bestandteil des ursprünglichen Angebots waren, wie beispielsweise ein Shooting oder weitere Umsetzungen des Corporate Designs.

Um einen Überblick über den Zeitaufwand für einzelne Projekte zu behalten, gibt es einige Timetracker-Apps, die eine Unterscheidung von mehreren parallel laufenden Projekten ermöglichen. Es gehört ein wenig Disziplin und Übung dazu, regelmäßig die eigene Zeit zu tracken. Im Idealfall wird das Timetracking zur Gewohnheit. Um ein Corporate-Design-Projekt zu dokumentieren, gibt es verschiedene Möglichkeiten.

Projektplanung im Team

Bei der Zusammenarbeit in größeren Teams sind die Einplanung von genauen Projektzeiten und die Dokumentation von Arbeitszeiten unerlässlich, um Kapazitäten vernünftig planen zu können.

Geht es um ein umfassendes Projekt oder ist das Auftragsvolumen anhaltend groß, sodass mehrere Mitarbeiterinnen und Mitarbeiter involviert sind, lohnt es sich, über die Anschaffung von Agentursoftware oder Projektmanagementtools nachzudenken.

Je nachdem, ob alleine oder im Team gearbeitet wird, gibt es sinnvolle Cloudlösungen wie Confluence oder Slack, die auch für Auftraggeber bzw. Auftraggeberinnen den Projektverlauf und die einzelnen Inhalte nachvollziehbar machen. Weitere Vorteile der Verwendung solcher Tools sind die automatische Vergabe von Jobnummern, die Zeitersparnis bei Rechnungen und Angeboten sowie ein guter Überblick über Zeitmanagement und Kosten.

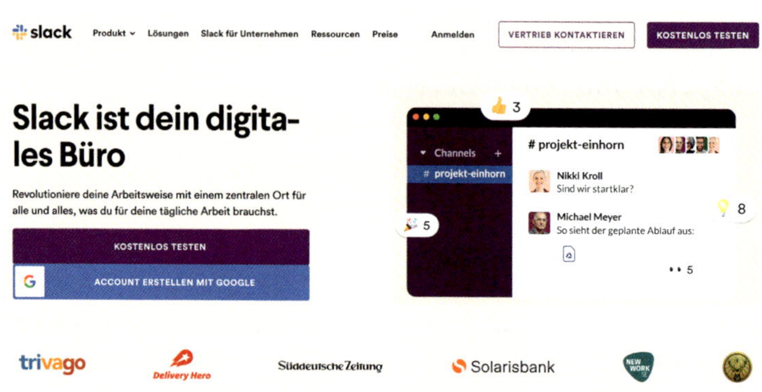

Abbildung 14.5
Digitale Zusammenarbeit mit Slack

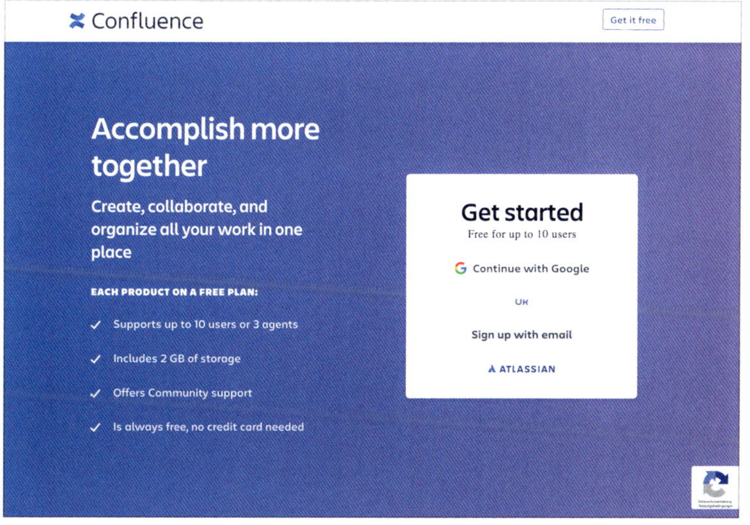

Abbildung 14.6 Onlineprojekte bearbeiten mit Confluence

Projektplan führen

Um für sich selbst und innerhalb des Teams einen guten Überblick zu haben und zu behalten, kann zu Beginn des Projekts ein Projektplan erstellt werden, der immer wieder gepflegt und aktualisiert wird. Der Projektplan kann die Weiterführung des Angebots sein. Im Angebot sollten demnach alle größeren Punkte zusammengefasst enthalten sein, sodass die Ressourcen entsprechend geplant werden können und alle Kosten gedeckt sind.

In einen Projektplan gehören beispielsweise folgende Inhalte:

- Aufgabenstellung/Zusammenfassung des Rebriefings
- Bestandteile des Corporate Designs
- Ablauf und Zwischenschritte, Zeitaufwand und Timing
- externe Kosten, die zusätzlich anfallen, beispielsweise für Material, externe Dienstleister wie Motion-Designerinnen, Fotografen, Copywriterinnen, Developer
- Projektmanagement, organisatorischer Aufwand, der für die Umsetzung des Projekts notwendig ist

14.3.5 AGB

Einzelheiten zum Umgang mit Verzögerungen im Timing, zu Projektabschnitten, Fälligkeiten von Zahlungen und dem Umgang mit Nutzungsrechten sind Teil der allgemeinen Geschäftsbedingungen (AGB) oder allgemeinen Vertragsbedingungen (AVB), die jeder Designer und jede Designerin haben sollte. Es lohnt sich, hierfür ein wenig Geld in die Hand zu nehmen und die AGB professionell erstellen oder überprüfen zu lassen.

Die AGB oder AVB sollten immer zusammen mit dem Angebot an den Auftraggeber oder die Auftraggeberin geschickt werden, sodass sie sich ein Bild von den Vorgaben für die weitere Zusammenarbeit machen können. In den AGB sind beispielsweise folgende Punkte geregelt:

- Vergütung
- Regelung im Falle von Mehrarbeit über den im Angebot vereinbarten Umfang hinaus
- Fälligkeiten und Umgang mit Verzögerungen
- Nutzungsrechte und deren Vergütung
- Inhalt und Art der Projektergebnisse – offene Daten oder nicht
- Verpflichtung zur Namensnennung
- Regelungen und Ausschluss der Haftung
- Vertragsauflösung, Kündigung
- Gerichtsstand

Unterschrift gilt

Auch wenn Auftraggeber und Auftraggeberinnen die AGB nicht durchlesen, gelten sie nach erfolgter Unterschrift als abgenommen. Das kann im Streitfall eine wichtige Stütze sein, auf die man sich berufen kann.

Die AGB bilden das Grundgerüst für die Vertragsregelungen. Die genauen projektbezogenen Regelungen sollten allerdings direkt gemeinsam mit dem Angebot zusätzlich festgelegt werden.

14.4 Umgang mit Kundendaten

Projektmanagement und Rechnungsstellung sind ein Teil des Alltags im Designbereich, der häufig unterschätzt wird. Es gibt aber noch weitere organisatorische Aufgaben, die einem nicht direkt in den Sinn kommen, wenn man an den Berufsalltag im Designbusiness denkt. Aber tatsächlich geht es nicht nur darum, Ideen zu generieren und kreativ zu sein, sondern die entstandenen Arbeiten und Daten auch entsprechend zu verwalten.

Das Thema Datensicherheit wurde lange Zeit eher stiefmütterlich behandelt, mittlerweile häufen sich aber die Kontrollen seitens der Auftraggeber und Auftraggeberinnen, sodass die Kreativbranche in Zugzwang geraten ist und das Thema aktuell an Priorität gewonnen hat. Dabei kommen die Auftraggeber bzw. Auftraggeberinnen nicht mal selbst ins Haus, sondern beauftragen externe IT-Dienstleister, die dann nach dem Rechten schauen. Das heißt konkret: Auf den Joker der guten persönlichen Beziehung kann man sich im Ernstfall nicht mehr verlassen. Es führt also kein Weg daran vorbei: Der korrekte Umgang mit Kundendaten sollte fester Bestandteil eines jeden Projekts sein.

Um Kundendaten möglichst sicher und verlässlich aufzubewahren und zu übermitteln und sich auch rechtlich abzusichern, sind einige Punkte zu beachten:

Kundendaten haben in einer E-Mail nichts zu suchen

Es gibt viele Möglichkeiten, Auftraggeberinnen und Auftraggebern einen kurzen Blick aufs Layout werfen zu lassen. Dazu gehören in erster Linie E-Mails, aber auch Messenger-Dienste wie WhatsApp. Aber gerade wenn die Zeit drängt und man die Versendung der Datei noch schnell vor dem nächsten Meeting erledigen will, passieren Fehler. Im Falle einer E-Mail kann es beispielsweise die Autokorrektur der E-Mail-Adresse sein, und innerhalb eines Augenblicks landen die sensiblen Daten im Postfach einer anderen Person. Auch automatische Weiterleitungen und Vertipper in der Adresszeile können dazu führen, dass die Daten nicht beim beabsichtigten Empfänger landen.

Zugangsdaten
Wählt man die Verschlüsselung des Anhangs, so sollten die Zugangsdaten separat übermittelt werden – beispielsweise per Telefon.

Um das zu vermeiden, gibt es entweder die Möglichkeit, Anhänge zu verschlüsseln oder Kundendaten über eine geteilte sichere Plattform zu übermitteln.

Kundendaten gehören nicht auf den eigenen Rechner, USB-Sticks oder externe Festplatten

Kundendaten auf einem physischen lokalen Medium wie dem eigenen Rechner, einer externen Festplatte oder einem USB-Stick zu speichern, kann fatal für die Sicherheit der Daten sein. Im schlimmsten Fall gibt der Rechner kurz vor der Präsentation seinen Geist auf, und die Festplatte ist hinüber. Dieser Fall ist nicht nur ärgerlich, sondern kann auch extrem teuer werden. Nämlich dann, wenn zuvor der Umgang mit Kundendaten vertraglich festgehalten wurde. Das kann beispielsweise in Form eines NDA (Non-Disclosure Agreement) passieren oder aber als Bestandteil des Werksvertrages. Zudem wird ein derart laxer Umgang mit Daten als Verstoß gegen das Bundesdatenschutzgesetz eingestuft und kann weitere Strafen nach sich ziehen.

Es gibt durchaus die Möglichkeit, die Kundendaten auf der Festplatte des Rechners zu sichern. Dann sollten sie allerdings entsprechend verschlüsselt sein, und es sollte eine Sicherungskopie, beispielsweise auf einem Server, vorhanden sein. Denn falls das Passwort einmal vergessen wurde, ist es nicht mehr möglich, an die Daten zu kommen. Zudem erschwert das lokale Abspeichern von Daten das gemeinsame Arbeiten an Dateien im Team. Insofern ist ein sicherer zentraler Ablageort für Kundendaten langfristig die bessere Lösung.

Externe Speichermedien wie Festplatten oder USB-Sticks sind ebenfalls kein sicherer Speicherort: Sind sie normalerweise nicht geschützt, kann jeder, dem der Datenträger in die Hände fällt, auf die Kundendaten zugreifen.

Scannen oder drucken – keine gute Idee

Sensible Kundendaten sollten niemals ohne Sicherheitsvorkehrungen ausgedruckt, eingescannt oder als Scans direkt vom Drucker versendet werden. Im Falle des Ausdruckens besteht die Gefahr darin, dass Dritte, die dazu gar nicht befugt sind, Zugang zu den gedruckten Daten bekommen. Das kann in Großraumbüros, in Coworking-Spaces oder in der eigenen Agentur passieren.

Um das zu vermeiden, ist es möglich, Kundendaten geschützt zu drucken. Dann wird das Dokument erst gedruckt, wenn der betreffende Auftraggeber oder die Auftraggeberin des Druckjobs vor Ort vor dem Drucker steht und den entsprechenden Code eingegeben hat.

Scans verschicken

Wenn ein Scan direkt vom Scanner per E-Mail versendet wird, kann die bereits erläuterte Problematik auftreten: Die Mails werden nicht verschlüsselt verschickt.

Ebenso können Scans eine Datenfalle darstellen. Denn gerade auf großen Druckern werden Scans gespeichert und können im Nachhinein reproduziert und ausgedruckt werden. Deswegen sollten Daten, die eingescannt werden, niemals auf dem Drucker, sondern eher auf einem – geschützten – USB-Stick gespeichert werden.

Tatort Mobiltelefon: mobile Daten ja, Kundendaten nein

Mal kurz in die Mittagspause oder zur Toilette, während das Handy noch am Arbeitsplatz liegt und nicht nur für Coworker, sondern auch für Fremde oder gar Auftraggebern bzw. Auftraggeberinnen zugänglich ist.

Hier ist das oberste Gebot, einerseits das Telefon sicher durch eine Codesperre zu schützen, die sich automatisch nach kurzer Inaktivität des Handys aktiviert. Andererseits lohnt es sich, die Installation von Apps auf dem Firmenhandy in Grenzen zu halten und die installierten Apps auf Zugangsberechtigungen hin zu überprüfen. Apps sollten immer offiziell und in den gängigen App Stores verfügbar sein, um weitere Sicherheitslücken zu vermeiden.

Kapitel 15

Mit jedem Projekt wachsen

Zum Arbeitsalltag von Designern und Designerinnen gehören neben der Ausarbeitung von kreativen Lösungen auch organisatorische und in vielen Fällen auch unternehmerische Aufgaben.

Der Umgang mit Auftraggebern und Auftraggeberinnen, Feedback oder die Kommunikation innerhalb eines Teams können eine große Herausforderung darstellen. Vor allem aber auch der Umgang mit Selbstkritik und der Wahrnehmung von außen, die Kommunikation von Wert und Preis und der Umgang mit Konflikten können zu echten Stolpersteinen werden, wenn es darum geht, langfristig Spaß an der Arbeit zu behalten.

Die eigene Anspruchshaltung und die Erwartungshaltung an das Corporate-Design-Projekt auf Seiten der Auftraggeber und Auftraggeberinnen liegen vor allem zu Projektstart manchmal weit auseinander. Erst durch das Abstecken von Zielen, den Austausch über Arbeitsweise, Projektablauf und Zeitplan kann für beide Seiten ein klares Bild der Zusammenarbeit entstehen.

Bei der Kommunikation und der Bearbeitung von Corporate-Design-Projekten geht es nicht nur um die fachliche Kompetenz, sondern auch um den Umgang mit der Erwartungshaltung auf Auftraggeberseite. Aber auch der eigene Anspruch kann eine Herausforderung darstellen. Welche Möglichkeiten es gibt, gelassener mit den eigenen Ansprüchen umzugehen und Projekte erfolgreich zu bearbeiten, ist Thema dieses Kapitels.

Kommunikation

Zu den wichtigsten Werkzeugen, um Frust und Enttäuschung zu vermeiden, gehört eine offene und regelmäßige Kommunikation. Egal ob sie innerhalb des Teams während der Entwicklung eines Corporate Designs oder mit Auftraggebern und Auftraggeberinnen bei den Präsentationen stattfindet – der Austausch und der Abgleich von Kenntnisstand, Wissen und Verständnis ist wichtig auf dem Weg zum erfolgreichen Projekt.

15.1 Workflow während des Projekts

Projekte lassen sich heute nicht mehr nur auf die klassische Bedeutung von Corporate Design beschränken. Stattdessen sind viele angrenzende Bereiche dazugekommen, die bei der Entwicklung eines zukunftsfähigen Corporate Designs Hand in Hand gehen. Dazu gehören die Gestaltung von digitalen Produkten, die Visualisierung von Datensätzen, die Anpassung von Designs auf unterschiedliche Medien und virtuelle Welten sowie die Kommunikation von Marken- und Unternehmenswerten als Gesamtbild.

Die Arbeitsabläufe sind deswegen heute von Projekt zu Projekt ebenso unterschiedlich wie die Aufgaben und Inhalte der Corporate-Design-Projekte selbst. Das bedeutet, dass Arbeitsprozesse längst nicht mehr so einheitlich verlaufen wie früher. Stattdessen geht es darum, möglichst flexibel auf die verschiedenen Anforderungen reagieren zu können.

Wir wollen das Vorgehen während eines Corporate-Design-Projekts hier noch einmal systematisch zusammenfassen.

Konzeptphase

Im Fokus eines Corporate-Design-Projekts steht dabei auch nicht mehr nur die klassische Ausarbeitung von unterschiedlichen Designs, sondern die Entwicklung von Lösungen und Konzepten, um die Markenvision und die Unternehmensziele umsetzen zu können.

Die **Vorarbeit** hat einen großen Einfluss auf die spätere Umsetzung des Corporate Designs. Sie bildet die Grundlage für das Verständnis und die Entwicklung von zukunftsfähigen Lösungen und ist damit enorm wichtig. Auf Auftraggeberseite ist das Verständnis für die Gewichtung der konzeptionellen Vorarbeit noch nicht überall angekommen. Bei vielen Projekten wird immer noch der direkte Einstieg in die kreative Umsetzung erwartet – dann werden bereits beim ersten Austausch nach der Briefingphase visuelle Ergebnisse in Form von konkreten Corporate-Design-Elementen erwartet.

Für Konzeption sensibilisieren

Auch wenn es nicht immer gelingt, Verständnis und Budget für eine intensivere Recherche- und Konzeptphase zu verhandeln, so lohnt es sich dennoch, dafür zu kämpfen. Das Ergebnis spricht dann meistens für sich.

Zudem sind die Anforderungen auch in Bezug auf die Anwendbarkeit des Corporate Designs heute viel komplexer geworden. Es geht heute nicht mehr darum, Einzellösungen zu finden, sondern eine Art **Baukastensystem** für das Corporate Design zu entwickeln, das individuell kombiniert und angepasst werden kann. Solche Baukastensysteme können aber nur dann dauerhaft funktionieren, wenn sie gut durchdacht sind und zuvor getestet und geprüft wurden. Vor allem in Bezug auf digitales Corporate Design kann ein Baukastensystem sehr nützlich sein und die Adaption und Umsetzung des Corporate Designs erleichtern und beschleunigen.

Zur ersten Phase eines Projekts gehört also, mithilfe von Workshops, Interviews und einem intensiven Austausch mit Stakeholdern, Kunden oder Nutzerinnen die **Anforderungen** zu verstehen und aufzunehmen.

Zudem ist es wichtig, auch die **internen Zusammenhänge** auf Auftraggeberseite zu erfassen – wer sind die wichtigsten Ansprechpersonen, wer trägt die Entscheidungsbefugnis, wie funktioniert der interne Ablauf bei der Entscheidungsfindung und welchen zeitlichen Einfluss könnte das auf die Projektplanung haben?

Bei der Planung eines Corporate-Design-Projekts und der **Berechnung** des Budgets geht es dann darum, die eigenen Ressourcen entsprechend zu verplanen, aber auch daran zu denken, welche Unterstützung am Ende für die Umsetzung notwendig ist.

Komplexe Zusammenarbeit

Bei größeren Unternehmen müssen meistens mehrere Entscheidungsträger und Entscheidungsträgerinnen befragt werden, die alle ihre eigenen Anforderungen einbringen möchten. Das beginnt häufig bereits bei der Budgetplanung für ein neues Corporate Design oder für die Erstellung eines Redesigns – bis es hier ein »Go« auf Auftraggeberseite gibt, können schon einige Tage vergehen.

Die Anforderungen lassen sich in einem **Lastenheft** festhalten, das sich aus den Informationen aus dem Briefing und der weiteren Vorrecherche oder aus Workshops ergibt. Im Lastenheft werden alle Informationen schriftlich festgehalten. Es werden weitere Details zu Ist- und Soll-Zustand, zu den Anforderungen und Wünschen auf Auftraggeberseite notiert und gemeinsam abgesprochen.

Auf dieser Grundlage lässt sich dann das **Angebot** erstellen. Denkbar sind hier auch Varianten, beispielsweise in der technischen Umsetzung, sodass Auftraggeber und Auftraggeberinnen mehrere Auswahl- und Budgetmöglichkeiten haben.

Ausgehend vom Lastenheft und dem Angebot können die zu erbringenden Leistungen dann im **Pflichtenheft** vertraglich vereinbart werden. Vor allem bei komplexeren Projekten ist es sinnvoll, ergänzend zum Lastenheft die Leistungsbeschreibung für die Erstellung des Corporate Designs noch einmal separat auszuformulieren.

Projektmanagement

Bei größeren Corporate-Design-Projekten ist es heute nur noch selten der Fall, dass die Anforderungen allein von einer einzigen Person erfüllt werden können. Gerade bei digitalen Projekten sind Developer, Informationsarchitektinnen, Copywriter und Frontenddesignerinnen gefragt. Um bei komplexen Projekten alle Bestandteile entlang der geplanten Timeline unter einen Hut zu bringen, können Projektmanager und Projektmanagerinnen eine hervorragende Unterstützung sein.

Einhaltung der Planung

Eine klare Planung ist ein guter Ausgangspunkt. Die Ausführung und Einhaltung von Deadlines, die Planung von Meetings und die Verknüpfung der einzelnen Kompetenzen sind allerdings Aufgaben, die man bei größeren Projekten nicht mehr so einfach im Blick behalten kann, wenn man selbst mit den eigenen kreativen Arbeiten beschäftigt ist.

Je nach Komplexität und Größe des Teams lohnt es sich, auf ein kostenpflichtiges, professionelles Projektmanagementtool zurückzugreifen.

Tools

Um die Projektplanung für alle übersichtlich zugänglich zu machen, gibt es unterschiedliche Tools, die sehr hilfreich sein können:

- Monday.com
- Trello
- Asana
- Jira
- Notion

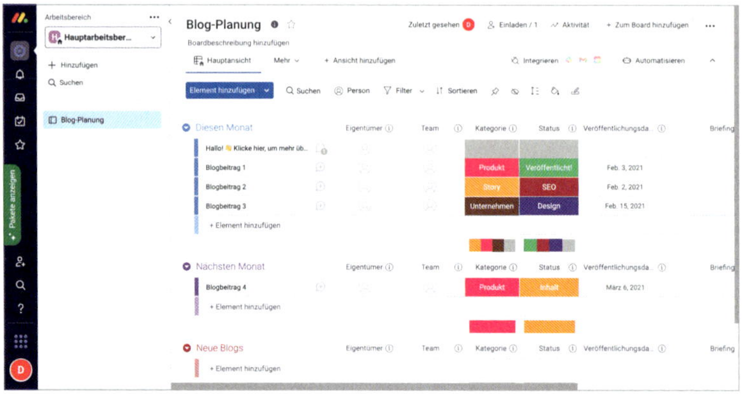

Quelle: https://monday.com/

Abbildung 15.1
Die Übersicht behalten, auch im Team, mit monday.com: Projektplanung, Roadmap und Contentplanung in einem

Die Planung eines Corporate-Design-Projekts kann in **Teilabschnitten** erfolgen, die realistisch festgelegt werden sollten. Wichtig ist dabei, zwar noch Raum für ein gewisses Maß an Flexibilität zu lassen, allerdings alles im Rahmen des veranschlagten Zeit- und Ressourcenbedarfs. Für unvorhersehbare Verzögerungen und Änderungen werden üblicherweise 25 % der Arbeitszeit eingeplant.

Die Erstellung einer **Roadmap** hilft dabei allen Beteiligten, die einzelnen Schritte zu verstehen und mithilfe von Meilensteinen beispielsweise für Projektphasen oder Corporate-Design-Elemente gemeinsam in Richtung Ziel zu gehen. Eine Roadmap ist außerdem eine gute Grundlage, um Ressourcen und Kosten realistisch zu planen und darauf basierend das Angebot zu erstellen. Die Meilensteine sind dann ein geplanter Anlass, um den bisherigen Arbeitsfortschritt mit dem Auftraggeber bzw. der Auftraggeberin regelmäßig abzustimmen und als erledigt zu markieren.

Vorteile für beauftragende Unternehmen

Für Auftraggeber und Auftraggeberinnen ist eine flexible Arbeitsmethode eine besondere Gelegenheit, sämtliche Alternativen und Möglichkeiten auszuschöpfen. Auch dann ist offene und direkte Kommunikation gefragt – denn auch bei einer flexiblen Arbeitsweise gilt es, das finale Ziel, nämlich die Erstellung des Corporate Designs nach den festgelegten Anforderungen, nicht aus den Augen zu verlieren.

Gemeinsam kontinuierlich mit dem beauftragenden Unternehmen sowie Stakeholdern an einem Projekt zu arbeiten, ist essenziell für den Erfolg eines Projekts. Denn auch wenn die Vorrecherche sehr ausführlich und detailliert ausgefallen ist, kann sie den direkten

Einblick in die Prozesse und Marketingstrategien des Unternehmens nicht ersetzen. Eine besonders intensive Möglichkeit für den Austausch und das Vorantreiben eines Projekts können **Designsprints** sein. Aber auch andere agile Arbeitsmethoden sind denkbar. Auch hier ist wieder wichtig, abzusehen, welche Methoden zu den Projektanforderungen, den Beteiligten und deren Zielen passen.

Online kommunizieren

Auch in den dazwischenliegenden Phasen ist ein transparenter Austausch zum Projektfortschritt wichtig. Spätestens seit der Coronapandemie sind die meisten Unternehmen mit Tools wie Slack, Confluence, Microsoft Teams oder Zoom vertraut, um einen regelmäßigen Austausch zu ermöglichen und einen gemeinsamen Wissensstand zu gewährleisten.

SMART arbeiten und kreativ bleiben

Vor allem wenn noch keine Routine bei der Bearbeitung von Corporate-Design-Projekten da ist, also beispielsweise beim Berufseinstieg, kann es schnell zu Überforderung kommen, wenn es um die Auslotung der eigenen Grenzen in Bezug auf die Arbeit geht. Nachtschichten und die Arbeit an Wochenenden sind dann keine Seltenheit mehr. Um dem vorzubeugen und den Spaß am Projekt nicht zu verlieren, hilft es, sich auch bei Corporate-Design-Projekten konkrete Ziele zu setzen und ganz bewusst damit zu arbeiten. Bei der Beurteilung der Ziele helfen die sogenannten SMART-Kriterien. Die Kriterien von SMART-Zielen sind:

- S – specific/spezifisch: Die Ziele sollten konkret und präzise formuliert werden.
- M – measurable/messbar: Welche Kriterien sollen erfüllt werden und wie kann dieser Erfolg gemessen werden?
- A – achievable/erreichbar: Die Ziele sollten nicht zu leicht, aber realistisch zu erreichen sein.
- R – realistic/relevant: Die festgelegten Ziele sollten mit den Markenwerten und Unternehmenszielen übereinstimmen.
- T – time-bound/zeitgebunden: Zeitfenster sollten festgelegt und eingehalten werden.

Aus den festgelegten Zielen lassen sich dann die erforderlichen Maßnahmen und einzelnen Schritte ableiten. Mit einem konkreten Projektfahrplan sind einzelne Meilensteine absehbar, die kleine Erfolgserlebnisse bescheren können. Durch die Einteilung in Abschnitte und konkrete Anhaltspunkte entsteht zudem seltener das Gefühl von Überforderung.

Anwendung

Die SMART-Formel kann bei kleinen Projektschritten angewendet werden, sie ist aber auch hilfreich im Hinblick auf die Planung und Durchführbarkeit eines Projekts.

Nach der Umsetzung

Ist die Umsetzung des Corporate Designs erfolgt, so kann es dennoch zu **Anpassungswünschen** auf Auftraggeberseite kommen. Für diese Anpassungen sollten zuvor im Angebot beispielsweise durch die konkrete Angabe von Korrekturrunden feste Regeln vereinbart werden. Das kann auch bedeuten, dass Änderungen wie beispielsweise neue Sektionen auf einer Website oder Anpassungen einzelner Corporate-Design-Bestandteile wie Banner oder Anzeigen dann nach Veröffentlichung des Projekts separat berechnet werden. Es ist eine Frage des Aufwands und des Verhältnisses zur auftraggebenden Firma, inwieweit Änderungen berechnet oder aus Kulanz umgesetzt werden.

Mit der Umsetzung des Corporate-Design-Projekts ist es noch nicht vollkommen abgeschlossen. Zum Projektabschluss gehört neben dem Feedback auch eine kompetente **Übergabe**. Bei umfangreichen Projekten und vor allem solchen mit digitalen Bestandteilen kann das auch in Form einer Schulung der Mitarbeitenden erfolgen, wenn es beispielsweise um die Umsetzung des Styleguides oder die Bedienbarkeit und Pflege eines Content-Management-Systems für eine neue Website geht. Dabei sollte man auf den individuellen Kenntnisstand der Beteiligten eingehen und mit Geduld und Engagement dafür sorgen, dass alles verständlich bei den Teilnehmern und Teilnehmerinnen ankommt. Der Kenntnisstand in der Anwendung von Design und auch in Bezug auf Technik und Internet ist sehr unterschiedlich. Durch Rückfragen und einen offenen Umgang lässt sich aber leicht ausmachen, wo noch Unklarheiten bestehen.

15.2 Underpromise – Overdeliver

In diesem Abschnitt geht es um den Umgang mit Erwartungshaltung und Perfektionismus. Für Unternehmen ist es wichtig, dass sie die versprochene Qualität der Produkte auch einhalten. Gerade in der Vergangenheit hat sich gezeigt, dass falsche Versprechungen mit sinkendem Vertrauen auf Auftraggeberseite und abnehmender Loyalität einhergehen. Im Gegenzug ist in der Geschäftswelt ein neuer Trend entstanden, der auch in der kreativen Szene angekommen ist: *Liefere mehr, als du versprichst* heißt das Motto, das in den letzten Jahren häufiger zu hören war. Damit ist gemeint, dass mehr geliefert wird, als zuvor vereinbart wurde, um besondere Begeisterung bei Auftraggeber und Auftraggeberin hervorzurufen und ihnen das Gefühl zu geben, dass ein verlässliches Geschäftsverhältnis besteht und verantwortungsvoll mit den Anliegen der Auftraggeberseite umgegangen wird.

Mehr zu liefern, als zuvor versprochen wurde, kann zudem tatsächlich der Schlüssel für ein gutes Kundenverhältnis und beruflichen Erfolg sein. Vor allem dann, wenn die Begeisterung auf Auftraggeberseite dazu führt, eine Weiterempfehlung auszusprechen oder Folgeaufträge zu verteilen.

Es ist nachvollziehbar, dass dieses Prinzip durchaus auf Begeisterung auf Auftraggeberseite stoßen kann. Nämlich dann, wenn Versprechungen verlässlich eingehalten werden, über den angestrebten Umfang hinaus zusätzliches Engagement erbracht wird und damit beispielsweise Ziele schneller erreicht werden können. In Bezug auf ein Corporate-Design-Projekt kann das durchaus auch wirtschaftliche Vorteile für den Designer und die Designerin haben – wird beispielweise im Rahmen einer Präsentation über das gefragte Maß hinaus gezeigt, was ansonsten noch möglich ist, beispielsweise durch die Darstellung von weiteren Corporate-Design-Elementen, so kann das zu einer Erweiterung des Projektumfangs oder Folgeaufträgen führen.

Schwerpunkt Darstellung
Auch die Darstellung selbst spielt hier eine Rolle. Je konkreter die Endergebnisse präsentiert werden, desto besser können sich auch die Auftraggeber und Auftraggeberinnen vorstellen, wie das Design wirkt. Es lohnt sich also in jedem Fall, bei der Präsentation und Darstellung sowie im Umfang über das zuvor festgesteckte Maß hinaus zu arbeiten.

Grundsätzlich steckt dahinter ein richtiger Gedanke: Die versprochene Leistung wird in einem mehr als ausreichenden Maße erbracht. Das bedeutet vor allem, dass der Auftraggeber bzw. die Auftraggeberin sich darauf verlassen kann, dass das, was im Rahmen des Rebriefings und des Auftrags für das Corporate-Design-Projekt vereinbart wurde, auch eingehalten wird. Das können Meilensteine, Termine und der Umfang in Bezug auf Corporate-Design-Elemente sein – für Auftraggeber und Auftraggeberinnen wird dann ersichtlich: Die Leistung, für die ich bezahle, wird verlässlich erbracht, und das Ergebnis stimmt mit meiner Erwartung an das Corporate-Design-Projekt überein.

Es gibt unterschiedliche Wege, die Erwartungen der Auftraggeber und Auftraggeberinnen zu übertreffen.

Früher abliefern

Vereinbarte Zeiten einzuhalten ist essenziell, wenn es um die Zufriedenheit geht. Aus eigener Erfahrung kennt man das Gefühl, wenn das bestellte Paket nicht zum versprochenen Zeitpunkt geliefert wird oder die Reparatur nicht zum vereinbarten Zeitpunkt fertig ist. Gefühle wie Ärger und Frust gehen meistens mit dem Gefühl einher, nicht ernst genommen zu werden. Das Gefühl, dass die eigenen Anliegen nicht respektiert werden, kann geschäftsschädigend sein. Timings wie beispielsweise den Go-live einer Unternehmenswebsite oder die Auslieferung von Anzeigen oder Flyern einzuhalten, sind deshalb das A und O für eine erfolgreiche und zufriedenstellende Zusammenarbeit.

Auf Verspätungen hinweisen

Gibt es dennoch einmal einen zeitlichen Engpass, so ist es wichtig, die auftraggebende Firma schnellstmöglich darüber zu informieren und zu erklären, warum die vereinbarten Zeiten nicht eingehalten werden können.

Folgeaufträge generieren

Zu liefern, was versprochen wurde, wirkt sich positiv auf die Glaubwürdigkeit des Designers und der Designerin aus, was zur Folge haben kann, dass der Auftraggeber bzw. die Auftraggeberin für Folgeaufträge und Weiterempfehlungen sorgt.

Um nicht in Zeitnot zu geraten, ist es sinnvoll, einen Puffer im Timing, beispielsweise für weitere Korrekturen des Designs, miteinzuplanen. Läuft alles nach Plan, so ist es manchmal möglich, den angesetzten Zeitplan zu übertreffen und die versprochenen Leistungen früher abzuliefern, als zuvor vereinbart.

Mehr liefern

Um über das versprochene Maß hinaus für Begeisterung zu sorgen, ist vor allem wichtig, vorausschauend zu denken und das Corporate-Design-Projekt aus Sicht des Auftraggebers bzw. der Auftraggeberin zu sehen. Erschließen sich dann weitere sinnvolle Schritte, die das Projekt näher ans Ziel bringen, so kann es tatsächlich ratsam sein, den abgesprochenen Rahmen auszuweiten. Das können zum Beispiel weitere Corporate-Design-Elemente sein. Häufig fehlt den Auftraggebenden das Wissen, vor allem in Bezug auf digitale Möglichkeiten im Corporate Design, und sie sind dankbar für Hinweise und Aufklärung zu Aussehen, Aufwand und den damit verbundenen Kosten.

Allerdings sollte das in einem Maße geschehen, das in Bezug auf den Aufwand vertretbar ist. Bei zusätzlichem Engagement, das allein der Kundenbeziehung zugutekommt und für den passenden »Aha-Effekt« bei der Corporate-Design-Präsentation sorgen soll, ist natürlich nicht damit zu rechnen, dass es in monetärer Form entlohnt wird. Der Umgang mit unerwartetem Mehraufwand allerdings, der bei einem Corporate-Design-Projekt entstehen kann und natürlich berechnet werden kann, sollte bereits vorab abgesprochen werden.

Feedback kann auch positiv sein!

Feedback zu geben, bedeutet nicht immer nur, Kritik zu üben, sondern umfasst auch positive Rückmeldungen. Lob zu verteilen, kann anspornen und sich vorteilhaft auf die Produktivität auswirken. Es verbessert die Vertrauensbasis, und ein Gefühl von Vertrauen hebt wiederum die Grundstimmung innerhalb eines Teams, sodass es leichter wird, offen und ehrlich miteinander zu kommunizieren.

Werden die Erwartungen allerdings dauerhaft übertroffen, kann das einen gegenteiligen Effekt haben: Dann kann der Eindruck entstehen, dass Informationen zum Projekt vorsätzlich zurückgehalten werden, was wiederum der Vertrauensbasis schadet und nicht förderlich für die weitere Zusammenarbeit ist.

15.3 Der Kontakt mit Auftraggebern und Auftraggeberinnen

Für den Erfolg eines Corporate-Design-Projekts und den beruflichen Erfolg als Designer oder Designerin ist Kommunikation das A und O. Fehlende oder eingeschränkte Kommunikation zwischen Auftraggebern bzw. Auftraggeberinnen und Mitgliedern des Designteams ist eine der häufigsten Ursachen für Missverständnisse und Unzufriedenheit auf beiden Seiten.

Beispiel Feedbackrunden

Die fünfte Feedbackrunde, die zähneknirschend hingenommen wird und als selbstverständlicher und fester Bestandteil des Angebots verstanden wird, ist ein klassischer Fall. Hier ist selbstbewusstes, freundliches Auftreten gefragt, um diese Missverständnisse zu vermeiden. Umgehen kann man Situationen wie diese, indem man schon im Angebot beispielsweise festlegt, wie viele Korrekturrunden für das Corporate-Design-Projekt im Preis beinhaltet sind.

15.3.1 Kundenfeedback als Lernprozess

Auch wenn dieses Thema hin und wieder ein flaues Gefühl im Magen verursacht: Kundenfeedback gehört zu jedem Corporate-Design-Projekt. Feedback ist gut – denn es hilft, Schwachstellen auszumachen und konkrete Ansatzpunkte zu finden, die noch verbesserungswürdig sind. Es hilft uns, eine bessere Einschätzung der Fremdwahrnehmung zu bekommen. Auch wenn die Angst, ausgeschlossen zu werden, ein fester Bestandteil der menschlichen Natur ist, ist es möglich, gelassener zu werden in Bezug auf Kritik von außen.

Mit der Auswertung der Fragebögen lässt sich ein gutes Bild von den eigenen Stärken und Schwächen in Bezug auf das Corporate-Design-Projekt erzeugen. Mit der Identifizierung der Schwachstellen gibt es für das nächste Projekt konkrete Anhaltspunkte, die sich dann verbessern lassen. Nach und nach trägt Feedback einerseits zu einer besseren Konzeption Ihrer Corporate-Design-Projekte bei, andererseits aber auch zur persönlichen Weiterentwicklung: Es hilft bei der Selbsteinschätzung und sorgt für ein professionelleres Auftreten und langfristig für ein besseres Selbstbewusstsein.

Feedback über Fragebogen einholen

Abgesehen von frei formuliertem Feedback kann man seinen Auftraggebern und Auftraggeberinnen das Leben erleichtern, indem man einige vorgefertigte Fragen zur Zufriedenheit formuliert, die dann entsprechend bewertet werden. Da der Berufsalltag generell sehr voll ist, sollte der Fragebogen nicht übermäßig viel Zeit in Anspruch nehmen. Die wichtigsten Fragen sollten innerhalb von 5–15 Minuten geklärt werden können.

Um Kritik mithilfe eines Fragebogens einfordern zu können, können Sie einen physischen Fragebogen zum Abschlussgespräch eines

© Jon Tyson on Unsplash

Abbildung 15.2
Es gibt positives und negatives Feedback.

Projekts mitnehmen oder im Anschluss an das Gespräch digital teilen.

Interessiert Sie die Meinung mehrerer Stakeholder und Ihrer Teammitglieder, so gibt es einige digitale Tools, die das Einholen und die Auswertung von Feedback erleichtern und dazu noch einen professionellen Eindruck hinterlassen.

Ein simples, aber sehr effektives Tool ist beispielsweise Typeform™. Damit können online Fragen hinterlegt und für Auftraggeber und Auftraggeberinnen freigegeben werden. In Form eines Formulars können sowohl Multiple-Choice-Fragen als auch Fragen mit Antwortfeldern für freie Formulierungen angelegt werden. Jede Frage wird einzeln eingeblendet, der Fortschritt wird jeweils angezeigt. Das Design kann zudem noch an das eigene Corporate Design angepasst werden, was wiederum den eigenen Markenauftritt stärkt. Ein digitaler Fragebogen ist heute die einfachste und produktivste Form des Feedbacks.

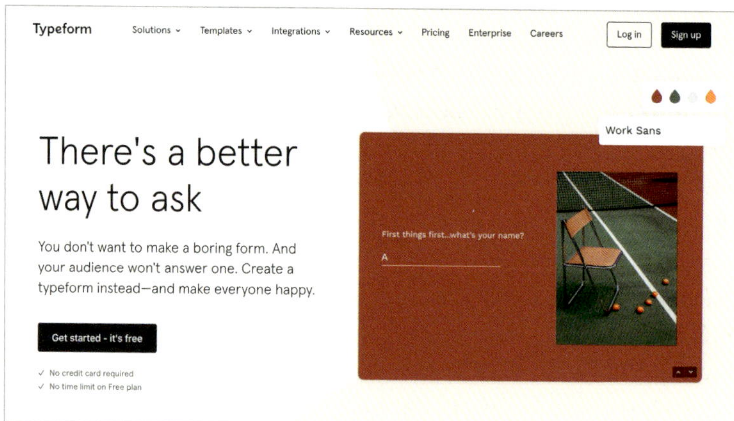

Quelle: www.typeform.com

Abbildung 15.3
Praktisches Tool für digitale Fragebögen: Typeform

Das eigene Corporate-Design-Projekt durch Feedback verbessern

Feedback ist meistens mehr als nur eine Rückmeldung zum Design. Feedback kann Ihnen auch helfen, das nächste Corporate-Design-Projekt souveräner und kompetenter zu führen. Das kann natürlich durch kritische Anmerkungen passieren. Ebenso kann positives Feedback aber auch Rückschlüsse auf Ihre Stärken zulassen. Genau zu wissen, wo die eigenen Stärken liegen, kann wertvoll für die eigene Vermarktung sein, denn höchstwahrscheinlich sind diese Fähigkeiten nicht nur im aktuellen Projekt, sondern auch noch für weitere Aufträge interessant. Zu einem professionellen Auftritt gehört auch, positives Feedback bewusst anzunehmen und sich dafür zu bedanken.

Punkte, die hinterfragt und gegebenenfalls optimiert werden können, sind:

- Wie kann ich das Briefing in Zukunft gestalten, um die Bedürfnisse und Anforderungen von Auftraggebern bzw. Auftraggeberinnen noch besser zu verstehen?
- Wo kann ich den Prozess optimieren, sodass meine Auftraggeberinnen oder mein Auftraggeber schon viel früher auf das Ergebnis Einfluss nehmen können?
- Wie kann ich meine Expertise besser kommunizieren und dabei trotzdem auf Augenhöhe im Team bleiben?
- Welche Maßnahmen kann ich ergreifen, um die Präsentation und den Arbeitsprozess für alle Seiten besser verständlich zu gestalten?
- Wie kann ich eine bessere Vertrauensbasis im Team schaffen, sodass Feedback zu jedem Zeitpunkt offen kommuniziert werden kann?
- Wie kann ich eine realistischere Zeiteinschätzung vornehmen, sodass genug Zeit für eine bessere Vorbereitung bleibt?

Feedbackregeln

Es ist wichtig, ein paar einfache Feedbackregeln zu kennen:

- Feedback sollte immer als »Ich«-Botschaft formuliert werden: *Ich denke, dass…* oder *Ich finde, dass…*
- Grundsätzlich sollte man davon ausgehen, dass von beiden Seiten ein wohlwollendes und harmonisches Zusammenarbeiten gewünscht ist. Auch bei der Verteilung von Feedback lohnt es sich, ein paar mehr Worte zu verlieren, um die Situation zu erklären und beispielsweise alternative Lösungen aufzuzeigen. Schließlich geht es nicht darum, eine Machtposition einzunehmen, sondern konstruktiv zur besten Lösung für alle Seiten zu gelangen.
- Feedback ist Vertrauenssache: Auch hier geht es um die konstruktive Gestaltung einer Geschäftsbeziehung mit dem Ziel eines erfolgreichen Projektabschlusses. Für Rückmeldungen ist deswegen in den meisten Fällen ein vertraulicher Rahmen eher angebracht als die Verkündung von Verbesserungsvorschlägen in großer Runde. Eine Ausnahme ist natürlich das Einholen von Feedback beispielsweise im Rahmen eines gemeinsamen Workshops.

- Beschränken sollte man das Feedback auf die wesentlichen Punkte, die aktuell zu klären sind. Dabei sollte man bei konkreten Beispielen und Situationen bleiben.

15.3.2 Kommunikation während des Projekts

In Bezug auf die Kommunikation mit Auftraggeber und Auftraggeberin ist es wichtig, sie mit auf die Reise durch das Corporate-Design-Projekt zu nehmen. Die Gründe zur Kontaktaufnahme können vielfältig sein, wie beispielsweise:

- ein Update zum aktuellen Stand der Dinge in Bezug auf den Fortschritt, beispielsweise bei der Logoentwicklung
- ein Abgleich von kommenden Meilensteinen, wie der Auslieferung von Anzeigen oder dem Go-live eines Onlineshops, im Timing
- die Vereinbarung von Terminen (»Schulterblick«), um einen Zwischenstand des Corporate-Design-Projekts zu präsentieren
- ein Gespräch zur Klärung von Zwischenfragen zum Ablauf oder auch in Bezug auf technische Gegebenheiten, beispielsweise beim Redesign oder der Erweiterung des Corporate Designs auf digitale Medien
- Einbindung von Auftraggeber bzw. Auftraggeberin in den Entscheidungsprozess – geht es darum, eine Entscheidung zu treffen oder aus mehreren Versionen eine davon auszuwählen, so ist es ratsam und häufig zeitsparend, die Auftraggeberseite mit einzubeziehen
- nach Workshops und Besprechungen: eine Zusammenfassung mit den nächsten Schritten oder ein Pflichten- und Lastenheft mit den Aufgaben auf Auftraggeberseite und auf der Seite des Designteams
- Abgleich von Pflichten und Lasten und die Vereinbarung von Timelines

15.3.3 Kommunikation abseits klassischer Projektbesprechungen

Zur Kommunikation gehört über das Fachliche hinaus auch Smalltalk – auf Events, bei Meetings und Workshops gibt es genügend Pausen oder Lücken im Vorfeld oder nach der Veranstaltung, die sich für Smalltalk anbieten. Die Kommunikation abseits von Projektthemen spielt ebenfalls eine große Rolle bei der Stärkung von Kundenbeziehungen und der Schaffung einer guten Vertrauensbasis.

Auf Ihr Gegenüber eingehen

Grundsätzlich sollte beim Smalltalk der Fokus auf Ihrem Gegenüber liegen. Details zu Ihrer Person können Sie gezielt einstreuen; das Gefühl, gehört und verstanden zu werden, ist in diesem Fall für Ihre Gesprächspartnerinnen und Gesprächspartner aber häufig mehr wert als Ihre persönlichen Anekdoten und Details. Die Themenwahl sollte dabei möglichst unverfänglich sein.

Smalltalk will gelernt sein, und um darin richtig gut zu werden, heißt es: Üben, üben, üben! Dazu gehört, Situationen, die smalltalktauglich sind, als Chance zu sehen und wahrzunehmen. Mit der Zeit werden Sie merken, dass einige Themen und Fragen immer wieder auftauchen. Die Antworten auf diese immer wiederkehrenden Fragen können Sie vorbereiten und mit Freunden und Freundinnen oder vor dem Spiegel üben. Es kann beispielsweise eine Art Elevator Pitch sein, den Sie auf die Frage einbringen, wer Sie sind und was Sie machen.

Neben den Tipps und Beobachtungen zum richtigen Kundenumgang ist eine der wichtigsten Zutaten für eine erfolgreiche und dauerhafte Kundenbeziehung: Authentizität! Mit einem authentischen und selbstbewusst freundlichen Auftritt können Sie einen professionellen Eindruck machen, der gleichzeitig vertrauenserweckend wirkt.

Nichts ist abschreckender als das Gefühl, nicht zu wissen, woran man ist. Die Kommunikation mit Auftraggebern und Auftraggeberinnen sollte also möglichst offen und ehrlich stattfinden. Dazu gehört auch hin und wieder, Unklarheiten anzusprechen und für Probleme konstruktiv Lösungen zu finden. Geht eine Kundenbeziehung dennoch in die Brüche, so ist es kein Grund, den Kopf in den Sand zu stecken. Schließlich geht es um Menschen – dass es im seltenen Fall zwischenmenschlich einfach nicht passt oder die Vorstellungen nicht auf einen Nenner zu bringen sind, gehört in jeder Branche zum ganz normalen Berufsleben. Gegebenenfalls kann hier ein ehrliches Feedback helfen, um beim nächsten Projekt auf etwaige Stolpersteine zu achten und sie möglichst früh aus dem Weg zu räumen.

15.4 Professioneller Auftritt

Ein professioneller Auftritt als Designer und Designerin ist unabdingbare Voraussetzung dafür, Auftraggeber und Auftraggeberinnen zu überzeugen und zu binden. Um überzeugend aufzutreten, müssen Sie in unterschiedlichen Bereichen sensibel vorgehen.

15.4.1 Eigener Anspruch vs. Kundenanspruch

Preise für die Erstellung eines Corporate Designs festzulegen und zu verhandeln, gehört zum Alltag im Designbereich. Wie aber reagiert man am besten auf die Aussagen *Sie sind zu teuer…*, *Der Preis ist zu hoch…*, *Das steht in keinem Verhältnis…*

Zuerst einmal können diese Aussagen schmerzhaft sein. Denn die Auffassung, die dahintersteckt, ist gleichbedeutend mit fehlender Wertschätzung für die angebotene Arbeit. Vergleiche von Preisen auf dem Markt gehören dazu und sind ein ganz normales Verhalten von Unternehmen wie von Verbrauchern und Verbraucherinnen. Wichtig dabei ist allerdings, dass man seinen eigenen **Marktwert** kennt und sich durch Vergleiche und Fragen nicht aus dem Konzept bringen lässt.

In den letzten Jahren sind einige Plattformen aufgekommen, die für ihre sehr niedrigen Preise für Designleistungen bekannt geworden sind. Aber auch wenn dieser Markt existiert, ist es wichtig, sich davon nicht verunsichern zu lassen und zu seinen Leistungen zu stehen. Die Grundidee hinter Plattformen für die Vermittlung von Projekten ist gut. Zudem gibt es die Möglichkeit, die eigenen Leistungen zu einem angemessenen Preis auf diesen Plattformen anzubieten.

Gegenbeispiel
Nicht selten tritt der Fall auf, dass Auftraggeber und Auftraggeberinnen nach einer schlechten Erfahrung mit extrem niedrig bepreisten Designleistungen frustriert zurückkommen und bereit sind, die Leistung für den höheren Preis in professioneller Ausführung in Anspruch zu nehmen. Um gute Qualität zu liefern, ist es nicht nur notwendig, Zeit und Wissen zu investieren, sondern auch verlässlich zu sein und mit Empathie und Engagement die Ziele des Auftrags zu verstehen und mit der eigenen Arbeit zu verfolgen.

Ebenso wie Auftraggeber und Auftraggeberinnen an die eigenen Produkte oder das eigene Unternehmen glauben, sollten auch Designer und Designerinnen von ihrem Wissen und Können in Bezug auf Corporate Design überzeugt sein.

Auch wenn sehr viel Mut dazugehört, ist die logische Schlussfolgerung daraus, dass bei fehlender Wertschätzung kein gemeinsames Projekt für ein neues Corporate Design zustande kommen kann. Der Vergleich mit einer Plattform oder einer unter Wert verkauften Designleistung führt zu nichts, wenn die Ansprüche an die eigene Arbeit und der Zweck der eigenen Arbeit sich von den Ansprüchen des auftraggebenden Unternehmens unterscheiden. Ohne die Investition in Wissen, Recherche und Zeit und eigene Erfahrung ist es nicht möglich, einen hohen Anspruch auf Auftraggeberseite an die angefragten Leistungen zu erfüllen. Gute Arbeit hat ihren Preis – ist ein Unternehmen auf der Suche nach einer schnellen, einfachen Lösung, gehört es nicht zur gesuchten Zielgruppe.

Halten Sie sich immer wieder die folgenden Punkte vor Augen:

- Mit der eigenen Preisgestaltung steht und fällt auch der Wert der eigenen Arbeit. Es ist ein gutes Gefühl, zu realisieren, dass man den Wert der eigenen Arbeit selbst bestimmen kann und nicht zu niedrig ansetzen sollte.
- Die festgelegten Preise sollten verbindlich gelten und schon vor dem Gespräch feststehen. Das heißt, Preise sollten nicht erst im Gespräch verhandelt werden, sondern schon vorher in einem gewissen Rahmen festgelegt sein.
- Haben Sie keine Angst davor, Auftraggeber oder Auftraggeberinnen zu verlieren. Zeichnet sich ab, dass die Wertschätzung von Ihrer Arbeit fernab von dem ist, was Sie sich vorgestellt haben, dann kann ein »Nein« der beste Weg sein, um Kapazität für diejenigen Auftraggeber und Auftraggeberinnen vorzuhalten, die Ihre Arbeit entsprechend entlohnen. Auch wenn dann der Auftrag ausbleibt, gehört die Wahl geeigneter Auftraggeber und Auftraggeberinnen mit zur Schärfung des eigenen Profils. Sich unter Wert zu verkaufen, mündet meist in Frust und ist auf die Dauer keine gute Strategie, um als Designer oder Designerin erfolgreich zu werden. Ist die Zusammenarbeit allerdings wünschenswert, so spricht nichts dagegen, ein Entgegenkommen zu signalisieren.

Das eigene Marketing spielt eine große Rolle, wenn es darum geht, Wertschätzung und Anerkennung zu erzielen. Wachsende Anerkennung kommt vor allem dem Selbstbewusstsein zugute, und mit steigendem Selbstbewusstsein wird es leichter, Fragen nach dem Preis oder Vergleichen mit sehr günstigen Angeboten selbstsicher entgegenzutreten.

15.4.2 Die eigene Positionierung

Die eigene Positionierung ist hier der Schlüssel zum Erfolg. Mit der richtigen Positionierung kommen auch weniger Fragen zur Preisgestaltung seitens der Auftraggeber und Auftraggeberinnen. Um den Wert der Arbeit zu kommunizieren, ist es nicht immer notwendig, sich in einer langen Debatte zu erklären. Hilfreich können einige

Maßnahmen sein, die die professionelle und erfolgreiche Herangehensweise beweisen:

- Zum einen können das Referenzen sein, wie bereits erfolgreich umgesetzte Corporate-Design-Projekte, die beweisen, dass bereits namhafte Unternehmen Vertrauen in die angebotenen Leistungen gesetzt haben.
- Zudem, oder vor allem auch dann, wenn noch keine Referenzen bestehen, ist ein gutes Portfolio mit aussagekräftigen Corporate-Design-Beispielen wichtig, um Professionalität, Erfahrung und Arbeitsweise zu zeigen.
- Zum professionellen Auftritt gehört außerdem ein passender offener und ehrlicher Kommunikationsstil, ein professioneller und authentischer Auftritt mithilfe einer Website im eigenen überzeugenden Corporate Design oder eines Onlineprofils.

Sich nach außen hin zu präsentieren, erfordert zwar Mut, zahlt sich aber aus, wenn es um die eigene Positionierung und die Gewinnung von Wunschkundinnen und -kunden geht.

Mit den folgenden Maßnahmen kann man seine eigene Positionierung festigen:

- Businessprofil erstellen (beispielsweise LinkedIn oder Xing)
- Blogposts zu Fachthemen schreiben (beispielsweise auf LinkedIn, Medium oder dem eigenen Blog)
- Kundenstimmen und Empfehlungen auf der eigenen Website wiedergeben
- Arbeiten zeigen, die mit Erfolgen verbunden sind (beispielsweise auf Dribbble, Behance, Instagram)
- Messen und Veranstaltungen besuchen, um sich mit Gleichgesinnten auszutauschen oder potenzielle Auftraggeber und Auftraggeberinnen zu treffen
- Ein gutes Portfolio erstellen und zeigen

15.4.3 Portfolio konsequent erstellen

Ein gutes Portfolio mit eigenen Corporate-Design-Projekten erfordert Zeit und Aufwand, weshalb die Fertigstellung auf der To-do-Liste immer wieder nach unten rutscht. Ein Portfolio ist zudem niemals fertig, denn es gibt immer wieder neue Projekte und erworbene Fähigkeiten, die im Portfolio ergänzt werden können. Deshalb ist es besonders wichtig, den Fokus auf die Details zu legen, die für potenzielle Auftraggeber und Auftraggeberinnen ausschlaggebend sind.

Um ein gutes Portfolio zu erstellen, ist es wichtig, schon während eines Corporate-Design-Projekts daran zu denken, einzelne Schritte entsprechend zu dokumentieren und geordnet zu sammeln. Das kann beispielsweise die Entwicklung des Logos sein mit Skizzen, Überlegungen oder einer Mindmap. Gleich zu Beginn eine gewisse Ordnung bei der Dokumentation von Projekten einzuhalten, ist bei der Zusammenstellung eines Portfolios enorm zeitsparend. Erst nach Projektabschluss auf die Suche nach Bildmaterial und den einzelnen Bestandteilen eines Projekts gehen zu müssen, kann dazu führen, dass man gleich zu Beginn die Lust an der Erstellung des Portfolios verliert oder es ewig vor sich herschiebt.

Bei der Darstellung der eigenen Arbeiten geht es keinesfalls darum, nur fertige Ergebnisse zu zeigen. Im Gegenteil: Die Art und Weise, wie man zu diesem Ergebnis gekommen ist, ist der eigentlich interessante Part. Der Weg zum finalen Design sollte dementsprechend gut dokumentiert und strukturiert wiedergegeben werden.

Dabei können Fragen helfen wie:

- Was war die Ausgangssituation?
- Welche Problemstellung bestand?
- Wie sah die Aufgabenstellung aus?
- Welche Maßnahmen wurden ergriffen, um zur Lösung zu kommen?
- Welche Methoden wurden angewandt?
- Welche Zwischenergebnisse gab es?
- Welche Rückschlüsse wurden gezogen?
- Welche Techniken/Materialien wurden verwendet?

Gestaltung der eigenen Website
Werden die Projekte auf der eigenen Website gezeigt, ist es ratsam, auf unnötige Effekte zu verzichten. Die Website sollte hier als möglichst neutrale Präsentationsfläche funktionieren, sodass die Projekte gut zur Geltung kommen. Von Effekten, die den Zugang zu den Inhalten erschweren oder verlangsamen, ist abzuraten. Stattdessen sollten Darstellung und Dokumentation möglichst klar und leicht verständlich sein.

15.4.4 Vorsicht bei diskreten Projektdetails

Gerade bei größeren Projekten ist es üblich, dass zu Beginn ein sogenanntes *NDA* (Non-Disclosure Agreement) unterzeichnet werden muss. In einem NDA wird genau festgelegt, welche Informationen über das Projekt und die Firma überhaupt nach außen gelangen dürfen und gegebenenfalls zu welchem Zeitpunkt.

Auch nach Projektabschluss lohnt es sich, noch einmal einen Blick auf den unterschriebenen Vertrag zu werfen, denn nicht immer wird mit der Veröffentlichung des Corporate-Design-Projekts auch automatisch die Erlaubnis zur Nennung im Portfolio oder auf der eigenen Website erteilt. Vor allem dann, wenn der Auftrag über eine Agentur erfolgt ist, kann es sein, dass die direkte Verbindung des Designers bzw. der Designerin mit der beauftragenden Firma nicht öffentlich genannt werden darf.

Besteht kein NDA, ist es dennoch ratsam, noch einmal kurz Rücksprache mit dem beauftragenden Unternehmen zu halten, ob das Corporate-Design-Projekt veröffentlicht werden darf. Erfolgt die Beauftragung direkt durch den Auftraggeber und Auftraggeberin, können diese Fragen auch schon Gegenstand des Angebots und der AGB sein, die vor Projektbeginn unterzeichnet werden sollten. Handelt es sich um ein Teamprojekt, so ist es üblich, den eigenen Anteil mit der jeweiligen Verantwortung und den Aufgaben im Projekt zu nennen und zu erwähnen, dass das Design im Team erarbeitet wurde.

15.5 Vom Umgang mit Überforderung und zähen Projektabschnitten

Das Gefühl, stehenzubleiben, festzustecken oder einfach auf der Stelle zu treten, hat in der Kreativwirtschaft jeder einmal. Endloses Verlieren in Details und Feedbackrunden, technische Stolpersteine und politische Entscheidungen auf Auftraggeberseite können ein bereits vorangeschrittenes Projekt ins Schwanken bringen. Dann heißt es vor allem: durchhalten und Contenance bewahren. Auch diese Phase geht vorbei. Wichtig ist, sich an das langfristig gesteckte Ziel zu halten und weiter darauf hinzuarbeiten: Auftraggebern und Auftraggeberinnen zu helfen und die Realisierung des Corporate-Design-Projekts zuverlässig auszuführen.

Wir sind es heute gewohnt, alles, was wir wollen, sofort zu bekommen – sozusagen per Mausklick abrufbar zur Verfügung zu haben. Seien es Wissen, Kleidung oder Antworten auf bestimmte Fragen. Tatsächlich steckt aber hinter jedem Erfolgserlebnis ein langer Weg. Wieso sollte man diesen Weg aber auf sich nehmen, wenn man doch per Klick über Nacht zum Millionär werden kann? Den langen Weg zum Erfolg gehen die wenigsten Leute. Durch die Gewohnheit, dass Wünsche unmittelbar erfüllt werden können, ist der Wille zum Durchhalten in den Hintergrund getreten.

Bei Corporate-Design-Projekten verhält es sich dabei nicht anders: Stolpersteine, Ecken und Kanten, sogar Sackgassen können

Teil eines jeden Projekts sein. Diese Phasen gehören dann zu den unschöneren Seiten der Arbeit von Designern und Designerinnen. Sie sind aber noch lange kein Grund, das Handtuch zu werfen. Im Gegenteil: Die gemeinsame intensive Auseinandersetzung mit Sachverhalten, nachdem Probleme aufgetaucht sind, führt oft zu besseren Ergebnissen als ein oberflächliches Abarbeiten.

Überforderung

Gerade wenn sich ein Gefühl von Überforderung einstellt, ist es hilfreich, sich an die Agenda, an Regeln und kleine Meilensteine zu halten. Dazu gehört beispielsweise auch ein Blick zurück: Was haben wir bisher geschafft?

- Um diesen Rückblick zu einem festen Bestandteil der Arbeitsroutine zu machen, ist es wichtig, erfolgreich abgeschlossene Corporate-Design-Projekte gut und strukturiert zu dokumentieren. Es lohnt sich, Zeit in die Nacharbeit, die Sortierung und das Festhalten von Projekten zu investieren – vor allem, wenn es erfolgreiche Projekte mit gutem Kundenfeedback waren. Ein kurzer Blick auf diese Projekte kann einen Motivationsschub auslösen, wenn es einmal nicht so glattläuft. Vielleicht erinnert man sich dann auch kurz an Stolpersteine und die Überwindung von schwierigeren Phasen und wie daraus ein tolles Ergebnis entstanden ist. In Zusammenhang mit dem positiven Ergebnis kann sich dann wieder ein Gefühl der Zuversicht einstellen und eine positivere Arbeitseinstellung entwickeln.
- Zu Beginn ist es deswegen das A und O, ein Projekt realistisch zu planen, das heißt, realistische Ziele und Meilensteine zu definieren, die dann auch kommuniziert und zelebriert werden können.
- Ein konkreter Zeitplan hilft außerdem, sich nicht zu sehr in Details zu verlieren, um dann an anderer Stelle in Zeitnot zu geraten. Das Parkinsonsche Gesetz *Work expands so as to fill the time available for its completion* (»Arbeit dehnt sich in genau dem Maß aus, wie Zeit für ihre Erledigung zur Verfügung steht.«) kann man sich dabei regelmäßig vor Augen führen, denn wer kennt es nicht: Entstandene Zeitlücken füllen sich ganz von selbst. Deswegen ist es für die Motivation während eines Corporate-Design-Projekts wichtig, auf ein gutes Zeitmanagement zu achten.
- Um Prioritäten festzulegen und effektiv zu entscheiden, welche Aufgabe für den Projektfortschritt gerade Vorrang hat, hilft es, sich das »Warum« in Erinnerung zu rufen. Was ist das große Ziel, die Vision des Projekts?

- Es kann helfen, sich diese Vision aufzuschreiben oder sogar gut sichtbar an eine Pinnwand in der Nähe des Arbeitsplatzes zu heften.

The Messy Middle

Zu Beginn eines Corporate-Design-Projekts ist es leicht, sich vorzustellen, wie sich die erfolgreiche Bearbeitung anfühlen wird – die Begeisterung von Auftraggebern bzw. Auftraggeberinnen sowie Stakeholdern, das Gefühl, etwas wahrhaft Großes geschafft zu haben, den Erfolg im Team zu feiern. Wenn die anfängliche Euphorie eines Designprojekts verflogen ist, stellt sich allerdings häufig Ernüchterung ein. Denn irgendwie geht doch nicht alles so leicht von der Hand. Ergebnisse lassen auf sich warten oder fallen vorerst nicht so aus, wie wir es uns zu Beginn ausgemalt haben. Der Weg ist steiler, länger und man ist sich auf einmal gar nicht mehr so sicher, wie und vielleicht sogar ob man jemals das Ziel der erfolgreichen Erstellung und Umsetzung des Corporate Designs erreichen wird.

Willkommen in der *Messy Middle* – ungeliebter, aber dennoch essenzieller Bestandteil eines jeden längeren Projekts, eines jeden Traums. Selbstzweifel, Rückschläge, Frustration oder sogar Langeweile sind typisch für diese Phase.

Dann hilft es auch bei einem Corporate-Design-Projekt, Gewohnheiten zu etablieren, die einen über den Alltag bringen. Dabei geht es gar nicht darum, mit großen Schritten voranzugehen, sondern eher in kleinen Etappen und mit minimalen, aber effektiven Veränderungen der alltäglichen Gewohnheiten Ziele zu erreichen. Einige hilfreiche Veränderungen können sein:

- **Produktive Zeiten ausmachen:** Beispielsweise kann es helfen, die Arbeitszeiten besser an den eigenen Biorhythmus anzupassen. Gerade heute gibt es mehr Freiheiten denn je, um seinen Arbeitstag selbst einzuteilen und zu gestalten. Die effektivste Zeit, um konzentriert zu arbeiten, ist die Zeit am Vormittag, also vor 12 Uhr. Gerade unter kreativen Menschen gibt es aber auch echte Nachteulen – eventuell entspricht die Annahme, dass man vor 12 Uhr zu kreativen Höhenflügen aufläuft, gar nicht der persönlichen Vorliebe. Dann gilt es, den Tag entsprechend umzustrukturieren: Aufgaben, die besonders viel Konzentration verlangen, sollten dann in den Zeitraum mit der zu erwartenden höchsten Produktivität gelegt werden.

- **Regelmäßigkeiten einführen:** Rituale können dabei helfen, Strukturen zu erhalten und dadurch Sicherheit zu gewinnen. Kleine Tagesabschnitte, die nach dem immer gleichen Schema ablaufen, können zu mehr Vertrauen und Selbstsicherheit führen. Das kann der Einstieg in den Arbeitstag mit einer Tasse Tee sein, ein kurzes Workout in der Mittagspause oder der regelmäßige Austausch mit Freunden und Freundinnen. Ebenso können Teilaufgaben »automatisiert« werden. Neue Gewohnheiten zu etablieren, ist zwar am Anfang oft mühsam, mit der Zeit werden sie aber nicht mehr als Besonderheit wahrgenommen, sondern werden als Gewohnheit abgespeichert. Der positive Nebeneffekt ist, dass durch solche Gewohnheiten wieder mehr Kapazitäten für kniffeligere Aufgaben entstehen.
- **Prioritäten setzen:** Die Antwort auf die Kunden-E-Mail rutscht auf Ihrer To-do-Liste immer wieder nach unten? Derartige ungeliebte Aufgaben sind wahre Energieräuber. Tatsächlich sind unangenehme Aufgaben willkommene Auslöser für Prokrastination: Anstatt sich mit der eigentlichen Aufgabe zu beschäftigen, lenken wir uns mit vermeintlich ebenfalls wichtigen To-dos ab, um dann am nächsten Tag noch ein Stück genervter auf die noch immer oben auf der To-do-Liste prangende Aufgabe zu schauen.

  Neben den unangenehmen Aufgaben gibt es auch solche, die aus zeitlichen Gründen eine hohe Priorität haben. Ein Schritt zu mehr Produktivität kann beispielsweise sein, die nach Prioritäten geordneten Aufgaben einfach stur abzuarbeiten, ohne großartig zu hinterfragen, ob es Spaß macht oder nicht.
- **Zeitblöcke planen:** Anstatt Aufgaben auf Ihrer To-do-Liste der Reihe nach abzuarbeiten, können Sie auch konkrete Zeitblöcke für jede einzelne Aufgabe auf die Woche verteilen. Wie bereits erwähnt, gibt es die Annahme, dass sich Arbeit auf die zur Verfügung gestellte Zeit ausdehnt. Deswegen sollten Sie hier eher überschaubare Zeitblöcke verplanen. Mit der Zeit lernt man besser einzuschätzen, in welcher Zeit Aufgaben tatsächlich bewältigt werden können.
- **Neue Formate ausprobieren:** Geht es tatsächlich einmal kein Stück voran, können auch neue Methoden, um zur geeigneten Lösung zu kommen, helfen. Das können beispielsweise gemeinsame Workshops mit unterschiedlichen Kreativitätstechniken sein – oder das Gespräch mit jemandem, der sich so ganz und gar nicht mit der Materie auskennt: Die vermeintliche Unwis-

senheit kann dabei helfen, Fragestellungen auf das Wesentliche herunterzubrechen und Aufgabenstellungen zu vereinfachen oder aber eine ganz andere Perspektive einzunehmen und neue Ideen zu generieren.

Auch der Arbeitsort kann hier eine Rolle spielen. Vom Schreibtisch einfach mal in ein Café zu wechseln, kann einiges an Anspannung nehmen – zu sehen, dass es auch noch ein Leben außerhalb der Arbeit gibt, lässt häufig wieder ein Gefühl von Leichtigkeit aufkommen.

- **Ausgleich schaffen:** Auch wenn man sich das endgültige Ergebnis noch so sehr herbeisehnt: Ein Tapetenwechsel ist manchmal die beste Lösung, um wieder Motivation zu finden und Abstand zur Arbeit zu bekommen. Sport, ein Spaziergang oder ein thematisch völlig anders gerichtetes Gespräch mit Freunden kann die kreativen Batterien aufladen und durch den erneuten Abstand andere Sichtweisen ermöglichen. Unternehmen wie Google setzen schon lange auf derartige Auszeiten, um sogar vor Ort auf andere Gedanken zu kommen.

  Dass Ausgleich, Freizeit und damit auch die eigene Gesundheit einen ebenso hohen Stellenwert haben sollten wie die Arbeit selbst, wird einem bewusst, wenn man bedenkt, dass niemandem geholfen ist, falls man wirklich einmal über längere Zeit ausfallen sollte. Für sich selbst zu sorgen, gehört zu einer gesunden Arbeitshaltung und sollte keinesfalls mit Egoismus verwechselt werden.

- **Kalender teilen:** Mithilfe eines Kalenders und der Verteilung von Aufgaben fällt es leichter, Corporate-Design-Projekte in kleine Schritte einzuteilen und nicht beim Blick auf das große Ganze zu erstarren. Durch besseres Zeitmanagement ist es außerdem möglich, Ressourcen zu sparen und Stress zu reduzieren.

  Projekte lassen sich besser organisieren, und die Arbeit im Team fällt leichter. Mithilfe geteilter Kalender können alle Beteiligten sehen, an welchen Aufgaben die Teammitglieder gerade arbeiten und wann Zeiten für den gemeinsamen Austausch bleiben.

- **Ziele im Blick behalten:** Ziele regelmäßig zu überprüfen, hilft dabei, sie in Erinnerung zu rufen und das »Warum« aufzufrischen.

- **Kleine Projektschritte:** Durch die Einteilung von Aufgaben in mehrere Abschnitte wird das Gefühl der Überforderung vermieden, denn die zu erledigenden Aufgaben erscheinen machbarer und dennoch sinnvoll auf dem Weg zum großen Ziel.
- **Austausch hilft:** Abhilfe kann bei schwierigen Projektphasen auch ein ehrlicher Austausch mit Kollegen und Kolleginnen schaffen. Eventuell hilft es schon, einfach darüber zu sprechen, was gerade nicht so glattläuft.
- **Delegieren:** Eventuell gibt es auch die Möglichkeit, Aufgaben zu delegieren und sich auf ein paar wenige, wichtige Aufgaben zu konzentrieren und diese dafür dann richtig gut zu machen.

Index

D

E

F

M

S

T

U

V

W

X

Z